通信技术专业系列

U0731878

"十二五"职业教育国家规划教材

综合布线系统工程技术

主　编　胡金良　王　彦　刘书伦
副主编　杨尚勇　许　珊　李洋洋　张　静
参　编　张　剑　臧宝生　仝　明　石文静
主　审　毕丽红

北京师范大学出版集团
BEIJING NORMAL UNIVERSITY PUBLISHING GROUP
北京师范大学出版社

图书在版编目（CIP）数据

综合布线系统工程技术 ／ 胡金良，王彦，刘书伦主编. —— 北京 ：北京师范大学出版社，2017.8
"十二五"职业教育国家规划教材
ISBN 978-7-303-20525-7

Ⅰ．①综… Ⅱ．①胡… ②王… ③刘… Ⅲ．①智能化建筑－布线－系统工程－高等职业教育－教材 Ⅳ.①TU855

中国版本图书馆 CIP 数据核字(2016)第 158380 号

营 销 中 心 电 话	010-62978190　62979006
北师大出版社科技与经管分社	www.jswsbook.com
电 子 信 箱	jswsbook@163.com

出版发行：北京师范大学出版社 www.bnup.com
　　　　　北京市海淀区新街口外大街 19 号
　　　　　邮政编码：100875
印　　刷：北京中印联印务有限公司
经　　销：全国新华书店
开　　本：787 mm×1092 mm　1/16
印　　张：19
字　　数：370 千字
版 印 次：2017 年 8 月第 1 版第 2 次印刷
定　　价：35.00 元

策划编辑：周光明	责任编辑：周光明　苑文环
美术编辑：高 霞	装帧设计：国美嘉誉
责任校对：李 菡	责任印制：赵非非

前　言

　　进入 21 世纪，随着经济全球化和社会信息化的飞速发展，智能建筑在世界各国得到了迅速推广。综合布线系统作为智能建筑重要的基础设施，为 BAS、OAS、CAS 提供了相互连接的有效手段，成为智能建筑中的神经系统，并以其模块化设计、统一标准实施，以及兼容性、开放性、灵活性、可靠性、先进性和经济性等特点而成为工程建设的重点。

　　本书以现行的国际国内标准为依据，围绕综合布线技术与施工展开讨论，从综合布线系统的基本概念出发，紧密围绕工程实际，系统、准确、深入地阐述了综合布线系统的设计、施工、测试以及工程管理和验收等内容。

　　本书本着"以职业能力培养为主，知识与能力并重"的指导思想，充分考虑了高等职业院校教育改革的发展方向和高职院校学生的学习特点，从实用性出发，对综合布线系统进行了全面的介绍，同时避免了对理论进行深入分析。全书共分 7 章。第 1 章简要介绍了综合布线系统的概念、组成及其特点；第 2 章介绍了综合布线系统常用的工程材料及设备；第 3 章详细介绍了综合布线系统各子系统的设计方法与步骤；第 4 章介绍了综合布线系统的施工要求和施工技术；第 5 章介绍了综合布线系统的测试内容及测试工具，以及综合布线系统工程验收的内容与过程；第 6 章介绍了综合布线系统在智能家居中的应用；第 7 章介绍了综合布线工程项目管理的主要内容。

　　本书由天津铁道职业技术学院胡金良、天津职业大学王彦、济源职业技术学院刘书伦担任主编并负责全书统一定稿。参与编写的人员还有内蒙古电子信息职业技术学院杨尚勇、天津铁道职业技术学院张剑、天津渤海职业技术学院许姗、天津石油职业技术学院臧宝升、李洋洋、天津铁道职业技术学院仝明、天津市劳动经济学校张静、天津铁道职业技术学院石文静。石家庄铁路职业技术学院毕丽红主审全书。

　　北京师范大学出版社的编辑对书稿的编写给予了热情鼓励并做了大量而细致的工作，在此表示感谢。此外，编者还参考了大量的相关文献资料，在此向这些作者表示感谢。

　　智能建筑综合布线技术的发展日新月异，高等职业教育改革的探索也在不断深入，而我们的认识和专业水平还很有限，因此，书中难免存在一些疏漏和不足，敬请同行专家和读者能给予批评指正。

　　本书有电子课件或教案，联系电话 010—62977590。

编　者

目 录

第 1 章　　综合布线系统概述

第 1 章　　综合布线系统概述

学习目标

1. 熟悉智能建筑的概念、组成及主要功能；
2. 掌握综合布线系统与智能建筑的关系；
3. 掌握综合布线系统的特点、组成、设计等级、设计指标；
4. 熟悉主要的国际、国内标准。

综合布线系统又称开放式布线系统，是建筑物内或建筑群之间的一个模块化设计、统一标准实施的信息传输网络。它既能使建筑内的语音、数据、图像设备和交换设备与其他信息管理系统彼此相连，也能使这些设备与外部通信网相连接。综合布线系统与智能建筑的发展紧密相关，它是智能建筑的基础设施。

▶ 1.1　智能建筑综合布线系统

智能建筑(Intelligent Building，IB)是信息时代的必然产物，是计算机技术、通信技术、控制技术与建筑技术密切结合的结晶。随着全球社会信息化与经济国际化的深入发展，智能建筑已成为各国综合经济实力的具体象征。同时，在世界各国正在加速建设信息高速公路的今天，智能建筑也是信息高速公路的主节点。因而各国政府和各跨国集团公司都对智能建筑表示出了极大关注。各国政府制定了多种法规、政策以及产品与技术标准以促进智能建筑的发展。

1.1.1　智能建筑的组成

1. 智能建筑的兴起

智能建筑起源于美国。1984 年 1 月，由美国联合技术公司(UTC)在美国康涅狄格(Connecticut)州哈特福德(Hartford)市将一幢旧金融大厦进行改建。楼内主要增添了计算机、数字程控交换机等先进的办公设备以及高速通信线路等基础设施，改建后的大厦称为都市大厦(City Palace Building)。它的建成可以说完成了传统建筑与新兴信息技术相结合的尝试。大楼的客户不必购置设备便可进行语音通信、文字处理、电子邮件传递、市场行情查询、情报资料检索、科学计算等服务。此外，大楼内的供暖、给排水、消防、保安、供配电、照明、交通等系统均由计算机控制，实现了自动化综合管理，使用户感到更加舒适、方便和安全，从而第一次出现了"智能建筑"这一名称。随后，智能建筑蓬勃兴起，以美国、日本兴建最多。在法国、瑞典、英国、泰国、新加坡等国家和我国香港、台湾等地区也方兴未艾，形成在世界建筑业中智能建筑一枝独秀的局面。

智能建筑在我国于 20 世纪 90 年代才起步，但发展势头令世人瞩目。在步入信息社会和国内外正加速建设"信息高速公路"的今天，智能建筑越来越受到我国政府和企

业的重视。智能建筑的建设已成为一个迅速成长的新兴产业。另外，智能家居和智能居住小区等新型智能建筑形式也获得了迅速发展。

2. 智能建筑的概念

智能化建筑的发展历史较短，虽然有关智能建筑的系统描述很多，但目前尚无统一的概念。美国智能建筑学会（AIBI）把智能建筑定义为：智能建筑通过对建筑物的四个基本要素，即结构、系统、服务、管理及其相互内在关联的最优化考虑，提供一个投资合理、高效率、舒适、温馨、便利的建筑环境，并帮助建筑业主、物业管理人员和租用人员达到在费用、舒适、便利和安全等多方面的目标，当然还要考虑长远的系统灵活性及市场能力。修订版的国家标准《智能建筑设计标准》（GB/T 50314－2006）对智能建筑定义为：以建筑物为平台，兼备信息设施系统、信息化应用系统、建筑设备管理系统、公共安全系统等，集结构、系统、服务、管理及其优化组合为一体，向人们提供安全、高效、便捷、节能、环保、健康的建筑环境。其具体内涵是：以综合布线为基础，以计算机网络为桥梁，综合配置建筑内的各种功能子系统，全面实现对通信系统、办公自动化系统、建筑内各种设备（空调、供热、给排水、变配电、照明、电梯、消防、公共安全等）的综合管理。

智能建筑是社会信息化与经济国际化的必然产物，是多学科、高新技术的有机集成。由上述定义可见，智能建筑是多学科跨行业的系统技术与工程。它是现代高新技术的结晶，是建筑艺术与信息技术相结合的产物。随着微电子技术的不断发展，通信技术、计算机技术的应用普及，建筑物内的所有公共设施都可以采用智能系统来提高建筑的服务能力。

3. 智能建筑的组成

智能建筑是在传统建筑的基础上增加了自动化系统，包括建筑设备自动化系统（Building Automation System，BAS）、办公自动化系统（Office Automation System，OAS）、通信自动化系统（Communication Automation System，CAS），即所谓的3A系统。智能系统所用的主要设备通常放置在智能化建筑内的系统集成中心（System Integrated Center，SIC），它通过建筑物综合布线（Generic Cabling，GC）与各种终端设备，如通信终端（电话机、传真机等）和传感器（如烟雾、压力、温度、湿度等传感器）连接，"感知"建筑内各个空间的"信息"，并通过计算机处理给出相应的对策，再通过通信终端或控制终端（如步进电机、各种阀门、电子锁、开关等）给出相应的反应，对大楼的供配电、空调、给排水、照明、消防、保安、交通、数据通信等全套设施都实施按需服务控制，使大楼具有某种"智能"。由此可知，智能建筑是由智能化建筑环境内的系统集成中心利用综合布线连接并控制"3A"系统组成的。其系统组成示意图如图1.1所示。

因此，智能建筑具有四大特征，即建筑自动化（BA）、办公自动化（OA）、通信自动化（CA）和布线综合化。

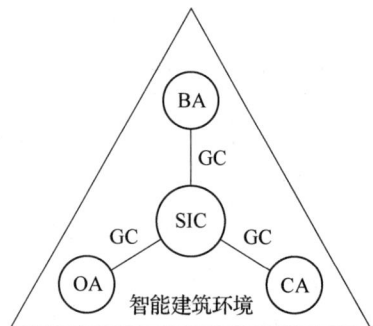

图 1.1　智能建筑组成示意图

综合布线系统组成和功能如图1.2所示。

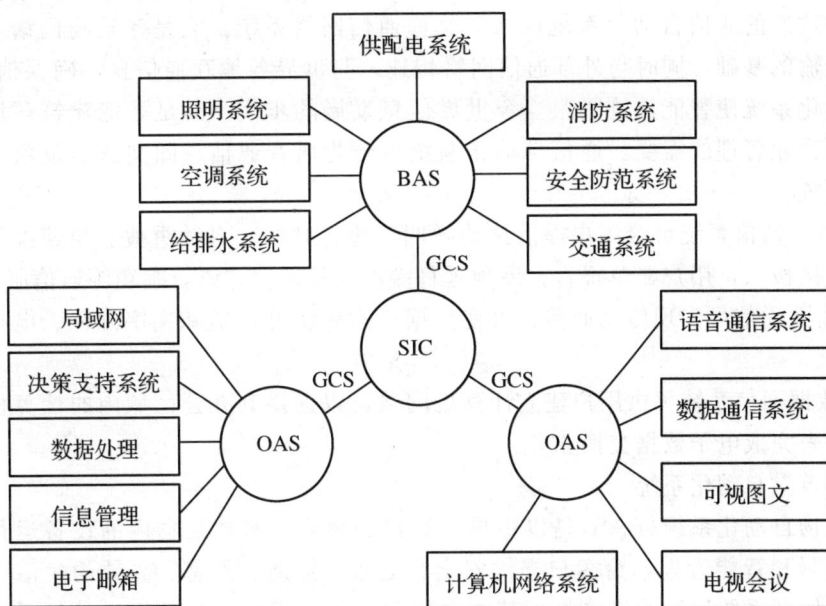

图 1.2　智能建筑组成及功能

1）系统集成中心

系统集成中心（SIC）也称为系统控制中心，具有对各个智能化系统信息汇集和各类信息综合管理的功能，并要达到以下具体要求：

①汇集建筑物内外各类信息，接口界面要标准化、规范化，以实现各子系统之间的信息交换及通信。

②对建筑物各个子系统进行综合管理。

③对建筑物内的信息进行实时处理，并且具有很强的信息处理及信息通信能力。

2）综合布线系统

综合布线系统（GCS）是由线缆及相关连接硬件组成的建筑物或建筑群内部之间的信息传输网络，它能使建筑物或建筑群内部的语音、数据通信设备，建筑物物业管理及建筑物自动化管理设备等系统之间彼此相连，也能使建筑物内通信网络设备与外部的通信网络设备相连接。综合布线系统采用积木式结构、模块化设计、统一的技术标准。它是智能建筑连接"3A"系统以传送各类信息所必备的基础设施。

3）办公自动化系统

办公自动化是智能建筑基本功能之一。办公自动化系统（OAS）是指办公人员利用先进的办公设备，实现办公科学化、自动化，改善办公条件，提高办公质量和效率，减少和避免各种差错与弊端，提高管理及决策水平。可见，它是利用先进的科学技术，将人的部分办公业务活动物化于人以外的各种设备中，并由这些设备与办公人员构成服务于某种目标的人机信息处理系统。

办公自动化系统需要配置声音、图像、符号、文字、电话、电报、传真等数据传输设备，复印、激光照排与打印设备，计算机、各种网络设备及电子邮件等。另外还需配置管理与决策支持等办公自动化软件。

4）通信自动化系统

智能建筑的通信自动化系统（CAS）又称通信网络系统。它是建筑物内语音、数据和图像传输的基础，同时与外部通信网络相连，与世界各地互通信息，确保信息畅通。通信自动化系统使智能建筑紧跟当今世界信息发展的步伐，满足智能建筑环境内办公自动化和物业管理的需要。通信自动化系统可分为语音通信、图文通信及数据通信等三个子系统。

① 语音通信系统可给用户提供预约呼叫、等待呼叫、自动重拨、快速拨号、转移呼叫、直接拨入，用户账单报告、屋顶远程端口卫星通信、语音邮箱等通信服务。

② 图文通信可实现传真通信、可视数据检索等图像通信和文字邮件、电视会议通信业务等。

③ 数据通信系统可供用户建立计算机网络，以连接其办公区域内的计算机及其他外部设备来完成电子数据交换业务。

5）建筑物自动化系统

建筑物自动化系统（BAS）是以中央计算机为核心，对建筑物内的设备运行状况进行实时控制和智能管理，给客户提供安全、健康、舒适、温馨、高效的生活与工作环境，并能保证系统运行的经济性。其中主要包括火灾报警与消防联动控制系统、安全防范系统、空调及通风监控系统、供配电及备用应急电站监控系统、照明监控系统、给排水监控系统、交通监控系统等内容。

BAS 系统日夜不停地对建筑的各种机电设备的运行情况进行监控，采集各处现场资料，自动加以处理，并按预置程序和随机指令进行控制。因此，采用建筑物自动化系统具有如下优点：

① 集中统一地进行监控和管理，既可节省大量人力，又可提高管理水平。

② 可建立完整的设备运行档案，加强设备管理，制订检修计划，确保建筑物设备的运行安全。

③ 可实时监测电力用量、最优开关运行和工作循环最优运行等多种能量监控，节约能源，提高经济效益。

1.1.2 综合布线系统的概念

在智能建筑（楼宇、小区）的建筑物或建筑群中，为了满足信息传递与楼宇管理的需要，除了计算机网络系统外，还包括电话交换、数据终端、视频设备、采暖通风空调、消防系统、监视系统以及能源控制系统等。因此，要根据不同需要配置各种布线系统将上述各种设备连接起来，早期是采用传统布线方式来连接设备构成相应的应用系统。

传统的布线是以满足各个系统不同应用需要而独立设计与安装的，其致命弱点如下：

① 系统不兼容：各子系统分别独立设计，各系统互不关联，互不兼容；

② 设备相关性：各系统的终端设备只在本系统内有效，超出本系统则不被支持；

③ 工程协调难：工程施工分别进行而难以协调，造价高，工程完工后统一管理较难；

④ 灵活性差：缺乏统一的技术标准与统一的传输介质，系统一经确定难以更改。

随着全球社会信息化与经济国际化的深入发展，人们对信息共享的需求日益迫切，急切需要一个适合信息时代的布线方案。如果有一个单一的开放式综合性布线系统可以把建筑物或建筑群内的所有语音设备、数据处理设备、影视设备以及传统的大楼管理系统集成在一个布线系统中，统一设计、统一安排，这样不但减少了安装空间，减少了改动费用、维修和管理费用，而且能以较低的成本及可靠的技术接驳最新型的系统。

20 世纪 80 年代末期，美国朗讯科技(原 AT&T)公司的贝尔(Bell)实验室的专家们经过多年的研究，在该公司的办公楼和工厂试验成功的基础上，率先推出了结构化布线系统(Structured Cabling System)，其代表产品是 SYSTIMAX PDS(建筑与建筑群综合布线系统)。

我国在 20 世纪 80 年代末期开始引入综合布线系统，90 年代中后期综合布线系统得到了迅速发展。目前，现代化建筑中广泛采用综合布线系统，"综合布线"已成为我国现代化建筑工程中的热门课题，也是建筑工程、通信工程设计及安装施工相互结合的一项十分重要的内容。

综合布线系统又称开放式布线系统，也称建筑物结构化综合布线系统(Structured Cabling System，SCS)，它是建筑物内或建筑群之间的一个模块化设计、统一标准实施的信息传输网络，它解决了传统布线中不易解决的设备更新调整后重新布线的问题，它既能使语音、数据、图像设备和交换设备与其他信息管理系统彼此相连，也能使这些设备与外部通信网相连接，包括建筑物到外部网络或电信线路上的连接点与应用系统设备之间的所有电缆及相关联的布线部件。综合布线系统由不同系列和规格的部件组成，其中包括：传输介质、相关连接硬件(如配线架、连接器、插座、插头、适配器)以及电气保护设备等。

总之，综合布线系统与智能建筑的发展紧密相关，是智能建筑的基础设施，它为 BAS、OAS、CAS 提供相互连接的有效手段，成为了智能化建筑中的神经系统。

1.1.3　智能建筑与综合布线的关系

综合布线系统是伴随着智能建筑的发展而崛起的。作为智能化建筑中的神经系统，综合布线系统是智能建筑的关键部分和基础设施之一，因此，它们之间的关系极为密切。具体表现有以下几点：

(1)综合布线系统是衡量智能建筑智能化程度的重要标志

在衡量智能建筑的智能化程度时，需要评价建筑物内综合布线系统的配线能力，例如，设备配置是否成套，技术功能是否完善，网络分布是否合理，工程质量是否优良，这些都是决定建筑智能化品质的重要因素。

(2)综合布线系统是智能建筑中必备的基础设施

由于综合布线系统具有兼容、可靠、使用灵活和管理科学等特点，因而能适应智能建筑内的通信、计算机和各种设施以及设备当前的需要和今后的发展，所以它是智能建筑能够保证高效优质服务必备的基础设施。

(3)综合布线系统是智能建筑内部联系和对外通信的传输网络

综合布线系统除了在智能建筑中是内部信息网络系统的组成部分外，对外还必须与公用通信网连接成一个整体，成为公用通信网基础网络。因此，综合布线系统是智能建筑的内部和对外并重的通信传输网络。

（4）综合布线系统能适应智能建筑今后发展的需要

土木建筑，百年大计，一次性的投资很大。在当前情况下，全面实现建筑智能化是有难度的，然而又不能等到资金全部到位，再去开工建设。这样会失去时间和机遇。综合布线为解决这一矛盾提供了最佳途径。

综合布线系统犹如智能建筑内的一条高速公路，可以统一规划、统一设计，在建筑物建设阶段投资整个建筑物的 3‰～5‰ 资金，将先进的线缆综合布放在建筑物内。至于楼内安装或增设什么应用系统，就完全可以根据时间和需要、发展与可能来决定了。因此，新兴建筑如何与时代同步，如何能适应科技发展的需要，又不增加过多的投资，积极采用综合布线系统才是最佳选择。由于智能建筑综合布线系统具有高度的适应性和灵活性，所以能在今后相当长的一段时间内满足通信发展的需要。

（5）综合布线系统必须与房屋建筑融为一体

综合布线系统和房屋建筑既是不可分离的整体，又是不同类型和性质的工程建设项目。综合布线系统分布在智能建筑内，必然会有相互融合的需要，同时也有可能彼此产生矛盾。所以，在综合布线系统的工程设计、安装施工和使用管理的过程中应经常与建筑工程设计、施工、建设等有关单位密切配合，寻求合理的方式解决问题。

1.1.4　综合布线系统的特点

综合布线系统同传统的布线相比较，有许多优越性，是传统布线所无法企及的。其特点主要表现为它的兼容性、开放性、灵活性、可靠性、先进性和经济性，而且在设计、施工和维护方面也给人们带来了许多方便。

1. 兼容性

所谓兼容性是指它是一个完全独立的系统，与应用系统相对无关，却可以适用于多种应用系统。

过去，为一座大楼或一个建筑群内的语音或数据线路布线时，往往采取不同厂家生产的电缆线、配线插座以及接头等。例如，程控用户交换机通常采用双绞电话线，而计算机网络系统则可能采用粗同轴电缆或细同轴电缆。这些不同的设备使用不同的配线材料，而连接这些不同配线的接头、插座及端子板也各不相同，彼此互不相容。一旦需要改变终端机或电话机位置时，就必须敷设新的线缆，以及安装新的插座和接头。

综合布线系统将语音、数据与监控设备的信号线经过统一的规划和设计，采用相同的传输介质、信息插座、交连设备、适配器等，把这些不同的信号综合到一套标准的布线中。由此可见，这个布线比传统布线大为简化，这样可节约大量的物资、时间和空间。在使用时，用户可不用确定某个工作区的信息插座的具体应用，只要把某种终端设备（如个人计算机、电话、视频设备等）插入这个信息插座，然后在管理间和设备间的交连设备上做相应的跳线操作，这个终端设备就被接入到各自的系统中了。

2. 开放性

所谓开放性是指它能够支持任何厂家的任何网络产品，支持任何网络结构。

在传统的布线方式下，只要用户选定了某种设备，也就选定了与之相适应的布线。对于传统的布线方式，只要用户选定了某种设备，也就选定了与之相适应的布线方式和传输介质。如果更换另一设备，那么原来的布线就要全部更换。可以想象，对于一个已经完工的建筑物，这种变化是十分困难的，要增加很多投资。

综合布线系统由于采用开放式体系结构，符合多种国际上现行的标准，因此，它几乎对所有著名厂商的产品，如计算机设备、交换机设备等都是开放的。并对几乎所有的通信协议也是支持的。

3. 灵活性

所谓灵活性是指布线系统的任何信息点都能够连接不同类型的设备，如计算机、打印机、终端、服务器、监视器等。而传统的布线方式是封闭的，其体系结构是固定的，若要迁移设备或增加设备会相当困难，甚至是不可能的。

综合布线系统采用标准的传输线缆和相关连接硬件，模块化设计，因此，所有通道都是通用的。所有设备的开通及更改均不需改变布线，只需增减相应的应用设备以及在配线架上进行必要的跳线处理即可。

4. 可靠性

综合布线系统采用高品质的材料和组合压接的方式构成一套高标准信息传输通道。所有线缆和相关连接件均通过 UL、CSA 和 ISO 认证，每条通道都要采用专用仪器测试链路阻抗、衰减及串扰等参数，以保证其电气性能。应用系统布线全部采用点到点端接，任何一条链路故障均不影响其他链路的运行，为链路的运行维护及故障检修提供了方便，且各应用系统采用相同传输介质，可互为备用，从而保障了应用系统的可靠运行。

5. 先进性

综合布线系统采用光纤与双绞线电缆混合的布线方式，极为合理地构成一套完整的布线体系。所有布线都采用世界上最新通信标准，链路均按八芯双绞线配置，5 类及以上双绞线的数据传输速率可达到 100Mb/s 以上，对于特殊用户的需求，可把光纤引到桌面(Fiber To The Desk，FTTD)，实现千兆数据传输的应用；干线的语音部分用电缆，数据部分用光缆，为同时传输多路实时多媒体信息提供足够的裕量。

6. 经济性

衡量一个建筑产品的经济性，应该从两个方面加以考虑，即初期投资与性能价格比。一般说来，用户总是希望建筑物所采用的设备在开始使用时应该具有良好的实用特性，而且还应该有一定的技术储备，即在今后的若干年内应在不增加新的投资情况下，还能保持建筑物的先进性。与传统的布线方式相比，综合布线就是一种既具有良好的初期投资特性，又具有很高的性能价格比的高科技产品。综合布线系统可以兼容各种应用系统，又考虑了建筑内设备的变更及科学技术的发展，因此可以确保大厦建成后的较长一段时间内，满足用户应用不断增长的需求，节省了重新布线的额外投资。

1.1.5 综合布线的适用范围

目前，智能建筑综合布线系统的应用范围有两类：一类是单栋的建筑，如智能大厦；另一类是由若干建筑物构成的建筑群，如智能化小区、智能化校园等。

根据国际和国内标准，综合布线系统应能适应任何建筑物的布线，可以支持语音、数据和视频等各种应用，但要求建筑物的跨距不超过 3 000m，建筑总面积不超过 100 万 m^2 的布线区域，区域内人员为 50～50 000 名。

综合布线系统按应用场合分类，除建筑与建筑群综合布线系统(PDS)外，还有两种

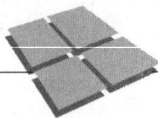

布线系统，即智能大楼布线系统(IBS)和工业布线系统(IDS)。它们的原理和设计方法基本相同，差别是 PDS 以商务环境和办公自动化环境为主；IBS 以大楼环境控制和管理为主；IDS 则以传输各类特殊信息和适应快速变化的工业通信为主。

在本书中侧重讨论建筑与建筑群综合布线(PDS)，并且将建筑与建筑群综合布线简称为综合布线(GC)。

▶ 1.2 综合布线系统的组成与设计等级

1.2.1 综合布线系统的组成

综合布线系统采用模块化的结构，《综合布线系统工程设计规范》(GB 50311－2007)国家标准规定，在综合布线系统工程设计中，宜按照下列七个部分进行：工作区、配线(水平)、干线(垂直)、建筑群、设备间、进线间、管理间等子系统。

在本标准中根据近年来中国综合布线工程应用实际，新增加了进线间的规定，能够满足不同运营商接入的需要，同时针对日常应用和管理需要，特别提出了综合布线系统工程管理问题。如图 1.3 为综合布线系统各个子系统示意图。

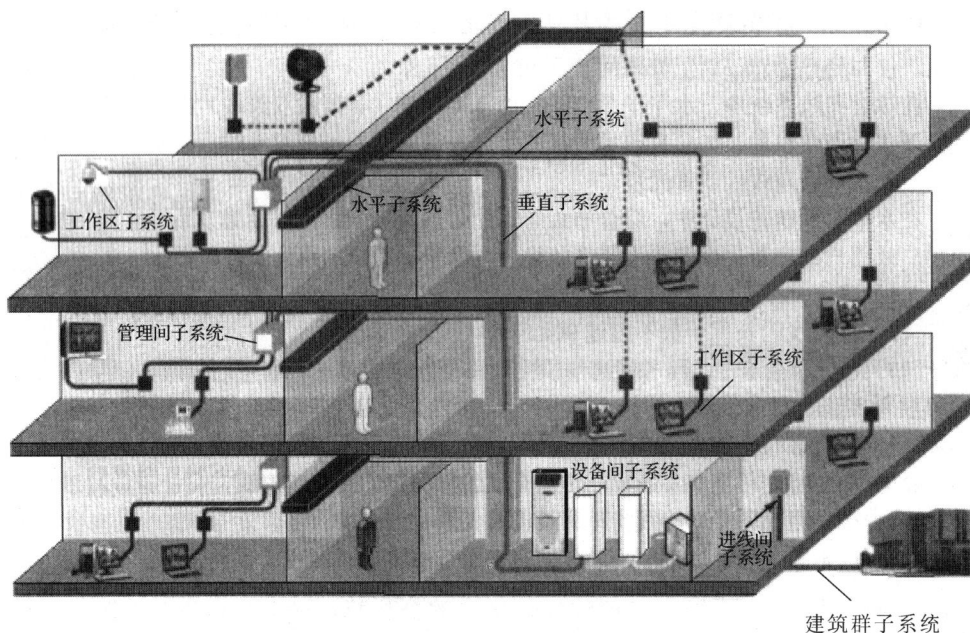

图 1.3 综合布线各子系统示意图

1. 工作区子系统

工作区子系统又称为服务区子系统，它由跳线与信息插座所连接的设备组成。其中信息插座包括墙面型、地面型、桌面型等，常用的终端设备包括计算机、电话机、传真机、报警探头、摄像机、监视器、各种传感器件、音响设备等。

在进行终端设备和 I/O 连接时可能需要某种传输电子装置，但这种装置并不是工作区子系统的一部分，如调制解调器可以作为终端与其他设备之间的兼容性设备，为传输距离的延长提供所需的转换信号，但却不是工作区子系统的一部分。

2. 水平(配线)子系统

水平子系统又称为配线子系统，它由工作区信息插座模块、模块到楼层管理间连接缆线、配线架、跳线等组成。实现工作区信息插座和管理间子系统的连接，包括工作区与楼层管理间之间的所有电缆、连接硬件(信息插座、插头、端接水平传输介质的配线架、跳线架等)、跳线线缆及附件。一般采用星形结构，它与垂直子系统的区别是：水平干线系统总是一个楼层上，仅与信息插座、楼层管理间子系统连接。

在综合布线系统中，水平子系统通常由 4 对 UTP(非屏蔽双绞线)组成，能支持大多数现代化通信设备，如果有磁场干扰或信息保密时可用屏蔽双绞线，而在高带宽应用时，宜采用光缆。

3. 干线(垂直)子系统

干线子系统又称垂直干线子系统，简称垂直子系统。它由设备间和楼层配线间之间的连接线缆组成，是建筑物综合布线系统的主干部分。线缆一般为大对数双绞线或多芯光缆，两端分别端接在设备间和楼层配线间的配线架上，实现主配线架与中间配线架，计算机、PBX、控制中心与各管理子系统间的连接。干线子系统的线缆常常设在建筑内专用的上升管路、电缆竖井或上升房内。

4. 管理间子系统

管理间也称为电信间或者配线间，又称弱电间。一般设置在每个楼层的中间位置。对于综合布线系统设计而言，管理间主要安装建筑物配线设备，是专门安装楼层布线机柜、配线架、交换机的房间。管理间子系统也是连接垂直子系统和水平干线子系统的设备。当楼层信息点很多时，可以设置多个管理间。管理是针对设备间、电信间和工作区的配线设备、缆线等设施，按一定的模式进行标识和记录的规定。内容包括管理方式、标识、色标、连接等。这些内容的实施，将给今后维护和管理带来很大的方便，有利于提高管理水平和工作效率。特别是较为复杂的综合布线系统，如采用计算机进行管理，其效果将十分明显。

5. 设备间子系统

设备间在实际应用中一般称为网络中心或者机房，是在每栋建筑物适当地点进行网络管理和信息交换的场地。其位置和大小应该根据系统分布、规模以及设备的数量来具体确定，通常由线缆、连接器和相关支撑硬件组成，通过缆线把各种公用系统设备互连起来。主要设备有计算机网络设备、服务器、防火墙、路由器、程控交换机、楼宇自控设备主机等，它们可以放在一起，也可分别设置。

在较大型的综合布线中，也可以把与综合布线密切相关的硬件设备集中放在设备间，其他计算机设备、数字程控交换机、楼宇自控设备主机等可以分别设置单独机房，这些单独的机房应该紧靠综合布线系统设备间。

6. 进线间子系统

进线间是建筑物外部通信和信息管线的入口部位，并可作为入口设施和建筑群配线设备的安装场地。进线间是 GB 50311 国家标准在系统设计内容中专门增加的，要求在建筑物前期系统设计中要有进线间，以满足多家运营商业务需要，避免一家运营商自建进线间后独占该建筑物的宽带接入业务。进线间一般通过地埋管线进入建筑物内部，宜在土建阶段实施。

建筑群主干电缆和光缆、公用网和专用网电缆、光缆及天线馈线等室外缆线进入建筑物时，应在进线间成端转换成室内电缆、光缆。根据具体建筑以及布线情况，可考虑将进线间纳入设备间。

7. 建筑群子系统

建筑群子系统也称为楼宇子系统，主要实现楼与楼之间的通信连接，一般采用大对数电缆和光缆并配置相应设备，它支持楼宇之间通信所需的硬件，包括缆线、端接设备和电气保护装置。设计时应考虑布线系统周围的环境，确定楼间传输介质和路由，并使线路长度符合相关网络标准规定。

我国通信行业标准《大楼通信综合布线系统第一部分总规范》(YD/T 926.1—2001)以国际标准为基础，优化综合布线设计、施工和测试验收过程，规定综合布线系统分为3个布线子系统：即建筑群主干布线子系统、建筑物主干布线子系统和水平布线子系统，其基本组成如图1.4所示。工作区布线为非永久性部分，工程设计和施工一般不列在内，所以不包括在综合布线系统工程中。

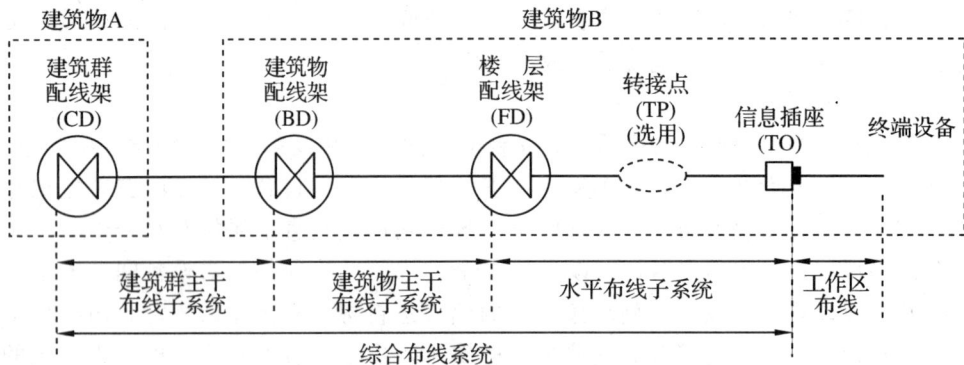

图1.4 综合布线系统结构组成

1）建筑群主干布线子系统

从建筑群配线架(CD)到各建筑物配线架(BD)的布线属于建筑群主干布线子系统。该子系统包括建筑群干线电缆、建筑群干线光缆及其在建筑群配线架和建筑物配线架上的机械终端及建筑群配线架上的接插线和跳线。

2）建筑物主干布线子系统

从建筑物配线架(BD)到各楼层配线架(FD)的布线属于建筑物主干布线子系统。该子系统包括建筑物干线电缆、建筑物干线光缆及其在建筑物配线架和楼层配线架上的机械终端及建筑物配线架上的接插线和跳线。

建筑物干线电缆、建筑物干线光缆应直接端接到有关的楼层配线架，中间不应有转接点或接头。

3）水平布线子系统

从楼层配线架(FD)到各信息插座(TO)的布线属于水平布线子系统，该子系统包括水平电缆、水平光缆及其在楼层配线架上的机械终端、接插线和跳接线。

水平电缆、水平光缆一般直接连接到信息插座。必要时，楼层配线架和每个信息插座之间允许有一个转接点(TP)。进入与接出转接点的电缆线对或光纤应按1∶1连接以保持对应关系。转接点处的所有电缆、光缆应作为机械终端。转接点处只包括无源连接硬件，应用设备不应在这里连接。用电缆进行转接时，所用的电缆应符合对对称电缆的附加串扰要求。

转接点处宜为永久性连接，不应作配线用。

4）工作区布线

工作区布线是用接插线把终端设备连接到工作区的信息插座上。工作区布线随着应用系统的终端设备不同而改变，因此它是非永久性的。

工作区电缆、工作区光缆的长度及传输特性应有一定的要求。若不符合这些要求，可能影响某些系统的应用。

1.2.2　综合布线系统拓扑结构

把综合布线系统中的基本单元（接续器件）定义为节点，两个相邻节点之间的连接线缆称为链路。从拓扑学观点来看，综合布线系统可以说是由一组节点和链路组成的，节点和链路的几何图形就是综合布线系统的拓扑结构。

通常，每个建筑群有一个建筑群配线架（CD），每个建筑物有一个建筑物配线架（BD），每层楼有一个楼层配线架（FD），在每个工作区配有相应的信息出口（TO），这些连接器件与传输介质构成的拓扑结构，可因节点的连接方式不同，得到不同的结构。

综合布线系统拓扑结构主要有星形、总线形、环形等。拓扑结构的选择，要考虑建筑物的结构、几何形状、预定用途以及用户意见等信息。一般来说，选择拓扑结构时应注意下列基本原则：

①可靠性。拓扑结构的选择要使故障检测和故障隔离较为方便。

②灵活性。应用系统的终端分布在各工作区，要考虑到在增加、移动或拆除一些终端（设备）时，很容易重新配置成不同的拓扑结构，不致使整个应用系统停止工作。

③可扩充性。新建的建筑物要预留弱电间作为楼层配线间，并留有一定的扩展空间。链路要选择路由最短、最安全，且易于安装和扩充。

由于星形拓扑结构具有维护管理容易、重新配置灵活以及故障隔离和监测容易等优点，因此，综合布线系统采用分层星形拓扑结构。分层星形拓扑结构以建筑群配线架（CD）为中心，以若干个建筑物配线架（BD）为中间层，再下层为楼层配线架（FD）和通信出口（TO），如图1.5所示。该结构针对的是多个建筑物构成的建筑群体，结构中的每个分支子系统都是相对独立的单元，对每个分支子系统的改动都不影响其他子系统。

如果建筑群仅由一个建筑物组成，而且这个建筑物很小，一个建筑物配线架足够使用时，就可不设建筑群配线架，若楼层不高，且信息点少，甚至只用一个楼层配线架即可满足需要，这样可采用更为简单的星形拓扑结构。

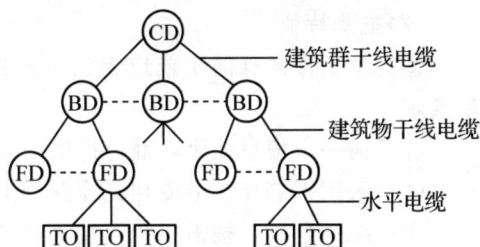

图1.5　分层星形拓扑结构

若想改变综合布线系统的拓扑结构，只需在设备间、楼层配线间或二级交接间的配线架上，采用接插软线或跳线即可实现星形、总线形、环形之间的拓扑结构转换。

需要说明的是，在实际工作中，还常常将两种或多种拓扑结构有机地结合起来，即所谓的混合拓扑结构。

1.2.3　综合布线系统设计等级

建筑物综合布线系统的设计等级完全取决于客户的需求，不同的要求可给出不同的设计等级。通常，为了使综合布线工程系列化、具体化，将综合布线系统设计等级分为三大类，即基本型综合布线系统、增强型综合布线系统和综合型综合布线系统。

1. 基本型综合布线系统

基本型综合布线系统方案突出特点就是能够满足用户语音或数据等基本使用要求，不考虑更多未来变化需求，争取以高性价比方案满足用户要求。一般用于配置标准较低的场合。

（1）基本配置

①每个工作区有一个信息插座；

②每个信息插座的配线电缆是一条 4 对非屏蔽双绞线对称电缆；

③接续设备全部采用夹接式交接硬件；

④每个工作区的干线电缆至少有 2 对双绞线。

（2）主要特征

①能够支持所有语音和数据传输应用；

②工程程造价较低，基本采用铜芯导线电缆组网；

③便于维护人员维护、管理，技术要求不高；

④能够支持众多厂家的产品设备和特殊信息的传输；

⑤采用气体放电管式过压保护和能够自恢复的过流保护。

2. 增强型综合布线系统

增强型综合布线系统不仅支持语音和数据的应用，还支持图像、影像、影视、视频会议等。它具有为增加功能提供发展的余地，并能够利用接线板进行管理，适用于中等配置标准的场合。

（1）基本配置

①每个工作区应为独立的配线子系统，有两个或以上的信息插座；

②每个工作区的配线电缆是两条 4 对非屏蔽双绞线对称电缆；

③接续设备全部采用夹接式或插接式交接硬件；

④每个工作区的干线电缆至少有 3 对双绞线。

（2）主要特征

①每个工作区有两个或以上的信息插座，不仅灵活机动、功能齐全，还能适应发展要求；

②任何一个信息插座，都可提供语音和数据等多种服务；

③可采用铜芯导线电缆和光缆混合组网；

④可统一色标，按需要利用端子板进行管理，维护简单方便；

⑤能适应多种产品的要求，具有适应性强、经济有效等特点；

⑥采用气体放电管式过压保护和能够自恢复的过流保护。

3. 综合型综合布线系统

综合型适用于综合布线系统中配置标准较高的场合，使用铜芯双绞线和光缆组网，能适用于规模较大的智能大厦的应用需求。

（1）基本配置

①综合型综合布线系统是在基本型或增强型综合布线系统的基础上增设光缆系统，其余与基本型或增强型相同；

②每个工作区设备配置满足各种类型的配备要求。

（2）主要特征

①每个工作区有两个以上的信息插座，不仅灵活机动、功能齐全，还能适应今后发展要求；

②任何一个信息插座都可提供语音和数据系统等多种服务；

③采用以光缆为主与铜芯导线电缆混合组网；

④利用端子板管理，使用统一色标，简单方便，有利于维护；

⑤能适应多种产品的要求，具有适应性强、经济有效等特点。

所有基本型、增强型和综合型综合布线系统都能支持语音/数据等业务，能随智能建筑工程的需要升级布线系统，它们之间的主要差异体现以下两点：①支持语音和数据业务所采用的方式；②在移动和重新布局时实施线路管理的灵活性。

▶ 1.3　综合布线系统常用标准

随着综合布线系统技术的不断发展，许多新的布线产品、系统和解决方案不断出现。国际和国内的各标准化组织都在努力制定新的布线标准，以满足技术和市场的需求，标准的完善又会使市场更加规范化。

目前，主要的标准体系有美国标准、国际标准、欧洲标准以及国内标准。熟悉和了解网络综合布线系统现行标准对于系统设计、项目实施、验收和维护是非常重要的。无论哪种标准，其标准要点如下：

1. 目的

（1）规范一个通用语音和数据传输的电信布线标准，以支持多设备、多用户的环境。

（2）为服务于商业的电信设备和布线产品的设计提供方向。

（3）能够对商用建筑中的结构化布线进行规划和安装，使之能够满足用户的多种电信要求。

（4）为各种类型的线缆、连接件以及布线系统的设计和安装建立性能和技术标准。

2. 范围

（1）标准针对的是"商业办公"电信系统。

（2）布线系统的使用寿命要求在 10 年以上。

3. 标准内容

标准内容为所用介质、拓扑结构、布线距离、用户接口、线缆规格、连接件性能、安装程序等。

4. 几种布线系统涉及范围和要点

（1）水平干线布线系统：涉及水平跳线架，水平线缆；线缆出入口/连接器，转接点等。

（2）垂直干线布线系统：涉及主跳线架、中间跳线架；建筑外主干线缆、建筑内主干线缆等。

（3）UTP布线系统：目前主要使用5类、超5类和6类布线系统，但7类布线产品也已经上市，并已开始使用。

（4）光纤布线系统：在光纤布线中分水平子系统和干线子系统，它们分别使用不同类型的光纤。

① 水平子系统：$62.5/125\mu m$ 多模光纤（入、出口有2条光纤）；

② 干线子系统：$62.5/125\mu m$ 多模光纤或 $10/125\mu m$ 单模光纤。

综合布线系统标准是一个开放型的系统标准，按照综合布线系统进行布线，会为用户今后的应用提供方便，也保护了用户的投资，使用户投入较少的费用，便能向高一级的应用范围转移。

1.3.1 综合布线系统标准化组织机构

随着综合布线系统技术的不断发展，与之相关的国内和国际标准也更加规范化、标准化和开放化。国际标准化组织和国内标准化组织都在努力制定更新标准以满足技术和市场的需求，标准的完善也使市场更加规范化。

中国综合布线系统标准的主管部门为工业和信息化部，批准部门为建设部，具体由中国工程建设标准化协会信息通信专业委员会综合布线工作组负责编制。

以下为综合布线相关国际标准组织与机构：

◇ ANSI 美国国家标准协会 American National Standards Institute

◇ BICSI 国际建筑业咨询服务 Building Industry Consulting Service International

◇ CCITT 国际电报和电话协商委员会 Consultative Committee on International Telegraphy and Telephony

◇ EIA 电子行业协会 Electronic Industries Association

◇ ICEA 绝缘电缆工程师协会 Insulated Cable Engineers Association

◇ IEC 国际电工委员会 International Electrotechnical Commission

◇ IEEE 美国电气与电子工程师协会 Institute of Electrical and Electronics Engineers

◇ ISO 国际标准化组织 International Standards Organization

◇ ITU-TSS 国际电信联盟——电信标准化分部 International Telecommunications Union——Telecommunications Standardization Section

◇ NEMA 美国国家电气制造商协会 National Electrical Manufacturers Association

◇ NFPA 美国国家防火协会 National Fire Protection Association

◇ TIA 美国电信行业协会 Telecommunications Industry Association

◇ UL 安全实验室 Underwriters Laboratories

◇ ETL 电子测试实验室 Electronic Testing Laboratories

◇ FCC 美国联邦电信委员会 Federal Communications Commission(U. S.)

◇ NEC 美国国家电气规范 National Electrical Code(issued by the NFPA in the U. S.)

◇ CSA 加拿大标准协会 Canadian Standards Association

◇ ISC 加拿大工业技术协会 Industry and science Canada

◇ SCC 加拿大标准委员会 Standards Council of Canada

这些组织都在不断努力制定更新的标准以满足技术和适应市场的需求。

1.3.2　综合布线系统主要国际标准

1. 美国标准(美洲标准)

1)TIA/EIA568

最早的综合布线标准起源于美国,1991 年 7 月,美国国家标准协会制定了 TIA/EIA 568商业建筑物电信布线标准,经改进后于 1995 年 10 月正式将 TIA/EIA 568 修订为 TIA/EIA 568A 标准。随着更高性能产品的出现和市场应用需要的改变,2001 年 4 月,新的标准 TIA/EIA 568B 发布并取代了原有标准 TIA/EIA 568A。568B 和 568A 相比,加入 568A 以后各个增编部分(A1~A5)、临时标准和各个技术公告(TSB)。

TIA/EIA 568B 分为以下三个部分:

(1)TIA/EIA 568B.1:第一部分,一般要求。该标准着重于水平和主干布线拓扑、距离、介质选择、工作区连接、开放办公布线、电信与设备间、安装方法以及现场测试等内容。它集合了 TSB 67,TSB 72,TSB 75,TSB 95,ANSI/EIA/TIA 568 A2、A3、A5,EIA/TIA/IS 729 等标准中的内容。

(2)TIA/EIA 568B.2:第二部分,平衡双绞线布线系统。该标准着重于平衡双绞线电缆、跳线、连接硬件的电气和机械性能规范以及部件可靠性测试规范、现场测试仪性能规范、实验室与现场测试仪比对方法等内容。它集合了 ANSI/EIA/TIA 568 A1 和部分 ANSI/EIA/TIA 568 A2、A3、A4、A5,IS 729,TSB 95 等标准中的内容。它有一个增编 B.2,是目前第一个关于 6 类布线系统的标准。

(3)TIA/EIA 568B.3:第三部分,光纤布线部件标准。该标准定义了光纤布线系统的部件和传输性能指标,包括光缆、光跳线和连接硬件的电气与机械性能要求,器件可靠性测试规范,现场测试性能规范。

2)其他 TIA/EIA 标准

◇ TIA/EIA 569A:商业建筑物电信布线通道和空间标准

◇ TIA/EIA 570A:住宅电信布线标准

◇ TIA/EIA 606:商业建筑电信基础设施管理标准

◇ TIA/EIA 607:商业建筑物接地和接线规范

◇ TIA/EIA 729:100Ω 外屏蔽双绞线布线的技术规范

◇ TIA/EIA TSB 36:非屏蔽双绞线附加参数(包含 1 类至 5 类线的定义)

◇ TIA/EIA TSB 40:非屏蔽双绞线连接硬件的附加传输参数

◇ TIA/EIA TSB 67:非屏蔽双绞线布线系统传输性能现场测试规范

◇ TIA/EIA TSB 72:集中式光缆布线准则

◇ TIA/EIA TSB 75:大开间办公环境的附加水平布线惯例

◇ TIA/EIA TSB 95:100Ω4 对 5 类布线附加传输性能指南

2. 国际标准

国际标准化组织/国际电工技术委员会(ISO/IEC)于 1988 年开始,在美国国家标准协会制定的有关综合布线标准基础上修改,1995 年 7 月正式公布《ISO/IEC 11801:1995(E)信息技术——用户建筑物综合布线》,作为国际标准,供各个国家使用。该标

准在许多方面与 TIA/EIA 568A 标准相似，但有一些术语、定义上的区别。目前该标准有三个版本：

◇ ISO/IEC 11801：1995

◇ ISO/IEC 11801：2000

◇ ISO/IEC 11801：2002

ISO/IEC 11801：1995 是第一版。

修订版 ISO/IEC 11801：2000 修正了对链路的定义。ISO/IEC 认为以往的链路定义应被永久链路和通道的定义所取代。此外，该标准还规定了永久链路和通道的等效远端串扰 ELFEXT、综合近端串扰、传输延迟。而且，修订稿也将提高近端串扰等传统参数的指标。应当注意的是，修订稿的颁布，可能使一些全部由符合现行 5 类布线标准的线缆和元件组成的系统达不到 D 级类系统的永久链路和通道的参数要求。

ISO/IEC 11801：2002 是第二版，于 2002 年 9 月正式公布，新标准定义了 6 类、7 类线缆的标准，给布线技术带来革命性的影响。规范把 5 类 D 级(Cat 5/Class D)的系统按照超 5 类(Cat 5e)重新定义，以确保所有的 5 类(Cat 5/Class D)系统均可运行千兆位以太网。更为重要的是，6 类(Cat 6/Class E)和 7 类(Cat 7/Class F)链路将在这一版的规范中定义。布线系统的电磁兼容性(EMC)问题也将在新版的 ISO/IEC 11801 中考虑。

（1）ISO/IEC 11801：Draft Amendment 2 to ISO/IEC 11801 Class D（1995 FDAM2）。这个标准是国际标准化组织对应于 TIA/EIA 568A1 和 TIA/EIA 568A5 两增编内容的规范，这个标准将成为下一个新的 D 级链路布线的标准内容。

（2）PROPOSED ISO/IEC 11801－A 是即将公布的下一代 11801 规范，它集合了以前版本的修正并加入了对 E 级和 F 级链路布线电缆和连接硬件的规范。它也将增加关于宽带多模光纤(50/125μm)的标准化问题，这类系统将在 300m 距离内支持 10Gbps 数据传输。

3. 欧洲标准

英国、法国、德国等国于 1995 年 7 月联合制定了欧洲标准 CELENEC EN 50173。EN 50173 标准与 ISO/IEC 11801 标准是一致的，但较之严格。随着综合布线系统技术的发展，欧洲标准至今经历了 4 个版本：EN 50173：1995、EN 50173A1：2000、EN 50173：2001 和 EN 50173：2007。

EN 50173 的第一版是 1995 年发布的，目前已经在很多方面没有什么实际意义了。新的 EN 50173：2007(包含 5 部分)系列标准从传输性能、链路种类和保护等众多方面都有了比较详细的叙述。

1.3.3 综合布线系统主要中国标准

1. 协会标准

中国工程建设标准化协会在 1995 年颁布了《建筑与建筑群综合布线系统工程设计规范》(CECS 72：95)。该标准在很大程度上参考了北美的综合布线系统标准 EIA/TIA 568，这是我国第一部关于综合布线系统的设计规范。

该协会在 1997 年颁布了新版《建筑与建筑群综合布线系统工程设计规范》(CECS 72：97)和《建筑与建筑群综合布线系统工程施工及验收规范》(CECS 89：97)。该标准积极采用国际先进经验，与国际标准 ISO/IEC 11801：1995 接轨，增加了抗干扰、防噪声污染、防火和防毒等多方面的内容，对旧版本有了很大程度的完善。

2. 行业标准

1997 年 9 月 9 日，我国信息产业部正式发布了中华人民共和国通信行业标准《大楼通信综合布线系统》(YD/T 926)，并于 1998 年 1 月 1 日起正式实施。2001 年 10 月 19 日，发布通信行业标准 YD/T 926－2001《大楼通信综合布线系统》第二版，并于 2001 年 11 月 1 日起正式实施。该标准包括以下 3 部分：

(1) YD/T 926.1－2001 大楼通信综合布线系统第 1 部分：总规范

(2) YD/T 926.2－2001 大楼通信综合布线系统第 2 部分：综合布线用电缆、光缆技术要求

(3) YD/T 926.3－2001 大楼通信综合布线系统第 3 部分：综合布线用连接硬件技术要求

3. 国家标准

国家标准 GB/T 50311－2000 和 GB/T 50312－2000 于 1999 年底上报国家信息产业部、国家建设部、国家技术监督局审批，并于 2000 年 2 月 28 日发布，在 2000 年 8 月 1 日开始执行。该标准主要是由我国通信行业标准 YD/T 926－1997《大楼通信综合布线系统》升级而来。

2007 年，根据建设部最新公告，国家标准 GB 50311－2007 自 2007 年 10 月 1 日起实施。其中，第 7.0.9 条为强制性条文，必须严格执行，GB/T 50311－2000 同时废止。同时，批准《综合布线系统工程验收规范》为国家标准，标准号为 GB 50312－2007，自 2007 年 10 月 1 日起实施。其中，第 5.2.5 条为强制性条文，必须严格执行，GB/T 50312－2000 同时废止。

4. 综合布线其他相关标准

1) 电气保护、机房及防雷接地标准

机房及防雷接地标准还可参照以下标准：

◇ GB 50057－1994：建筑物防雷设计规范

◇ GB 50174－1993：电子计算机机房设计规范

◇ GB 2887－2000：计算机场地技术要求

◇ GB 9361－1988：计算机场站安全要求

◇ IEC 1024－1：防雷保护装置规范

◇ IEC 1312－1：防止雷电波侵入保护规范

◇ J-STD－607－A：商业建筑电信接地和接线要求

J-STD－607－A 标准完整地介绍了规划、设计、安装接地系统的方法，相关技术安装人员都可以依照标准。

2) 防火标准

国际上综合布线中电缆的防火测试标准有 UL 910 和 IEC 60332。其中 UL 910 等标准为加拿大、日本、墨西哥和美国使用，UL 910 等同于美国消防协会的 NFPA 262－1999。

UL 910 标准则高于 IEC 60332－1 及 IEC 60332－3 标准。

此外，建筑物综合布线涉及的防火方面的设计标准还应依照国内相关标准：《高层民用建筑设计防火规范》(GB 50045－1995)、《建筑设计防火规范》(GBJ 16－1987)、《建筑室内装修设计防火规范》(GB 50222－1995)。

3)智能建筑与智能小区相关标准与规范

在国内，综合布线的应用可以分为建筑物、建筑群和智能小区。许多布线项目就与智能大厦集成项目、网络集成项目和智能小区集成项目密切相关，因此集成人员还需要了解智能建筑及智能小区方面的最新标准与规范。目前信息产业部、建设部都在加快这方面标准的起草和制定工作，已出台或正在制定中的标准与规范如下：

◇《智能建筑设计标准》(GB/T 50314－2000)推荐性国家标准，2000年10月1日起施行

◇《智能建筑弱电工程设计施工图集》(97X700)，1998年4月16日施行，统一编号为 GJBT－471

◇《城市住宅建筑综合布线系统工程设计规范》(CECS 119：2000)

◇《城市居住区规划设计规范》(GB 50180－93)

◇《住宅设计规范》(GB 50096－1999)

◇《用户接入网工程设计暂行规定》(YD/T 5032－96)

◇《中国民用建筑电气设计规范》(JGJ/T 16－92)

◇《绿色生态住宅小区建设要点与技术导则》(试行)

◇《居住小区智能化系统建设要点与技术导则》

◇《居住区智能化系统配置与技术要求》(CJ/T 174－2003)

4)地方标准和规范

◇《北京市住宅区与住宅楼房电信设施设计技术规定》(DB J01－601－99)

◇ 上海市标准《智能建筑设计标准》(DB J08－47－95)

◇《上海市智能住宅小区功能配置试点大纲》

◇《上海市住宅小区智能化系统工程验收标准》

◇《深圳市建筑智能化系统等级评定方法》

◇《江苏省建筑智能化系统工程设计标准》(DB 32/181－1998)

◇《天津市住宅建设智能化技术规程》(DB 29－23－2000)

◇ 四川省《建筑智能化系统工程设计标准》(DB 51/T5019－2000)

◇ 福建省《建筑智能化系统工程设计标准》(DB J13－32－2000)

为了保证工程建设的质量，全国各地都十分注重地区标准的编制工作，相继出台并参照执行，在内容上更加细化和可操作性更强。

1.3.4 标准认证

国际、国内相关行业协会或政府官方机构颁布的各种综合布线系统标准解决了两个问题，一是综合布线设计与施工的规范与要求，二是综合布线工程涉及的所有材料、设备的标准与要求。一个综合布线工程要顺利完成，除了要有合格的设计、合格的施工外，还有一个重要的先决条件，就是要有质量合格、安全可靠的材料和设备。那么，由谁来检验材料和设备的质量和可靠性呢？当然不能只由生产厂家自己说了算，尽管他们是按照标准进行生产的。国际、国内都有从事测试产品质量是否符合标准的独立

公司和专业机构，它们最终向社会公布权威的产品认证测试报告。

1. ETL 认证

ETL 是美国电子测试实验室（ETL Testing Laboratories Inc.）的简称。ETL 试验室是由美国发明家爱迪生在 1896 年一手创立的，在美国及世界范围内享有极高的声誉。同 UL、CSA 一样，ETL 可根据 UL 标准或美国国家标准测试核发 ETL 认证标志，也可同时按照 UL 标准或美国国家标准和 CSA 标准或加拿大标准测试核发复合认证标志。右下方的"us"表示适用于美国，左下方的"c"表示适用于加拿大，同时具有"us"和"c"则在两个国家都适用。

任何电气、机械或机电产品只要带有 ETL 标志就表明此产品已经达到经普遍认可的美国及加拿大产品安全标准的最低要求，它是经过测试符合相关的产品安全标准；而且也代表着生产工厂同意接收严格的定期检查，以保证产品品质的一致性，可以销往美国和加拿大两国市场。ETL 也要求其生产场地已经过检验，并且申请人同意此后对其工厂进行定期的跟踪检验，以确保产品始终符合此要求。

厂商的产品取得 ETL 认证有两种途径：一种是通过 CB 测试报告转；一种是直接向 ETL 申请。CB 测试证书，是国际电工委员会电工产品安全认证组织（IECEE）认证机构委员会（CCB）统一制定的、由一个发证和认可国家认证机构颁发的文件，与所附的测试报告一起用来通知其他国家认证机构，某种电工产品的一个或更多的样品已经按照 IECEE 所采用的某个标准进行了测试，并且证明这个样品符合该项标准。

2. UL 认证

美国保险商实验室（Underwriters Laboratories Inc.，UL）是世界上最大的从事安全试验和认证的专业机构之一。UL 有一套严密的组织管理体制、标准开发和产品认证程序，是一个独立的、非营利的、为公共安全做试验的专业机构。它采用科学的方法来确定各种材料、装置、产品、设备、建筑等对生命、财产有无危害；确定、编写和发行相应的标准和有助于减少及防止造成生命财产受到损失的资料。它最终的目的是为市场提供具有相当安全水准的商品。

申请 UL 认证有如下 3 个步骤：

①取得并递交申请书。申请书内容包括产品名称或描述、产品的指定用途、产品型号、产品额定值、零部件清单、图纸、示意图和公司资料。

②产品测试。UL 在收到已签名的申请表、汇款和实验测试样品后，对样品进行测试，包括结构检查和实验。检测完成后，UL 会将结果通知申请人。如果结果合格，UL 会签发两份文件，分别为验后检查服务细则和报告书。

③验后检查服务。产品符合 UL 要求后，制造商收到验后检查服务细则。该细则描述产品生产过程中应遵从的要求，这也是 UL 跟踪检验的依据。UL 的现场代表会与制造商联系工厂检查事宜。

3. 3C 认证

中国强制认证（China Compulsory Certification，3C）制定了对电线电缆产品的强制认证规则，主要分为以下几个基本过程：认证申请、型式试验、初始工厂审查、认证结果的评价和批准以及获证后的监督。电线电缆产品生产厂家获得产品强制性认证证书以后就同时获得产品强制认证标志的使用权，但必须遵守"强制性产品认证标志管理

办法"的规定，生产厂家可将认证标志 CCC 印在获证的电线电缆产品的外表面和电线电缆的最小包装上。

UL 认证和 ETL 认证都代表产品通过了国家认可测试实验室（NRTL）的测试，符合相应的安全标准，同时也代表着生产商同意接受严格的定期检查，以保证产品品质的一致性。UL 认证和 ETL 认证的区别在于服务。ETL 认证的方式比较灵活，认证费用比 UL 认证低得多，ETL 认证的产品检测可以通过 CB 测试报告转，可以为厂家节省许多检测费用。ETL 认证时间也比 UL 认证要短得多，特殊情况下，ETL 可以先发证，再进行工厂审查。

综合布线中使用的线缆最好能通过 ETL 和 UL 认证，在我国，提供电力传输的电线电缆要求通过 3C 认证。

综合布线系统设计和施工质量的检测主要通过工程的验收来进行，需要根据相关标准完成一系列的认证测试，并给出测试报告。

▶ 1.4 综合布线系统设计指标

综合布线设计指标是指综合布线系统相对独立的通道及其线缆（平衡电缆线和光缆）和相关连接硬件的技术性能指标。它可以作为检验线缆和相关连接硬件、测试链路和通道、验收综合布线工程的依据。

1.4.1 系统分级与应用

1. 系统分级

综合布线用于特定的应用系统时，可能包含一条或多条通道。通道按线缆及相关连接硬件可分为不同的级别，可以支持相应的应用类别。综合布线系统应能满足所支持的数据系统的传输速率要求，并应选用相应等级的缆线和传输设备。

（1）综合布线铜缆系统的分级与类别划分应符合表 1.1 的要求。

2010 年中国综合布线工作组 CTEAM 发布的《中国综合布线市场发展报告》中有数据显示，在调查的用户中有 26.5% 的用户使用超 5 类双绞线电缆，70.2% 的用户使用 6 类和 6A 类双绞线电缆，还有 3.3% 的用户使用 7 类双绞线电缆。可见 6 类线的使用已经普及，7 类线也正为用户所接受。

表 1.1　铜缆布线系统的分级与类别

系统分级	支持带宽/Hz	支持应用器件	
		电缆	连接硬件
A	100K		
B	1M		
C	16M	3 类	3 类
D	100M	5/5e 类	5/5e 类
E	250M	6 类	6 类
F	600M	7 类	7 类

注：3 类、5/5e 类（超 5 类）、6 类、7 类布线系统应能支持向下兼容的应用。

（2）光纤信道分为 OF-300、OF-500 和 OF-2000 三个等级，各等级光纤信道应支持的应用长度不应小于 300m、500m 及 2 000m。

综合布线系统应能满足所支持的电话、数据、电视系统的传输标准要求。

2. 系统应用

综合布线系统工程的产品类别及链路、信道等级确定应综合考虑建筑物的功能、应用网络、业务终端类型、业务的需求及发展、性能价格、现场安装条件等因素，应符合表 1.2 要求。同一布线信道及链路的缆线和连接器件应保持系统等级与阻抗的一致性。

表 1.2　布线系统等级与类别的选用

业务种类	配线子系统		干线子系统		建筑群子系统	
	等级	类别	等级	类别	等级	类别
语音	D/E	5e/6	C	3（大对数）	C	3（室外大对数）
数据	D/E/F	5e/6/7	D/E/F	5e/6/7（4 对）		
	光纤（多模或单模）	62.5μm 多模／50μm 多模／<10μm 单模	光纤	62.5μm 多模／50μm 多模／<10μm 单模	光纤	62.5μm 多模／50μm 多模／<10μm 单模
其他应用	可采用 5e/6 类 4 对双绞线电缆和 62.5μm 多模／50μm 多模／<10μm 多模、单模光缆					

注：其他应用指数字监控摄像头、楼宇自控现场控制器（DDC）、门禁系统等采用网络端口传送数字信息时的应用。

说明：

（1）综合布线系统光纤信道应采用标称波长为 850nm 和 1 300nm 的多模光纤及标称波长为 1 310nm 和 1 550nm 的单模光纤。

（2）单模和多模光缆的选用应符合网络的构成方式、业务的互通互连方式及光纤在网络中的应用传输距离。楼内宜采用多模光缆，建筑物之间宜采用多模或单模光缆，需直接与电信业务经营者相连时宜采用单模光缆。

（3）为保证传输质量，配线设备连接的跳线宜选用产业化制造的电、光各类跳线，在电话应用时宜选用双芯双绞线电缆。

（4）工作区信息点为电端口时，应采用 8 位模块通用插座（RJ-45），光端口宜采用 SFF 小型光纤连接器件及适配器。

（5）FD、BD、CD 配线设备应采用 8 位模块通用插座或卡接式配线模块（多对、25 对及回线型卡接模块）和光纤连接器件及光纤适配器（单工或双工的 ST、SC 或 SFF 光纤连接器件及适配器）。

（6）CP 集合点安装的连接器件应选用卡接式配线模块或 8 位模块通用插座或各类光纤连接器件和适配器。

1.4.2　平衡电缆通道传输的性能指标

在设计综合布线系统时，应考虑由多条链路组成一条信息传输通道。这些传输通道的性能将会比构成它们的任何一条独立的链路性能低。对已安装的每条链路性能，应逐条进行测试，需要时再测试整个通道性能。

描述平衡电缆通道传输性能的电气特性参数主要有直流环路电阻、特性阻抗、衰减、近端串扰损耗、衰减与串扰之比、结构回波损耗等。下面简介各参数的含义。

1. 特性阻抗

双绞电缆的特性阻抗是电缆及相关连接硬件组成的传输通道的主要特性之一。特性阻抗取决于铜缆线对的直径、绞距以及绝缘材料的介电常数，而且随着频率的变化而变化。

通常，导线的阻值与导线长度成正比，与导线截面积成反比。但是，当信号传输频率高到一定程度，由于导体的趋肤效应和邻近效应，使电流集中于导体的表面，导体内部的电流则随着深度增加而迅速减小，使导体呈现的电阻值随频率的增加而增大。因而导线的高频交流电阻必然大于低频的直流电阻。

另外，当电缆传输通道所传输的信号频率高到一定值时，导线将呈现电感和电容特性。电感特性是指导线中流过电流就会在导线周围产生磁场。当电流变化时，磁场就会产生阻止电流变化的作用力，这相当于在导线中串接了一个电感。磁场对电流的阻碍作用称为感抗。电流频率变化越快，等效感抗越大，对电流的阻碍作用也越大。电容特性是指两条平行放置的导线，一条导线上的电荷会在另一条导线上产生感应电荷。这种作用使两条导线之间产生"漏电"，相当于在导线之间存在一个并联电容，电流频率越高，等效电容越大，漏电也就越大。漏电对电缆的影响称为容抗，将感抗和容抗合起来称为电抗。

用电阻和电抗一起来描述电缆通道的传输特性时，就称为特性阻抗，用欧姆（Ω）来度量。

不同种类的电缆有不同的特性阻抗。在频率为 1MHz 到通道指定的最高频率之间时，电缆传输通道用的电缆特性阻抗有 100Ω、120Ω 和 150Ω 等几种。电缆传输通道任何一点阻抗不匹配，都会引起信号反射，造成信号失真。

为确保应用系统传输通道的特性阻抗能够处处匹配，就需要一个设计正确、选择适当的电缆和相关连接硬件来构建传输通道。平衡电缆通道的特性阻抗不一致性可用结构回波损耗来描述。

2. 结构回波损耗（Structural Return Loss，SRL）

结构回波损耗是衡量通道特性阻抗一致性的指标。通道的特性阻抗随着信号频率的变化而变化。如果通道所用的线缆和相关连接硬件的阻抗不匹配，就会造成信号反射。被反射到发送端的一部分能量会形成干扰，导致信号失真，这就会降低综合布线的传输性能。反射的能量越少，意味着通道采用的电缆和相关连接硬件阻抗一致性越好，传输信号越完整，在通道上的干扰就越小。

3. 衰减

信号在通道中传输时，会随着传输距离增加而逐渐变小。衰减是信号沿传输通道的损失量度。衰减与传输信号的频率有关，也与导线的传输长度有关。它用单位长度上信号减少的数量来度量（dB/m，即分贝/米），表示远端信号传递到接收端信号强度的比率。

4. 近端串扰损耗

由于电磁感应的原因，当信号在一根平衡电缆中某一线对传输时，同时会在相邻线对中感应一部分信号。如在 4 对双绞电缆中，当一对线发送信号时，在相邻的另一线对中收到信号，这种现象叫串扰。

串扰又可分为近端串扰（NEXT）和远端串扰（FEXT）两种。近端串扰是出现在发送端的串扰，远端串扰是出现在接收端的串扰。由于布线距离通常都较远，远端串扰影响较小，因此，目前主要是测量近端串扰。近端串扰损耗与信号频率和通道长度有关，也与施工工艺有关。

5. 衰减/串扰比(Attenuation to Crosstalk Ratio，ACR)

衰减/串扰比是在同一频率下链路的信号衰减与近端串扰损耗的比值。这是确定可用带宽的一种方法，通道的衰减/串扰比的值越大越好。若用分贝(dB)表示，它是近端串扰损耗和衰减的值之差。

通道衰减/串扰比的值由下述公式计算：

$$\text{ACR} = \alpha_N - \alpha \text{ (dB)}$$

式中，α_N 是指在链路中任何两对线之间测得的近端串扰损耗；α 是指通道信号衰减。

6. 直流环路电阻

任何导线都存在电阻，当信号在导线中传输时，会有一部分信号消耗在导体中转变为热量。直流环路电阻就是在线对远端短路，在近端测量的全程环路电阻。

以上只讲述电缆传输通道主要性能参数的含义，具体指标要求参见第 5 章。需要说明的是，电缆传输通道性能参数还有传输延迟、纵模到差模变换转移损耗及屏蔽的转移阻抗等。光缆传输信道的性能指标见第 5 章。

思考与练习

一、问答题

1. 什么是智能建筑？智能建筑的主要特征是什么？
2. 什么是综合布线系统？叙述综合布线与智能建筑的关系。
3. 综合布线系统适用范围是什么？有几种典型应用？
4. 综合布线系统和传统布线系统比较，其主要优点是什么？
5. 综合布线系统主要由哪几部分组成？各部分包括哪些范围？
6. 综合布线系统设计等级有哪些？其配置及应用场合分别是什么？
7. 综合布线系统的标准有哪些？
8. 电缆传输链路的性能指标有哪些？

二、实训题

1. 参观智能建筑，通过参观，说明大楼的建筑结构组成；综合布线各子系统在大楼中哪些具体位置体现出来？
2. 通过网络或其他途径搜索智能建筑与综合布线技术的最新发展情况，总结主要的发展方向、新标准、新产品、新技术。

第 2 章　综合布线系统工程常用材料与设备

学习目标

1. 掌握识别各种类型的电缆、光缆及相关连接硬件的方法；
2. 掌握各种布线工具及设备的使用方法；
3. 掌握综合布线产品选型的原则。

综合布线是一个系统工程，它所涉及的材料和设备有以下几种：

① 传输介质：综合布线工程中需要布放的各种线缆；

② 连接件：主要指连接各种传输介质以构成完整传输通道的相关连接硬件；

③ 管槽部件：主要指支撑各种线缆的不同规格的线管、线槽和桥架及其他附属部件，还包括在开放式吊顶上方支持线缆用的 J 形钩、吊线环、线缆夹、扎带等；

④ 布线工具或设备：主要指综合布线施工时所需的工具或设备。

2.1　综合布线工程施工工具或设备

综合布线施工所用的工具或设备并不要求一次到位，因为它们往往用于工程的不同阶段，比如网络测试仪就不是开工第一天就要用的，为了工程的顺利进行，应该考虑得尽量充分和周到一些。施工工具或设备大体上包括如下几种类型：

◇ 用于建筑施工：可能在墙体、地板、天花板、金属、木材或玻璃上开不同口径、不同精细要求的孔、槽，并可能用于地线工程中的挖掘、钻探等。

◇ 用于空中作业：可能用于架空线缆、放置线缆、敷设或维护线缆。

◇ 用于切割成形器件：如金属或 PVC 敷设管材的切割、成形等。

◇ 用于弱电施工：电源线缆的连接、测试等。

◇ 用于信息线缆：如光纤、双绞线或同轴电缆的安装、测试工具或设备等。

另外，还有各种综合测试的设备，以及用于安全施工的一些用具。

上述设备，通常用于工程的不同阶段，为了工程的顺利进行，应该在不同的施工阶段做好充分的准备。下面对具体施工过程中常用的工具或设备进行分类介绍。

2.1.1　电工工具

在施工过程中常常需要使用电工工具。比如各种型号的螺钉旋具、各种型号的钳子、各种电工刀、榔头、电工胶带、万用表、试电笔、长短卷尺、电烙铁等。

1. 试电笔

试电笔又叫验电器，用来检查导线和电器是否带电。检测电压范围一般为 60～500V，常做成钢笔式或改锥式。如图 2.1 所示，其中(b)为电子式试电笔。

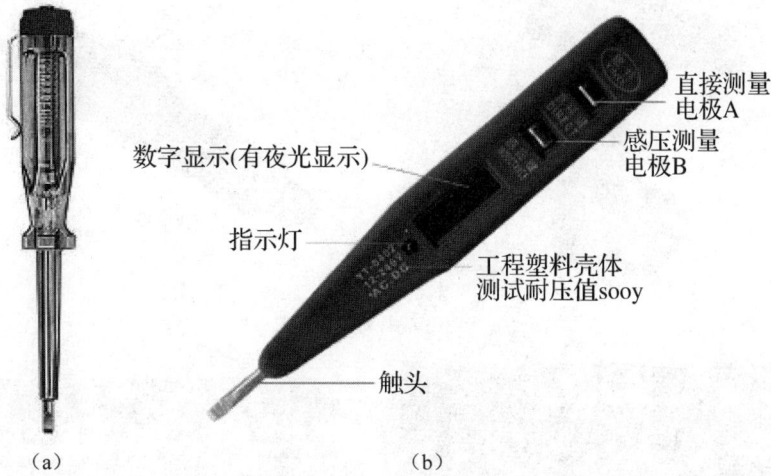

数字显示(有夜光显示)

指示灯

触头

直接测量电极A

感压测量电极B

工程塑料壳体测试耐压值sooy

(a)   (b)

图 2.1　试电笔

2. 螺钉旋具

螺钉旋具用来紧固或拆卸螺钉,主要有一字形和十字形两种,如图 2.2 所示。

(1)一字形螺钉旋具

一字形螺钉旋具用金属杆长度表示,有 100mm、150mm、200mm、300mm、400mm 等规格。

(2)十字形螺钉旋具

十字形螺钉旋具规格按适用螺钉直径表示,有Ⅰ号(2～2.5mm)、Ⅱ号(3～5mm)、Ⅲ号(6～8mm)、Ⅳ号(10～12mm)。

(3)多用螺钉旋具

多用螺钉旋具是一种组合式工具,它的柄部和旋具是可以拆卸的,并附有规格不同的旋具等附件,如图 2.3 所示。

图 2.2　一字形、十字形螺钉旋具

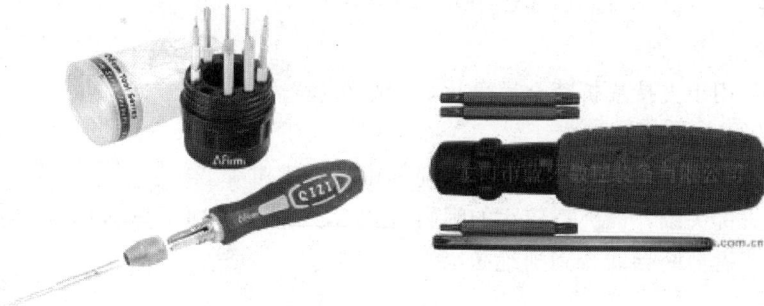

图 2.3　组合螺钉旋具

(4)其他形式螺钉旋具

其他形式螺钉旋具如图 2.4 所示。

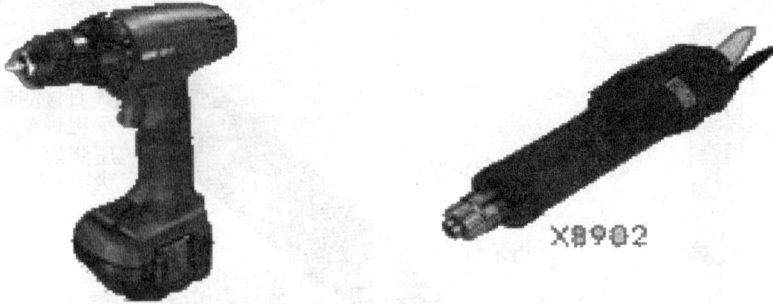

（a）电动螺钉旋具

（b）钟表螺钉旋具　　　　　　　　　　　（c）冲击螺钉旋具

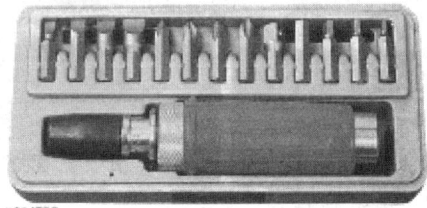

图 2.4　其他螺钉旋具

3. 电工刀

电工刀用来剖切导线、电缆的绝缘层，切割木台、电缆槽等，如图 2.5 所示。

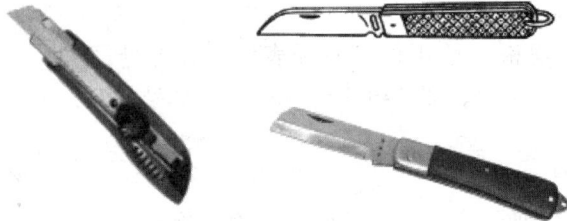

图 2.5　各种电工刀、壁纸刀

4. 钳子

（1）钢丝钳

钢丝钳是用于夹持或折断金属薄片，切断金属丝的工具。

（2）尖嘴钳

尖嘴钳依钳头形状，分为尖嘴钳、扁嘴钳、圆嘴钳等。

特点：头部尖细，能夹持较小的螺钉及电器元件。多用于弯曲单股导线"羊眼圈"接线端子，或者剪断导线、剥削绝缘层。

（3）断线钳

断线钳的头部"扁斜"，因此又叫斜口钳，专供剪断较粗的导线、电缆等用途。

（4）剥线钳

剥线钳专用于剥切小直径导线绝缘层。钳口部分有多个缺口型刃口，用以剥切不同线径的导线。各类钳子如图 2.6 所示。

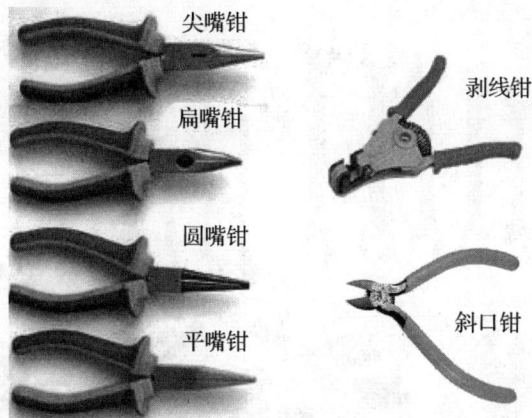

图 2.6　各类钳子

5. 虎钳、管钳

虎钳、管钳用于夹持管材等，各类虎钳、管钳如图 2.7 所示。

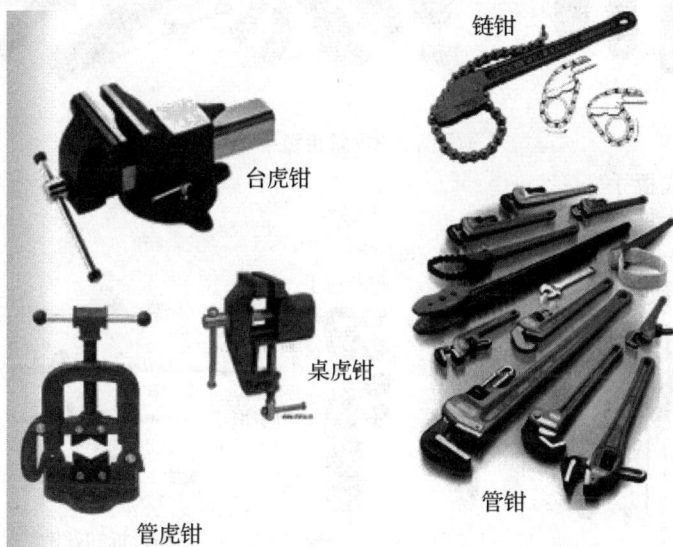

图 2.7　各类虎钳、管钳

6. 扳手

（1）活动扳手

扳手用于紧固和松动螺母。规格以长度（mm）×最大开口宽度（mm）表示，常用 150×19(6in)、200×24(8in)、250×30(10in)、300×36(12in) 等。

（2）固定扳手

固定扳手(呆扳手)的扳口为固定口径，不能调整，但使用时不易打滑。有开口扳手、梅花扳手两种类型。

（3）套筒扳手

套筒扳手扳口是筒形，扳手有多种，能插接各种扳口。适合狭小空间使用。以上常用扳手如图 2.8 所示。

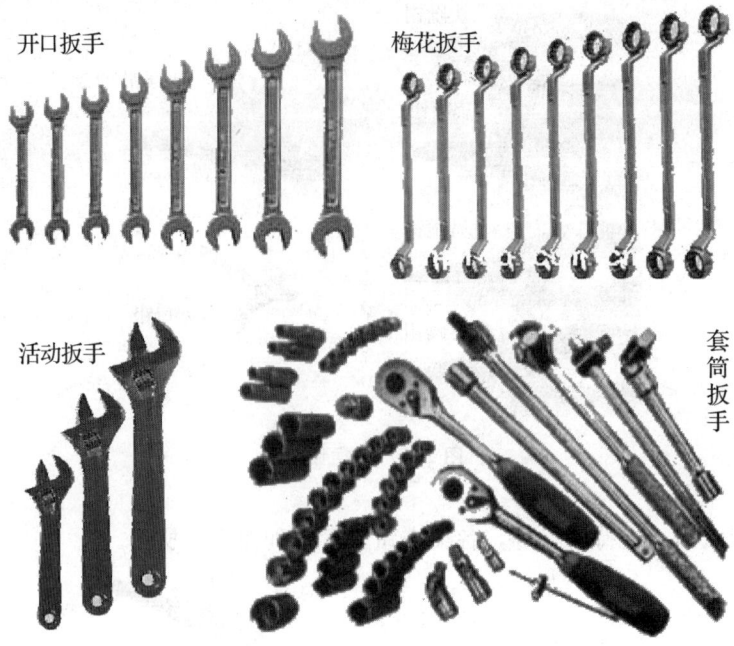

图 2.8 常用扳手

（4）其他形式扳手

其他形式扳手如图 2.9 所示。

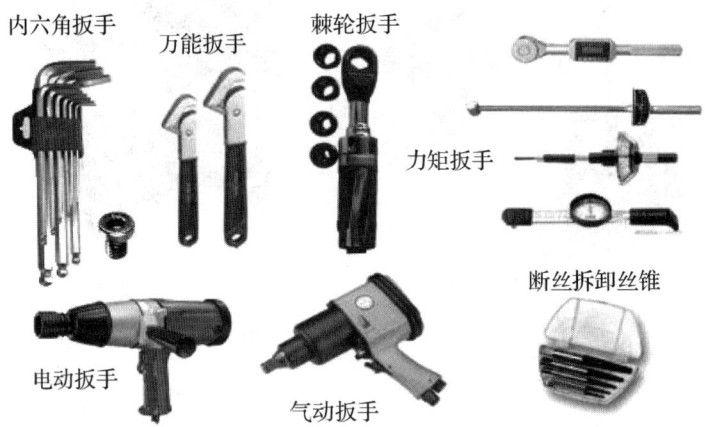

图 2.9 其他扳手

7. 电烙铁等焊接工具

电烙铁是手工焊接的主要工具，分为外热式电烙铁和内热式电烙铁两类。电烙铁及相关工具如图 2.10 所示。

8. 万用表

万用表是一种多量程和多电量测量的便携式电工仪表，一般以测量电流、电压和电阻为主要目标。此外又派生了电容、电感、功率、电平、晶体管静态电流放大系数等测量项目。万用表可分为指针式（模拟式）万用表和数字式万用表，如图 2.11 所示。

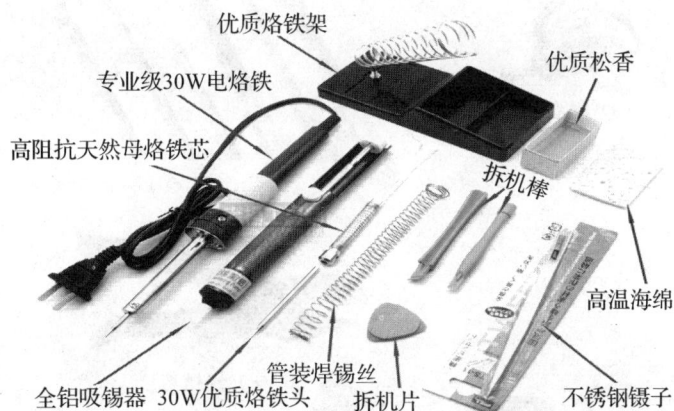

优质烙铁架

专业级30W电烙铁

高阻抗天然母烙铁芯

优质松香

拆机棒

高温海绵

全铝吸锡器 30W优质烙铁头 拆机片

不锈钢镊子

图 2.10　电烙铁及相关工具

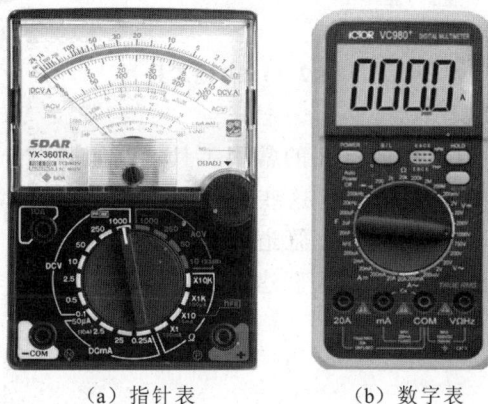

（a）指针表　　　　（b）数字表

图 2.11　万用表

9. 组合工具

如图 2.12 所示，组合工具是将若干常用电工工具组合在一起的工具箱。

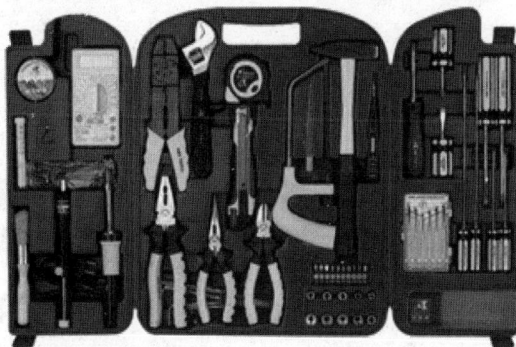

图 2.12　组合工具

10. 其他工具

其他工具有钢卷尺、锉刀、剪刀、榔头等，如图 2.13 所示。

（a）钢卷尺

（b）锉刀

（c）线槽剪

（d）电工胶带　　　　（e）榔头

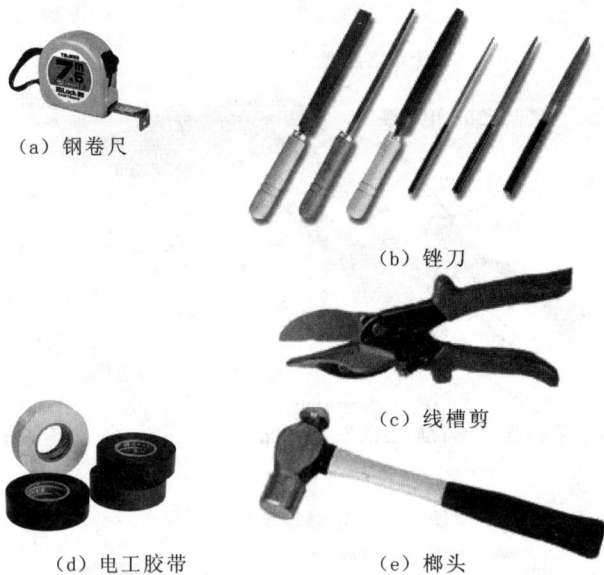

图 2.13　其他工具

2.1.2　穿墙打孔工具

在施工过程中还要用到穿墙打孔的常用工具。比如冲击电钻、切割机、射钉枪、铆钉枪等，这些通常是又大又重又昂贵的设备，主要用于线槽、线轨、管道的定位和加固，以及线缆的敷设和架设。建议与专业从事建筑装饰装修的安装人员合作。

图 2.14　台式电钻

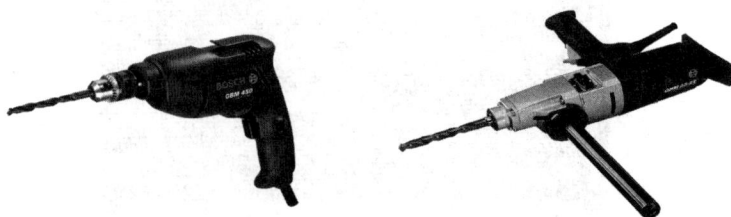

1. 电钻

（1）台式电钻

台式电钻用于在较厚的金属构件上打孔。

结构：由底座、立柱、电动机、皮带减速器、钻夹头、上下回转机构、电源连接装置等组成，如图 2.14 所示。

（2）手电钻

手电钻用于在金属、木材、塑料等较薄构件上钻孔。有全塑壳、铁壳、高速（2 200r/min）低速（750r/min）规格，如图 2.15 所示。

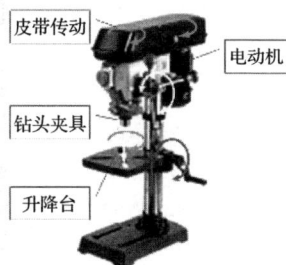

图 2.15　手电钻

（3）冲击电钻、电锤

冲击电钻、电锤适合于在水泥、砖石墙上冲打孔眼。电锤功率大、钻头一边旋转、一边向前冲击。冲击电钻上有锤、钻调节开关，可做普通电钻和电锤使用，如图 2.16 所示。

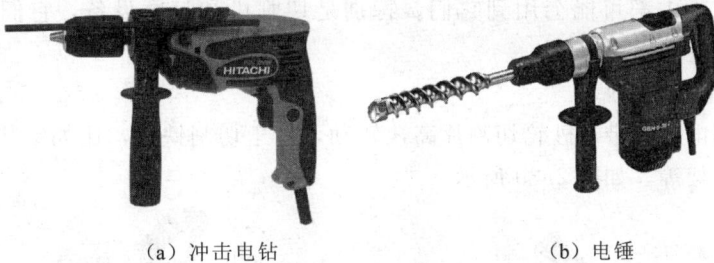

（a）冲击电钻　　　　　　　　　　（b）电锤

图 2.16　冲击电钻、电锤

（4）充电电钻

充电电钻主要用于无电源场合，适合移动使用。一般可正、反转，转速通过扳机可调，既可当螺钉旋具用，又能作电钻用。靠充电电池工作，使用灵活方便，如图 2.17 所示。

2. 射钉枪

射钉枪又称射钉器，由于外形和原理都与手枪相似，故常称为射钉枪。它是利用发射空包弹产生的火药燃气作为动力，将射钉直接打入钢铁、混凝土和砖砌体或岩石等基体中。从而将需要固定的构件，如门窗、保温板、隔音层、装饰物、管道、钢铁件、木制品等和基体牢固地连接在一起，如图 2.18 所示。

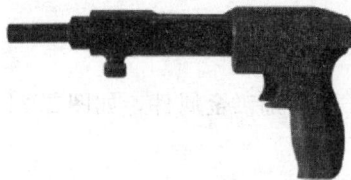

(a)射钉枪　　　　　　(b)气动射钉枪

图 2.17　充电电钻　　　　　　　　**图 2.18　各种射钉枪**

3. 铆钉枪

铆钉枪用于各类金属板材、管材等的紧固铆接，如图 2.19 所示。

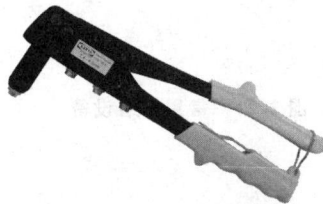

（a）气动铆钉枪　　　　　　　　　　（b）拉铆枪

图 2.19　各种铆钉枪

2.1.3 切割机、打磨设备、管加工器具、发电机等设备

这些设备虽然并非每一次都需要，但是却需要每一次都配备齐全，因为在大多数的综合布线施工中都可能会用到它们。特别是切割机和打磨设备，它们在许多线槽、通道的施工中是必不可缺的。

1. 切割机

切割机用电动机带动砂轮切割片高速转动，用于切割铁件，比如铠装电缆、线管、线槽、固定支架等，如图 2.20 所示。

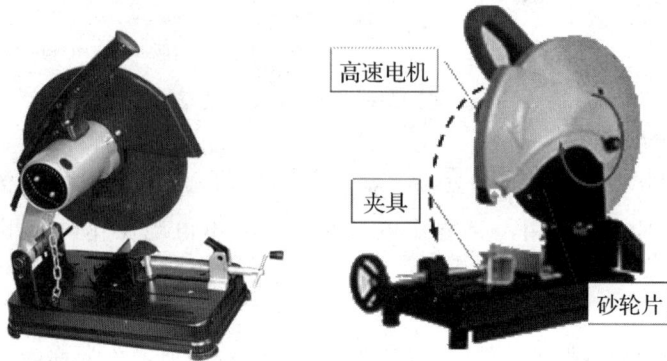

图 2.20 型材切割机

2. 打磨设备

(1)角磨机

角磨机配用砂轮片可磨平、磨光金属管件，配用钢丝刷可用于除锈，配用切割片可用于切割金属薄管。

(2)砂轮机

砂轮机用来磨削金属，简易加工金属件，如图 2.21 所示。

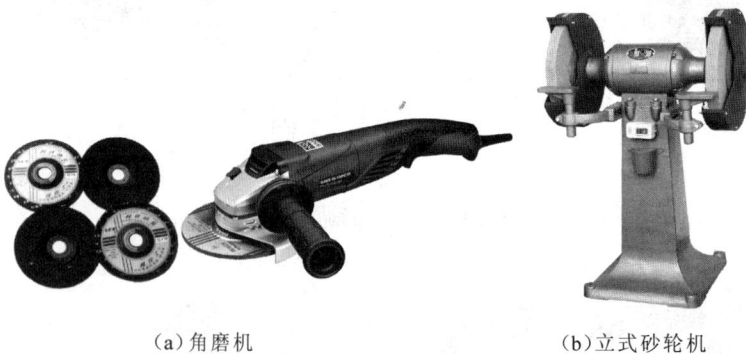

(a)角磨机　　　　　　　　(b)立式砂轮机

图 2.21 常用打磨设备

3. 管加工器具

(1)弯管机

弯管机用于金属管弯曲加工，有电动、手动、液压等多种类型，如图 2.22 所示。

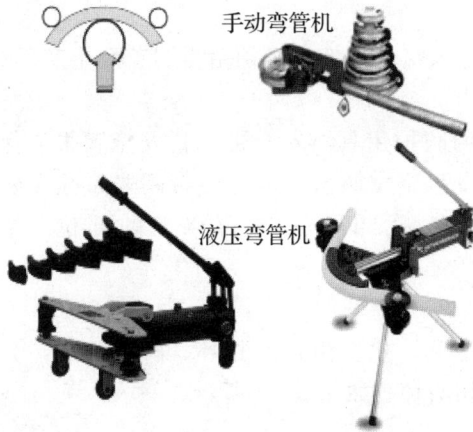

图 2.22　各种弯管机

（2）切（割）管器

切管器用于割断金属管或 PVC 管，一般用手钢锯、管子割刀和电动切管机，如图 2.23 所示。

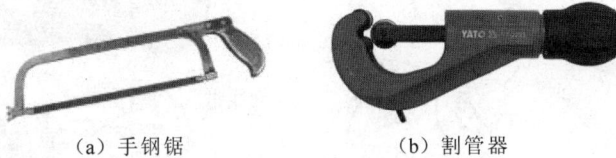

（a）手钢锯　　　　　　　　　（b）割管器

图 2.23　切（割）管器

（3）套丝机

套丝机用于钢管端部螺纹制作，有电动固定、电动便携、手动等多种类型。电动套丝机可以完成切管、套丝、扩孔等功能，如图 2.24 所示。

4. 发电机

发电机可在交流停电情况下，提供临时应急用电。某柴油发电机如图 2.25 所示。

图 2.24　电动套丝机　　　　　　　　图 2.25　柴油发电机

2.1.4　架空走线时的相关工具

架空走线时所需的相关工具，如安全带、梯子、膨胀螺栓、水泥钉等。这些都是高空作业需要的工具和附件，无论是建筑物外墙的管槽敷设，还是建筑群的线缆架空等操作，都离不开这些工具。

1. 安全帽

安全帽用来保护施工人员头部的，必须由专门工厂生产。

2. 安全带

安全带是攀登电杆的防护用具。安全带包括安全腰带、保险绳和腰绳，用来防止发生空中坠落事故。腰带用来系挂保险绳、腰绳和吊物绳，系在腰部以下、臀部以上的部位，如图2.26所示。

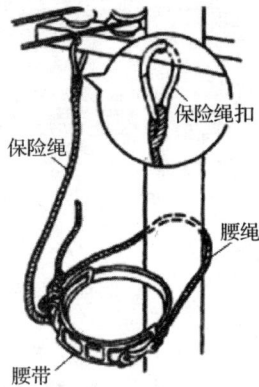

图 2.26　安全带示意图

3. 脚扣

脚扣是攀登电杆的工具，主要由弧形扣环、脚套组成，分为木杆脚扣和水泥杆脚扣两种，如图 2.27 所示。

4. 紧线器

紧线器用来收紧架空线路导线的专用工具，由夹线钳、滑轮、收线器、摇柄等组成，如图 2.28 所示。

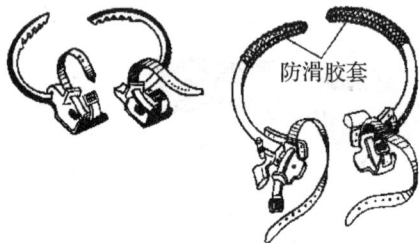

(a) 木杆脚扣　　　(b) 水泥杆脚扣

图 2.27　脚扣示意图

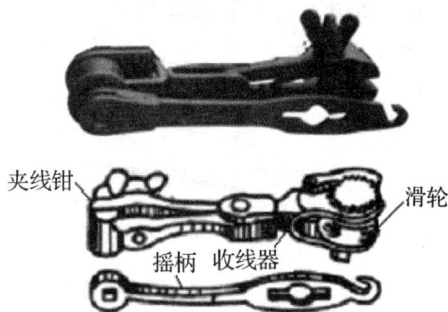

图 2.28　紧线器示意图

4. 梯子

梯子用于爬高。有单梯、人字梯、升降梯等几种，如图 2.29 所示。

图 2.29　常用梯子

5. 膨胀螺栓

膨胀螺栓是一种特殊螺纹连接件。其主要组成部分是膨胀管和螺钉（栓），拧紧螺钉（栓）时，使得膨胀管胀开，从而使需要固定的物体固定在墙、楼板或柱上。膨胀螺栓现在有不锈钢膨胀螺栓和塑料膨胀螺栓之分，具体用途不一样。如图 2.30 所示为常用的几种膨胀螺栓。

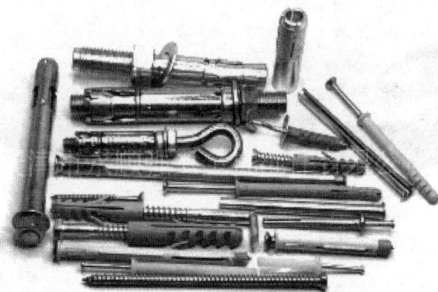

图 2.30　各种膨胀螺栓

2.1.5　网络布线专用设备

信息网络布线的专用设备可用于同轴电缆、双绞线和光纤等传输介质及其连接硬件的连接，因此需要准备如下几种工具。

1. 铜缆布线工具

（1）剥线器

剥线器用于剥除电缆外表皮。如图 2.31 所示为几款双绞线和同轴电缆的剥线器。

图 2.31　双绞线和同轴电缆剥线器

（2）压线钳

压线钳用于电缆芯线压接。如图 2.32（a）所示是同轴电缆用的压线钳。图 2.32（b）所示是双绞线用的压线钳。

（3）打线工具

打线工具用于电缆芯线卡接。如图 2.33（a）所示是 110 打线工具，通常只用于 110 配线架。图 2.33（b）所示为 KRONE 的专利打线工具，图 2.33（c）所示为各种配线架和模块通用的打线工具。

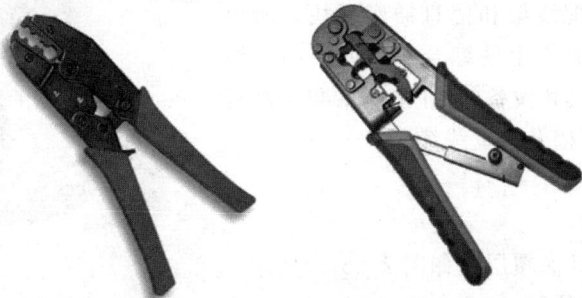

（a）同轴电缆专用压线钳　　　　（b）双绞线专用压线钳

图 2.32　压线钳（BNC 头和双绞线 RJ-45、RJ-11 头）

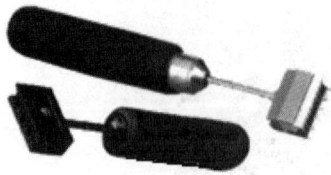

（a）110配线架专用打线工具　　　　（b）KRONE专利打线工具

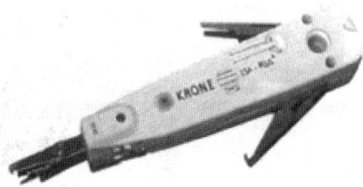

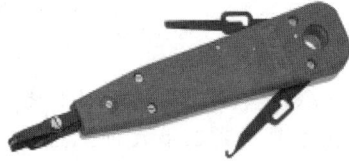

（c）各种配线架和模块通用打线工具

图 2.33　打线工具

（4）线缆测试器

如图 2.34（a）所示为双绞线测试器。不同长度的双绞线跳线，如图 2.34（b）所示。

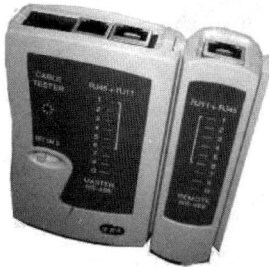

（a）RJ-45 头测试仪　　　　　（b）双绞线软跳线

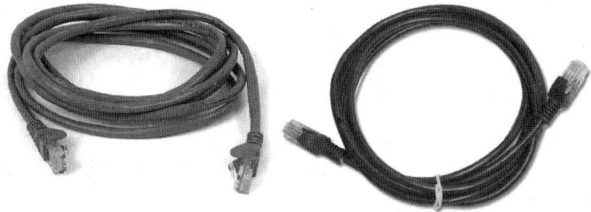

图 2.34　双绞线测试仪（RJ-45 头）和 RJ-45 头软跳线

通常，将以上常用工具及其他相关工具放置在一个多功能工具箱中便于携带和使用，如图 2.35所示。因为信息网络的综合布线，最终还是要落实到线缆、配线架和信息插座模块，所以这些工具才是严格意义上的综合布线使用的线缆工具。而其他的工具和设备（如冲击电钻和切割机等）一般用于敷设管槽及架设线缆。

2. 光缆施工设备

（1）光纤剥线钳

它用于剥除光纤涂覆层，如图 2.36（a）所示。

（2）光纤固化加热器

它用于制作光纤连接器插头时加热固化，如图 2.36（b）所示。

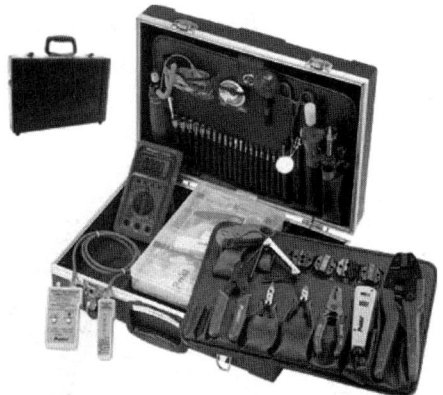

图 2.35　网络维护组合工具箱

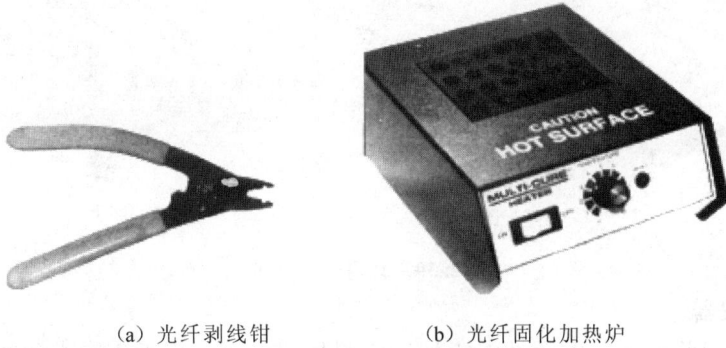

(a) 光纤剥线钳　　　　　(b) 光纤固化加热炉

图 2.36　光纤剥线钳和固化加热炉

(3)光纤接头压接钳

它用于制作光纤插头时的接头压接,如图 2.37(a)所示。

(4)光纤切割器、光纤熔接机

光纤切割器用于光纤端面制备时切断光纤,光纤熔接机用于两根光纤的自动熔接,如图 2.37(b)所示。

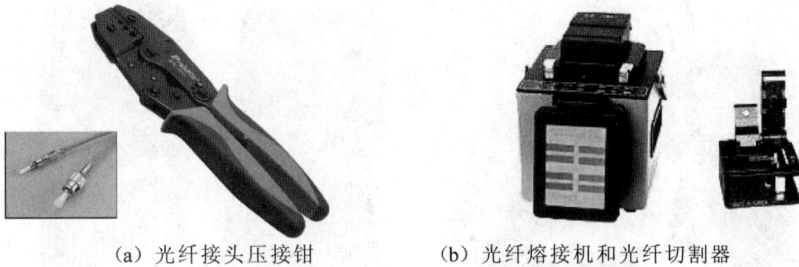

(a) 光纤接头压接钳　　　　　(b) 光纤熔接机和光纤切割器

图 2.37　光纤接头压接钳、光纤熔接机和切割器

(5)光纤组合工具箱

光纤组合工具箱主要是光纤端面制作和接头制作等相关的工具组合。如图 2.38 所示的套装工具中包括 100 倍显微镜、研磨垫、研磨盘、剥线钳、压接钳、切割刀、剪刀、喷水瓶和吹气瓶以及加热固化炉等,便于采用研磨工艺制作光纤跳线。

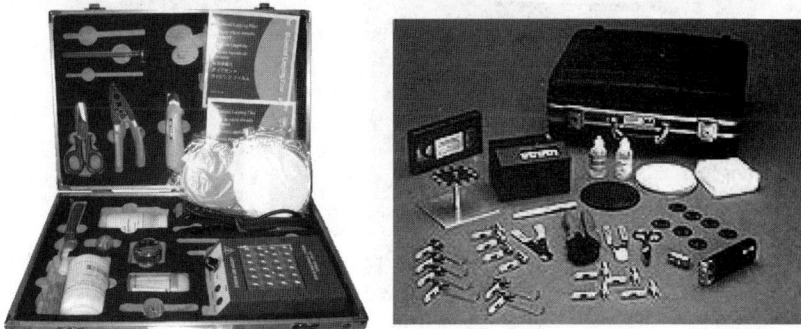

图 2.38　光纤组合工具箱

(6)光纤跳线

光纤跳线用于光纤链路连接与管理。如图 2.39 所示为 SC、ST 及 FC 接头的光纤跳线。

(a) SC　　　　　　　(b) ST　　　　　　　(c) FC

图 2.39　常用光纤跳线

3. 测试仪器

此类仪器是指对光、电缆性能指标进行测量的仪表。用于不同类型的光纤、双绞线和同轴电缆的测试仪，既可以是单一功能的，也可以是功能完备的集成测试工具。双绞线和同轴电缆的测试仪器比较常见，同时价格也相对较低，但光纤的测试仪器和设备就显得比较专业，同时价格也较高，如果同时能进行多种线缆测试的设备就更贵。如图 2.40 所示为福禄克(FLUKE)、理想(IDEAL)、安捷伦(Agilent)等公司生产的几款测试仪器。

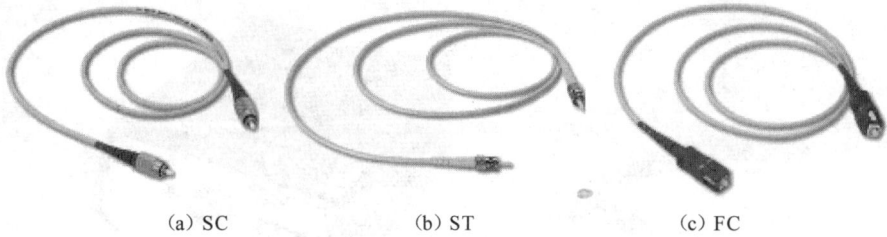

(a) 光功率计　　　　　　　　(b) 网络测试仪

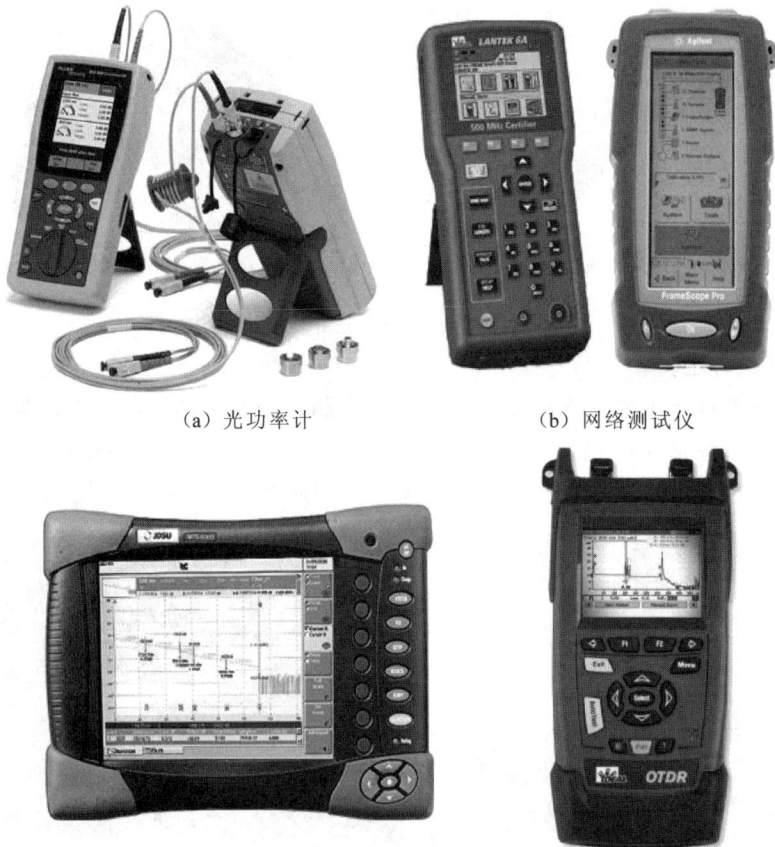

(c) 光时域反射仪OTDR

图 2.40　验证/认证测试仪

4. 其他设备或工具的准备

(1)配线机柜

配线机柜的用途是安装各种配线架和交换机等网络设备。机柜一般分为服务器机柜和标准机柜(又叫网络机柜)。标准机柜的内部安装尺寸宽度为 19in,机柜宽度为600mm,深度为 600mm,高度(又称容量)以单位 U(Unit 缩写,1U＝44.45mm)来度量。例如,42U 标准机柜的尺寸为:2 000mm×600mm×600mm。

综合布线系统的配线机柜一般采用特殊定制的标准机柜,常见配线机柜尺寸宽度一般为 800mm(便于安装两组垂直理线架),其内部可用空间(宽度)仍然为 19in。也有行业客户根据设备便于现场应用定制成 21in/23in 等其他非标尺寸。综合布线机柜深度常见的有:800mm/1 000mm/1 100mm/1 200mm,高度为 18U/22U/27U/32U/37U/42U/47U。

根据外形可将机柜分为立式机柜、挂墙式机柜和开放式机架三种。如图 2.41 所示。

（a）立式和挂墙式机柜　　　　　　　　（b）开放式机架

图 2.41　配线机柜、机架

在机柜或机架上,为使布线更加整洁、规范,保障线缆传输性能,通常采用理线器也称线缆管理器来固定和整理线缆。从外观上看,理线器可分为过线环式理线器和墙式理线器,如图 2.42 所示。

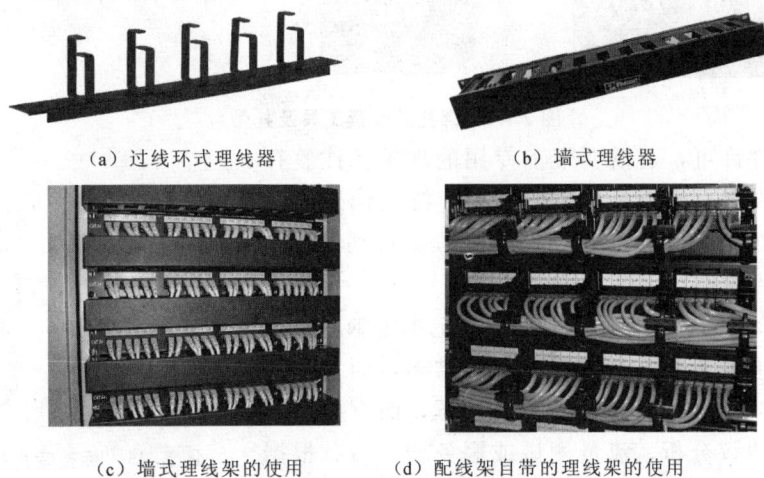

（a）过线环式理线器　　　　　　　　（b）墙式理线器

（c）墙式理线架的使用　　　　（d）配线架自带的理线架的使用

图 2.42　理线架的使用

（2）穿（引）线器

在工程中进行放线操作时，为提高放线速度，必然会用到穿线器或引线器，以便牵引线缆，对于较重的线缆可能需要电动牵引机。如图 2.43 所示为几种常用穿（引）线器。

图 2.43　穿（引）线器

（3）扎带及收紧工具

在线缆布放到位后，应进行适当绑扎，因双绞线结构原因，绑扎不能过紧。要确保绑扎力的一致性以及相应的施工效率，就要采用如图 2.44 所示绑扎带收紧工具及扎带。

图 2.44　绑扎带收紧工具及扎带

如果条件许可，还需要带上专用的现场标注签打印机和热缩设备，用于线缆、配线架、终端信息点的标注，如图 2.45 所示。但通常是在工程进行到最后的阶段才会用到这些专用设备。

最好准备 1～2 台带网络接口的笔记本电脑，并预装网络测试的若干软件。这些软件非常多，而且涉及的面也相当广，有些只涵盖物理层测试，而有些甚至还可以用于协议分析、流量测试或服务侦听等。根据不同的项目测试要求，可以选择不同的测试平台。

图 2.45　标签专用打印机

在以上准备的基础上还需要准备透明胶带、白色胶带、各种规格的不干胶标签、彩色笔、高光手电筒、捆扎带（丝）、牵引绳索、卡套和护卡等。如果架线跨度较大，还需要配置对讲机、施工警示标志等工具。当然，在实际施工中可能会有一些不同的细节，但大体上如此。

▶ 2.2　管槽部件

管槽部件主要是指支撑各种线缆的不同规格的线管、线槽和桥架及其他附属部件，还包括在开放式吊顶上方支持线缆用的 J 形钩、吊线环、线缆夹、扎带等。管槽部件的主要作用是支撑、固定线缆，构造线缆布放通道。

2.2.1　线管

1. 钢管

按照制造方法不同可分为无缝钢管和焊接钢管两大类。按壁厚不同分为普通钢管（水压实验压力为 2.5MPa）、加厚钢管（3MPa）和薄壁钢管（2MPa）。

钢管的规格有多种，以外径（mm）为单位，综合布线工程施工中常用的金属管有 D16、D20、D25、D32、D40、D50、D63、D110 等规格。

2. 塑料管

塑料管是由树脂、稳定剂、润滑剂及添加剂配制挤塑成型。目前按塑料管使用的主要材料，塑料管主要有聚氯乙烯管材（PVC-U 管）、高密聚乙烯管材（HDPE 管）、双壁波纹管、子管、铝塑复合管、硅芯管等。

综合布线系统中通常采用的是软、硬聚氯乙烯管，且是内、外壁光滑的实壁塑料管。

室外的建筑群主干布线子系统采用地下通信电缆管道时，其管材除主要选用混凝土管（又称水泥管）外，目前较多采用的是内外壁光滑的软、硬质聚氯乙烯实壁塑料管（PVC-U）和内壁光滑、外壁波纹的高密度聚乙烯管（HDPE）双壁波纹管，有时也采用高密度聚乙烯（HDPE）的硅芯管。

（1）聚氯乙烯管材（PVC-U 管）

聚氯乙烯管材是综合布线工程中使用最多的一种塑料管，管长通常为 4m、5.5m 或 6m。PVC-U 管以外径（mm）为单位，有 D16、D20、D25、D32、D40、D45、D63、D110 等多种规格。如图 2.46 所示为 PVC-U 管及管件。

（2）高密聚乙烯管材（HDPE 管）

如图 2.47 所示为 HDPE 单管，图 2.48 所示为 HDPE 多管。

图 2.46　PVC-U 管及管件　　　　图 2.47　HDPE 单管　　　　图 2.48　HDPE 多管

（3）双壁波纹管

塑料双壁波纹管结构先进，除具有普通塑料管的耐腐性、绝缘性好、内壁光滑、使用寿命长等优点外，还具有刚性大，耐压强度高于同等规格之普通光身塑料管的特点。图 2.49 是双壁波纹电缆套管及其在工程中的应用。

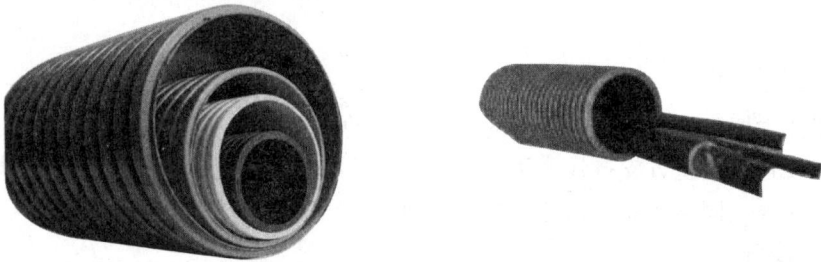

图 2.49　双壁波纹电缆套管及其在工程中的应用

（4）子管

子管由 LDPE 或 HDPE 制造，小口径，管材质软。适用于光纤、电缆的保护。图 2.50 所示为 LDPE 子管。

（5）铝塑复合管

铝塑复合管是近年来广泛使用的一种新的塑料材料，它是以焊接管为中间层，内外层均为聚乙烯，聚乙烯与铝管之间以高分子热熔胶粘合，经复合挤出成型的一种新型复合管材。它的结构如图 2.51 所示。铝合金是非磁材料，具有良好的隔磁能力，抗电磁场音频干扰能力强，是良好的屏蔽材料；因此常用作综合布线、通信线路的屏蔽管道。

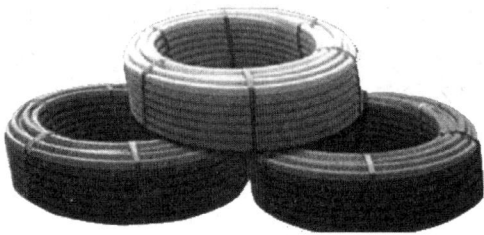

图 2.50　LDPE 子管

图 2.51　铝塑复合管

（6）硅芯管

硅芯管可作为直埋光缆套管，内壁预置永久润滑内衬，具有更小的摩擦系数，采用气吹法布放光缆，敷管快速，一次性穿缆长度 500～2 000m，沿线接头、人孔、手孔相应减少。如图 2.52 所示为内壁固体润滑 HDPE 管材。

3. 混凝土管

混凝土管按所用材料和制造方法不同分为干打管和湿打

图 2.52　硅芯管

管两种，目前因湿打管制造成本高、养护时间长等缺点不常采用，较多采用的是干打管（又称砂浆管）。这种混凝土管在一些大型的电信通信施工中常常使用。

2.2.2　线槽

线槽有金属线槽和 PVC 塑料线槽。塑料线槽是综合布线工程明敷管槽时广泛使用的一种材料，它是一种带盖板封闭式的管槽材料，盖板和槽体通过卡槽合紧。

塑料线槽的品种规格更多，从型号上讲有 PVC-20、PVC-25、PVC-30、PVC-40、PVC-60 等系列；从规格上讲有 20×12、24×14、25×12.5、25×25、30×15、40×20 等。与 PVC 槽配套的连接件有阳角、阴角、直转角、平三通、左三通、右三通、连接头、终端头等。PVC 线槽及配套连接件如图 2.53 所示。

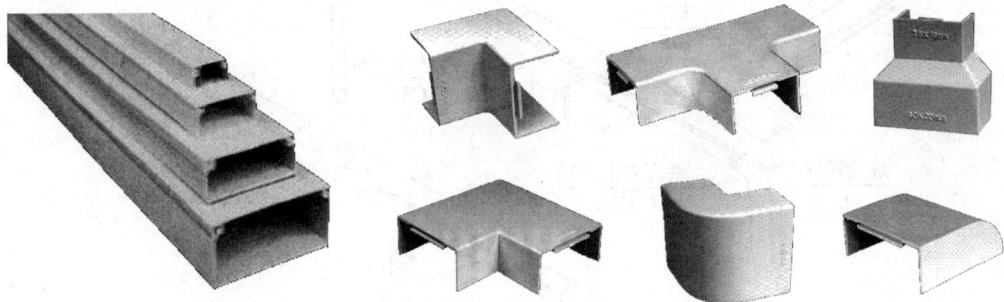

图 2.53　PVC 线槽及配套连接件

2.2.3　桥架

1. 桥架的分类

(1)桥架按结构可分为槽式、托盘式和梯级式三种类型。

(2)按表面工艺处理分为以下三类：

① 电镀彩(白)锌。适合一般的常规环境使用；

② 电镀后再粉末静电喷涂。适合于有酸、碱及其他强腐蚀气体的环境中使用；

③ 热浸镀锌。适用于潮湿、日晒、尘多的环境中。

2. 桥架产品

(1)槽式桥架

槽式桥架是全封闭电缆桥架，也就是通常所说的金属线槽，由槽底和槽盖组成，每根槽一般长度为 2m，槽与槽连接时使用相应尺寸的铁板和螺钉固定。它适用于敷设计算机线缆、通信线缆、热电偶电缆及其他高灵敏系统的控制电缆等，它对屏蔽干扰重腐蚀环境中电缆防护都有较好的效果。适用于室外和需要屏蔽的场所。在综合布线系统中一般使用的金属槽的规格有 $50mm\times100mm$、$100mm\times100mm$、$100mm\times200mm$、$100mm\times300mm$、$200mm\times400mm$ 等多种规格。槽式桥架、连接件及其应用如图 2.54 所示。

(2)托盘式桥架

它具有质量轻、载荷大、造型美观、结构简单、安装方便、散热透气性好等优点，适用于地下层、吊顶内等场所。托盘式桥架空间布置如图 2.55 所示。

(3)梯级式桥架

具有质量轻、成本低、造型别致、通风散热好等特点。它适用于一般直径较大电缆的敷设，适用于地下层、竖井、活动地板下和设备间的线缆敷设。梯级式桥架空间

布置如图 2.56 所示。

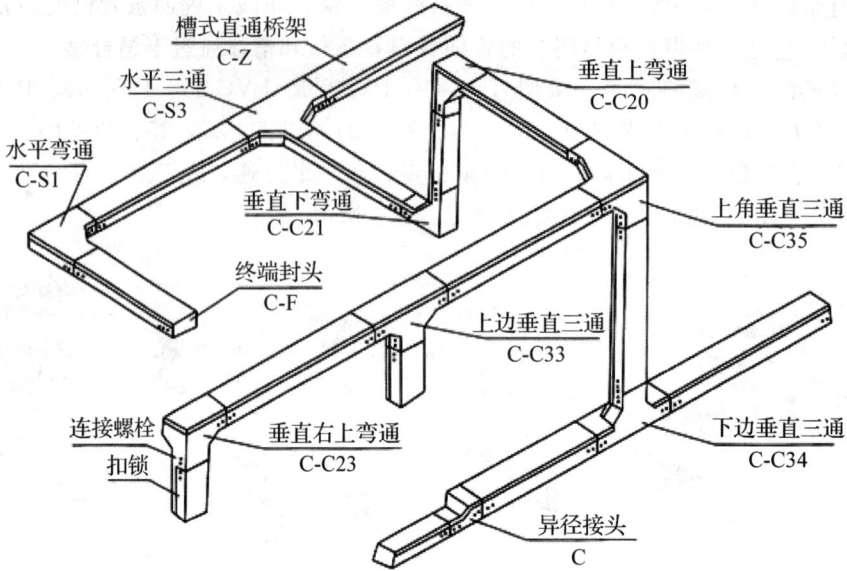

图 2.54 槽式桥架空间布置示意图

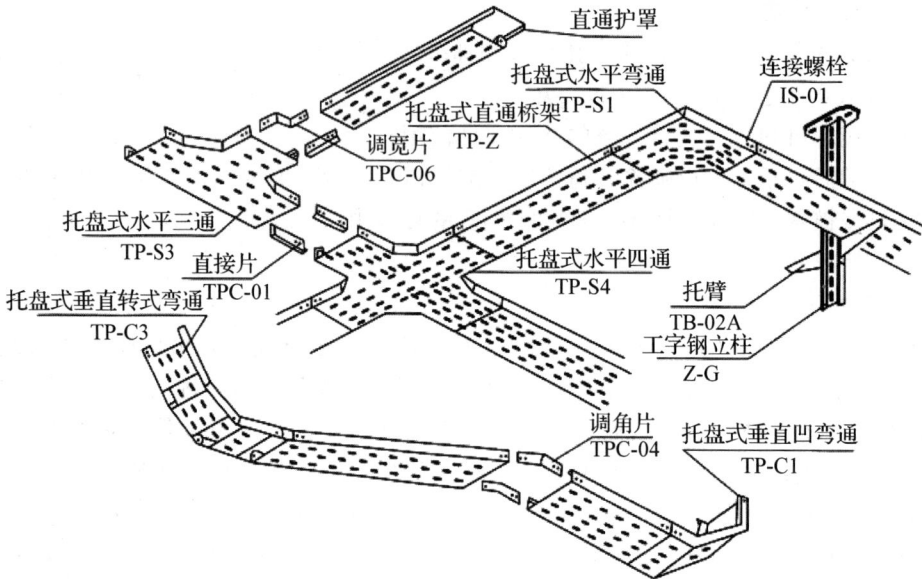

图 2.55 托盘式桥架空间布置示意图

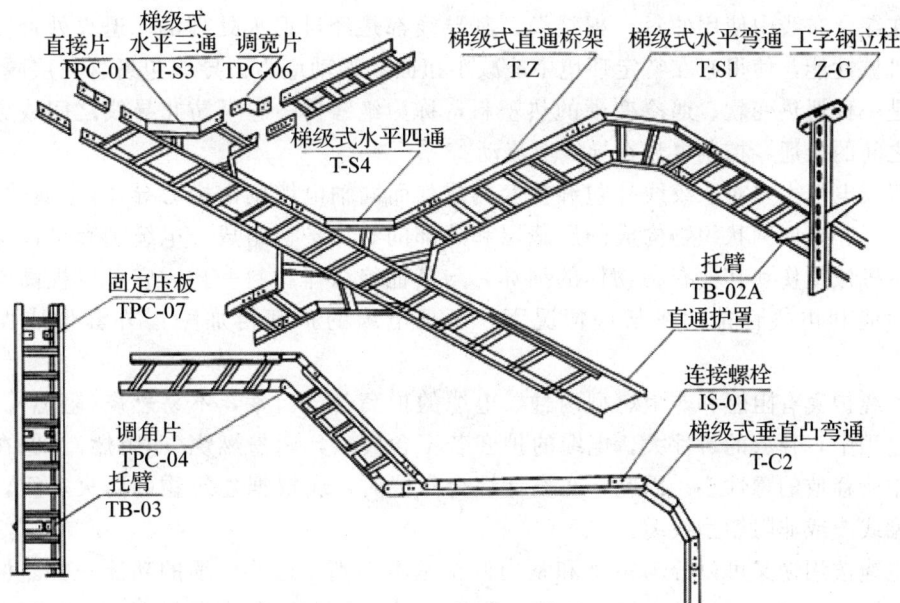

图 2.56　梯级式桥架空间布置示意图

（4）支架

支架是支撑电缆桥架的主要部件，它由立柱、立柱底座、托臂等组成，可满足不同环境条件（工艺管道架、楼板下、墙壁上、电缆沟内）安装不同形式（悬吊式、直立式、单边、双边和多层等）的桥架，安装时还需连接螺栓和安装螺栓（膨胀螺栓）。三种桥架吊装方法如图 2.57 所示。

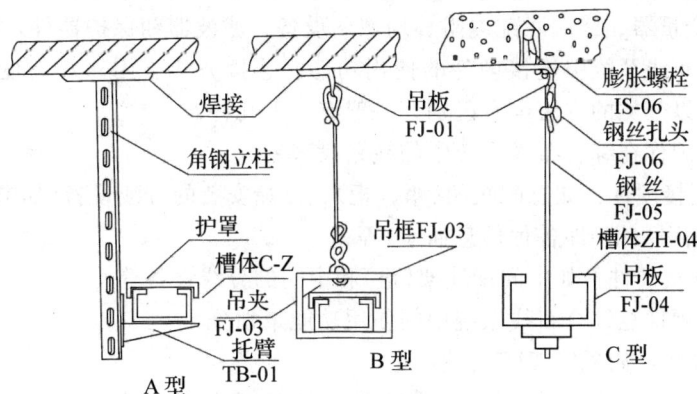

图 2.57　三种桥架吊装示意图

2.3　综合布线线缆及其连接硬件

2.3.1　概述

线缆及其连接硬件是构成综合布线系统的基础材料。

目前，综合布线使用的线缆主要有两类：电缆和光缆。电缆有双绞电缆和同轴电缆。双绞电缆又分为非屏蔽双绞（UTP）电缆和屏蔽双绞（STP）电缆。光纤主要分为 $62.5/125\mu m$ 多模光纤和 $8.3/125\mu m$ 单模光纤。

在综合布线中使用的每一根线缆，其导线都是经过退火处理的。退火处理能改善它的机械性能，使得它在特定环境中能减小扭曲和振动应力。导线包裹着一层隔离物，通常是一种遇热变软、遇冷变硬的热塑料，称为绝缘体。它可防止导线之间或导线与环境之间的导通，控制电流在导线上流动。

双绞电缆由多对双绞线外包缠护套构成，而同轴电缆则由中心导体（金属线）、绝缘材料层、金属网状织物构成的屏蔽层和外部的绝缘护套组成。电缆护套可以保护芯线免遭机械损伤和其他有害物体的损坏，与其他绝缘体材料一样，它可以提高电缆的物理性能和电气性能。在某些情况下，还把电缆的护套再加一层外套形成保护铠装（皮）。

电缆护套有阻燃和非阻燃型两种。电缆的护套若含卤素，不易燃烧（阻燃）。但在燃烧过程中，释放的毒性大。电缆的护套若不含卤素，则易燃烧（非阻燃）。但在燃烧过程中所释放的毒性小。因此，在设计综合布线时，应根据建筑物的防火等级，选择阻燃型线缆或非阻燃型线缆。

电缆按用途又可以分为室外和室内两个基本类别。这些电缆的功能一样，但结构有所不同。为室内设计的电缆，主要是阻燃型的。阻燃型电缆内部有一个空气芯，外面有一层阻燃套。这种电缆也可以在有害气体的环境中使用。室外电缆，主要是非阻燃型的。它常用于建筑群之间，可满足所安装场地的特殊环境要求。

光缆与电缆的主要区别在于芯线材料的不同，其护套结构及材料是基本相同的。

连接硬件是综合布线系统中配线架（柜）和各种连接部件等的统称。配线架等设备有时又称为接续设备；连接部件包括各种线缆连接器及接插软线，但不包括某些应用系统对综合布线系统使用的连接部件、有源或无源电子线路的中间转接器或其他器件（如阻抗匹配变量器、终端匹配电阻、局域网设备、滤波器和保护器件）等。

由于综合布线系统中连接硬件的使用功能、连接方式、用途和装设位置以及结构有所不同，所以分类的方法也有区别，一般有以下几种：

1）按连接硬件在综合布线系统中的线路段来划分

① 终端连接硬件：如总配线架（箱、柜）、终端安装的分线设备（如电缆分线盒、光纤盒等）和通信引出端（即各种信息插座）等；

② 中间连接硬件：如中间配线架（盘）和中间的分线设备等。

2）按连接硬件在综合布线系统中的使用功能来划分

① 配线设备：如配线架（箱、柜）等；

② 交接设备：如配线盘（交接间的交接设备）和室外设置的交接箱等；

③ 分线设备：如电缆分线盒、光纤分线盒和各种信息插座等。

3）按连接硬件的设备结构和安装方式来划分

① 设备结构：有架式和柜式（箱式、盒式）；

② 安装方式：有壁挂式和落地式；信息插座有明装和暗装方式，且有墙上、地板和桌面等多种安装方式。

4）按连接硬件装设位置来分

综合布线通常以装设配线架（柜）的位置来划分，主要有建筑群配线架（CD）、建筑物配线架（BD）和楼层配线架（FD）等。

2.3.2　双绞线电缆及其连接件

1. 构成

双绞线(Twisted Pair，TP)是一种综合布线工程中最常用的传输介质。双绞线由两根具有绝缘保护层的铜导线组成。把两根绝缘的铜导线按一定密度互相扭绞在一起，可降低信号干扰的程度，每一根导线在传输中辐射出来的电波会被另一根线上发出的电波抵消。铜导线的直径为 0.4～1mm，其扭绞方向为反时针，绞距为 3.81～14cm，相邻双绞线的扭绞长度差约为 1.27cm。双绞线的缠绕密度和扭绞方向以及绝缘材料，直接影响它的特性阻抗、衰减和近端串扰。如果把一对或多对双绞线放在一个绝缘套管中便成了双绞线电缆，简称双绞电缆。与其他传输介质相比，双绞线在传输距离、信道宽度和数据传输速度等方面均受一定限制，但价格较为低廉。

采用双绞线的局域网的带宽取决于所用导线的质量、长度及传输技术。只要精心选择和安装双绞线，就可以在有限距离(100m)内达到 100Mb/s 或以上的可靠传输速率。当距离很短，并且采用特殊的电子传输技术时，传输率甚至可以达到 1 000Mb/s。

双绞电缆按其是否包缠有金属层，可分为非屏蔽双绞线(Unshielded Twisted Pair，UTP，也称无屏蔽双绞线)电缆和屏蔽双绞线(Shielded Twisted Pair，STP)电缆。常用的双绞电缆是由 4 对双绞线绞合在一起，外部包裹金属层或塑胶外皮而组成。

1)非屏蔽双绞线电缆

非屏蔽双绞线电缆由多对双绞线外包缠一层绝缘塑料护套构成。4 对非屏蔽双绞电缆如图 2.58(a)所示。

非屏蔽双绞电缆每对线采用不同的绞矩，并结合滤波与对称性等技术，经由精确的生产工艺制成。其中，橙色对和绿色对通常用于发送和接收数据，绞合度最高，蓝色对次之；而棕色对一般用于进行校验，绞合度最低。如果双绞线的绞合度不符合技术要求的话，将会引起电缆阻抗的不匹配，导致较为严重的近端串扰，从而使传输距离变短，传输速率降低。由于非屏蔽双绞电缆无屏蔽层，所以它具有以下优点：

◇ 质量轻、容易安装；

◇ 直径小、节省空间。

2)屏蔽双绞电缆

屏蔽双绞电缆与非屏蔽双绞电缆相比，只不过在绝缘塑胶皮护套层内增加了金属层。按增加的金属屏蔽层数量和金属屏蔽层绕包方式，又可分为铝箔屏蔽双绞电缆(FTP)，铝箔/金属网双层屏蔽双绞电缆(SFTP)和独立双层屏蔽双绞电缆(STP)三种。三种屏蔽双绞电缆结构如图 2.58(b)(c)所示。为叙述方便，本书把这三种电缆总称为屏蔽双绞电缆(STP)。

从图中可以看出，非屏蔽双绞电缆和屏蔽双绞电缆都有一根用来撕开电缆保护套的拉绳。屏蔽双绞电缆在铝箔屏蔽层和内层聚酯包皮之间还有一根漏电线，把它连接到接地装置上，可泄放金属屏蔽层的电荷，解除线对间的干扰。

屏蔽双绞电缆外面包有较厚的屏蔽层，所以它具有以下优点：

◇ 抗干扰能力强；

◇ 保密性好，不易被窃听。

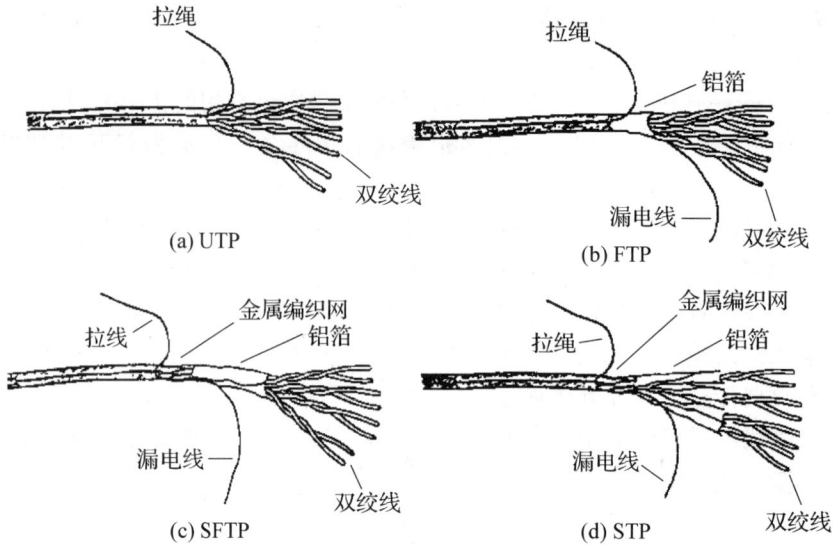

图 2.58　双绞电缆结构

2. 双绞线电缆的识别

1）双绞电缆的类别

"类"的含义是指某一类布线产品所能支持的布线等级。

①1 类线（CAT1）：线缆最高频率带宽是 750kHz，用于报警系统，或只适用于语音传输（1 类标准主要用于 20 世纪 80 年代初之前的电话线缆），不用于数据传输。

②2 类线（CAT2）：最高频率带宽是 1MHz，用于语音传输和最高传输速率 4Mb/s 的数据传输，常见于使用 4Mb/s 规范令牌传递协议的旧的令牌网。

③3 类线（CAT3）：指目前在 ANSI 和 EIA/TIA 568 标准中指定的电缆，该电缆的传输频率为 16MHz，用于语音传输及最高传输速率为 10Mb/s 的以太网（10BASE-T）。

④4 类线（CAT4）：传输频率为 20MHz，用于语音传输和最高传输速率 16Mb/s 的数据传输，主要用于基于令牌的局域网和 10BASE-T/100BASE-T 网络。未被广泛采用。

⑤5 类线（CAT5）：该类电缆增加了绞合度，外套一种高质量的绝缘材料，最高频率带宽为 100MHz，用于语音传输和最高传输速率 100Mb/s 的数据传输，主要用于 100BASE-T 和 1000BASE-T 网络。这是最常用的以太网电缆。

⑥超 5 类线（CAT5e）：该类电缆最高频率带宽为 155MHz，具有衰减小，串扰少，并且具有更高的衰减与串扰的比值（ACR）和信噪比（Structural Return Loss）、更小的时延误差，性能得到很大提高。从电缆工艺上 5 类和超 5 类的主要区别是，五类的橙色、绿色线对绞合紧，蓝色、棕色线对绞合松一些；而超 5 类四个线对绞合都紧，而且比 5 类还紧。比起普通 5 类双绞线，超 5 类系统在 100MHz 的频率下运行时，可提供 8dB 近端串扰的余量，用户的设备受到的干扰只有普通 5 类线系统的 1/4，使系统具有更强的独立性和可靠性，目前在综合布线系统中得到广泛使用。近端串扰、串扰总和、衰减和 SRL 这 4 个参数是超 5 类线非常重要的参数。

⑦6 类线（CAT6）：该类电缆的传输频率为 1～250MHz，6 类布线系统在 200MHz 时综合衰减串扰比（PS-ACR）有较大的余量，它提供两倍于超 5 类的带宽。6 类线的传

输性能远远高于超 5 类标准，最适用于传输速率高于 1Gbps 的应用。6 类与超 5 类的一个重要的不同点在于，改善了在串扰以及回波损耗方面的性能。

⑧超 6 类或 6A 类线（CAT6A）：传输带宽 500MHz，介于 6 类和 7 类之间，目前和 7 类产品一样，国家还没有出台正式的检测标准，只是行业中有此类产品，各厂家宣布一个测试值。

⑨7 类线（CAT7）：带宽为 600MHz，可能用于今后的 10Gb 以太网。

2）双绞电缆的识别

通常我们使用的双绞线，在外皮上每隔两英尺有一段文字，不同生产商的产品标志可能不同，但一般包括以下一些信息：

◇ 双绞线类型；

◇ NEC/UL 防火测试和级别；

◇ CSA 防火测试；

◇ 长度标志；

◇ 生产日期；

◇ 双绞线的生产商和产品号码。

由于双绞线记号标志没有统一标准，因此并不是所有的双绞线都会有相同的记号。以下是一条双绞线的记号，我们以此为例说明不同记号标志的含义：

AVAYA -C SYSTEIMAX1061C＋4/24AWG CM VERIFIED-UL CAT 5E 31086FEET-09745.0 METERS，这些记号提供了这条双绞线的以下信息：

• AVAYA-C SYSTEMIMAX：指的是该双绞线的生产商。

• 1061C＋：指的是该双绞线的产品号。

• 4/24：说明这条双绞线是由 4 对 24AWG 电线的线对所构成。铜电缆的直径通常用 AWG（American Wire Gauge）单位来衡量。通常 AWG 数值越小，电线直径越大。线芯有 22、24、26 三种规格，我们通常使用的双绞线均是 24AWG。

• CM：指通信通用电缆，CM 是 NEC（美国国家电气规程）中防火耐烟等级中的一种。

• VERIFIED-UL：说明双绞线满足 UL（Underwriters Laboratories Inc.，保险商实验室）的标准要求。UL 成立于 1984 年，是一家非营利的独立组织，致力于产品的安全性测试和认证。

• CAT 5E：指该双绞线通过 UL 测试，达到超 5 类标准。

• 31086FEET-09745.0 METERS：表示线缆当前所处的长度点。这个标记对于我们购买双绞线时非常实用。如果你想知道一箱双绞线的长度，可以找到双绞线的头部和尾部的长度标记相减后得出。1ft 等于 0.304 8m，有的双绞线以米作为单位。

3. 常用双绞线电缆

双绞线电缆铜线直径通常以美国线材度量衡标准 AWG（American Wire Gauge，AWG）作为单位进行测量。AWG 前面的数值（如 24AWG、26AWG）表示导线形成最后直径前所要经过的孔的数量，数值越大，导线经过的孔就越多，导线的直径也就越小。粗导线具有更好的物理强度和更低的电阻，但成本高，电缆沉重，难以安装，价格也更贵。电缆设计的挑战在于使用尽可能小直径的导线，而同时保证在必要电压和频率

之下实现导线的最大信息容量。

不同 AWG 数值的导线直径、面积和质量参数如表 2.1 所示。

表 2.1 常用双绞线铜芯的 AWG 值

AWG	直径/in	直径/mm	面积/mm²	质量/(kg/km)
22	0.025 31	0.643	0.325 6	2.895
23	0.022 58	0.574	0.258 1	2.295
24	0.020 11	0.511	0.204 7	1.820
26	0.015 90	0.404	0.128 8	1.145

双绞线分为屏蔽双绞线与非屏蔽双绞线两大类。在这两大类中又分 100Ω/150Ω 电缆、双体电缆、大对数电缆等。其中双体电缆、150Ω 的电缆在国内较少使用。

1)5 类 4 对非屏蔽双绞电缆

它是美国线规为 24 的实芯裸铜导体，以氟化乙丙烯做绝缘材料，传输频率达 100MHz，其导线组成及物理结构如图 2.59 所示。图中的直径 A 为 0.914mm，直径 B 为 5.08mm。

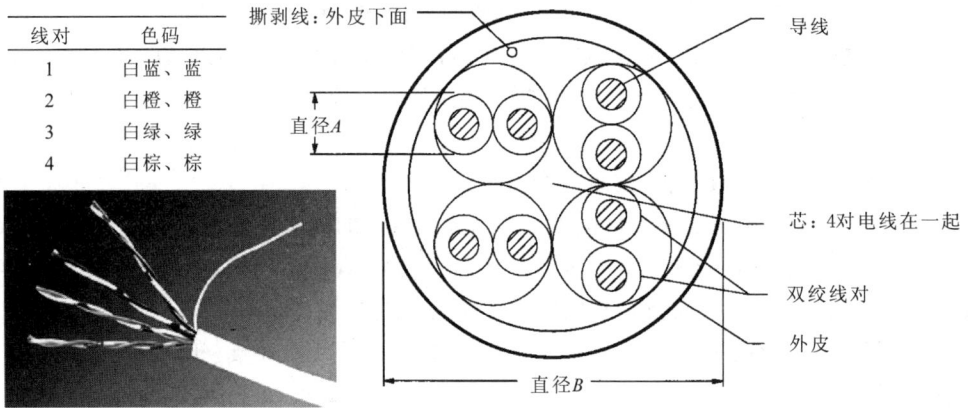

线对	色码
1	白蓝、蓝
2	白橙、橙
3	白绿、绿
4	白棕、棕

图 2.59 5 类 4 对 24 AWG 100Ω 非屏蔽双绞电缆

2)5 类 4 对 24AWG 屏蔽电缆

它是 24 号的裸铜导体，以氟化乙烯做绝缘材料，屏蔽层为厚度 0.051mm 的铝/聚酯带，内有一根 24AWG TPG 漏电线。传输频率达 100MHz，导线色彩编码组成与 5 类 4 对非屏蔽双绞电缆相同，物理结构如图 2.60 所示。图中的直径 A 为 1.07mm，直径 B 为 6.47mm。

3)5 类 4 对 24AWG 非屏蔽软线

它由 4 对线组成，用于高速数据传输，适合于扩展传输距离，应用于互联或跳接线。传输频率达 100MHz。它的物理结构类似图 2.59 所示，但直径 A 和直径 B 不同，其中，直径 A 为 0.96mm，直径 B 为 5.33mm。

4)5 类 4 对 26AWG 屏蔽软线

它由 4 对线和一根 26AWG 漏电线组成，传输频率达 100MHz。它的物理结构类似

图 2.60 所示，但直径 A 和直径 B 有所不同，其中，直径 A 为 0.94mm，直径 B 为 5.33mm。

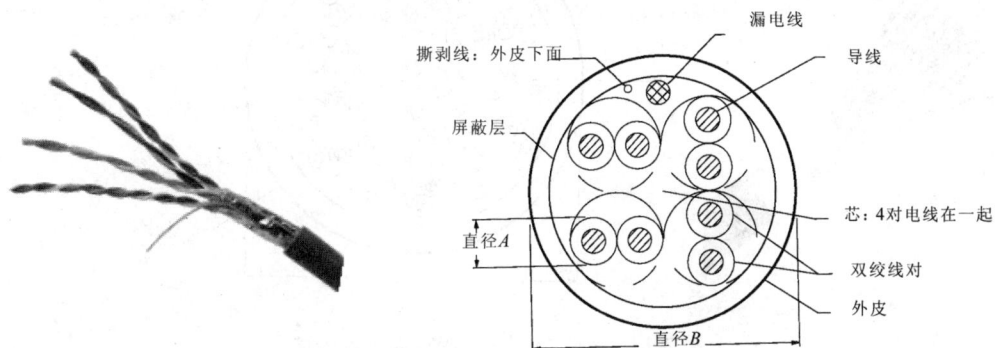

图 2.60　5 类 4 对 24 AWG 100Ω 屏蔽电缆

5)5 类 25 对 24AWG 非屏蔽电缆

它由 25 对线组成，为用户提供更多的可用线对，实现高速数据通信应用。线缆由 24AWG 硬铜导线构成，外皮采用高密度阻燃聚氯乙烯。定级为 Plenpus 的电缆可以不使用导管在通风管中安装。传输频率为 100MHz。导线色彩编码组成如表 2.2 所示，物理结构如图 2.61 所示。

表 2.2　25 对导线色彩编码

线　对	色　码	线　对	色　码
1	白蓝、蓝白	14	黑棕、棕黑
2	白橙、橙白	15	黑灰、灰黑
3	白绿、绿白	16	黄蓝、蓝黄
4	白棕、棕白	17	黄棕、棕黄
5	白灰、灰白	18	黄绿、绿黄
6	红蓝、蓝红	19	黄棕、棕黄
7	红橙、橙红	20	黄灰、灰黄
8	红绿、绿红	21	紫蓝、蓝紫
9	红棕、棕红	22	紫橙、橙紫
10	红灰、灰红	23	紫绿、绿紫
11	黑蓝、蓝黑	24	紫棕、棕紫
12	黑橙、橙黑	25	紫灰、灰紫
13	黑绿、绿黑		

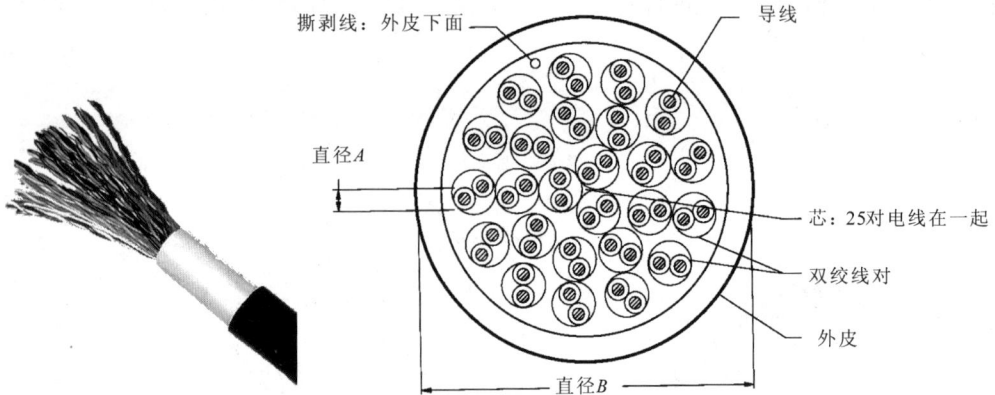

图 2.61 5 类 25 对 24 AWG 非屏蔽电缆

对于双绞线对数超过 25 对的电缆,则按 25 对线一组分成几个结合组(binder group),每个结合组按缠绕在 25 对束缆上的特定颜色的塑料绑带加以区分。

超 5 类在物理结构上与 5 类线相似,只是线对绞合更紧。6 类双绞线在外形上和结构上与 5 类或超 5 类双绞线都有一定的差别,不仅增加了绝缘的十字骨架,将双绞线的四对线分别置于十字骨架的四个凹槽内,而且电缆的直径也更粗。电缆中央的十字骨架随长度的变化而旋转角度,将 4 对双绞线卡在骨架的凹槽内,保持 4 对双绞线的相对位置,提高电缆的平衡特性和串扰衰减,保证在安装过程中电缆的平衡结构不遭到破坏。6 类非屏蔽双绞线裸铜线径为 0.57mm(线规为 23AWG),绝缘线径为 1.02mm,电缆直径为 6.53mm。其他类型双绞电缆实物如图 2.62 所示。

4. 电缆连接件

电缆连接件主要分为两类:连接器和配线架。

1)电缆连接器

连接器由插头和插座组成。这两种元件组成的连接器连接于导线之间,以实现导线的电气连续性。RJ-45 模块就是连接器中的最重要的一种插座。

(1)RJ-45 模块(Modular)

RJ 是 Registered Jack 的缩写,意思是"注册的插座"。在 FCC(美国联邦通信委员会标准和规章)中的定义,RJ 是描述公用电信网络的接口,常用的有 RJ-11 和 RJ-45。计算机网络的 RJ-45 是标准 8 位模块化接口的俗称。在以往的 4 类、5 类、超 5 类,包括刚刚出台的 6 类布线中,采用的都是 RJ 型接口。在 7 类布线系统中,将允许"非-RJ型"的接口,如西蒙公司开发的 TERA 7 类连接件被正式选为"非-RJ"型 7 类标准工业接口的标准模式。TERA 连接件的传输带宽高达 1.2GHz,超过目前正在制定中的600MHz 7 类标准传输带宽。

RJ-45 模块的核心是模块化插孔。镀金的导线或插座孔可维持与模块化插头弹片间稳定而可靠的电连接。由于弹片与插孔间的摩擦作用,电接触随插头的插入而得到进一步加强。插孔主体设计采用了整体锁定机制,这样当模块化插头插入时,插头和插孔的界面处可产生最大的拉拔强度。RJ-45 模块上的接线块通过线槽来连接双绞线,锁定弹片可以在面板等信息出口装置上固定 RJ-45 模块。如图 2.63 所示分别是 RJ-45 模

裸铜导体

聚乙烯绝缘

聚氯乙烯内护层

铝箔屏蔽

撕裂绳

铝镁编织屏蔽层

聚氯乙烯护套

(a) 超5类屏蔽电缆

PVC护套

HDPB绝缘层

十字骨架

撕裂绳

TR软铜线

(b)6类非屏蔽电缆　　　　　　(c) 6类屏蔽电缆

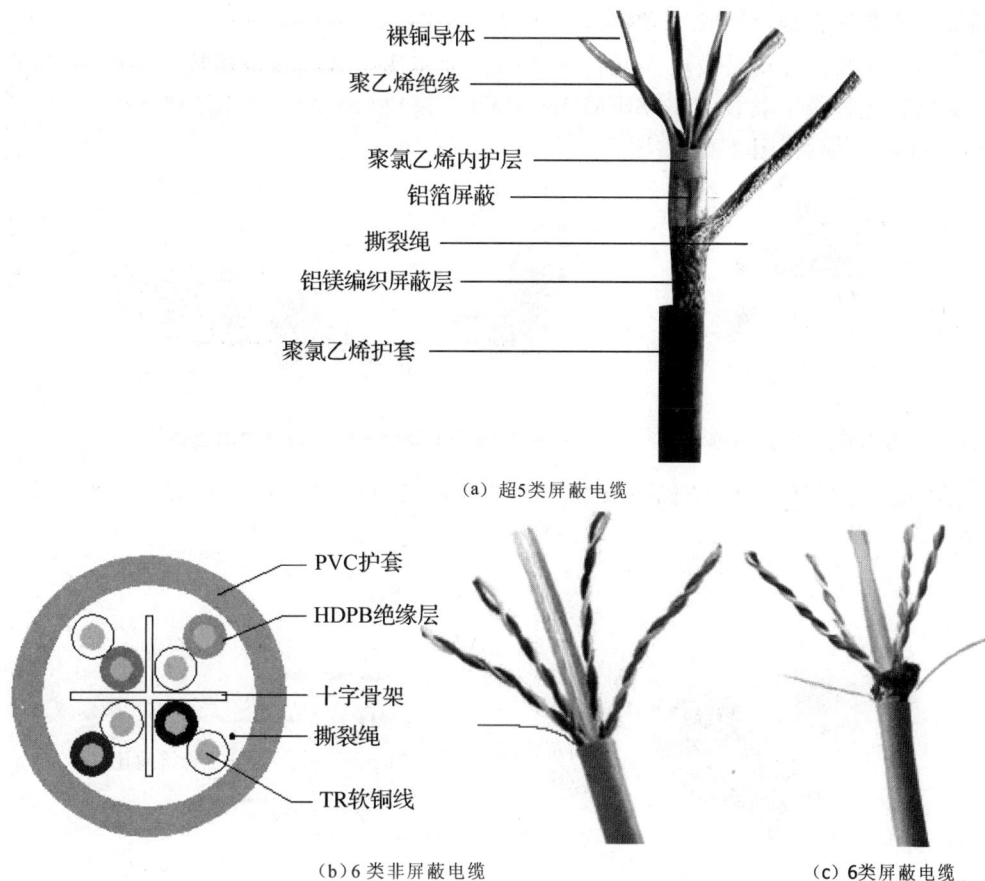

图 2.62　其他类型双绞电缆

块的正视图、侧视图和立体图。

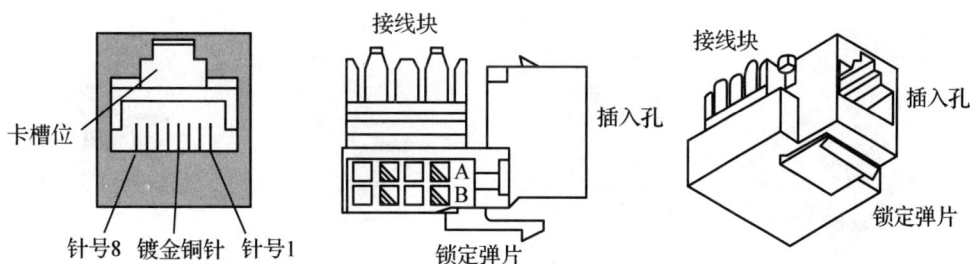

接线块

插入孔

接线块

插入孔

卡槽位

针号8　镀金铜针　针号1

锁定弹片

锁定弹片

图 2.63　RJ-45 模块结构示意图

　　常见的非屏蔽模块高×宽×厚是 2cm×2cm×3cm，可卡接到任何 M 系列模式化面板、支架或表面安装盒中，并可在标准面板上以 90°(垂直)或 45°斜角安装，特殊的工艺设计提供至少 750 次重复插拔，模块使用了 T568A 和 T568B 布线通用标签，它还带有一白色的扁平线插入盖。这类模块通常需要打线工具，即带有 110 型刀片的 914 工具打接线缆。这种非屏蔽模块也是国内综合布线系统中应用得最多的一种模块，无论从 3 类、5 类还是超 5 类、6 类，它的外形都保持了相当的一致。

　　为方便用户插拔安装操作，可以用目前的标准模块加上 45°斜角的面板完成，也可

以将模块安装端直接设计成45°斜角，如图2.64所示。

免打线工具设计也是模块人性化设计的一个体现，这种模块端接时无须用专用刀具，如具有免打线工具设计的 SIEMON MX-C5 模块（图2.65左图）和 Nexans LAN-mark-6Snap-in 模块（图2.65右图）。

图 2.64　45°斜角模块　　　　图 2.65　不同设计的免打线工具模块

模块也分为非屏蔽模块和屏蔽模块，典型屏蔽模块的实物图和结构图如图2.66所示。

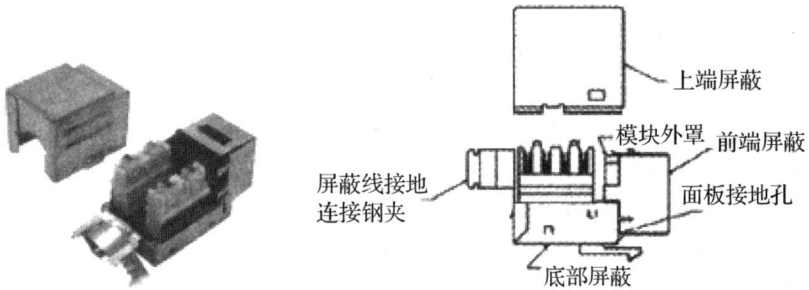

图 2.66　屏蔽模块的实物图和结构图

RJ-45 模块安装在面板上，然后将面板固定在底盒上，就成为正常使用的信息插座。各类信息插座如图2.67所示。

图 2.67　各类信息插座示意图

（2）RJ-45 接头（Modular Plug）

RJ-45 接头俗称水晶头，RJ-45 接头是铜缆布线中的标准连接器，它和插座（RJ-45 模块）共同组成一个完整的连接器单元。这两种元件组成的连接器连接于导线之间，以实现导线的电气连续性。它也是成品跳线里的一个组成部分。RJ-45 接头结构如图 2.68 所示。

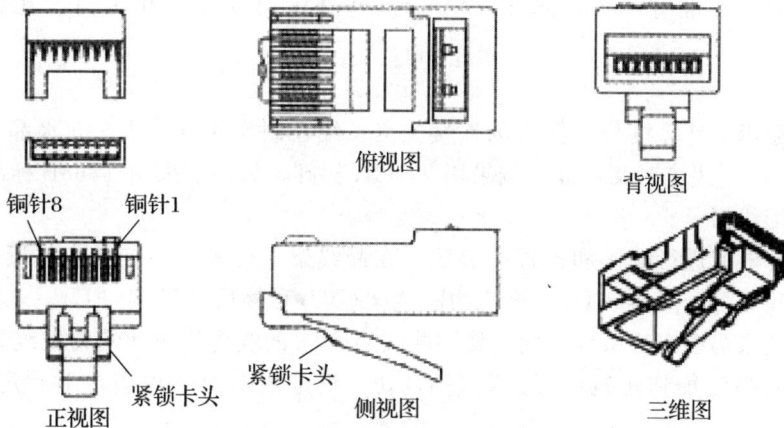

图 2.68　RJ-45 接头结构图

RJ-45 接头的 Pin1～Pin8 与 RJ-45 信息插座模块的 Pin1～Pin8 位置正好相反并一一对应，因为信号的发送端应该与接收端相连，同样双机对连的跳线正是利用这一原理压制的：1、2、3、6 针分别对应 2、1、6、3 针。

水晶头是整个链路中非常容易产生串扰的地方。一般情况下，主要应注意水晶头上的 2 个压接点的位置和 8 个整齐排列的触点刀片的形状。两个压接点在压线钳的作用下一次性地挤压下去而发挥作用。第一压接点被压断，将线缆及线缆的外包层压住，以免因经常拔插 RJ-45 头导致接触不良。第二压接点即水晶头的 8 片触点刀片，通常为 8 片镀金刀片，且有两叉式和三叉式之分，如图 2.69 所示，压线钳压下的同时，这 8 片刀片也会被压下并刺入线芯中，从而接通铜导线。

RJ-45 接头同样有非屏蔽和屏蔽之分。屏蔽 RJ-45 接头外围用屏蔽包层覆盖，如图 2.70 所示。RJ 系列的接头还有 RJ-11（4 芯）、RJ-12（6 芯），也就是常说的电话插头或电话水晶头。RJ-45 的模块中可以插入 RJ-11 和 RJ-12 接头。

图 2.69　RJ-45 接头外形和压接触点刀片

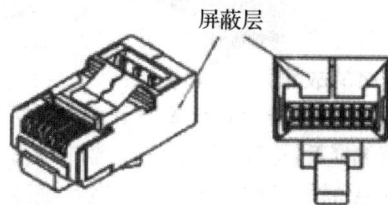

图 2.70　屏蔽 RJ-45 插头

在双绞线组网时，一个最重要的工作就是用 RJ-45 水晶头和双绞线制作跳线。所谓跳线，是两端带有水晶头的一段线缆，可以很方便地使用和进行管理，通常用来连

接工作区的信息插座与工作站以及管理间的配线架和交换设备。

双绞线跳线的分类：

① 直通线

两端 RJ-45 水晶头中的线序排列完全相同的跳线称为直通线，它适用于计算机到集线设备的连接。

线序排列的标准有两个：即 T568A 标准和 T568B 标准，相关内容在第 3 章中介绍。

② 交叉线

交叉线适用于计算机与计算机的连接。交叉线在制作时两端 RJ-45 水晶头中的第 1、2 线和第 3、6 线应对调，即一端采用 T568A 标准，另一端采用 T568B 标准。

2）电缆配线架

配线架是电缆进行端接和连接的装置。在配线架上可进行互连或交接操作。综合布线系统有建筑群配线架（CD）、建筑物配线架（BD）和楼层配线架（FD），若按照分层星形拓扑结构来构造布线系统，则各楼层配线架（FD）的线缆将于建筑物配线架（BD）处集中，而最后将汇集到建筑群配线架（CD）处。只是根据网络规模，不一定需要 CD 或 BD。

电缆配线架分为 110 型配线架和模块式快速配线架两类。各类配线架安装在配线柜或机架上。

配线架通常放置于楼层配线间或是设备间内，网络管理员只需要在这几处进行跳线操作就可以对整个网络进行管理。在综合布线的网络中，整个管理的核心是配线架，图 2.71 中，左图是 48 口 CAT 5e 模块化可翻转配线架，右图是 24 口 CAT 5e 模块化配线架。

图 2.71　CAT5e 模块化配线架

通常 CD 或 BD 汇集的线缆比较多，管理难度也较大。在数字信息网络的管理中可采用新式的 110 配线架（图 2.72 左图），这种 110 型配线架通常可以分为夹接式（即所谓的 110A 型）和插接式（即 110P 型）两大类。其电气性能完全相同，接线块每行最多可接 25 对线，一般 A 型配线架有 100 对、300 对两种，并可现场随意组装。P 型配线架一般有 300 对、900 对两种，其宽度相同，只是后者的高度是前者的 3 倍。

如果对线路不经常进行改动、移位或是重新组合时，可采用 110A 型配线架（大约需要占去墙面积的 0.344m²），否则一般采用 110P 型配线架。虽然也可以用一般的打线工具来制作这种配线架，但有一种更加专业的配线架的冲压工具，就是所谓的 788J1 工具，跳线也不再是传统的 RJ-45 头的跳线，而采用了 110P 接插软线，110 打线工具和跳线如图 2.72 中图和右图所示。

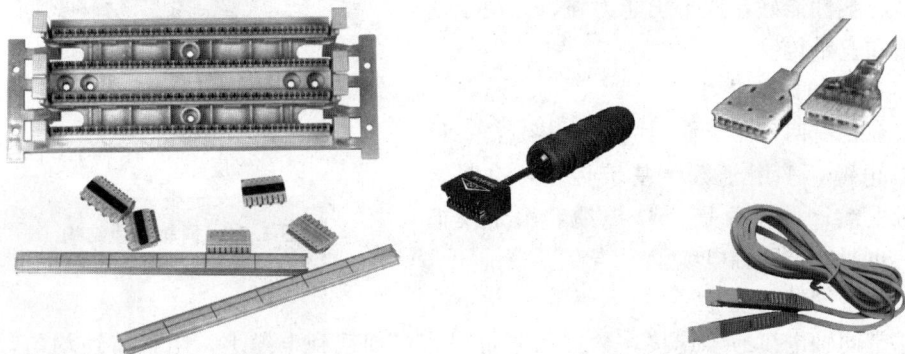

图 2.72　110 配线架、专用打线工具和跳线

3）转接点

TIA/EIA-568-A 规范和 ISO/IEC 11801 标准都允许在水平布线中使用单一的转接点。转接点通常用于将配线间的 25 对 UTP 电缆（或分离的 4 对 UTP 电缆）转接到特定的区域。一个典型的转接点（在一个保护柜中）如图 2.73 所示。

图 2.73　转接点

2.3.3　同轴电缆及其连接件

同轴电缆是计算机网络布线中较早使用的一种传输介质，目前还有一些小型网络使用同轴电缆。近年来，随着以双绞线和光纤为主的标准化布线的推行，在大中型网络中已经不再使用同轴电缆。但是，在智能化小区以及智能家居布线中，仍采用同轴电缆来传送有线电视信号。

1. 同轴电缆的结构及特点

1）同轴电缆的结构

同轴电缆由中心导体（金属线）、绝缘材料层、金属网状织物构成的屏蔽层和外部的绝缘护套组成，其结构如图 2.74 所示。其中中心导体主要用于传导电流，金属屏蔽层用来接地。当同轴电缆连上接头时，中心导体和屏蔽网恰好可构成电流的回路。因此，在制作同轴电缆的接头时，千万不能让屏蔽层的任何部分与中心导体相接触，以免造成短路。

2）特点

①在同轴电缆中，中心导体与屏蔽层之间用绝缘材料隔开，其频率特性比双绞线要好一些，能进行高速率的传输。

②屏蔽性能好，抗干扰能力强，可用于基带传输和宽带传输。

2. 同轴电缆的分类

目前，有两种广泛使用的同轴电缆：一种是 50Ω 电缆，多用于数字基带传输，也叫基带同轴电缆；另一种是 75Ω 电缆，用于模拟传输，也叫宽带同轴电缆。

图 2.74　同轴电缆结构

1）基带同轴电缆

基带同轴电缆易于连接，数据信号可以直接加载到电缆上，阻抗特性均匀，电磁干扰屏蔽性很好，误码率低，适用于各种局域网络，速率最高为 10Mb/s。

按同轴电缆的直径大小，一般分为细同轴电缆（简称为细缆或 10Base2）和粗同轴电缆（简称粗缆或 10Base5），目前计算机网络中常使用细缆。

（1）粗同轴电缆：其直径大约为 12.7mm（0.5in），铜芯比细缆的粗，也比较硬。其外表通常为黄色，IEEE 把粗缆称为 10Base5，其中"10"代表最高的数据传输率为 10Mb/s，"Base"代表传输方式是基带传输，"5"代表最长可以达到 500m。对于同轴电缆而言，铜芯越粗，数据的传输距离也越远，因此粗缆常作为网络的主干线，适用于比较大型的网络，标准距离长、可靠性高。由于安装时不需切断电缆，因此可根据需要调整计算机的入网位置。但粗同轴电缆网络必须安装收发器和收发器电缆，安装难度大，因此总体造价高。

（2）细同轴电缆：其直径比粗缆小，约 5mm（0.2in），因而它比粗缆轻便灵活，它的数据传输距离比粗缆近，最长达到 185m。其外表通常是黑色，IEEE 把它称作 10Base2。安装比较简单，造价低，但安装时要切断电缆，两头须装上基本连接头（BNC），接在 T 形连接器两端，容易产生接触不良而影响整个网络。

为了保持正确的电气特性，同轴电缆屏蔽层必须接地，同时两头要有 BNC 终端器来削弱信号反射作用，否则网络将不能工作。

2）宽带同轴电缆

使用有线电视电缆进行模拟信号传输的同轴电缆，被称为宽带同轴电缆。"宽带"这个词来源于电话业，指比 4kHz 宽的频带。然而在计算机网络中，"宽带电缆"却指任何使用模拟信号进行传输的电缆网络。

宽带同轴电缆的传输性能要高于基带同轴电缆，但它需要附加信号处理设备，安装比较困难，适用于长途电话网、有线电视系统和宽带计算机网络。常用的宽带同轴电缆是 75Ω 电缆，速率最高为 20Mb/s，可以传输数据、语音和影像，传输距离可以达到几千米。

常用的同轴电缆的规格及应用如表 2.3 所示。

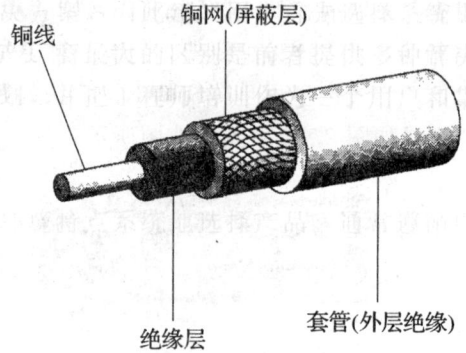

表 2.3   常用同轴电缆的规格及应用

序号	规格	特性阻抗/Ω	应用	备注
1	RG-8 或 RG-11	50	计算机网络	以太网粗缆
2	RG-58	50	计算机网络	以太网细缆
3	RG-59	75	有线电视系统	外径为 8.28mm
4	RG-62	93	ARCnet 网络和 IBM3270 网络	

3. 同轴电缆连接件

1）连接件种类

粗缆和细缆有各自的连接器件，由于标准不同，所以不兼容，在组建同轴电缆网络时要综合考虑所使用的同轴电缆的类型及对应的连接器件。

（1）粗缆的连接器件，属于 N 系列，包括以下部件：

① N 系列连接器插头：安装在粗缆段的两端；

② N 系列桶形连接器：用于连接两段粗缆；

③ N 系列终端匹配器：N 系列 50Ω 的终端匹配器安装在干线电缆段的两端，用于防止电子信号的反射。干线段电缆两端的终端匹配器必须有一个接地。

有关细缆的连接器件如图 2.75 所示。

图 2.75   N 系列连接器

（2）细缆的连接器件。

① BNC 连接器插头：安装在细缆段的两端；

② BNC 柱形连接器：用于连接两段细缆；

③ BNC-T 形连接器：细缆 Ethernet 上的每个节点通过 T 形连接器与网络进行连接，其水平方向的两个插头用于连接两段细缆，与之垂直的插口与网卡上的 BNC 连接器相连；

④ BNC 终端匹配器：BNC50Ω 的终端匹配器安装在干线段的两端，用于防止电子信号的反射。干线段电缆两端的终端匹配器必须有一个接地。

有关细缆的连接器件如图 2.76 所示。

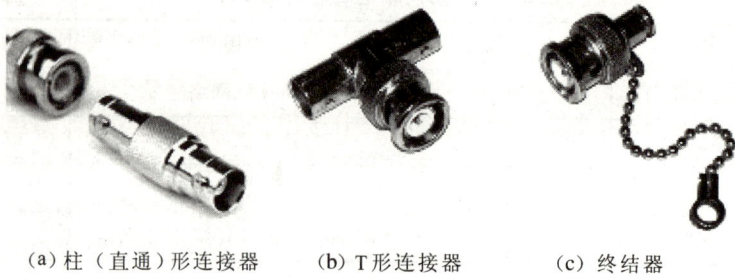

(a) 柱（直通）形连接器　　　(b) T 形连接器　　　(c) 终结器

图 2.76　细缆系统连接器

另外，还有一种常用同轴电缆连接器是 F 型连接器，典型用于 75Ω 电缆分配系统，特别是 CATV，广播电视网络。其特点是螺纹连接、插合方便。有关连接器如图 2.77 所示。

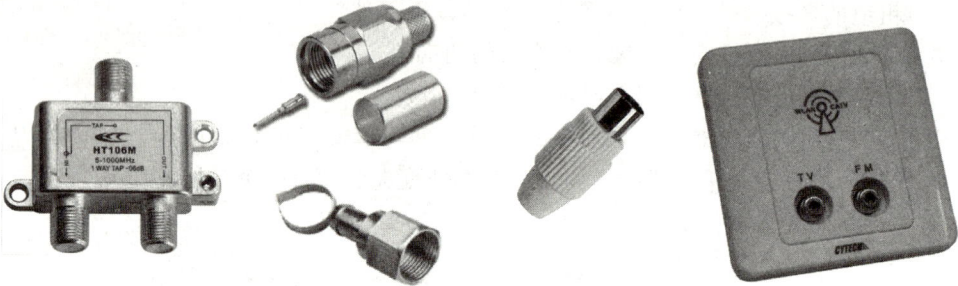

图 2.77　F 形连接器及相关器件

2）同轴电缆安装方法

同轴电缆一般安装在设备与设备之间，在每一个用户位置上都装有一个连接器为用户提供接口，接口的安装分细缆安装和粗缆安装。

（1）细缆安装：将细缆切断，两头装上 BNC 头，然后接在 T 形连接器两端。

（2）粗缆安装：其方法是采用一种类似夹板的 Tap 装置进行安装，它利用 Tap 上的引导针穿透电缆的绝缘层，直接与导体相连。

电缆两端头设有终端器，以削弱信号的反射作用。

3）组建同轴电缆网络

（1）组建粗缆网络：粗缆网络的线缆不是直接连接到网卡上的，它必须通过收发器的装置与网卡连接。粗缆直接连入收发器，然后通过一段 15 针的收发器电缆连到网卡上。粗缆网络的连接情况如图 2.78 所示。

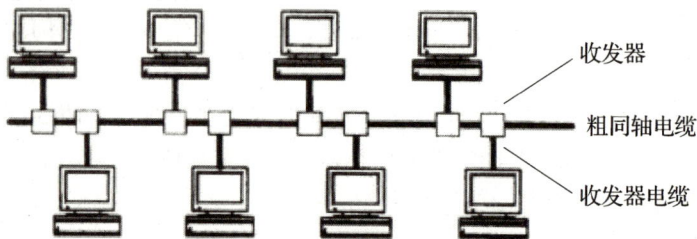

图 2.78　粗缆网络的连接

收发器到网卡的缆线长度(即收发器电缆)最长为 50m，超过此长度将影响数据接收。收发器的作用是实现并行数据与串行数据之间的转换。

(2)组建细缆网络：在细缆网络中，电缆直接通过 T 形连接器连到网卡上，细缆网络所需的硬件有网络接口适配器、BNC-T 形连接器及电缆系统。细缆网络的连接情况如图 2.79 所示。

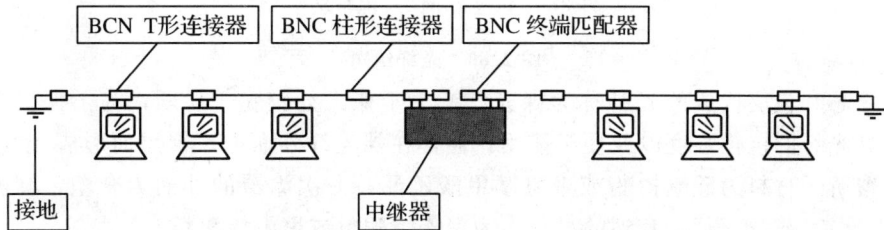

图 2.79　细缆网络的连接

无论粗缆网络还是细缆网络，均可通过中继器扩大网络规模，最多可借助 4 个中继器连接 5 个网段。

4)同轴电缆使用特点

表 2.4 列出了计算机网络中粗缆和细缆的性能比较，粗缆在计算机网络中的应用已基本被光纤所代替，在实际应用中一般用到的只是细缆。

表 2.4　粗缆和细缆的性能比较

名称	常用标准	主要特点	主要用途	连接距离	最大节点数
粗缆	RG-8（50Ω）	①造价高 ②安装难度大 ③标准距离长 ④可靠性高	可用于大型计算机网络的主干连接，但逐渐被光纤所代替	每网段最大为 500m，最大网络范围为 2500m；收发器之间最小距离 2.5m，收发器电缆最长 50m	100 个
细缆	RG-58（50Ω）	①造价低 ②安装方便 ③可靠性差 ④网络抗干扰能力强	可用于总线型计算机网络的连接；在星形计算机网络中无法使用	每网段最大为 185m，最大网络范围为 925m；两个 T 形连接器之间的最小距离为 0.5m	20 个

2.3.4　光缆及其连接件

1. 光纤及其传输特性

1)光纤结构与分类

光纤即光导纤维，是一种传输光束的细微而柔韧的介质，通常将石英玻璃预制棒拉成细丝，由纤芯和包层构成双层同心圆柱体。如图 2.80 所示，中心部分为纤芯，其直径为 $5\sim75\mu m$，纤芯外面的部分为包层，包层的直径为 $100\sim150\mu m$，纤芯与包层的成分都是玻璃，它们之间的唯一不同之处就是折射率，包层的折射率 n_2 比纤芯的折射率 n_1 低，以使光封闭在纤芯内。

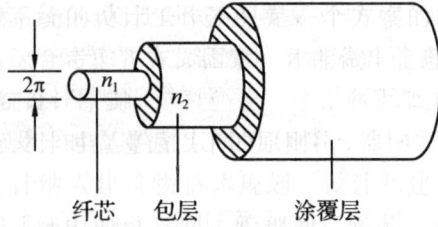

图 2.80 光纤结构

由纤芯和包层构成的光纤称为裸光纤。由于裸光纤较脆、易断，为了保护光纤表面，提高光纤的抗拉强度以及便于使用，通常在裸光纤外面加涂覆层而形成光纤芯线，一次涂覆所用材料为硅酮树脂或聚氨基甲酸乙酯，一次涂覆的外面为套塑，套塑又称为"二次涂覆"或"被覆"，套塑的材料多为聚乙烯塑料或聚丙烯塑料、尼龙等。

光纤并非只有玻璃光纤一种，塑料光纤是近年来出现的另一种光纤产品，广泛应用于数据传输、汽车行业、传感器、导光系统、各类装饰及大型展览等行业。没有特别说明，光纤通常指的都是玻璃光纤。

通过光纤传输的每一条光束称为一个模。根据光在光纤中的传播模式，光纤可分为单模光纤（Single Mode Fibre，SMF）和多模光纤（Multi Mode Fiber，MMF）两种。单模光纤的纤芯直径很小，在给定的工作波长上只能以单一模式传输，传输频带宽，传输容量大。光信号可以沿着光纤的轴向传播，因此光信号的损耗很小，离散也很小，传播的距离较远。单模光纤 PMD 规范建议芯径为 $8\sim10\mu m$，包层直径为 $125\mu m$。多模光纤是在给定的工作波长上，能以多个模式同时传输的光纤。多模光纤的纤芯直径一般为 $50\sim200\mu m$，而包层直径的变化范围为 $125\sim230\mu m$，网络用纤芯直径为 $62.5\mu m$，包层为 $125\mu m$，也就是通常所说的 $62.5\mu m/125\mu m$。与单模光纤相比，多模光纤的传输性能要差。在导入波长上分单模 1 310nm、1 550nm；多模 850nm、1 300nm。

单模光纤与多模光纤的特性比较见表 2.5。

表 2.5　单模光纤与多模光纤的特性比较

光纤种类	单模光纤	多模光纤
纤芯直径	细	粗
耗散	极小	大
效率	高效	低效
成本	成本高	成本低
使用场合	高速度、长距离	低速度、短距离
使用光源	需要激光源（激光二极管 LD）	聚光好，不需要使用激光源

常用光纤有如下几种：

①$62.5\mu m/125\mu m$ 多模光纤（纤芯直径 $62.5\mu m$，包层直径 $125\mu m$，以下同）；

②$50\mu m/125\mu m$ 多模光纤；

③$100\mu m/140\mu m$ 多模光纤；

④8.3μm/125μm 单模光纤。

在网络工程中，一般选用 62.5μm/125μm 规格的多模光纤，室外布线大于 2km 时可选用单模光纤。

2)光纤的传输特性

光纤的传输特性包括传输衰减特性、色散和带宽特性。

(1)光纤的传输衰减

光信号沿光纤传输的过程中，光能逐渐减小的现象称光纤的传输衰减(或损耗)。光纤的传输衰减是光纤通信主要的传输参数之一。各类光纤的传输衰减可分两部分，即固有衰减和附加衰减。

(2)光纤的色散

色散、脉冲展宽和传输频带宽度(简称带宽)，都是从不同角度来描述同一光纤特性。

①色散含义

由不同模式或不同频率(或波长)成分组成的光信号，在光纤中传输时，由于群速度不同而引起信号畸变的物理现象称为光纤的色散。

光纤的色散分为模式色散(或模间畸变)、材料色散以及波导色散。后两种色散是某一模式本身的色散，也称模内色散。

②色散对光信号的影响

光纤的色散导致光信号的波形失真，表现为脉冲展宽，它是光纤的时域特性。脉冲展宽也称脉冲信号的延时失真。这种延时失真的大小是由光纤的色散特性所决定的。

对于数字通信系统来讲，光信号的脉冲展宽是一项重要指标。脉冲展宽过大就会引起相邻脉冲间隙减小，相邻脉冲将会产生部分重叠而使再生中继器发生脉冲判决错误，导致误码率增加，从而限制了光纤的传输容量。

3)光纤通信系统

光纤通信系统是以光波为载体、光导纤维为传输介质的通信系统，起主导作用的是光源、光纤、光发送机和光接收机。

(1)光源：光波产生的根源。

(2)光纤：传输光波的媒介。

(3)光发送机：负责产生光束，将电信号转变成光信号，再把光信号导入光纤。

(4)光接收机：负责接收从光纤上传输过来的光信号，并将它转变成电信号，经解码后再作相应处理。

光纤通信系统的基本构成如图 2.81 所示。

图 2.81　光纤通信系统基本构成

光纤通信系统主要优点：

①传输频带宽、通信容量大，短距离时达几千兆的传输速率；

②线路损耗低、传输距离远；

③抗干扰能力强，应用范围广；

④线径细、质量小；

⑤抗化学腐蚀能力强；

⑥光纤制造资源丰富。

2. 光缆结构及分类

光导纤维电缆由一捆光纤组成，简称为光缆，根据不同用途和不同的环境条件，光缆的种类很多，但不论光缆的具体结构形式如何，都是由缆芯、护套和加强构件组成。

按结构形式分，光缆主要有层绞式、单位式、骨架式、带状式和束管式。

1）层绞式光缆

它是将若干根光纤芯线以加强构件为中心绞合在一起的一种结构，如图2.82(a)所示。这种光缆的制造方法和电缆较相似，所以可采用电缆的成缆设备，因此成本较低。光纤芯线数一般不超过10根。

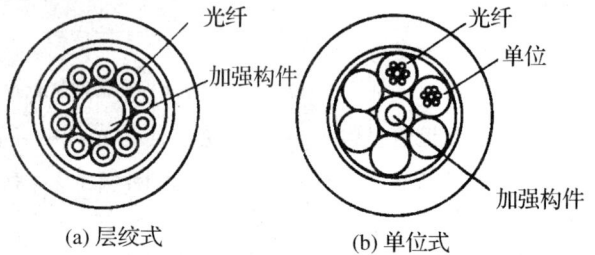

2）单位式光缆

它是将几根至十几根光纤芯线集合成一个单位，再由数个单位以加强构件为中心绞合成缆，如图2.82(b)所示。这种光缆的芯线数一般适用于几十芯。

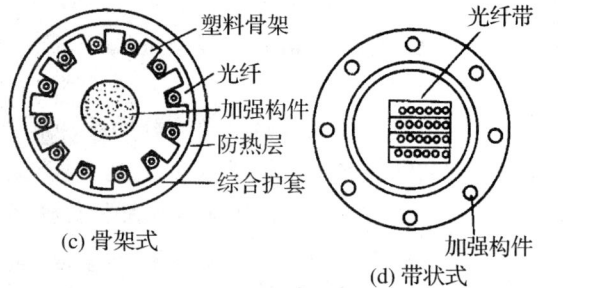

3）骨架式光缆

这种结构是将单根或多根光纤放入骨架的螺旋槽内，骨架的中心是加强构件，骨架上的沟槽可以是V形、U形或凹形，如图2.82(c)所示。

这种光缆具有耐侧压、抗弯曲、抗拉的特点。

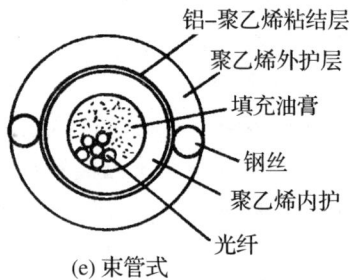

4）带状式光缆

它是将4～12根光纤芯线排列成

（a）层绞式　（b）单位式

（c）骨架式　（d）带状式

（e）束管式

图2.82　光缆结构形式

行，构成带状光纤单元，再将多个带状单元按一定方式排列成缆，如图2.82(d)所示。

这种光缆的结构紧凑，采用此种结构可做成上千芯的高密度用户光缆。

5）束管式光缆

这种结构是将数根裸光纤装在同一根高强度塑料管中，管中填充油膏，一次涂覆的光纤浮在油膏中，加强构件在管的外面，既能作加强用，又可作为机械保护的护层，如图2.82(e)所示。它结构合理、质量轻、体积小、密封性能好、价格较低。束管内根据用户需要，可收容 2 芯、4 芯、6 芯、8 芯、10 芯、12 芯光纤。

按应用环境划分，光缆有以下两类：

(1)室内光缆：采用增强型缓冲带，主要用于建筑物内干线子系统和水平子系统。

(2)室外光缆：常采用束状，在保护层内填满相应的复合物，护套采用高密度的聚乙烯，加上增强的钢丝或玻璃纤维，可提供额外的保护，以防止环境造成的损坏。这种光缆主要用于建筑群子系统。

3. 常用光缆

1)单芯互联光缆

(1)主要应用范围：跳线；内部设备连接；通信柜配线面板；墙上出口到工作站的连接。

(2)主要性能及优点：高性能的单模和多模光纤符合所有的工业标准；$900\mu m$ 紧密缓冲外衣易于连接与剥除；Aramid 抗拉线增强组织提高对光纤的保护；UL/CAS 验证符合 OFNR 和 OFNP 性能要求。单芯互联光缆物理结构如图 2.83 所示。

图 2.83　单芯光缆

2)双芯互联光缆

主要应用范围：交连跳线；水平走线，直接端接；光纤到桌，通信柜配线面板；墙上出口到工作站的连接。

双芯互联光缆除具备单芯互联光缆所有的主要性能优点之外，还具有光纤之间易于区分的优点。

双芯互联光缆物理结构如图 2.84 所示。还有 4 芯光缆，其物理结构如图 2.85 所示。

图 2.84　双芯互联光缆

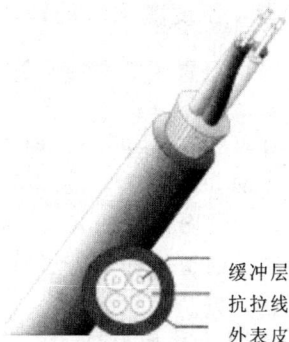

图 2.85　4 芯光缆

3)分布式光缆

(1)主要应用范围：多点信息口水平布线；大楼内主干布线；从设备间到无源跳线间的连接；从主干分支到各楼层应用。

(2)主要性能优点：高性能的单模和多模光纤符合所有的工业标准；900μm 紧密缓冲外衣易于连接与剥除；按照 EZA 标准色码标识；UL/CSA 验证符合 OFNR 和 OFNP 性能要求；防护网可抵挡尖锐物损伤。

分布式光缆分多单元分散型 12 芯光缆和多单元分散式 24～72 芯光缆两种。它的物理结构如图 2.86 所示。

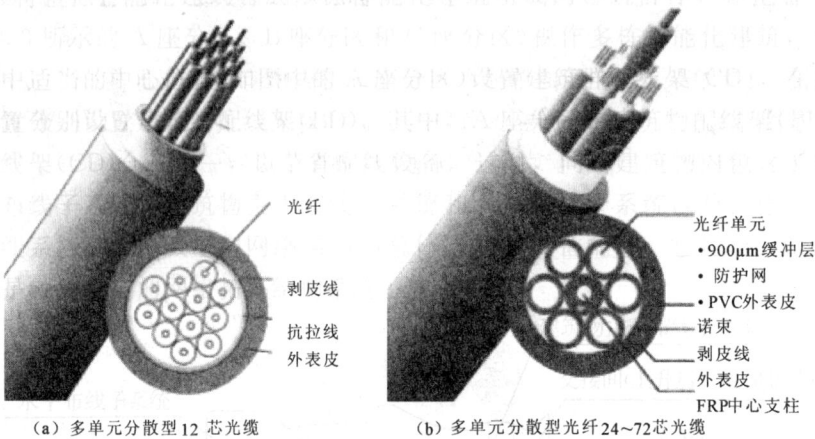

（a）多单元分散型 12 芯光缆　　　（b）多单元分散型光纤 24～72 芯光缆

图 2.86　分布式光缆

4)分散式光缆

分散式光缆与分布式光缆用途相同，有 4 芯、6 芯、8 芯、12 芯几种结构。它的物理结构如图 2.87 所示。

5)室外光缆 4～12 芯铠装型与全绝缘型

(1)主要应用范围：园区中楼宇之间的连接；长距离网络；主干线系统；本地环路和支路网络；严重潮湿、温度变化大的环境；架空连接(和悬缆线一起使用)、地下管道或直埋、悬吊缆/服务缆。

(2)主要性能优点：高性能的单模和多模光纤符合所有的工业标准；900μm 紧密缓冲外衣易于连接与剥除；套管内具有独立 TLA 彩色编码的光纤；轻质的单通道结构节省了管内空间，管内灌注防水凝胶，以防止水渗入；Aramid 抗拉线增强组织提高对光纤的保护；聚乙烯外衣在紫外线或恶劣的室外环境有保护作用；低摩

图 2.87　分散式光缆 4～12 芯

擦的外皮使之可轻松穿过管道，完全绝缘或铠装结构，撕剥线使剥离外表更方便。

室外光缆有 4 芯、6 芯、8 芯、12 芯几种，又分铠装型和全绝缘型。它的物理结构如图 2.88 所示。

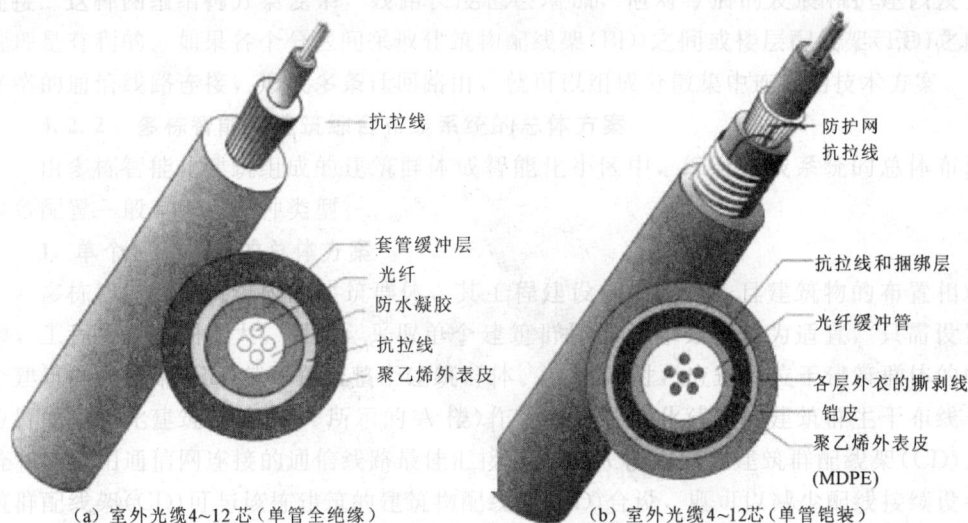

　抗拉线
　防护网
　抗拉线
　套管缓冲层
　光纤
　防水凝胶
　抗拉线
　聚乙烯外表皮
　抗拉线和捆绑层
　光纤缓冲管
　各层外衣的撕剥线
　铠皮
　聚乙烯外表皮
　(MDPE)

(a) 室外光缆4～12芯（单管全绝缘）　　　(b) 室外光缆4～12芯（单管铠装）

图 2.88　室外光缆 4～12 芯

6)室外光缆 24～144 芯铠装型与全绝缘型

与 4～12 芯室外光缆相比采用多管结构，注胶芯完全由聚酯带包裹。室外光缆 24～114 芯光缆分全绝缘型和铠装型，规格有 24 芯、36 芯、48 芯、60 芯、72 芯、96 芯、144 芯 7 种。其物理结构如图 2.89 所示。

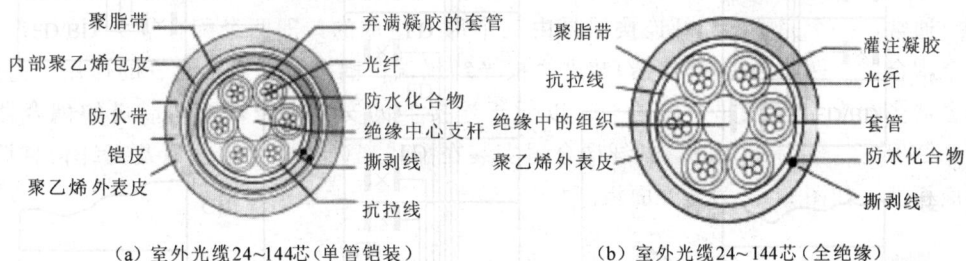

　聚脂带
　内部聚乙烯包皮
　防水带
　铠皮
　聚乙烯外表皮
　弃满凝胶的套管
　光纤
　防水化合物
　绝缘中心支杆
　撕剥线
　抗拉线
　聚脂带
　抗拉线
　绝缘中的组织
　聚乙烯外表皮
　灌注凝胶
　光纤
　套管
　防水化合物
　撕剥线

(a) 室外光缆24～144芯（单管铠装）　　　(b) 室外光缆24～144芯（全绝缘）

图 2.89　室外光缆 24～144 芯

7)室内/室外光缆(单管全绝缘型)

(1)主要应用范围：不需任何互连情况下，由户外延伸入户内，线缆具有阻燃特性；园区中楼宇之间的连接；本地线路和支路网络；严重潮湿、温度变化大的环境；架空连接(和悬缆线一起使用)时；地下管道或直埋；悬吊缆/服务缆。

(2)主要性能优点：高性能的单模和多模光纤符合所有的工业标准；LSZH 的设计符合低毒、无烟的要求；套管内具有独立 TLA 彩色编码的光纤；轻质的单通道结构节省了管内空间，管内灌注防水凝胶，以防止水渗入，注胶芯完全由聚酯带包裹；Aramid 抗拉线增强组织提高对光纤的保护；聚乙烯外衣在紫外线或恶劣的室外环境有保

护作用；低摩擦的外皮使之可轻松穿过管道，完全绝缘或铠装结构，撕剥线使剥离外表更方便。

室内/室外光缆有 4 芯、6 芯、8 芯、12 芯、24 芯、32 芯等几种。它的物理结构如图 2.90 所示。

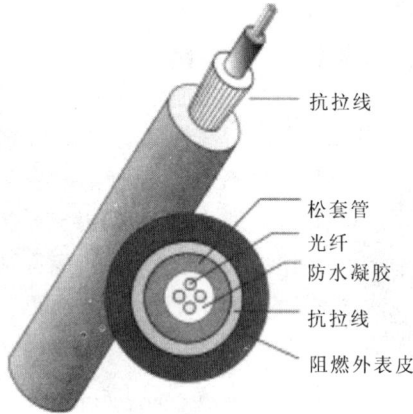

图 2.90　室内/室外光缆

4. 光缆连接件

1）光纤连接器

光纤连接器俗称活接头，是用以稳定但并不是永久地连接两根或多根光纤的无源组件，是光纤通信系统中不可缺少的器件。正是由于连接器的使用，才使得光通道间的可拆式连接成为可能，从而为光纤提供了测试入口，方便了光系统的调试与维护；又为网路管理提供了媒介，使光系统的转接调度更加灵活。

（1）光纤连接器的基本构成

通常，一个完整的光纤连接器是由三个部分组成的，即两个配合插头（连接器）和一个耦合器。两个插头（连接器）装进两根光纤尾端；耦合器起对准套管的作用。另外，耦合器多配有金属或非金属法兰，以便于连接器的安装固定，不同形式的耦合器如图 2.91 所示。具体应用时，光纤耦合器安装在配线架（箱）、终端盒以及光纤信息插座的面板上。如图 2.92 为光纤面板。

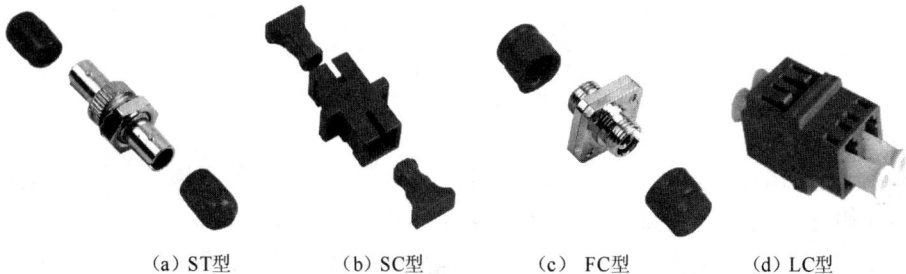

（a）ST 型　　　　（b）SC 型　　　　（c）FC 型　　　　（d）LC 型

图 2.91　不同类型光纤耦合器

（2）光纤连接器的分类

按照不同的分类方法，光纤连接器可以分为不同的种类。按照传输媒介的不同，可分为单模光纤连接器和多模光纤连接器。按照结构的不同，可分为 FC、SC、ST、D4、DIN、MT 等各种形式。其中，ST 连接器通常用于布线设备端，如光纤配线架、光纤模块等；而 SC 和 MT 连接器通常用于网络设备端。按照连接器的插针端面，可分为 FC、PC(UPC) 和 APC 三种形式；按照光纤芯数的差别，还有单芯、多芯之分。在实际应用中，一般按照光纤连接器结构的不同来加以区分。

图 2.92　不同类型光纤面板

另外，根据 ITU(国际电信联盟)的建议，光纤连接器的分类可以按光纤数量、光耦合系统、机械耦合系统、套管结构和紧固方式进行，如表 2.6 所示。

表 2.6　光纤连接器的分类

光纤数量	光耦合系统	机械耦合系统	套管结构	紧固方式
单通道	对接	套筒	直套管	螺钉
多通道	透镜	V 形槽	锥形套管	销钉
单/多通道	其他	锥形	其他	弹簧销
		其他		

（3）常见的光纤连接器

①FC 型光纤连接器

这种连接器最早是由日本 NTT 研制。FC 是 Ferrule Connector 的缩写，表明其外部加强方式是采用金属套，紧固方式为螺纹连接。最早，FC 类型的连接器，采用的陶瓷插针的对接端面是平面接触方式(FC)。此类连接器结构简单，操作方便，制作容易，但光纤端面对微尘较为敏感，且容易产生菲涅尔反射，提高回波损耗性能较为困难。后来，对该类型连接器做了改进，采用对接端面呈球面的插针(PC)，而外部结构没有改变，使得插入损耗和回波损耗性能有了较大幅度的提高。

②SC 型光纤连接器

这是一种由日本 NTT 公司开发的光纤连接器。其外壳呈矩形，所采用的插针与耦合套筒的结构尺寸与 FC 型完全相同，其中插针的端面多采用 PC 或 APC 型研磨方式；紧固方式是采用插拔销闩式，不需旋转。此类连接器价格低廉，插拔操作方便，介入损耗波动小，抗压强度较高，安装密度高。

③ST 型光纤连接器

直尖光纤连接器(ST)是由 AT&T 公司开发的，可能是目前使用最广泛的一种光纤连接器。它使用了一个类似于同轴电缆的附加连接装置，与细缆以太网使用的连接装置很相似，这使得连接器的接通和断开都非常的方便，ST 连接器的易用性是其如此流行的一个重要原因。

ST 和 SC 接口是光纤连接器的两种类型，对于 10Base-F 连接来说，连接器通常是 ST 类型的，对于 100Base-FX 来说，连接器大部分情况下为 SC 类型的。ST 连接器的芯外露，SC 连接器的芯在接头里面。

④D4 型光纤连接器

D4 连接器是 FC 连接器的一个变型，其基本结构和 FC 连接器一样，但是在连接器的末端多了一个护帽，用来防止光纤受到伤害。

⑤FDDI 型光纤连接器

自从光纤分布式数据接口（FDDI）在局域网中使用得越来越广泛，为 FDDI 设计的媒体接口连接器（MIC）就成为连接光纤，特别是 FDDI 的一种十分流行的选择。它是钥匙式的（连接器顶部的红色的突出接头），这可以保证连接器的正确连接。FDDI 连接器只用于多模光纤。

⑥ESCON 型光纤连接器

企业系统连接器（ESCON）看上去与 FDDI（MIC）光纤连接器十分相似，不过 ESCON 连接器有一个可回收的外部封装和比较少的重复使用次数（只有大约 500 次）。

⑦MT-RJ 型连接器

MT-RJ 起步于 NTT 开发的 MT 连接器，带有与 RJ-45 型 LAN 电连接器相同的闩锁机构，通过安装于小型套管两侧的导向销对准光纤，为便于与光收发信机相连，连接器端面光纤为双芯（间隔 0.75mm）排列设计，是主要用于数据传输的下一代高密度光纤连接器。

⑧LC 型连接器

LC 型连接器是著名 Bell（贝尔）研究所研究开发出来的，采用操作方便的模块化插孔（RJ）闩锁机理制成。其所采用的插针和套筒的尺寸是普通 SC、FC 等所用尺寸的一半，为 1.25mm。这样可以提高光纤配线架中光纤连接器的密度。目前，在单模 SFF 方面，LC 类型的连接器实际已经占据了主导地位，在多模方面的应用也增长迅速。

⑨MU 型连接器

MU（Miniature Unit Coupling）连接器是以目前使用最多的 SC 型连接器为基础，由 NTT 研制开发出来的世界上最小的单芯光纤连接器。该连接器采用 1.25mm 直径的套管和自保持机构，其优势在于能实现高密度安装。利用 MU 的 1.25mm 直径的套管，NTT 已经开发了 MU 连接器系列。它们有用于光缆连接的插座型连接器（MU-A 系列）；具有自保持机构的底板连接器（MU-B 系列），以及用于连接 LD/PD 模块与插头的简化插座（MU-SR 系列）等。随着光纤网络向更大带宽、更大容量方向的迅速发展和 DWDM 技术的广泛应用，对 MU 型连接器的需求也将迅速增长。

几种常用的光纤连接器如图 2.93 所示。

（4）光纤跳线

光纤跳线由一段 1～10m 的光纤与光纤连接器组成，在光纤的两端各接一个连接器即可做成光纤跳线。光纤跳线可以分为单线和双线，由于光纤一般只是进行单向传输，需要通信的设备通常需要连接收/发两根光纤。因此，如果使用单线，则需要两根，而双线则只需要一根。

根据光纤跳线两端的连接器的类型，光纤跳线有以下类型：

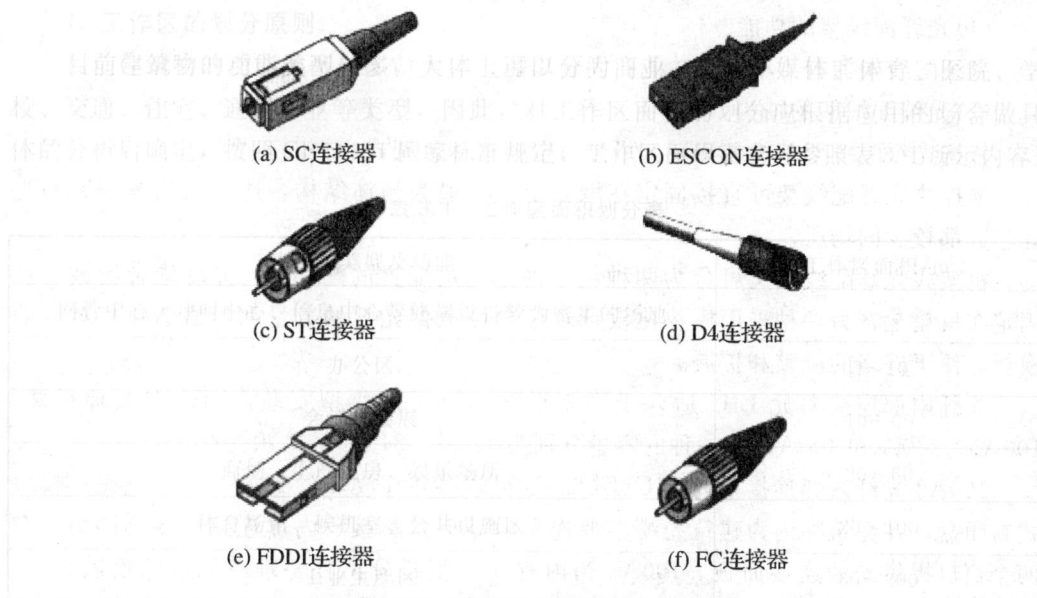

(a) SC 连接器   (b) ESCON 连接器

(c) ST 连接器   (d) D4 连接器

(e) FDDI 连接器   (f) FC 连接器

图 2.93   常用光纤连接器外形图

◇ ST-ST 跳线：两端都为 ST 连接器的光纤跳线；

◇ SC-SC 跳线：两端都为 SC 连接器的光纤跳线；

◇ FC-FC 跳线：两端都为 FC 连接器的光纤跳线；

◇ ST-SC 跳线：一端为 ST 连接器，另一端为 SC 连接器的光纤跳线；

◇ ST-FC 跳线：一端为 ST 连接器，另一端为 FC 连接器的光纤跳线；

◇ SC-FC 跳线：一端为 SC 连接器，另一端为 FC 连接器的光纤跳线。

习惯上将光纤尾纤(图 2.94)也称为跳线，有时也俗称"猪尾线"。它只有一端有连接头，而另一端是一根光缆纤芯的断头，通过熔接与其他光缆纤芯相连。尾纤有多模和单模之分，主要用于室内光缆到各种终端设备的连接。可以看出，跳线是两头端接了光纤头，而尾纤只是一边进行了端接。

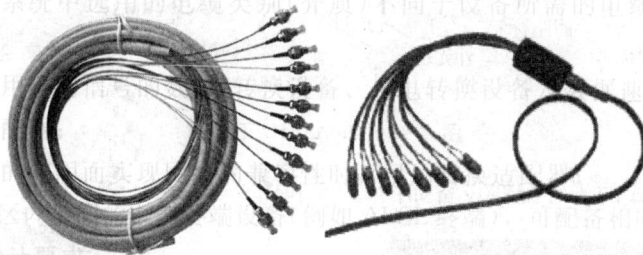

图 2.94   光纤尾纤

2)光纤配线架

光纤配线架是光传输系统中的一个重要的配套设备，主要用于光缆终端的光纤熔接、光连接器的安装、光路的调配、多余尾纤的存储及光缆的保护等。它对光纤通信网络的安全运行和灵活使用有着重要的作用。

(1)光纤配线架的功能

光纤配线架拥有 4 项基本功能：固定功能、熔接功能、调配功能和存储功能。

(2)光纤配线架的结构

依据光纤配线架结构的不同，可分为壁挂式和机架式。

壁挂式光纤配线架可直接固定在墙体上，一般为箱体结构，适用于光缆条数和光纤芯数都较少的场所。

机架式光纤配线架又可分为两种：一种是固定配置的配线架，光纤耦合器被直接固定在机箱上；另一种采用模块化设计，用户可根据光纤的数量和规格选择相对应的模板，便于网络的调整和扩展。

光纤内部连接单元 LIU 适合于 200 根纤芯以下的小型安装，LIU 有 3 种尺寸：100A3、200A 和 400A，每一种的容量分别为 12 根、24 根和 48 根光纤。

100A3 光纤内部连接单元 LIU(图 2.95)可端接并存放多至 12 根光纤。它是一模块式封闭盒，在建筑物内为建筑光缆、带式光缆等提供跳接、内部连接或接续能力，有两个窗口提供安装连接面板。100A3 箱内有 5 个塑料分离环整理单元内的松散光纤，两个线缆固定环提供穿越单元的过线通道。装在顶部和底部的连接柱固定从顶上和底下进入的光缆。100A3LIU 有塞子堵塞住光缆进线孔，用垫圈固定光缆。LIU 可安装在墙上和框架上。塑料分离环将固定住缓冲光纤以保持光纤不小于 1.5in(3.81cm)的弯曲半径。

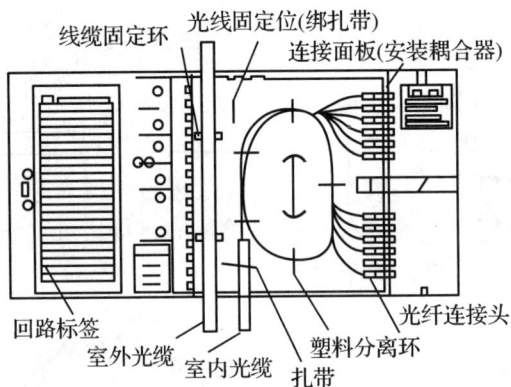

图 2.95　100A3LIU 正视图

几种不同形式的光纤配线设备如图 2.96 和图 2.97 所示。

图 2.96　光纤配线架(左)和光纤熔接盘(右)

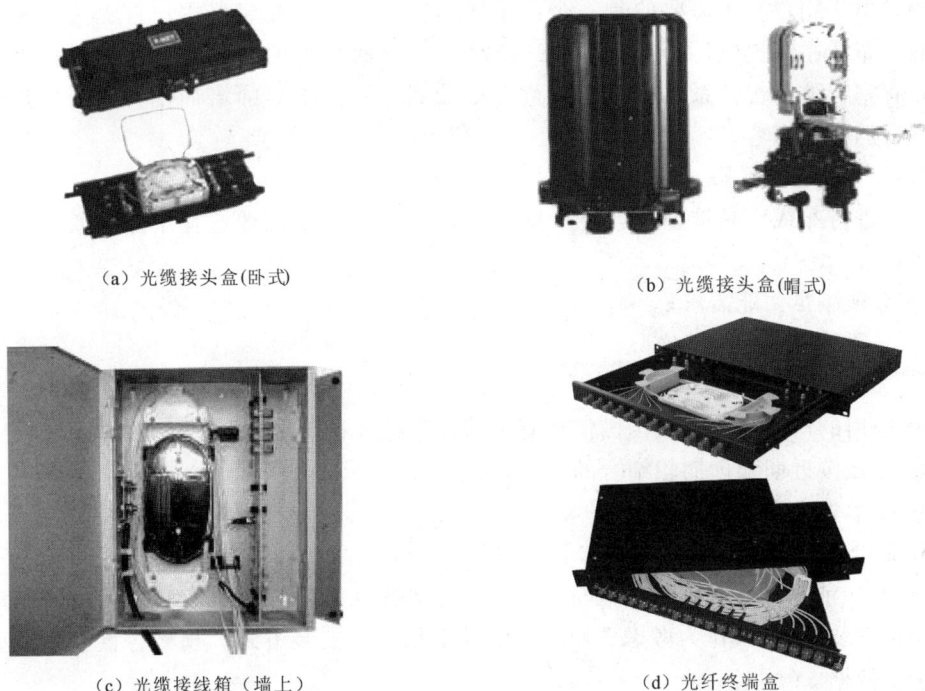

(a) 光缆接头盒(卧式)

(b) 光缆接头盒(帽式)

(c) 光缆接线箱（墙上）

(d) 光纤终端盒

图 2.97   几种光纤配线设备

▶ 2.4   综合布线系统产品与选择

综合布线系统的产品从外形结构和功能作用来看，主要有配线接续设备、连接硬件(包括通信引出端等)和各种传输介质(即各种线缆，包括跳线和接插线等)以及其他部件(如管槽、桥架等)。综合布线产品是决定综合布线系统工程质量的关键因素，产品的优劣将直接影响工程的质量，因此在选择布线产品时应格外重视，谨慎选择。

2.4.1   综合布线产品的选择

1. 综合布线产品现状

最早进入我国市场的综合布线产品主要是美国的品牌，随着市场的扩大和发展，欧洲等地的产品也相继进入中国市场，此外国内一些厂商根据国际标准和国内通信行业标准，结合我国国情，吸取国外产品的先进经验，也自行开发研制出了适合我国使用的产品。目前，国外主要布线厂商有 AVAYA(亚美亚，其前身为朗讯科技 Lucent)、3M、SIEMON(西蒙)、AMP(安普)、CommScope(康普，收购 Avaya 网络连接解决方案业务)、IBM、Coming(康宁)、Krone(科龙)、NORD/CDT(丽特)、Nexans(耐克森)、Datwyle(德特威勒)等，国内的厂商则有 Postel(南京普天)、TCL(国际电工)、大唐电信、Wonderful(万泰)、DINTEX(鼎志)、FUERDA(福尔达科技)等。每个厂商都有各自的产品系列和设计原则，其安装方法和质量保证体系也各有特点。

以上都是提供布线系统解决方案的厂商。另外国内还有数百家大大小小的线缆及连接器生产厂家，它们提供布线系统里的某一部件的元器件和配件。如线缆、模块、

面板等。由于用户真正需要的是一个系统的解决方案，因此建议用户首先选择系统提供厂商。布线系统提供厂商与布线单一产品生产厂商最大的区别是前者提供多种解决方案，有完善的销售体系，有系统质量保证计划，并把工程师培训作为一个用户和集成商发展的核心内容。

2. 产品选型的原则

用户进行布线产品选型时，要根据应用及环境特点系统地选择产品。通常遵循以下原则：

① 必须满足功能需求；

② 必须结合工程环境实际；

③ 选用同一品牌的产品；

④ 选用的产品应符合我国国情和有关的技术标准；

⑤ 应该按近期和远期相结合的原则；

⑥ 技术先进和经济合理相统一。

3. 综合布线系统产品选用的步骤和方法

(1) 掌握前提条件和收集基础资料(如智能建筑内部装修标准，各种管线的敷设方法和设备安装要求)，作为考虑选用产品的外形结构、安装方式、规格容量和缆线型号等的重要依据。

(2) 产品选型前可采取调查或收集产品资料、访问已经使用该产品的单位，充分掌握其使用效果，听取各种反映，以便对产品进行分析，认真筛选 2～3 个初步入选的产品，为进一步评估考察做好准备。

(3) 对初选产品客观公正地进行技术经济比较和全面评估，选出理想的产品。要求所选产品在技术上符合国内外标准、产品系列完整配套、技术性能满足要求、安装施工维护简便、质量保证期限明确等；在经济上要求产品价格适宜，售后服务有妥善保证等。

(4) 对初选产品的生产厂家需重点考察其技术力量、生产装备、工艺流程及售后服务等。

(5) 经过上述工作，对所选产品有较全面的综合性认识，本着经济实用、切实可靠的原则，提出最后选用产品的意见(应包括所选产品的技术性能、所需建设费用和今后满足程度等)，提请建设单位或有关领导决策部门确定。

(6) 将综合布线系统工程中所需要的主要设备、各种缆线、布线部件及其他附件的规格数量进行计算和汇总，与生产厂商洽谈具体订购产品的细节，尤其是产品质量、特殊要求、供货日期、地点以及付款方式等，这些都应在订货合同中明确规定，以保证综合布线系统工程能按计划顺利进行。

2.4.2　屏蔽与非屏蔽系统的选择

综合布线系统的产品有屏蔽和非屏蔽两种。在综合布线系统中采用哪类系统，一直有着不同的意见。抛开两种系统产品的性能优劣、现场环境和数据安全等因素，采用屏蔽系统还是采用非屏蔽系统，很大程度上取决于综合布线市场的消费观念。

在欧洲占主流的是屏蔽系统，而且已经成为了地区性法规，而以北美为代表的其他国家则采用非屏蔽系统较多。我国最早是从美国引进的综合布线系统概念，所以工程中使用非屏蔽系统较多，而采用屏蔽系统的较少。综合布线施工人员应该对不同系统的各类电气特性都有一个全面的了解，以便在实际的工程中根据用户需求和实际环境，选择合适的非屏蔽和屏蔽系统产品。在实际的综合布线工程中应根据用户需求、实际通信要求，以及现场实际环境情况来考虑选择哪类系统。具体考虑的因素如下：

①当综合布线工程现场的电磁干扰强度低于防护标准的规定时，或者综合布线系统与其他电磁干扰源的间距符合规定时，综合布线系统宜采用非屏蔽系统产品；

②当综合布线工程现场存在的电磁干扰强度高于防护标准的规定，或者建设单位对电磁兼容性有较高的安全性和保密性要求时，综合布线系统宜采用屏蔽系统产品；

③在综合布线工程中选用传输介质和连接硬件，必须从综合布线系统的整体和全局考虑，必要保证系统工程的一致性和统一性，如决定选用屏蔽系统产品，则整个综合布线系统的连接硬件和传输介质均应采用屏蔽产品，不能混合使用；

④当布线环境周围存在强电磁干扰时，为了实现正常的数据传输，需要对布线系统进行屏蔽处理，一般可根据电磁干扰的强度，实现三个层次的屏蔽措施：第一，在一般电磁干扰的情况下，可使用金属线管屏蔽电磁干扰，即将所有的线缆封闭在预先铺设好的金属桥架或管道中，并使金属桥架或管道保持良好的接地，这样就可以把干扰电流导入大地，取得良好的屏蔽效果；第二，在存在较强电磁干扰的环境下，可采用屏蔽双绞线和屏蔽连接器，并配合以金属桥架或管道，从而实现屏蔽电磁干扰的效果；第三，在有极强电磁干扰的环境下，一般直接采用光缆进行布线，虽然相对成本会有所提高，但其屏蔽效果最好，而且可以获得极高的带宽和数据传输速率。

2.4.3　双绞线与光缆系统的选择

目前，在综合布线工程中，除了铜缆布线系统外，还包括光缆布线系统以及无线网络系统，并且随着用户对数据传输带宽和速率的要求，光缆布线系统已经越来越受到用户的追捧。光缆布线系统相对于铜缆布线系统具有高带宽、传输距离长、抗干扰能力强、安全性高、资源丰富以及质量轻等优点。

在早期的综合布线系统中，当时的数据传输速率只有 10Mb/s 时，其骨干网通常也采用光缆进行铺设，以满足数据传输的需要。因此，在综合布线系统工程中的数据干线，绝大多数都采用光缆布线系统，而在水平布线子系统中，则绝大部分采用铜缆布线。在实际的工程中一般是将铜缆布线系统与光缆布线系统相结合。当然目前也有光纤到桌面的布线方式，即省去楼层配线架，直接从建筑物配线架通过光缆连接到用户桌面。

虽然光缆布线系统在传输带宽、速率等方面占有优势，但也存在一定的局限性。如采用光纤到桌面的布线方式，其相对成本必然会提高，因为光缆布线系统的价格比铜缆布线系统要高出很多；其次光缆布线系统的施工工艺较复杂，难度较大。因此，目前光缆布线系统主要还是应用在建筑群和建筑物的主干系统中。

思考与练习

一、问答题

1. 在综合布线系统中，常见的传输介质有哪些？各有什么样的特点？各自适合应

用在什么环境？

2. 双绞线的质量由哪些因素决定？

3. 屏蔽双绞线和非屏蔽双绞线在性能和应用上有什么区别？

4. UTP 电缆如何划分？分别适用于什么样的频率？

5. 在双绞线的外护套上有哪些文字标识？其中长度标识的含义及作用是什么？

6. 双绞线电缆连接器有哪些？

7. 信息插座面板有哪几类？

8. 简述光纤通信系统的组成及各部分的作用。

9. 单模光纤和多模光纤有什么不同？分别应选用什么样的光源？

10. 光缆与铜缆传输介质相比有哪些优点？

11. 在布线工程中，光缆应如何分类？在综合布线的各个子系统中应分别选用何种光缆？

12. 常用的光纤连接器有哪几类？这些连接器如何与光缆连接，从而构成一条完整的通信链路？

13. 光纤跳线和尾纤有什么区别？

14. 综合布线系统中常用的塑料管有哪些类型？分别应该在什么地方选用？

15. 简述桥架的种类及其适用场合。

16. 标准机柜的宽度是多少？对于一个 42U 的机柜，"U"是什么意思？

17. 理线器的作用是什么？通常安装在机柜的哪些位置？

18. 在综合布线系统的产品选型前，掌握什么原则？

19. 目前国内综合布线市场主流的布线系统厂家有哪些？其产品分别有什么特点？

二、实训题

1. 认识各种常见的布线材料和布线工具，掌握各种布线材料的作用和各种布线工具的使用方法。

2. 到市场上调查目前常用的五个品牌的 4 对 5e 类和 6 类非屏蔽双绞线电缆，观察双绞线的结构和标记，对比两种双绞线电缆的价格和性能指标。

3. 根据你对国内综合布线市场主流的布线系统厂家的了解，以及你所设计的某教学楼或者宿舍楼的综合布线方案，对产品进行选型。

4. 到市场上或互联网上调查目前常用的五个品牌的综合布线系统产品，并列出其生产的光缆产品系列。

5. 走访你所在的学院或所能够接触到的其他采用综合布线系统的网络，了解该综合布线系统所采用的传输介质、连接器件和布线器件，分析各种产品在综合布线系统中的作用。

第 3 章　综合布线系统设计

1. 熟悉综合布线系统设计流程；
2. 掌握综合布线系统各子系统设计的内容与方法；
3. 认识综合布线系统电气保护与防火的重要性；
4. 掌握综合布线系统图样设计的内容与方法。

综合布线系统的设计是本书的重点内容之一。本章主要讲述综合布线系统各子系统的设计以及电气保护与防火的设计。

▶ 3.1　综合布线系统设计概述

综合布线系统作为建筑物信息化的工程，它已经属于工程项目范畴，综合布线系统工程的设计不单是技术上的设计，还要符合国家对工程项目的管理要求。工程项目的设计者必须了解整个工程项目实施的全过程，了解工程项目中的管理要点和要注意的问题，从而使项目建设少走弯路，避免不必要的资源浪费。

综合布线系统设计是根据设计者与用户所达成的建设目标、投资预算进行的。综合布线系统工程的设计一般分为以下 3 个阶段。

（1）初步设计

初步设计的目标是确定工程采用的技术方案（如采用的技术、工艺、设备等）、综合布线系统工程的应用等级、综合布线系统工程的质量标准、控制工程预算在投资预算范围内。

（2）技术设计

技术设计就是方案的具体设计，必须按国家颁发的《综合布线系统工程设计规范》进行，并且参照《综合布线系统工程验收规范》的要求保证设计的质量，同时还要控制工程预算在投资预算范围内。

（3）施工图设计

施工图是指导施工的凭证，同时也是进行工程预算的凭据。施工图的设计必须按用户的实际施工环境进行设计，施工图设计文件符合初步设计及其批复文件要求，应做到文件完整、计算正确、图样清楚、文字通顺、深度及格式符合质量管理体系的要求，能据此编制工程预算，进行设备的制作、安装及工程验收。综合布线系统的施工图一般包括系统总图、各子系统施工图、管道安装图和防雷、信息插座接线、机柜、配线设备安装工艺详图等。

综上所述，综合布线系统的设计工作不只是一个方案的技术设计，它涉及整个工程项目的所有方面，只有综合考虑各方面因素，才能做出合理的设计方案。

3.1.1 综合布线系统设计原则

综合布线系统在进行设计时应遵循以下的原则：

①将综合布线系统设计纳入建筑物整体规划、设计和建设中。在进行新建筑物的设计时，应确认综合布线系统中的设备间、管理间、竖井、水平干线子系统和垂直干线子系统的管道走线路由等的位置和空间大小；

②系统设计的兼容性和可扩展性。在综合布线系统设计时，应能兼容各种系统，包括语音系统、数据系统、监控系统等，并且要考虑到未来的发展，需要预留一定的发展空间；

③系统设计要有一定的超前意识。在系统设计时，应使用成熟的技术，但在设计时也应具有一定的超前意识。即智能大厦在建设完成后，在一段时间内该建筑物应具有领先性，从而满足用户的使用需要；

④系统设计过程中应考虑工程的性价比，并要求建设完成后，系统方便管理和维护。设计过程中，在满足用户要求的前提下，应尽可能的节约成本，使有限资源发挥最大的功效，并且要求在设计建设完成后，用户使用时方便管理和维护。

3.1.2 综合布线系统工程设计主要内容

综合布线系统工程设计内容包括用户需求分析、系统总体方案设计、各子系统方案详细设计等。

1. 用户需求分析

进行综合布线系统工程设计之前，作为项目设计人员必须与用户单位的负责人耐心地沟通，认真、详细地了解工程项目的实施目标、要求，并整理存档。对于某些不清楚的地方，还应多次反复地与用户进行讨论，一起分析设计。

(1)确定工程实施的范围

工程实施的范围主要是确定综合布线工程中的建筑物数量、各建筑物的各类信息点数量及分布情况，还要注意到现场查看并确定各建筑物电信间和设备间的位置以及整个建筑群中心机房的位置。

(2)确定系统的类型

通过与用户的沟通了解，确定本工程是否包括计算机网络通信、电话语音通信、有线电视系统、闭路视频监控等系统，并要求统计各类系统信息点的分布及数量。

(3)确定系统各类信息点接入要求

主要掌握以下内容：

◇ 信息点接入设备类型；

◇ 未来预计需要扩展的设备数量；

◇ 信息点接入的服务要求。

(4)查看现场，了解建筑物布局

工程设计人员必须到各建筑物的现场考察，并详细了解以下内容：

◇ 每个房间信息点安装的位置；

◇ 建筑物预埋的管槽分布情况；

◇ 楼层内布线走向；

◇ 建筑物内任何两个信息点之间的最大距离；

◇ 建筑物垂直走线情况；

◇ 建筑物之间预埋的管槽情况及布线走向；

◇ 有什么特殊要求或限制。

2. 系统总体方案设计

系统总体方案设计在综合布线系统工程设计中是极为关键的部分，它直接决定了工程实施后的工程项目质量及费用。总体方案设计的主要内容有通信网络总体结构、各个布线子系统详细工程技术方案、系统工作的主要技术指标、通信设备器材和布线部件的选型和配置等。此外，还应考虑其他系统(如有线电视系统、闭路视频监控系统和消防监控管理系统等)的特点和要求，提出互相密切配合、统一协调的技术方案。同时，还应注意与建筑结构和内部装修以及其他管槽设施之间的配合。

3. 各子系统方案详细设计

综合布线系统工程的各个子系统设计是系统设计的核心内容，它直接影响用户的使用效果。按国家标准《综合布线系统工程设计规范》(GB 50311—2007)规定，综合布线系统主要由 7 个子系统构成，即工作区子系统、配线子系统、干线子系统、建筑群子系统、设备间子系统、进线间子系统和管理子系统。设计内容涉及缆线和设备的规格、容量、结构、路由、位置和长度以及连接方式等，此外，还有缆线的敷设方法和保护措施以及其他要求。

4. 其他方面设计

智能建筑因工作范围大小不同，其他方面的设计也有差异，但通常有交、直流电源设计；防护和接地设计；屏蔽系统设计；绘制工程设计图样、编写工程设计说明及编写工程建设项目的预算等设计内容。

3.1.3 综合布线系统工程实施流程

综合布线系统设计是否合理，直接影响到"3A"功能。根据综合布线系统设计内容及应用等级的要求，设计一个合理的综合布线系统一般有 7 个步骤：

(1)分析用户需求；

(2)获取建筑物平面图；

(3)系统结构设计；

(4)布线路由设计；

(5)可行性论证；

(6)绘制综合布线施工图；

(7)编制综合布线用料清单。

综合布线的设计过程，可用图 3.1 所示的流程图来描述。

一个完善而合理的综合布线的目标是在既定时间以内，允许在集成过程中提出新的需求时，不必再去进行水平布线，以免损坏建筑装饰而影响美观。

```
┌─────────────────────────────┐
│      获得建筑物的成套建筑方案      │
└─────────────────────────────┘
              │
┌─────────────────────────────┐
│   确定综合布线系统设计方案(对象、等级)  │
└─────────────────────────────┘
              │
┌─────────────────────────────┐
│       计算每个楼层的可用面积       │
└─────────────────────────────┘
              │
┌─────────────────────────────┐
│     计算楼层的配线间数目并确定位置     │
└─────────────────────────────┘
```

┌──────────────┐ ┌──────────────┐ ┌──────────────┐
│ 计算每个配线间的   │ │   计算设备间、   │ │ 为地下系统设计电   │
│   电缆对数   │ │   配线间大小   │ │   缆布线管道   │
└──────────────┘ └──────────────┘ └──────────────┘
                          │
                  ┌──────────────┐
                  │ 计算干线电线   │
                  │   的数量和尺寸   │
                  └──────────────┘

┌──────────────┐ ┌──────────────┐ ┌──────────────┐
│   计算连接   │ │ 计算干线电缆孔   │ │ 设计地下馈   │
│   管道尺寸   │ │   的大小和数量   │ │ 电缆管道   │
└──────────────┘ └──────────────┘ └──────────────┘

┌─────────────────────────────┐
│   向建筑物拥有者提出有关管道   │
│   配线间、设备间、供配电等建议   │
└─────────────────────────────┘
              │
┌─────────────────────────────┐
│   向建筑物拥有者提出防火措施建议   │
└─────────────────────────────┘
              │
┌─────────────────────────────┐
│   检查设计是否符合建筑物的安全规范   │
└─────────────────────────────┘
              │
┌─────────────────────────────┐
│   绘制施工图，做出材料统计和工程预算   │
└─────────────────────────────┘

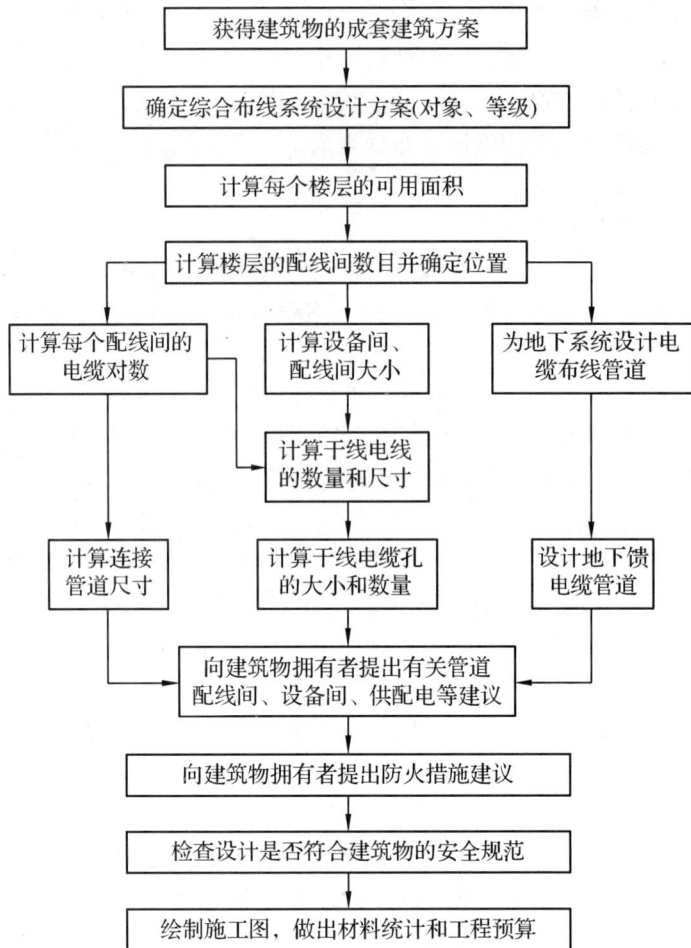

图 3.1　综合布线设计流程图

▶ 3.2　综合布线系统总体方案设计

　　综合布线系统总体方案设计，是指综合布线系统工程的总体布局和设备配置，对综合布线系统工程的整体性和系统性具有举足轻重的作用。

　　智能化建筑可分为单栋建筑和多栋建筑（即建筑群体）两种类型。在进行综合布线系统工程的总体布局和设备配置时，对工程范围和系统组成应注意以下几点：

　　(1)我国通信行业标准规定：综合布线系统由建筑群主干布线子系统、建筑物主干布线子系统和水平布线子系统三个子系统组成。工作区布线为非永久性线路，不包括在工程设计之内。因此，在一般情况下单栋智能化建筑的综合布线系统由两个子系统组成，多栋智能化建筑的综合布线系统由三个子系统组成。

　　(2)综合布线各个布线子系统之间均应按通信行业标准要求设置接续设备（如配线架或信息插座等），利用跳线或接插连接成为整体的传送信息通路，以保证系统性和完整性，且使用方便、调度灵活、检修简单和管理科学。在工程设计中不应将各个子系统之间的缆线直接相连或不用接续设备。

（3）建筑群配线架（CD）、建筑物配线架（BD）和楼层配线架（FD）分别属于建筑群主干布线子系统、建筑物主干布线子系统和水平布线子系统。因此，在综合布线系统组成中应注意它们之间必须互相匹配、彼此衔接，设备的容量、技术性能和装设位置都要求从综合布线系统的总体布局考虑，并要求做到既便于安装使用，又利于维护检修和日常管理。

3.2.1 单栋建筑综合布线系统的总体方案

1. 单栋中小型方案

目前，单栋中小型智能化建筑综合布线系统的典型总体布局、设备配置和子系统连接方式有以下几种：

（1）单栋中小型智能化建筑，附近没有其他房屋建筑，不会成为智能化建筑群体或智能化小区，这种情况可以不设建筑群配线架和建筑群主干布线子系统，因此，它的总体布局和网络结构较为简单。只需设置两次配线点的接续设备，即建筑物配线架（BD）和楼层配线架（FD），其网络拓扑结构为两级星形网络形式，只有建筑物主干布线子系统和水平布线子系统。如图 3.2（a）所示。

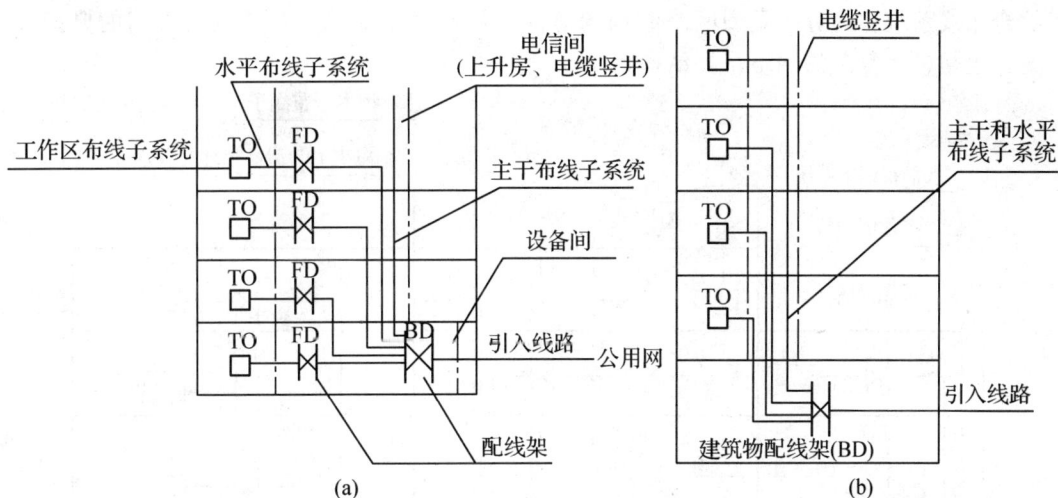

图 3.2 单栋中小型智能建筑和单栋极小型智能建筑的综合布线系统

（2）当单栋智能化建筑的建设规模小、楼层层数不多，且其楼层平面面积不大、用户信息需求量也较小时，综合布线系统的结构组成和设备配置还可以进一步简化，可将建筑物主干布线子系统和水平布线子系统合二为一成为一个子系统，每个楼层的楼层配线架（FD）省略，各楼层的水平布线子系统的缆线直接从建筑物配线架（BD）引出。按照标准要求，最远的通信引出端（TO）到建筑物配线架（BD）之间的最大距离不得超过 90m。如图 3.2（b）所示。

（3）当单栋智能化建筑的楼层面积不大，用户信息点的数量不多；或因各个楼层的用户信息点的分布不均匀，有些楼层的用户信息点数量极少时，为了简化网络结构和减少接续设备，可以采取每相邻的 2～5 个楼层设置一个楼层配线架（FD），而不是每个接层都设置 FD，由中间楼层的楼层配线架（FD）分别与相邻楼层的通信引出端（TO）相连的连接方法。但是，要求最远的通信引出端（TO）至楼层配线架（FD）之间的水平布线

的最大长度不应超过 90m。

2. 单栋大型方案

单栋大型智能化建筑由于建设规模很大，建筑面积较多，常会因建筑性质和使用功能的不同（例如租赁大楼和宾馆饭店合设），其建筑外形或楼层层数及层高也不相同。通常采取分座的建筑方式，以有利于划分区域管理和使用。因此，在进行综合布线系统工程设计时，应根据该智能化建筑的分区性质和功能特点、楼层面积大小、目前用户信息点的分布密度和今后变化等因素认真考虑。一般有以下两种总体布局和设备配置构成的综合布线系统。

（1）将整栋智能化建筑看成多栋智能化建筑组成的建筑群体，即把各个建筑分区（如图 3.3 所示的 A 座分区、B 座分区和 C 座分区）视作多栋智能化建筑，在智能化建筑群体中适当的中心位置（如图中的 A 座分区）设置建筑群配线架（CD），在各个分区的适当位置分别设置建筑物配线架（BD）。其中，A 座分区的建筑物配线架（BD）可以与建筑群配线架（CD）合二为一，以节省配线设备。这时，同一建筑物内包含了所有的建筑群主干布线子系统、建筑物主干布线子系统和水平布线子系统以及工作区布线。这种综合布线系统称为分级星型网络结构的总体布局和设备配置，它是较为常用的典型方案，也是较为复杂的网络拓扑结构系统。

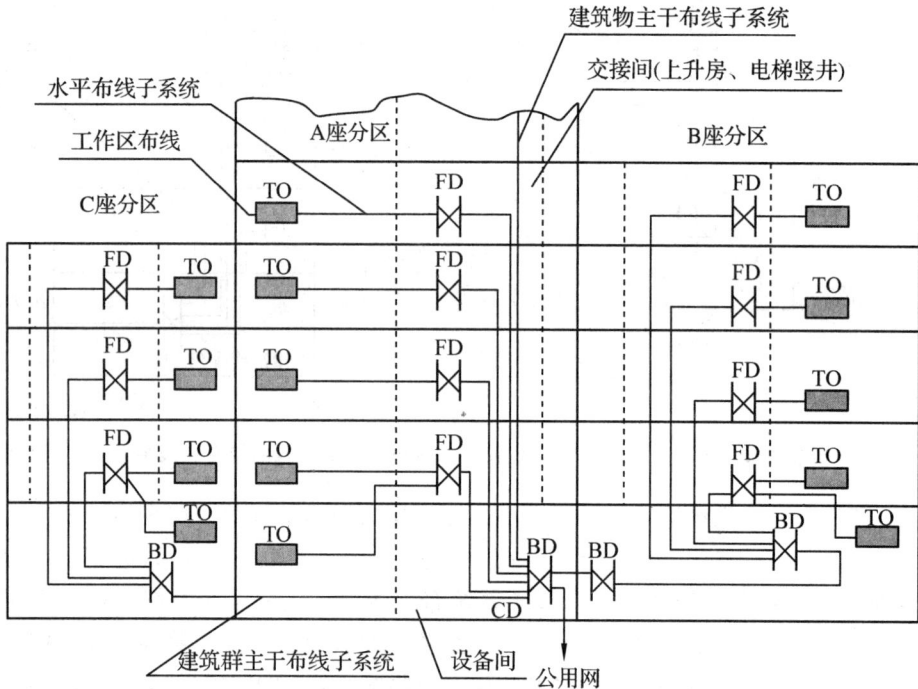

图 3.3 单栋大型智能建筑的综合布线系统

（2）单栋大型智能化建筑的工程建设规模和楼层平面面积很大，但目前用户信息点分布密度较稀，需要配置的设备数量不多，如果对今后的变化和发展尚难以确定，为了节省建设的投资费用，可以暂时不按建筑群体考虑，采用与分区设置的单栋中小型智能化建筑相同的综合布线系统方案，各个分区间不设建筑群配线架（CD）和建筑群主干布线子系统。各个分区分别有各自管辖的建筑物主干布线子系统，各个分区分别设置与公用通信网相连，引入建筑的通信线路的一端与各自设置的建筑物配线架（BD）相连接。这种网络结构方案复杂，线路长度也会增加，但对今后的发展和扩建以及分割管理是有利的。如果各个分区间采取建筑物配线架（BD）之间或楼层配线架（FD）之间用联络的通信线路连接，形成多条迂回路由，就可以组成分散集中连接的技术方案。

3.2.2　多栋智能化建筑综合布线系统的总体方案

由多栋智能化建筑组成的建筑群体或智能化小区中，综合布线系统的总体布局和设备配置一般有以下几种类型。

1. 单个建筑群体的总体方案

多栋智能化建筑组成的建筑群体，其工程建设规模不大，且建筑物的布置相对集中，工程覆盖范围不大。因此，采取单个建筑群体的总体方案较为适宜，只需设置一个建筑群配线架（CD）就可覆盖整个建筑群体。在设计时，应选择位于建筑群体的中心位置的智能化建筑（如图 3.4 所示的 A 楼）作为各栋智能化建筑的建筑群主干布线子系统和与公用通信网连接的通信线路最佳汇接点，在 A 楼内安装建筑群配线架（CD）。建筑群配线架（CD）可与该栋建筑的建筑物配线架（BD）合设，既可以减少配线接续设备和通信线路长度以及跳接次数，又能降低工程建设投资和维护费用。

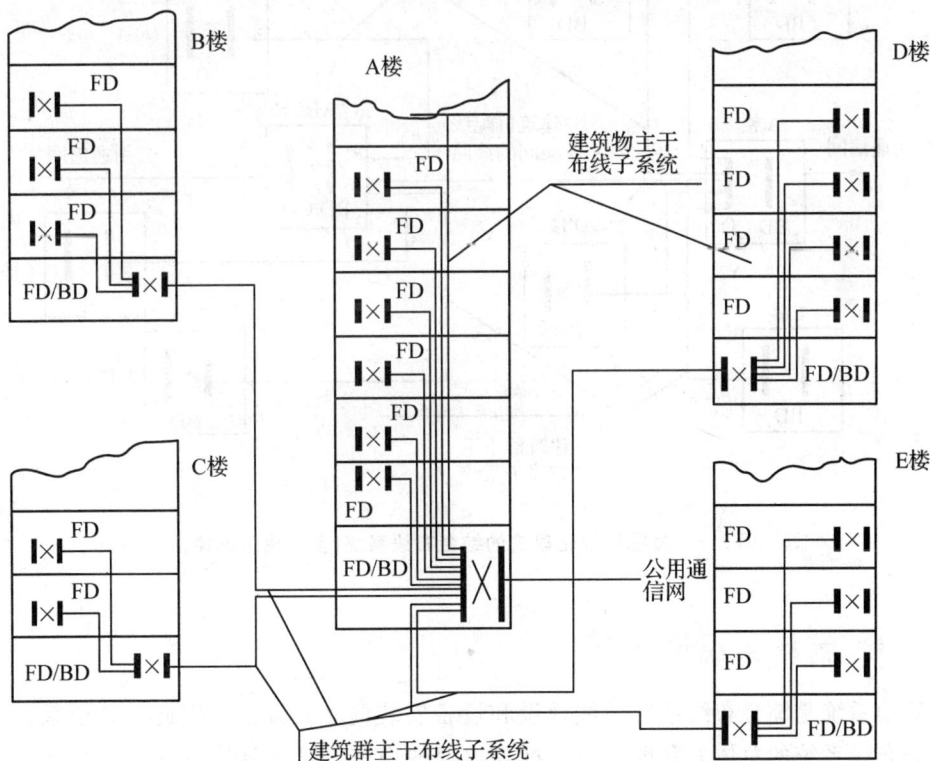

图 3.4　多栋智能化建筑的综合布线系统（单个建筑群体）

各栋智能化建筑（如图 3.4 中 B、C、D、E 楼）中各自装设建筑物配线架（BD）和敷设建筑群主干布线子系统的线路，并与 A 楼的建筑群配线架（CD）连接。为了减少配线

接续设备，各栋智能化建筑中的建筑物配线架（BD）也可与相应的楼层配线架（FD）合设。这种方案，一般适用于工程建设范围不大、智能化建筑的栋数不多，且建筑物分布相对集中，布置较为密集的场合。

2. 多个建筑群体的总体方案

当智能化建筑栋数较多、建筑分布较为分散，且工程建设范围较大时，在综合布线系统工程设计中，根据多栋智能化建筑的平面布置和具体条件，适当分布两个或两个以上的区域（即两个及两个以上的建筑群体），形成两个或两个以上的综合布线系统的管辖范围，在各个区域内中心位置的某栋智能化建筑中分别设置建筑群配线架（CD），各自设置与公用通信网相连的对外通信线路。为了使整个区域内的通信网络灵活实用和安全可靠，可在两个建筑群配线架（CD）之间，根据信息网络需要和区域内管线敷设条件，设置电缆或光缆互相连接，形成备用通信线路。

如图 3.5 所示为两个建筑群体的综合布线系统总体方案。为简化起见，图中没有表示出各栋建筑的楼层情况，也没有表示建筑物主干布线子系统和水平布线子系统等设备的配置情况。

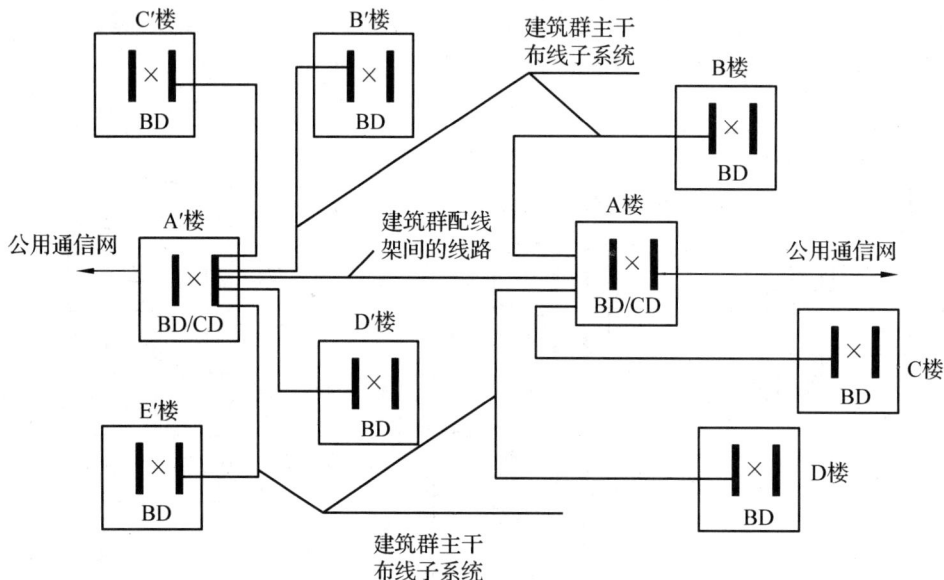

图 3.5 多栋智能化建筑的综合布线系统（多个建筑群体）

▶ 3.3 管槽系统设计

管槽系统是综合布线系统缆线敷设和设备安装的必要设施，因此，管槽系统设计在综合布线系统的总体方案设计中是极为重要的内容。虽然具体设计是由智能化建筑设计统一考虑，但管槽系统的总体布局、规格要求等资料，主要根据综合布线系统各种缆线分布和设备装置等总体方案的要求，向建筑设计单位提供，以便在房屋建筑设计中考虑。由于管槽系统设计具有涉及面广（包括建筑和其他管线系统）、技术要求高和工作具体烦琐等特点，所以应加以重视。在综合布线各子系统设计中涉及具体的管槽通道时均有详细描述，现仅将管槽系统设计的主要要求和技术要点概述如下。

3.3.1　管槽系统设计要求

（1）在新建或扩建的智能化建筑中，综合布线系统缆线的敷设应采用暗敷管路或槽道（又称桥梁或走线架）的方式，一般不宜采用明敷管路或槽道的方式，以免影响房屋建筑内部环境的美观。在对原有房屋建筑进行改造成为智能化建筑而需要增设综合布线系统时，可根据具体情况，尽量创造条件采用暗敷管路和槽道系统，只有在不得已或无法采用暗敷管槽时，才允许采取明敷管路或槽道系统，但应尽量选用隐蔽路由和在不明显的位置安装管槽系统。

（2）管槽系统是智能化建筑内的基础管线设施之一，要求与建筑设计和施工同步进行。因此，在综合布线系统总体方案决定后，对于管槽系统需要预留管槽的位置和尺寸、洞孔的规格和数量以及其他特殊工艺要求（如防火要求或与其他管线的间距等），这些资料应该及早向建筑设计单位提出，以便在土建设计中纳入，并在建筑施工时同步建成。

（3）管槽系统建成后，与房屋建筑成为一个整体，属于永久性设施。这意味管槽系统的满足年限应大于综合布线系统缆线的满足年限，因此，管槽系统的规格尺寸和数量要依据建筑物的终期需要，从整体和长远来考虑。

（4）管槽系统是由引入管路、上升管路（包括上升房、电缆竖并和槽道等）和楼层管路（包括槽道和部分工作区水平管路）以及联络管路（包括槽道）等组成，具有系统性。在管槽系统设计中对它们的走向、路由、管孔内径和管孔数量以及槽道规格等，都需要从系统的整体来考虑，做到互相衔接、配合协调。此外，对于引入管路和公用通信网的地下管路的连接，也要做到互相衔接、配合协调，不应产生脱节和矛盾等现象。

3.3.2　暗敷管路系统

暗敷管路系统在建筑竣工后不能改变管路路由和位置，因此，系统应具有充分的灵活性，主要体现在多条路由和一定的备用管路，以便需要时穿放缆线，以适应建筑内部信息需求（位置和数量）的变化。所以，在暗敷管路系统总体布局中，对于某些管路段落应考虑增设相应的管路或备用管路。

在暗敷管路系统工程设计中，必须充分了解建筑内部的其他管线的性质、分布、位置、管径和技术要求等，以便在决定管线系统的技术方案时，互相协商和综合协调。

根据智能化建筑内部设置的用户电话交换机、计算机主机等装设位置和设备容量，结合引入管路和上升管路的具体地点等因素，统一确定暗敷管路系统的主干路由、安装方式、各个楼层管路的分布路由和管径等具体细节。

通信缆线所用的暗敷管路管材有钢管、混凝土管（又称水泥管）、软聚氯乙烯塑料管等，应根据其所在场合和具体条件及要求来考虑选用。

对于引入管路材料的选择应慎重。由于引入管路穿越建筑的地下墙基部分，长期直接承受建筑物下沉的垂直压力，并会因外力而产生弯曲，所以要求引入管路的管材应具有一定的抗压和抗弯强度，为此，除在管路上面采取覆盖钢筋混凝土过梁的保护措施外，目前常用的管材有混凝土管或厚壁无缝钢管。厚壁无缝钢管内壁光滑、机械强度高，有利于电缆或光缆穿放敷设，且保证线路安全运行，但无缝钢管工程造价较高，引入段落均为多孔管群，不够经济。采用混凝土管，因管孔内壁不光滑，且耐压

力较钢管差，有可能使电缆和光缆的外护套受到损伤，影响通信质量。因此，在选用引入管路的管材时，必须要求管材本身质量确有保证，同时还需注意管材对穿放缆线的质量有无影响，以确保今后通信传输质量安全可靠。

在建筑中暗敷的楼层管路，如利用天花板顶棚内敷设时，应采用金属材料的薄壁钢管。若为了减轻顶棚承受的压力或质量，可采用轻型聚氯乙烯塑管材，但必须具有低烟阻燃或低烟非燃性能。当暗敷管路经过温度过低（低于 0℃）或过高（高于 60℃）的房间或段落时，不宜采用聚氯乙烯塑料管，以免管材因受高温或低温的影响而发生脆裂现象。

暗敷管路的敷设路由应以直线敷设为主，尽量不选弯曲路由。直线敷设段落的最大长度以不越过 30m 为宜。如果必须超过上述长度时，应根据实际需要，在管路中间适当位置加装接头箱（接头盒或过渡盒），以便在穿放缆线时在中间协助牵引施工。如果暗敷管路受到客观条件限制必须弯曲时，要求其弯曲的曲率半径不应小于该管外径的 6 倍；如果暗管外径大于 50mm 时，要求曲率半径不应小于该管外径的 10 倍。转弯的夹角角度不应小于 90°，且不应有两个以上的弯曲；如果有两次弯曲时，应设法把弯曲处设在该暗管段落的两端，并要求该段路的长度不超过 15m，同时要求在这一段落内不得有 S 形弯或 U 形弯；如果弯曲管路的段长超过 20m 时，应在该段落中间加装接头箱（接头盒或过渡盒）。

3.3.3 桥架和槽道系统

桥架和槽道一般用于线路路由集中、且缆线条数较多的段落，例如，电缆竖井或上升房（又称干线通道）以及设备间内，这些桥架和槽道均采取明装方式。其装设的路由和位置应以设计文件要求为依据，尽量做到隐蔽安全和便于线缆敷设或连接，尽量将其布置在设备间内和电缆竖井或上升房中的合理部位，并要求安装必须牢固可靠。如果设计中所预定的装设位置和相关布置不合理而需要改变时，在安装施工中应与设计单位协商后再定。

▶ 3.4 综合布线各子系统设计

3.4.1 工作区子系统设计

3.4.1.1 工作区子系统设计规范与要求

工作区子系统是指从信息插座延伸到终端设备的整个区域，即一个独立的需要设置终端的区域称为一个工作区。工作区也常称服务区。综合布线工作区子系统由终端设备连接到信息插座的接插软线（或软线）等组成。工作区的终端设备可以是电话机、数据终端、计算机、电视机、监视器，也可以是检测仪表、测量传感器等。典型的工作区子系统如图 3.6 所示。

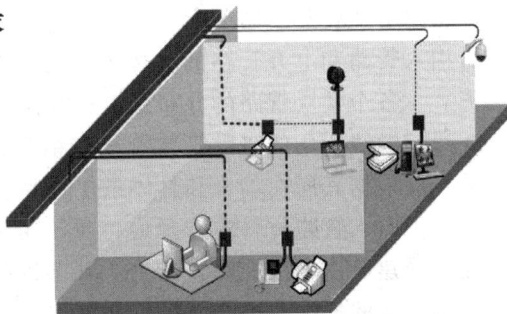

图 3.6 工作区子系统

1. 工作区的划分原则

目前建筑物的功能类型较多，大体上可以分为商业、文化、媒体、体育、医院、学校、交通、住宅、通用工业等类型，因此，对工作区面积的划分应根据应用的场合做具体的分析后确定，按照 GB 50311 国家标准规定，工作区面积需求可参照表 3.1 所示内容。

表 3.1　工作区面积划分表

建筑物类型及功能	工作区面积/m²
网管中心、呼叫中心、信息中心等终端设备较为密集的场地	3～5
办公区	5～10
会议、会展	10～60
商场、生产机房、娱乐场所	20～60
体育场馆、候机室、公共设施区	20～100
工业生产区	60～200

注：对于应用场合，如终端设备的安装位置和数量无法确定时，或彻底为大客户租用并考虑自设置计算机网络时，工作区面积可按区域(租用场地)面积确定。

2. 工作区适配器的选用原则

应用系统的终端设备与配线子系统的信息插座之间连通的最简单方法是用接插软线。而有些终端设备由于插头、插座不匹配，或缆线阻抗不匹配，不能直接插到信息插座上。这就需要选择适当的适配器，使应用系统的终端设备与综合布线配线子系统缆线保持完整的电气兼存性。

工作区选用的适配器应符合下列要求：

①在设备连接器处采用不同信息插座的连接器时，可以用专用接插电缆或适配器；

②在单一信息插座上进行两项服务时，应用"Y"形适配器；

③在配线子系统中选用的电缆类别(介质)不同于设备所需的电缆类别(介质)时，应采用适配器；

④在连接使用不同信号的数/模转换设备、光电转换设备及数据速率转换设备等装置时，应采用适配器；

⑤为了特殊的应用而实现网络的兼容性时，可用转换适配器；

⑥根据工作区内不同的电气终端设备(例如 ADSL 终端)，可配备相应的终端匹配器。

3. 工作区设计要求

工作区设计主要考虑以下内容：

①工作区内线槽的敷设要合理、美观；

②信息插座设计在距离地面 30cm 以上；

③信息插座与计算机设备的距离保持在 5m 范围内；

④信息插座与电源插座要保持 20cm 以上的距离；

⑤网卡接口类型要与线缆接口类型保持一致；

⑥所有工作区所需的信息模块、信息插座、面板的数量要准确(配套)。

3.4.1.2　信息插座与工作区跳线

信息插座在工作区子系统内，是配线子系统电缆的终节点，也是终端设备与配线子系统连接的接口。通常，没有特别说明，信息插座是指 RJ-45 铜缆插座，当对带宽有特殊需求时，可在工作区配置光纤插座。另外，也可根据用户需求，配置多介质信息插座（光纤和铜缆）。

1. RJ-45 铜缆插座及跳线

在工作区一端，用带有 8 针插头的软线接入插座，在水平子系统的一端，将 4 对双绞线终接到插座上。

8 针模块化信息插座是推荐的标准信息插座。8 针结构是为单一信息插座配置能支持数据、语音、图像或三者的组合功能提供所需的灵活性。

信息插座结构如图 3.7 所示。一个完整的信息插座包括 RJ-45 模块、面板（含盖板）、底盒等部件。

图 3.7　信息插座结构示意图

一般情况下在选择插座时经常使用 86 系列国家标准插座。面板尺寸和预埋底盒的尺寸如图 3.8～图 3.10 所示。

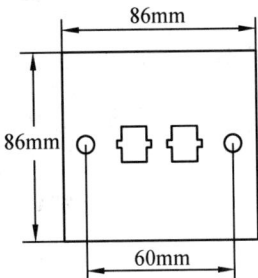

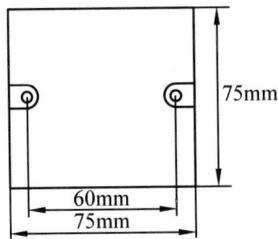

图 3.8　国际面板　　**图 3.9　国际面板底盒尺寸**　　**图 3.10　预埋底盒**

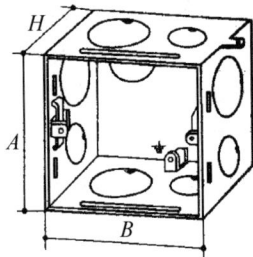

86 系列产品底盒类型有表面安装和预埋两种，盒深有 40mm、50mm 及 60mm 等规格。如果选用 Lucent 公司生产的原装面板，其设计尺寸如图 3.11～图 3.13 所示。

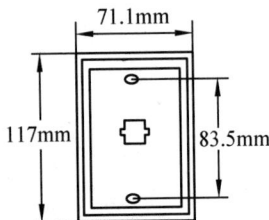

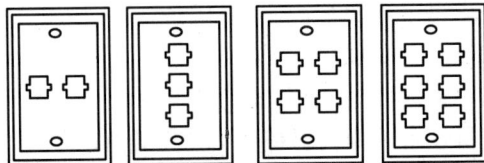

图 3.11　美标插座　　**图 3.12　双孔、三孔、四孔、六孔美标插座**　　**图 3.13　美标预埋底盒**

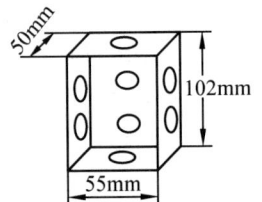

地插盒一般是圆形或方形铸铁制作的，弹开式面板是铜或不锈钢制作的。盒内留线 25cm 左右以便维修。

(1)信息插座接线方式

为了在配线架上管理链路，每一根水平线缆都应端接在信息插座上。电缆在信息插座上端接有如下两种方式：

① 按照 T568B 标准接线方式，信息插座引针与线对的分配如图 3.14(a)所示。

② 按照 T568A 标准接线方式，信息插座引针与线对的分配如图 3.14(b)所示。

(a) T568B 标准接线方式　　　　　(b) T568A 标准接线方式

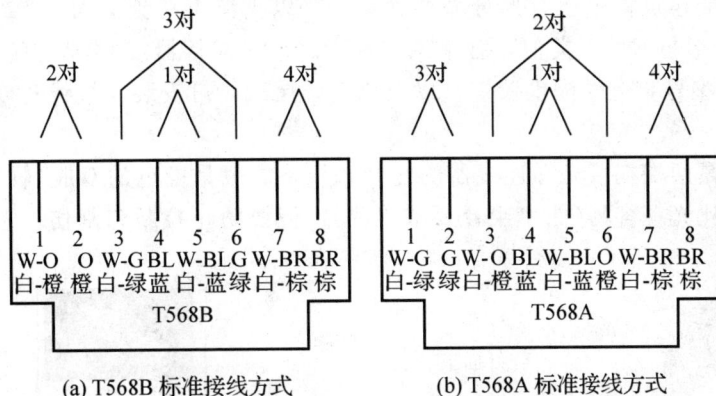

图 3.14　信息插座引针与线对分配

图中，W 为白色；O 为橙色；G 为绿色；BL 为蓝色；BR 为棕色。

由图比较可以看出，按 T568B 标准接线，配线子系统 4 对双绞电缆的线对 2 接信息插座的 1、2 位/针，线对 3 接信息插座的 3、6 位/针。按 T568A 标准接线，线对 2 和线对 3 正好相反。

在一个综合布线工程中，只允许一种连接方式。一般为 T568B 标准连接，否则必须标注清楚。

按照 T568B 标准接线方式，信息插座引针(脚)与双绞电缆线对分配如表 3.2 所示。

表 3.2　信息插座引针(脚)与线对的分配

对于模拟式语音终端，将触点信号和振铃信号置入信息插座引针的 4 和 5 上。剩余的插针分配给数据信号和配件的远地电源线使用。插针 1、2、3 和 6 传送数据信号，并与 4 对电缆中的线对 2 和线对 3 相连。插针 7 和 8 直接连通，并留作配件电源之用。

(2)工作区跳线

工作区跳线就是一条接插软线，通常是在一条 4 对双绞线两端按 T568B 接线标准端接两个 RJ-45 水晶头。

2. 光纤插座与跳线

在高档智能建筑物中已有部分光纤到桌面，以支持千兆到桌面。光纤插座(Fiber Jack，FJ)的外形与 RJ-45 类似，有单工和双工之分，端接器(耦合器)有 ST(圆形)和 SC(方形)两种型号，有时提供铰链盘以缠绕光纤尾线，可安装在接线盒或机柜式配线架内。

光纤跳线是两端端接光纤连接器的光纤软线，一般是橙色的双股(收发两根光纤)软跳线，缠绕比光缆容易(曲率半径要求大些)，但要防止拉断和割伤。光纤插座及其相关部件如图 3.15 所示。

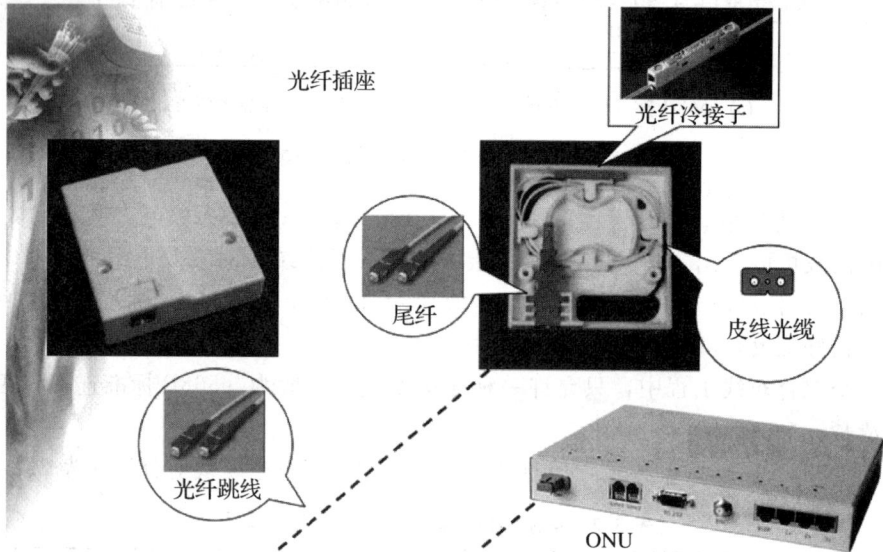

图 3.15　光纤插座及其相关部件

除以上插座外，还有多介质信息插座，又称多媒体信息插座。这种信息插座支持 100Mb/s 信息传输，适合语音、数据、视频等应用；可安装 RJ-45 型插座或 SC、ST 和 MIC 型耦合器；带铰链的面板底座，满足光纤弯曲半径要求。

3.4.1.3　工作区子系统设计步骤

工作区子系统设计一般按确定工作区大小、确定进点构成、确定插座数量、确定插座类型，以及确定相应设备数量 5 步进行。

1. 确定工作区大小

根据建筑平面图就可估算出每个楼层的工作区大小，再将每个楼层工作区相加就是整个大楼的工作区面积。通常，工作区面积＝建筑面积×0.75，0.75 这一系数为经验值。

2. 确定进点构成

进点构成涉及综合布线的设计等级问题。若按基本型配置，每个工作区只有一个信息插座，即单点结构。若按增强型或者综合型配置，那么每工作区就有两个或两个以上信息插座。但这主要视业主对大楼如何定位而定，目前，大多数布线系统采用的信息插座通常为双点结构。

3. 确定插座(模块)数量

在进行插座数量计算之前，还需要确定单个工作区的面积大小。一般来说，可以按每 $5\sim10\mathrm{m}^2$ 设置一个进点，即一个工作区。通常，大多数布线系统的一个工作区面积取 $9\mathrm{m}^2$。

这样，整个布线系统插座数量 M 可按下式估算，即：

$$M = S \div P \times N$$

式中，M 为整个布线系统的信息插座数量；S 为整个布线区域工作区的面积；P 为单个进点(即单个工作区)所管辖的面积大小，一般取值为 $9\mathrm{m}^2$；N 为单个进点的信息插座数，取值为 1、2、3 或 4。考虑具体施工的损耗，总的信息插座数量还应添加 3% 富余量。

4. 确定插座类型

用户可根据实际需要选用不同的安装方式以满足不同的需要。通常情况下，新建建筑物采用嵌入式信息插座；现有的建筑物则采用表面安装式的信息插座。另外，还有固定式地板插座、活动式地板插座等，此外，还要考虑插座盒的机械特性等。

5. 确定相应设备数量

(1)信息插座设备数量

相应设备因布线系统不同而异，主要包括墙盒(或者地盒)、面板、(半)盖板。一般来说，对于基本型配置，由于每个进点都是单点结构(即一个插座)，所以每个信息插座(模块)都配置一个墙盒或地盒，一个面板，一个(半)盖板。对于增强型或综合型配置，每两个信息插座(模块)共用一个墙盒或地盒，一个面板。

(2)跳线数量

跳接软线可订购，也可现场压接。一条链路需要两条跳线，一条从配线架跳接到交换设备，另一条从信息插座连到计算机。

RJ-45 水晶头材料预算方式如下：

$$m = n \times 4 + n \times 4 \times 15\%$$

式中，m 为 RJ-45 的总需求量；n 为信息点的总量；$n \times 4 \times 15\%$ 为留有的富余量。

当然，当语音链路需从水平数据配线架跳接到语音干线 110 配线架时，还需要 RJ-45—110 跳接线。

【案例】已知某一学生宿舍楼有 8 层，每层 25 个房间。每个房间需要安装 1 个电话语音点、1 个计算机网络信息点和 1 个有线电视信息点。试计算出该学生宿舍楼综合布线工程应订购的信息点插座的种类和数量是多少？需订购的信息模块的种类和数量是多少？需要多少条跳线？若现场制作跳线，则需要的 RJ-45、RJ-11 水晶头各为多少？

解答：

根据设计要求得知，每个房间需要接入电话语音、计算机网络和有线电视 3 类设

备，因此，必须配置相应的 3 类信息接口。为了方便管理，电话语音和计算机网络信息接口模块可以安装在同一信息插座内，该插座应选用双口面板，有线电视插座单独安装。

（1）学生宿舍楼房间共计为 200 个，信息点总数 $n=200\times2=400$；配备双口信息插座的数量为

$$M=400/2=200$$
$$P=M+M\times3\%=200+200\times3\%=206$$

即订购 206 个双口信息插座（含面板、底盒一套）以安装电话语音和计算机网络接口模块，有线电视插座（含面板、底盒一套）数量也应为 206 个（考虑安装损耗已包含了 6 个富余量）。

（2）学生宿舍楼有 200 个电话语音点，200 个计算机网络接入点，200 个有线电视接入点，同理可知，要订购 RJ-45 模块数为 $206\times2=512$ 个。有线电视接口模块已内置于有线电视插座内，不需要另行订购。

（3）跳线条数为 $200\times2=400$ 条。

现场制作跳线则需要 RJ-45、RJ-11 水晶头数分别为

$$m=n\times4+n\times4\times15\%=200\times4+200\times4\times15\%=960\ \text{个}$$

3.4.2　水平子系统设计

水平子系统又称为配线子系统，是指从楼层配线架连接到分布在同一层建筑物内各个信息插座的通信线路，它包括楼层配线架、水平线缆、信息插座以及楼层配线架上的机械终端、接插软线和跳线等。水平子系统具有面积广、信息点数多、缆线距离长及路由复杂等特点，因此，应本着尽量一次到位的原则进行技术设计。

一般来说，进行配线子系统设计时，应考虑如下要求：

①用户对工程提出的近期和远期的终端设备要求；

②每层需要安装的信息插座数量及其安装位置；

③终端设备可能将来要移动、增加和重新安排的详细情况，力求做到灵活性大、适应能力力强，以满足今后通信业务的需要；

④一次性建设和分期建设方案的比较，从而确定最佳方案。

3.4.2.1　水平子系统设计要求

根据综合布线标准及规范，配线子系统应按下列要求进行设计：

（1）根据建筑物的结构、用途确定配线子系统路由方案。有吊顶的建筑物，水平走线尽可能走吊顶，一般建筑物可采用地板管道布线方法。

（2）配线子系统缆线应采用非屏蔽或屏蔽 4 线对双绞线电缆，如果有高速率应用的场合，在需要时也可采用室内多模或单模光缆及其连接硬件。

（3）配线子系统的布线电缆总长度不应超过 90m，在能保证链路性能情况下，水平光缆距离可适当延长。

（4）1 条 4 对双绞电缆应全部固定终结在 1 个信息插座上，不允许将 1 条 4 对双绞电缆终结在两个或更多的信息插座上。

（5）水平线缆应布设在线槽内，线缆布设数量应考虑最多占用线槽截面积的 70%，以方便以后线路扩充的需求。

（6）为便于今后的线路管理，在线缆布设过程中，应在线缆两端贴上标签，以标明线缆的起源和目的地。

3.4.2.2　水平子系统的线缆类型

选择水平子系统的线缆，要根据建筑物信息点的类型、容量、带宽和传输速率的需求来确定。在水平子系统中可采用的电缆和光缆规格如下：

① 4 对非屏蔽双绞电缆；

② 4 对屏蔽双绞电缆；

③ $62.5/125\mu m$ 多模光纤（Multi Mode Fiber）；

④ $8.3/125\mu m$ 单模光纤（Single Mode Fiber）；

⑤ 同轴电缆。

考虑灵活性、性价比等因素，配线子系统应优先采用 5 类及以上 4 线对非屏蔽双绞线电缆，该线缆完全可以满足计算机网络和电话语音系统传输的要求。如果水平布线的场合有较强的电磁干扰源或用户对屏蔽提出较高要求，可以采用 4 对屏蔽双绞线电缆。对于用户有高速率终端要求或保密性高的场合，可采用光纤直接布设到桌面的方案。对于有线电视系统，应采用 75Ω 的同轴电缆，用于传输电视信号。

在水平子系统中，也可以使用混合电缆（电缆和光缆组合）。如果采用区域布线方案，水平子系统还可采用 25 对等大对数双绞电缆。

3.4.2.3　水平子系统布线距离

1. 综合布线系统各段缆线的最大长度

综合布线全系统网络结构中的各段缆线传输最大长度必须符合图 3.16 所示的要求。这是因为网络传输特性的限制，为保证通信质量所确定的。

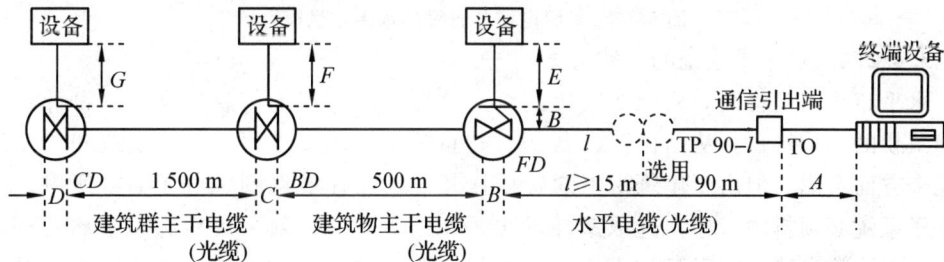

图 3.16　综合布线系统各段缆线的最大长度

图中，$A+B+E\leqslant 10m$ 为配线子系统中工作区电缆、光缆、设备缆线和接插软线或跳线的总长度（其中接插软线或跳线的软电缆长度不应超过 5m）；$C+D\leqslant 20m$ 为建筑物配线架或建筑群配线架中的接插软线或跳线长度；$F+G\leqslant 30m$ 为建筑物配线架或建筑群配线架中的设备电缆、光缆长度。楼层配线架到建筑群配线架之间如采用单模光纤光缆作为主干布线时，其最大长度可延长到 3 000m。若采用国外产品不能满足我国通信行业标准规定的最大长度要求时，应设法采取技术措施，进行切实有效地调整。

2. 水平子系统布线距离

水平布线（电缆、光缆）长度是指从楼层配线设备终端到信息插座的长度，最大缆线长度为 90m，如图 3.16 所示。另有 10m 分配给工作区电缆、光缆，设备电缆、光缆和楼层配线架上的接插软线或跳线，其中，接插软线或跳线的长度不应超过 5m，且在整个建筑物内部与各子系统中缆线相一致。

双绞电缆水平布线模型如图 3.17(a)所示，图中给出了电缆长度与连接插座的位置，双绞电缆水平布线链路包括 90m 水平电缆、5m 软缆和 3 个与电缆类别相同或类别更高的接头。可以在楼层配线架与信息插座之间设置转接点(TP)。

光缆水平布线模型如图 3.17(b)所示，该模型中链路的每端各有一个熔接点和一个接头。在能保证链路性能时，水平光缆距离允许适当加长。

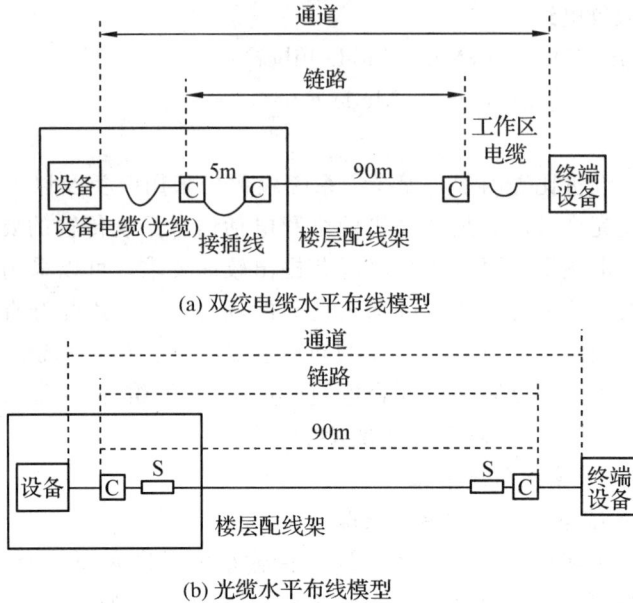

(a) 双绞电缆水平布线模型

(b) 光缆水平布线模型

图 3.17 双绞电缆与光缆的水平布线模型

3.4.2.4 水平子系统的布线方案

水平布线，是将线缆从配线间接到每一楼层的工作区的信息插座上。设计者要根据建筑物的结构特点，从路由(线)最短、造价最低、施工方便、布线规范和扩充简便等几个方面考虑。但由于建筑物中的管线比较多，往往要遇到一些矛盾，所以，设计水平子系统必须折中考虑，选取最佳的水平布线方案。一般采用走廊布金属线槽，各工作区用线管沿墙暗敷引下的方式。大开间办公区域可采用内部走线法，或在混凝土垫层敷设金属线槽的地面出线方式。

如果选择吊顶内布线，可以采用的方法有分区法、内部布线法、电缆管道布线法 3 种。如果是在新铺设的地板中布线，可以采用地板下线槽布线法、蜂窝状地板布线法、高架地板布线法、地板下管道布线法和网络地板布线法等。对于旧建筑物或翻新的建筑物，较为经济的方法有护壁板电缆管道布线法、地板上导管布线法、模制电缆管道布线法和通信线槽铺设法等。下面对各种布线方法分别予以介绍。

1. 吊顶内布线

(1)区域布线法

这是一个针对大开间办公环境设计的水平布线方式，可以分为两个部分：固定线缆(从管理子系统到中转点)、延伸线缆(从中转点到信息插座)。如图 3.18 所示，将天花板内的空间分成若干个小区，从配线间利用管道穿放或直接敷设大容量电缆到每个分区中心(中转点)，由此分出缆线经过墙壁或立柱引向通信引出端，中转点的设置，形成了一个工作区组或区域组，使大开间办公环境设计更加方便灵活，便于分段安装、设备重组。具体应用有以下两种变通方案。

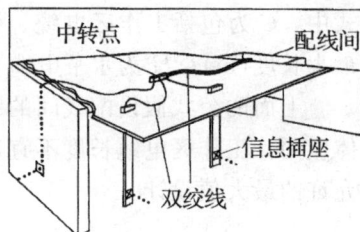

图 3.18　区域布线法图

① 多用户信息插座设计方案

多用户信息插座设计方案就是将多个多种信息插座组合在一起，安装在吊顶内，然后用接插线沿隔断、墙壁或墙柱而下，接到终端设备上。例如，美国朗讯科技公司的多用户信息插座连接方式如图 3.19 所示。

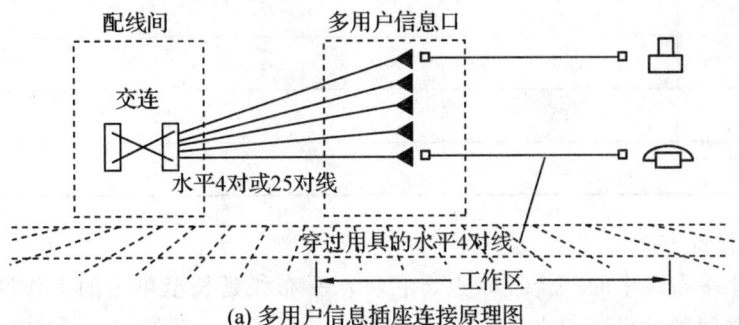

(a) 多用户信息插座连接原理图

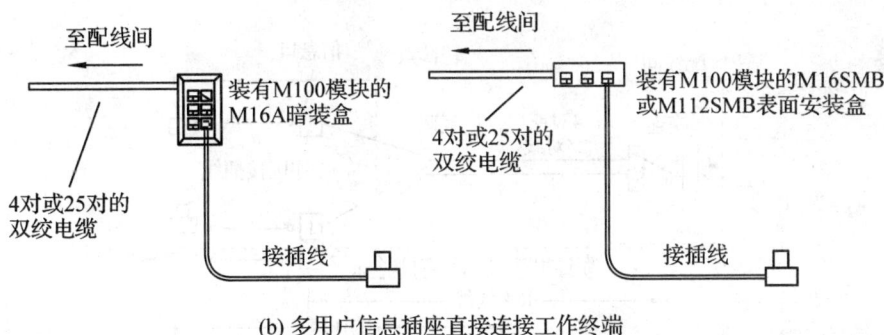

(b) 多用户信息插座直接连接工作终端

图 3.19　多用户信息插座设计方案

混合电缆和多用户多媒体插座(Multi-user MultiMedia Outlet，MMO)配合使用非常适合上述情况。在一个用具组合空间中，常常有这样一种三个工作区的典型应用，每个工作区有两根 5 类双绞电缆和一根 2 芯多模光缆，共需安装 9 根线缆和 3 个面板(Faceplate)，同时在工作区重组的时候要求能够再分配和再使用。如果在水平跳接和多用户信息插座之间采用一根由 6 根 4 对 5 类线和 6 芯光纤组成的混合电缆就可以满足所有 3 个工作区的需求，并简化了布线通道。同一个多用户信息插座的服务范围不宜超过 12 个工作区，工作区的数量应限制在 6 个以内。

楼层配线架到多用户信息插座的电缆水平链路最大长度，可用下列公式计算：

$$C=(102-H)/1.2$$
$$W=C-7\leqslant20(\mathrm{m})$$

式中，C 为包括工作区电缆、设备电缆和跳线之和的最大长度(m)；W 为工作区电缆最大长度(m)；H 为水平电缆长度(m)。

上面的公式假设配线间的跳线和设备电缆总长度为 7m，表 3.3 说明这个公式的具体应用。工作区电缆长度不宜超过 20m，多用户信息插座的位置应按工作区电缆长度允许的最大值设计。

表 3.3　水平和工作区电缆最大长度　　　　　（单位：m）

水平线缆长度 H	工作区线缆长度 W	工作区电缆、跳线及设备电缆之和的最大长度 C
90	3	10
85	7	14
80	11	18
75	15	22
70	20	27

② 转接点设计方案

转接点是水平布线中的一个互联点，它将水平布线延长至单独的工作区，在转接点和信息插座之间敷设很短的水平电缆，服务于专用区域。转接点设计方案如图 3.20 所示。

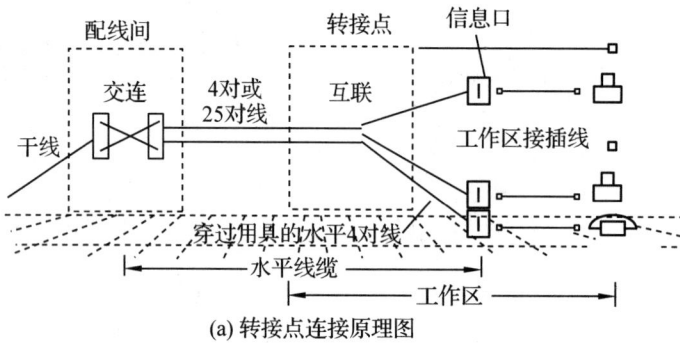

(a) 转接点连接原理图

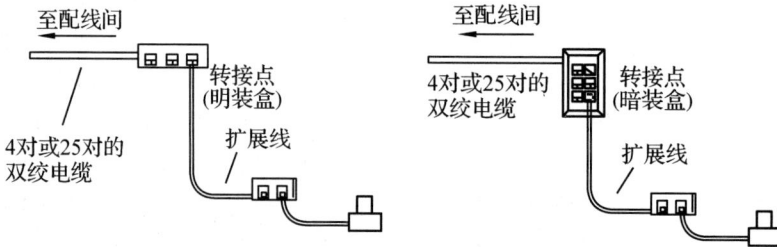

(b) 转接点经接插软线转接到多用户信息插座后再连接工作终端

图 3.20　转接点连接方式

具体应用时，按转接点位置不同，其各段长度也有所不同，但水平布线总长度应小于 100m。

比较图 3.19 和图 3.20 可以看出：多用户信息插座方案中直接用接插线将工作终端插入组合式插座，而转接点方案中是将工作终端经一次接插线转接后插入组合式插座的。设置转接点的目的是针对那些偶尔进行重组的场合，而多用户信息插座所针对的是重组非常频繁的办公区。

（2）内部布线法

从配线间将电缆经吊顶直接敷设到通信引出端。如图 3.21 所示。内部布线法也是一种经济的布线方式，并为吊顶布线提供最大的灵活性。由于来自不同插座的双绞线不在同一电缆护套内，所以也可以使串扰减到最小。

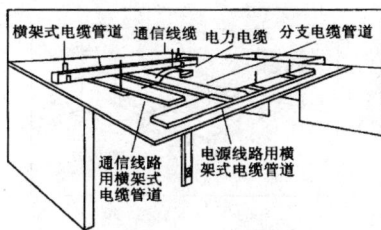

（3）电缆槽道布线法

电缆槽道是一种开放式或闭合式金属托架，悬浮在吊顶上方，通常用在大型建筑物或布线系统非常复杂而需要额外支持物的场所。用横梁式电缆槽道将电缆引向所希望的区域，经分支线槽从横梁式电缆槽道分叉后将电缆穿过一段支管引向墙柱或墙壁，剔墙而下到本层的信息出口（或剔墙而上，在上一层楼板钻一个孔，将电缆引到上一层的信息出口），最后端接在用户的插座上，如图 3.22 所示。

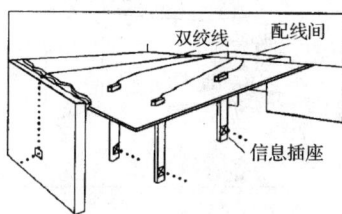

图 3.21　内部布线法　　　　图 3.22　电缆管道布线法

2. 地板下线槽布线法

（1）地面线槽布线法

这种方式适用于大开间或需要打隔断的场合。如图 3.23 所示，由一系列金属布线线槽（常用混凝土密封）和馈线走线槽组成。每隔 4～8m 设置一个过线盒或出线盒（在支路上出线盒也起分线盒的作用），直到信息出口的接线盒。70 型外形尺寸 70mm×25mm（宽×厚），有效截面积为 1 470mm²，占空比取 30%，可穿 24 根水平线缆；50 型外形尺寸 50mm × 25mm，有效截面积为

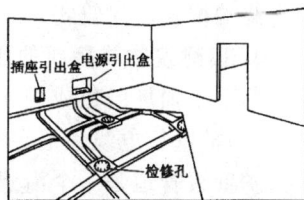

图 3.23　地板下线槽布线法

960mm²，可穿 15 根水平线缆。分线盒与过线盒有两槽和三槽两种，均为正方形，每面可接两根或三根地面线槽。分线盒与过线盒均有将 2～3 个分路汇成一个主路的功能或起到 90° 转弯的功能。四槽以上的分线盒都可用两槽或三槽分线盒拼接。其优点是机械保护性好，减少电气干扰，提高安全性、屏蔽性和保持外观完好，减少安全风险。其缺点是费用高，特别是地面出线盒的价格较高，结构复杂，对铺有地毯、花岗岩处的地面出口要进行专门的处理。

（2）蜂窝状地板布线法

蜂窝状地板由一系列供电缆穿越用的通道组成，如图 3.24 所示。这些通道为电力电缆和通信电缆提供现成的电缆管道。交替的电缆槽和通信电缆槽提供一种灵活的布局。根据地板结构，布线槽可由钢铁或混凝土制成。无论在哪种情况下，横梁式导管

都用做馈线槽，从中将电缆从布线槽引向配线间。蜂窝状地板布线法具有地板下导管布线法的优点，且容量要更大些。缺点是费用高、结构复杂，增加了地板质量，对铺有地毯处的服务设备用的通孔要进行专门的处理。

图 3.24　蜂窝状地板布线法

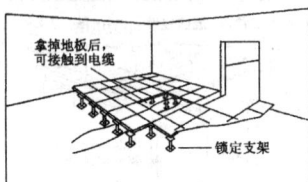

（3）高架地板布线法

高架地板（也称活动地板或防静电地板）由许多方块形地板组成，这些板放置在固定在建筑物地板上的金属锁定支架上。任何一个方块形地板都是可以活动的，以便能接触到下面的电缆。如图 3.25 所示。

这种布线方法非常灵活，而且容易安装，不仅容量大，防火也方便。缺点是在活动地板上走动产生的声音较大，初期安装费用昂贵，电缆走向控制不方便，使房间高度降低。

图 3.25　高架地板布线法　　　　图 3.26　地板下管道布线法

（4）地板下管道布线法

即采用直接埋管布线方式，由一系列密封在现浇混凝土里的金属管道组成，如图 3.26 所示。这些金属管道从配线间向各信息插座的位置辐射。该方法适用于有相对稳定终端位置的建筑物，其优点是初期安装费用低，缺点是灵活性差。

3. 旧建筑物或翻新的建筑物的布线方法

为了不损坏已建成的建筑物结构，影响美观，综合布线可采用以下几种方法：

（1）护壁板电缆管道布线法

护壁板管道是一个沿建筑物护壁板敷设的金属管道，如图 3.27 所示。这种布线方法有利于布放电缆，通常用于墙上装有较多信息插座的楼层区域。电缆管道的前面盖板是活动的，信息插座可装在沿管道的任何位置上。电力电缆和通信电缆必须用接地的金属隔板隔开，防止电磁干扰。

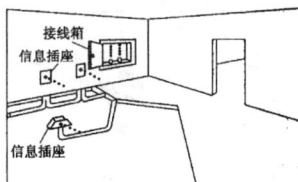

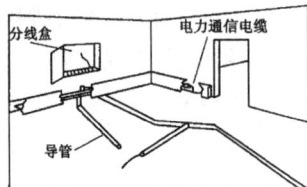

图 3.27　护壁板电缆管道布线法　　　　图 3.28　地板上导管布线法

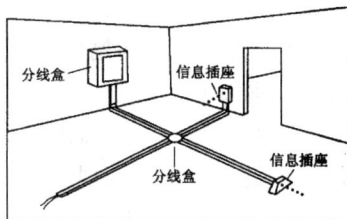

（2）地板导管布线法

采用这种布线法时，需用专用的胶皮或金属导管来保护沿地板表面敷设的裸露线缆，如图 3.28 所示。在这种方法中，电缆被装在这些导管内，导管又固定在地板上，面盖板紧固在导管基座上。地板导管布线法具有快速和容易安装的优点，适用于通行量不大的区域。不推荐在过道或主楼层区使用这种布线法。

（3）模制电缆管道布线法

模制管道是一种金属模压件，固定在接近顶棚或天花板与墙壁接合处的过道和房间的墙上，如图 3.29 所示。管道可以把模压件连接到配线间。在模压件后面，小套管穿过墙壁，以便使小电缆通往房间。在房间内，另外的模压件将连到插座的电缆隐蔽起来。

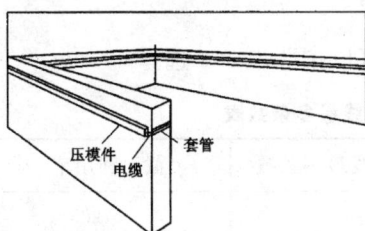

图 3.29　模制电缆管道布线法

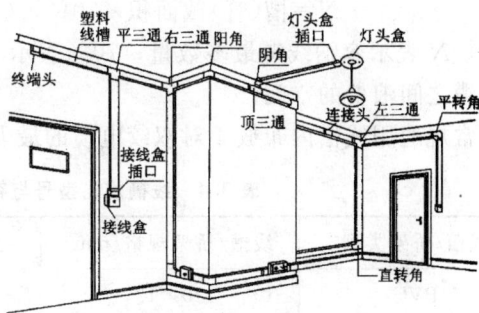

图 3.30　通信线槽铺设法

（4）通信线槽铺设法

在旧楼改造中，目前常采用的是塑料通信线槽布线方式。通常将通信线槽明敷在楼道或室内建筑墙面上。上方的线槽通常选择与屋顶接近，而且便于分布的安装高度。下方的线槽安装高度应保证安装的信息插座距离地面 30cm。通信线槽安装方法如图 3.30所示。

3.4.2.5　水平子系统管槽布线通道设计

根据选定的布线方案确定水平线缆布线通道类型，根据线缆类型和数量确定布线通道的尺寸。针对采用管槽部件的布线通道，为了保证线缆的传输性能以及今后扩容的需要，设计时要考虑通道的利用率以及弯曲半径等问题。

1. 管槽尺寸的选择

（1）线缆截面积计算

双绞电缆按照线芯数量分，有 4 对、25 对、50 对等多种规格，光缆按照纤芯多少以及护套类别也有多种规格。线缆截面积用下式计算：

$$S_{线} = \frac{\pi}{4}D^2$$

式中，$S_{线}$ 表示线缆截面积；D 表示线缆直径。

（2）线管截面积计算

线管规格一般用线管的外径表示，线管内布线容积截面积应该按照线管的内直径计算，其截面积计算如下：

$$S_{管} = \frac{\pi}{4}d^2$$

式中，$S_{管}$ 表示线管截面积；d 表示线管的内直径。

（3）线槽截面积计算

线槽规格一般用线槽的外部长度和宽度表示，线槽内布线容积截面积计算按照线槽的内部长和宽计算，其截面积计算如下：

$$S_槽 = L \times W$$

式中，$S_槽$ 表示线槽截面积；L 表示线槽内部长度；W 表示线槽内部宽度。

（4）管槽容纳线缆最多数量计算

布线标准规定，一般线槽（管）内允许穿线的最大面积 70%，同时考虑线缆之间的间隙和拐弯等因素，考虑浪费空间 40%～50%。因此容纳线缆根数计算公式如下：

$$N = 槽（管）截面积 \times 70\% \times (40\%～50\%) / 线缆截面积$$

式中，N 表示容纳线缆最多数量；70%表示布线标准规定允许的空间；40%～50%表示线缆之间浪费的空间。

常规通用线槽内布放 4 对双绞电缆的最大条数可以按照表 3.4 选择。

表 3.4　线槽规格型号与容纳双绞线最多条数表

线槽/桥架类型	线槽/桥架规格/mm²	容纳双绞线最多条数	截面利用率/%
PVC	20×12	2	30
PVC	25×12.5	4	30
PVC	30×16	7	30
PVC	39×19	12	30
金属、PVC	50×25	18	30
金属、PVC	60×30	23	30
金属、PVC	75×50	40	30
金属、PVC	80×50	50	30
金属、PVC	100×50	60	30
金属、PVC	100×80	80	30
金属、PVC	150×75	100	30
金属、PVC	200×100	150	30

常规通用线管内布放线缆的最大条数可以按照表 3.5 选择。

表 3.5　线管可放线缆的最大条数表

线管类型	线管规格/mm	容纳双绞线最多条数	截面利用率/%
PVC、金属	16	2	30
PVC	20	3	30
PVC、金属	25	5	30
PVC、金属	32	7	30

续表

线管类型	线管规格/mm	容纳双绞线最多条数	截面利用率/%
PVC	40	11	30
PVC、金属	50	15	30
PVC、金属	63	23	30
PVC	80	30	30
PVC	100	40	30

对于光缆布线通道可参照以上进行换算。

2. 布线弯曲半径要求

布线中如果不能满足最低弯曲半径要求，双绞线电缆的缠绕节距会发生变化，严重时，电缆可能会损坏，直接影响电缆的传输性能。例如，在铜缆系统中，布线弯曲半径直接影响回波损耗值，严重时会超过标准规定值。在光纤系统中，则可能会导致高衰减。因此在设计布线路径时，尽量避免和减少弯曲，增加线缆的拐弯曲率半径值。

缆线的弯曲半径应符合表 3.6 中的规定。

表 3.6　管线敷设允许的弯曲半径

缆线类型	弯曲半径
4 对非屏蔽电缆	不小于电缆外径的 4 倍
4 对屏蔽电缆	不小于电缆外径的 8 倍
大对数主干电缆	不小于电缆外径的 10 倍
2 芯或 4 芯室内光缆	>25mm
其他芯数和主干室内光缆	不小于光缆外径的 10 倍
室外光缆、电缆	不小于缆线外径的 20 倍

注：当缆线采用电缆桥架布放时，桥架内侧的弯曲半径不应小于 300mm。

3.4.2.6　水平子系统设计步骤

1. 确定路由(布线方案)

根据建筑物的结构及用途等，确定水平子系统路由设计方案。对于新建的建筑物，待建筑施工设计图完成后，就可按照建筑施工图设计水平子系统走线方案。而对于旧有建筑的升级改造，应现场考察，参照建筑平面图样，在尽量不破坏建筑结构的基础上，选择可行的布线方案。

2. 确定信息插座的数量和类型

根据用户需求和建筑物结构，确定每个楼层配线间和二级交接间的服务区域及可应用的传输介质。根据楼层平面图计算可用的空间，根据信息种类和传输速率确定信息插座类型，估算工作区信息插座的总数。

根据系统设计等级，确定是采用基本型，还是增强型或综合型。对于基本型系统，可按每 9m² 空间内设计一个信息插座；对于增强型和综合型系统，可按每 9m² 空间内设计两个信息插座，其中一个用于语音，另一个用于数据。

确定信息插座的类型，新建筑物通常用嵌入式安装的信息插座；而已有的建筑物则采用表面安装的信息插座，也可采用嵌入式信息插座。

在干线子系统工作单上注明每个楼层配线间所服务的工作区数量和经过楼层配线间所服务的全部工作区。

3. 确定缆线的类型和长度

(1)确定缆线类型

综合布线设计原则是向用户提供能支持语音和数据的传输通道。按照水平子系统对缆线及长度的要求，在水平区段楼层配线间到工作区的信息插座之间，应优先选择5类及以上4对双绞电缆。根据现场对电磁兼容性(EMC)的要求，选用屏蔽(STP)还是非屏蔽(UTP)，并且分别有阻燃、非阻燃类的实心和非实心电缆。

(2)确定电缆长度

一根电缆的平均走线长度应按如下方法确定：

◇ 确定布线方法和走向；

◇ 确定每个楼层配线间或二级交接间所要服务的区域；

◇ 确认离配线间最远的信息插座位置以及离配线间最近的信息插座位置；

◇ 按照可能采用的电缆路由确定每根电缆走线距离；

◇ 平均电缆长度＝两根电缆路由的总长度÷2；

◇ 总电缆长度＝平均电缆长度＋备用部分(平均电缆长度的10%)＋端接容差(一般取 6～10m)。

每个楼层用线量 C 可按下式计算：

$$C=[0.55(F+N)+6]\times n(\text{m})$$

式中，F 为最远的信息插座离配线间的距离；N 为最近的信息插座离配线间的距离；n 为每层楼的信息插座的数量。

整幢楼的用线量 W 可按下式计算：

$$W=\sum_{1}^{M}C_i\ (\text{m})$$

式中，M 为楼层数。若各楼层用线量均为 C，则整栋楼用线量：

$$W=MC(\text{m})$$

图 3.31 是水平子系统确定缆线长度的实例。实例中，$N=9\text{m}$，$F=4.5\text{m}+15\text{m}+3\text{m}=22.5\text{m}$，布线平均长度为 $(N+F)/2=16\text{m}$，10% 备用长度为 $16\text{m}\times10\%=1.6\text{m}$、端接容差(可变)取 6m，则缆线平均走线长度为 $16\text{m}+1.6\text{m}+6\text{m}=23.6\text{m}$。

图 3.31　水平子系统确定缆线长度实例

4. 订购电缆

目前，国际上生产的双绞电缆的长度不等，从 90m(300ft)到 5km(16 800ft)，并有卷盘(spool)和卷筒(recl)两种装箱形式。最常用的是 305m(1 000ft)箱装形式。因此，订货时要以箱为单位成箱订购。

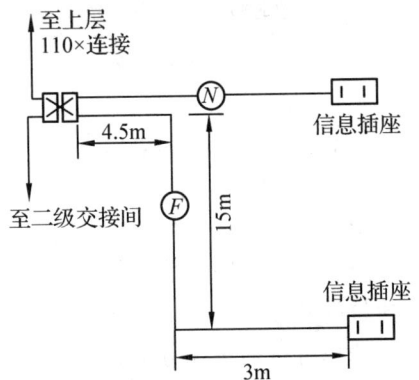

订购电缆时应注意两点：其一，发货时，电缆是以多少箱计算的，因此，当计算出需要的电缆长度(多少米)后，应将其转换为电缆箱数；其二，注意电缆箱数的正确计算方法。

例如，需要的信息插座为 140 个，平均走线长度为 24m(78ft)，则要求订购的电缆长度为 24m×140＝3 360m(10 920ft)。现假定采用 305m(1 000ft)装箱形式，计算出电缆箱数量为 24m×140÷305m＝11(箱)。但这种计算是不正确的，原因是每箱的零头电缆是不能持续复用的。

正确的计算方法应为

每箱最大可订购电缆长度÷电缆走线的平均长度＝每箱的电缆走线根(条)数；

即 305m(1 000ft)÷24m(78ft)＝12.7 根/箱。

由于每个信息插座需要 1 根双绞电缆，那么，电缆走线总根数等于信息插座总数。所以有　　信息插座总数÷电缆走线根数/箱＝箱数。

这里的电缆走线根数/箱，只能向下取整数(12)，所以：140÷12＝11.7，向上取整数，应订购 12 箱。

3.4.3　干线子系统设计

干线是建筑物内综合布线的主馈缆线，是楼层配线间与设备间之间垂直布放缆线的统称，因此干线子系统又称为垂直子系统。它由设备间与水平子系统的引入口之间的连接线缆及相关配线设备组成。如图 3.32 所示。

在综合布线中，干线子系统的线缆并非一定是垂直布置的。在某些特定环境中，如低矮而又宽阔的单层平面大型厂房，干线子系统的线缆就是平面布置的，同样起着连接各配线间的作用。

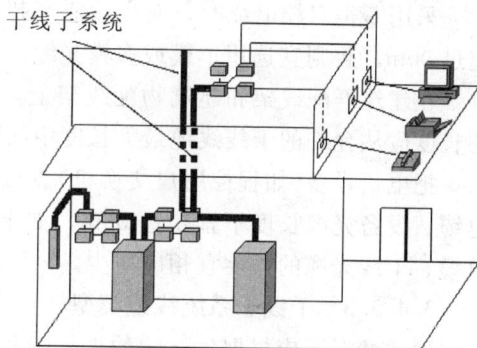

干线子系统

图 3.32　干线子系统结构

3.4.3.1　干线子系统设计要求

根据综合布线的标准及规范，干线子系统的设计工作应遵守下列设计要求：

(1)垂直干线电缆应采用星形物理拓扑结构。

(2)在干线子系统中，语音和数据往往用不同种类的缆线传输，语音电缆一般使用大对数双绞电缆，数据一般使用光缆，但是在基本型综合布线系统中也常常使用电缆。由于语音和数据传输时工作电压和频率不相同，往往语音电缆工作电压高于数据电缆工作电压，为了防止语音传输对数据传输的干扰，必须遵守语音电缆和数据电缆分开的原则。

(3)由于干线子系统中的光缆或者电缆路由比较短，而且跨越楼层或者区域，因此在布线路由中不允许有接头或者 CP 集合点等各种转接点。

(4)干线子系统主要使用光缆传输数据，同时对数据传输速率要求高，涉及终端用户多，一般会涉及一个楼层的很多用户，因此在设计时，干线子系统的缆线应该垂直安装，如果在路由中间或者出口处需要拐弯时，不能直角拐弯布线，必须设计大弧度拐弯，保证缆线的曲率半径和布线方便。

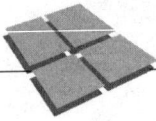

(5)由于干线子系统连接大楼的全部楼层或者区域，不仅要能满足信息点数量少、速率要求低的楼层用户的需要，更要保证信息点数量多、传输速率高的楼层的用户要求。因此，在干线子系统的设计中一般选用光缆，并且需要预留备用缆线，满足整栋大楼各个楼层用户的需求和扩展需要。

(6)干线子系统涉及每个楼层，并且连接建筑物的设备间和楼层配线间交换机等重要设备，布线路由一般使用金属桥架，因此在设计和施工中要加强接地措施，预防雷电击穿破坏，还要防止缆线遭破坏等措施，并且注意与强电保持较远的距离，防止电磁干扰等。

3.4.3.2 干线子系统的布线距离

综合布线系统中，建筑群配线架（CD）到楼层配线架（FD）间的距离不应超过2 000m，建筑物配线架（BD）到楼层配线架（FD）的距离不应超过500m。

为了使布防线缆的距离最短，通常将设备间的主配线架设在建筑物的中部附近。当超出上述距离限制时，可以分成几个区域布线，使每个区域满足规定的距离要求。

采用单模光缆时，建筑群配线架到楼层配线架的最大距离可以延伸到3 000m。

采用5类双绞电缆时，对传输速率超过100Mb/s的高速应用系统，布线距离不宜超过90m。否则宜选用单模或多模光缆。

在建筑群配线架和建筑物配线架上，接插线和跳线长度不宜超过20m，超过20m的长度应从允许的干线线缆最大长度中扣除。

把电信设备（如程控用户交换机）直接连接到建筑群配线架或建筑物配线架的设备电缆、设备光缆长度不宜超过30m。如果使用的设备电缆、设备光缆超过30m，干线电缆、干线光缆的长度宜相应减少。

3.4.3.3 干线子系统线缆类型

通常情况下应根据建筑物的楼层面积、建筑物的高度以及建筑物的用途来选用干线线缆的类型。在干线子系统可采用以下5种线缆：

(1)100Ω4 对双绞电缆（UTP 或 STP）；

(2)100Ω 大对数双绞电缆（25 对、50 对、100 对等 UTP 或 STP）；

(3)62.5/125um 多模光缆；

(4)8.3/125um 单模光缆；

(5)75Ω 有线电视同轴电缆。

目前，针对电话语音传输一般采用 3 类大对数对绞电缆（25 对、50 对、100 对等规格），针对数据和图像传输采用光缆或 5 类以上 4 线对双绞电缆或大对数双绞电缆，针对有线电视信号的传输采用 75Ω 同轴电缆。

要注意的是，由于大对数线缆对数多，很容易造成相互间的干扰，因此很难制造超 5 类以上的大对数双绞电缆，因此在 6 类网络布线系统中通常使用 6 类 4 线对双绞线电缆或光缆作为主干线缆，而 5 类或者超 5 类的布线一般采用 25 对大对数线缆。在选择主干线缆时，还要考虑主干线缆的长度限制，如 5 类以上 4 对双绞电缆在应用于100Mb/s 的高速网络系统时，电缆长度不宜超过 90m，否则宜选用单模或多模光缆。

3.4.3.4 干线线缆容量的计算

在确定干线线缆类型后，便可以进一步确定每个楼层的干线容量。一般而言，在确定每层楼的干线类型和数量时，都要根据楼层配线子系统所有的语音、数据、图像等信息插座的数量来进行计算。具体计算的原则如下：

（1）语音干线可按一个电话信息插座至少配 1 个线对的原则进行计算，对语音业务，大对数主干电缆的对数应按每一个电话 8 位模块通用插座配置 1 线对，并在总需求线对的基础上至少预留约 10% 的备用线对。

（2）数据干线线对容量计算原则是，电缆干线 24 个信息插座（需要 48 对双绞线）配 2 条 25 线对大对数双绞电缆，每一个交换机或交换机群配 1 条 4 线对双绞电缆；光缆干线每 48 个信息插座配 2 芯光纤。对于数据业务应以集线器（HUB）、交换机（SW）群（4 个 HUB 或 SW 组成 1 群）或每个 HUB 或 SW 设备设置 1 个主干端口配置。每 1 群网络设备或每 4 个网络设备宜考虑 1 个备份端口。主干端口为电缆端口时，应按 4 线对容量配置，为光端口时则按 2 芯光纤容量配置。

（3）当楼层信息插座较少时，在规定长度范围内，可以多个楼层共用交换机，并合并计算光纤芯数。

（4）如有光纤到用户桌面的情况，光缆直接从设备间引至用户桌面，干线光缆芯数应不包含这种情况下的光缆芯数；当工作区至电信间的水平光缆延伸至设备间的光配线设备（BD/CD）时，主干光缆的容量应包括所延伸的水平光缆光纤的容量在内。

（5）主干系统应留有足够的余量作为主干链路的备份，以确保主干系统的可靠性。

【案例】已知某学生宿舍楼需要实施综合布线工程，根据用户需求分析得知，其中第 5 层有 80 个计算机网络信息点，各信息点要求接入速率为 100Mb/s，另有 50 个电话语音点，而且第 5 层楼层电信间到楼内设备间的距离为 50m，试确定该建筑物第 5 层的干线电缆类型及线对数。

解答：

（1）80 个计算机网络信息点要求该楼层应配置 4 台 24 口交换机，交换机之间可通过堆叠或级联方式连接，最后交换机群可通过一条 4 对超 5 类非屏蔽双绞电缆连接到建筑物的设备间，按规定 4 台交换机作为一个设备群组时，必须配置一条备用通道，因此计算机网络的干线线缆配备两条 4 对超 5 类非屏蔽双绞线电缆。

（2）50 个电话语音点，按每个语音点配 1 个线对的原则，主干电缆应为 50 对。根据语音信号传输的要求，主干线缆可以配备一根 3 类 50 线对非屏蔽大对数电缆。

3.4.3.5　干线子系统设计步骤

1. 确定干线子系统通道规模

在大型建筑物内，都有开放型通道和弱电间。开放型通道通常是从建筑物的最底层到楼顶的一个开放空间，中间没有任何楼板隔开，如通风通道或电梯通道。弱电间是一连串上下对齐的小房间，每层楼都有一间。在这些房间的地板上，预留圆孔或方孔，所有孔均建造高出地面 25mm 左右的护栏。在综合布线中，我们把方孔称为电缆井，把圆孔称为电缆孔。穿过地板的电缆孔和电缆井如图 3.33 所示。

为了符合现行建筑规定的要求，需要采用不同的方法，用防火材料密封所有的孔。

干线子系统布线通道就是由一连串弱电间地板上垂直对准的电缆孔或电缆井组成的。每个楼层封闭型的弱电间作楼层配线间。

(a) 电缆井　　　　　　　　　　　　　　(b) 电缆孔

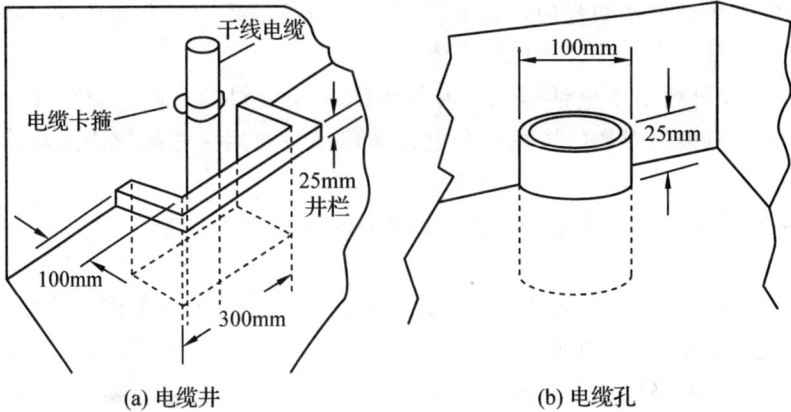

图 3.33　穿过弱电间地板的电缆孔或电缆

确定干线子系统通道规模就是要确定配线间的数目，主要依据所要服务的可用楼层空间来考虑。一般每 1 000m² 设一个电缆孔或电缆井较为合适。如果布线密度很高，可适当增加干线子系统通道。在给定楼层内，如果所要服务的所有终端设备都在配线间的 75m 范围之内，则采用单干线布线系统，即采用一条垂直干线通道，每个楼层只设一个配线间。如果水平布线长度超出 75m 范围，则要采用双通道干线子系统，或者采用经分支电缆与楼层配线间相连接的二级交接间。

若楼层配线间上下未对齐，可采用大小合适的电缆管道或托架进行过渡，如图 3.34 所示。从图中可以看出，每条干线分别穿过相应楼层配线间后到达设备间。

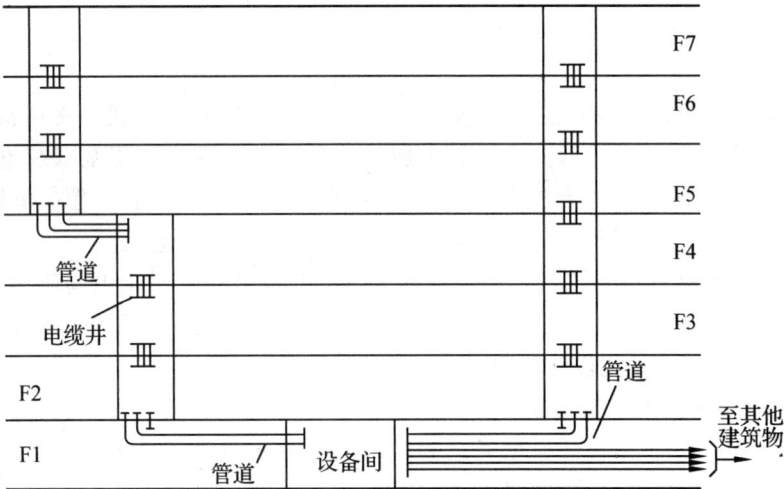

图 3.34　双通道干线子系统

在楼层配线间里，要将电缆孔或电缆井设置在靠近支持线缆的墙壁附近。但电缆孔或电缆井不应妨碍端接空间。

2. 确定干线线缆类型及数量

干线线缆主要有铜缆和光缆两种类型，具体选择要根据布线环境的限制和用户对综合布线系统设计等级的考虑确定。计算机网络系统的主干线缆可以选用 4 线对双绞线电缆或 25 线对大对数电缆或光缆。电话语音系统的主干电缆可以选用 3 类大对数双绞线电缆，在一根大对数电缆中所含的双绞线超过 25 对时，应按 25 对为一束进行分组，每一组 25 对线束都视为一根独立的 25 对双绞电缆。有线电视系统的主干电缆一般采用 75Ω 同轴电缆。

3. 确定干线子系统的布线方案

(1)垂直干线线缆的布线

建筑物垂直干线布线通道可采用电缆孔和电缆竖井两种方法：

①电缆孔方法

干线通道中所用的电缆孔是很短的管道，通常是用一根或数根直径为 10cm 的钢性金属管做成。它们嵌在混凝土地板中，比地板表面高出 2.5～10cm。也可直接在地板中预留一个大小适当的孔洞。电缆往往捆绑在钢绳上，而钢绳又固定到墙上已铆好的金属条上。当楼层配线间上下都对齐时，一般采用电缆孔方法，如图 3.35 所示。

②电缆井方法

电缆井是指在每层楼板上开出一些方孔，使电缆可以穿过这些电缆井从本楼层伸到相邻的楼层，如图 3.36 所示。电缆井的大小依所用电缆的数量而定。与电缆孔方法一样，电缆也是捆绑在或箍在支撑用的钢绳上，钢绳靠墙上的金属条或地板三脚架固定。离电缆井很近的墙上安装立式金属架，可以支撑很多电缆。电缆井可以让粗细不同的各种电缆以任何组合方式通过。电缆井虽然比电缆孔灵活，但在原有建筑物中开电缆井安装电缆造价较高，而且应注意防火。

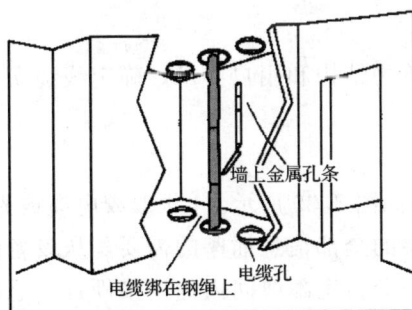

图 3.35　电缆孔方法

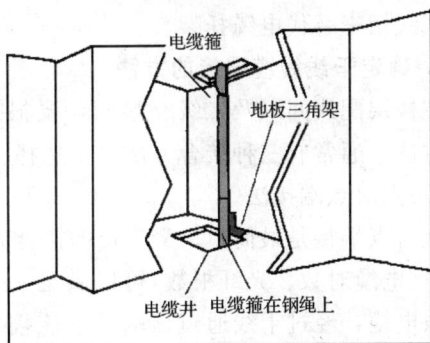

图 3.36　电缆井方法

(2)水平干线线缆的布线

在多层楼房中，上下通道可能并不对齐，经常需要使用横向水平布线通道，干线电缆才能从设备间连接到干线通道，以及在各个楼层上从二级交接间连接到任何一个楼层配线间。水平干线布线的通道可采用金属管道和金属桥架两种方法：

① 金属管道方法

干线线缆穿放在水平架设的金属管道中，金属管可支撑、保护线缆，如图 3.37 所示。当相邻楼层的配线间存在水平方向的偏距时，就可以在水平方向布设金属管道，将干线线缆引入下一楼层的配线间。金属管道不仅具有防火的优点，而且它提供的密封和坚固空间使电缆可以安全地延伸到目的地。但是金属管道很难重新布置且造价较

高，因此在建筑物设计阶段必须进行周密的考虑。在土建工程阶段，要将选定的管道预埋在地板中，并延伸到正确的交接点。金属管道方法较适合于低矮而又宽阔的单层平面建筑物，如企业的大型厂房、机场等。

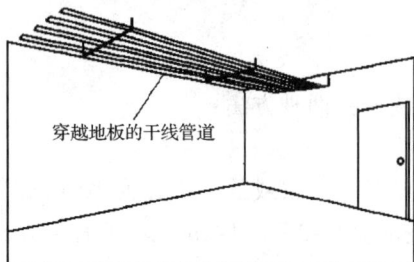

图 3.37　管道方法

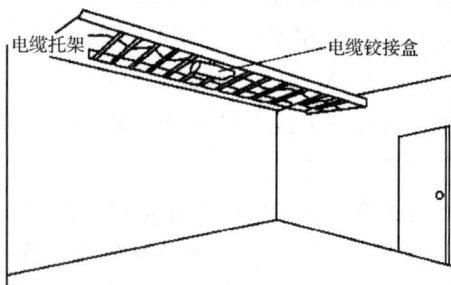

图 3.38　电缆托架方法

② 电缆托架方法

电缆托架是铝制或钢制部件，外形很像梯子。它们既可安装在建筑物墙面上、吊顶内，也可安装在天花板上，供干线线缆水平走线。电缆铺在托架内，由水平支撑件固定住，如图 3.38 所示。必要时还要在托架下方安装电缆铰接盒，以保证在托架上方已装有其他电缆时可以接入电缆。托架方法最适合电缆数量很多的情况。待安装的电缆粗细和数量决定了托架的尺寸。托架很便于安放电缆，没有把电缆穿过管道的麻烦。但托架及支撑件较贵。电缆可能外露，很难防火，所以在综合布线系统中，有时使用封闭式线槽来替代电缆托架。

4. 确定干线线缆端接的方法

在楼层配线间以及二级交接间，要根据建筑物结构和用户要求，确定线缆所采用接合方法。通常有三种接合方法可供选择。

(1)点对点端接法

点对点端接是最简单、最直接的接合方法，如图 3.39 所示。1 根双绞电缆或光缆，其数量(电缆对数、光纤根数)可以满足一个楼层的全部信息插座的需要，从设备间引出这根电缆，经过干线通道，端接于该楼层的一个指定配线间内的连接硬件。这根线

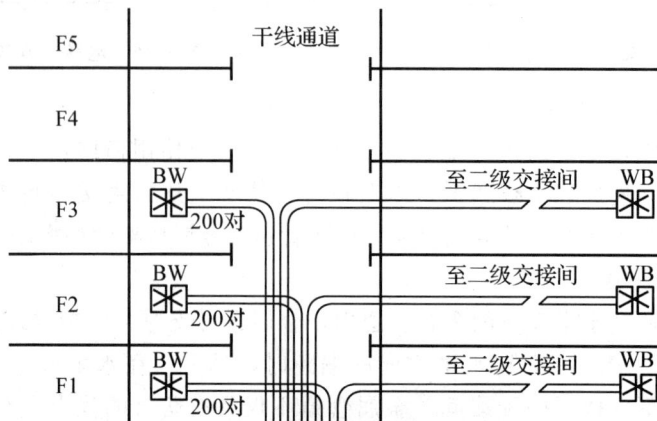

图 3.39　典型的点对点端接方法

缆的长度取决于它要连往哪个楼层以及端接的配线间与干线通道之间的距离。也就是说，线缆长度取决于该楼层离设备间的高度以及该楼层上的横向走线距离。

选用点对点端接方法，可能引起干线中的各根电缆长度各不相同，而且粗细也可能不同。在设计阶段，电缆的材料清单应反映出这一情况。此外，还要在施工图样上详细说明哪根电缆接到哪一楼层的哪个配线间。

点对点端接方法的主要优点是可以在干线中采用较小、较轻、较灵活的电缆，不必使用昂贵的铰接盒。缺点是穿过二级交接间的电缆数目较多。

（2）分支递减端接法

顾名思义，分支递减端接就是干线中的一根多对主电缆可以支持若干个楼层配线间及二级交接间的通信，经过铰接盒后分出若干根小电缆，它们分别延伸到每个配线间或二级交接间，端接于相应的连接硬件。这种接合方法可分为两类：单楼层和多楼层。

① 单楼层端接法

当配线间只用作通往各二级交接间的电缆的过往点时，就采用单楼层端接法。一根主电缆通过干线通道到达某个指定楼层，其容量足以支持该楼层所有配线间的信息插座需要。安装人员接着用一个适当大小的铰接盒把这根主电缆与粗细合适的若干根小电缆连接起来，后者分别连往各个二级交接间。

② 多楼层端接法

多楼层端接法通常用于支持五个楼层的信息插座需要（以每五层为一组）。一根主电缆向上延伸到中点（第三层）。安装人员在该楼层的配线间内装上一个铰接盒，然后用它把主电缆与粗细合适的各根小电缆分别连接在一起，后者分别连接往上两层楼和往下两层楼。典型的分支接合如图 3.40 所示。

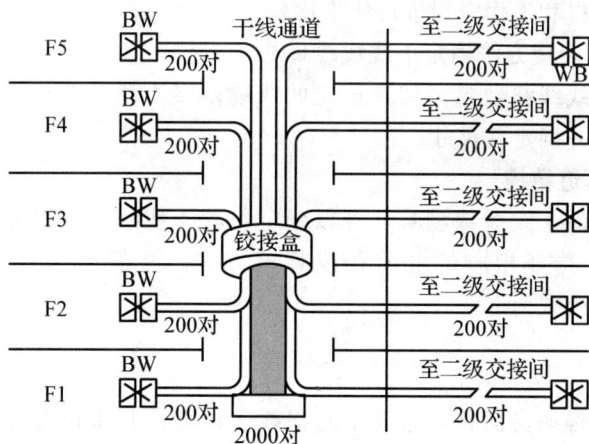

图 3.40　典型的分支接合方法

分支递减端接法的优点是干线中的主馈电缆总数较少，可以节省一些空间。在某些情况下，分支递减端接法的成本可能低于点对点端接法。

（3）端接与连接电缆

这种端接方法是特殊情况下使用的技术。一种可能的情况是用户希望一个楼层的

所有水平端接都集中在该楼层的配线间，以便能更方便地管理通道；另一种可能情况是二级交接间太小，无法容纳传输所需的全部电气设备。用户虽然知道需要在二级交接间完成端接，而且也采纳了这种做法，但还希望在配线间中实现另一套完整的端接。为达到这个目的，可在配线间内安装所需的全部 110 型硬件，建立一个白场/灰场接口，并用粗细合适的电缆横向连往该楼层的各个二级交接间。端接和连接电缆方法如图 3.41 所示。

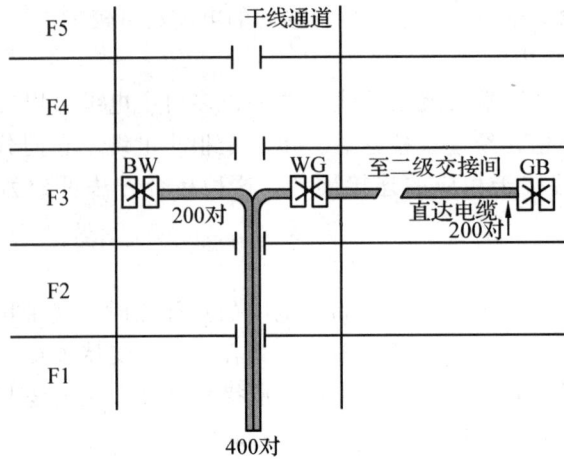

图 3.41 端接和连接电缆方法

总的来说，在设计干线时首先选择点对点端接方法。但在经过成本分析之后，证明分支递减端接法的成本较低时，就可改用分支递减端接法。究竟哪种方法最适合一组楼层或整座建筑物的结构和需要，唯一可靠的决策依据是了解这座建筑物的应用需求，并对所需的器材和工程费用进行成本比较。

5. 根据选定的端接方法确定干线线缆尺寸

根据确定的干线线缆数量，结合选定的线缆端接方法，考虑一定的冗余，选择标准规格的干线线缆并确定其尺寸。

6. 确定干线通道结构

至此，由选定的干线线缆型号，可以确定每根干线线缆的尺寸。尔后，根据管道安装及拉伸要求，选择相应的电缆孔或管道方式。要保证孔和管道截面利用率为 30％～50％。计算公式为

$$\frac{S_1}{S_2} \leqslant 50\%$$

式中，S_1 为线缆所占面积，它等于每根线缆横截面积乘以线缆根数；S_2 为所选管孔的可用面积。

通常，孔或管道内穿的线细，穿的根数越多，孔或管道截面利用率越大。设计时可查表 3.7。如果有必要则增加电缆孔、管道或电缆井，可利用直径/面积换算公式来决定其大小。

表 3.7   布放电缆管道面积利用率

管道	管道面积			
管径/ mm	管径截面积/ mm² $S \approx 0.79D^2$ S：面积 D：管径	推荐的最大占用面积/mm²		
		A	B	C
		布放1根电缆截 面利用率为53%	布放2根电缆截 面利用率为31%	布放3根（或3根以上） 电缆截面利用率为40%
20	314	166	97	126
25	494	262	153	198
32	808	428	250	323
40	1 264	670	392	506
50	1 975	1 047	612	790
70	3 871	2 052	1 200	1 548

首先计算线缆所占面积，然后按管道截面利用率公式，就可计算出管径。管径的计算公式如下：

$$S = \pi R^2 = \frac{\pi}{4}D^2$$

式中，D 为管道直径。

表 3.8 给出了管道最小弯曲半径。

表 3.8   管道的最小弯曲半径

管道直径/mm	截面积/mm²	管道最小弯曲半径/mm （无铅铠装）
20	314	127
25	494	152
32	808	203
40	1 264	254
50	1 975	305
70	3 871	380

3.4.4   管理子系统设计

管理缆线及相关连接硬件的区域称为管理区。管理区不是单指某个特定的地方，而是由综合布线系统中多个部分共同组成的。管理区由楼层配线间（又称电信间或弱电间）、二级交接间、设备间的线缆、配线架及相关接插跳线等组成，如图 3.42 所示。管理区提供与其他子系统连接的手段，通过管理区，使整个综合布线及其连接的应用系统设备、器件等构成一个有机的应用系统，只要在配线区域调整交接方式，就可方便地连接或重新安排线路路由，管理整个应用系统的终端设备，从而实现综合布线的

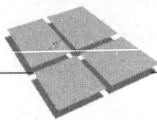

灵活性、开放性和扩展性。

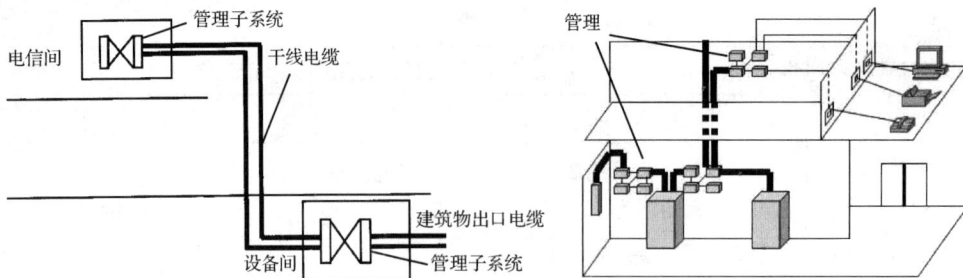

图 3.42　管理子系统示意图

3.4.4.1　管理子系统设计要求

管理子系统主要的工作是对工作区、电信间、设备间、进线间的配线设备、缆线、信息插座模块等设施按一定的模式进行标识和记录，这是日后线路管理、线路维护的依据。管理子系统的设计涉及管理交接方案、管理连接硬件和管理标记等内容。

管理交接方案提供了交叉连接设备与水平线缆、干线线缆连接的方式，从而使综合布线与其连接的应用系统设备、器件等构成一个有机的整体，并为线路调整管理提供了方便。

管理子系统使用色标来区分配线设备的性质，标明接线模块的端接区域、物理位置、编号、容量、规格等信息，以便维护人员在现场能够一目了然地加以识别。综合布线使用电缆标记、场标记和插入标记三种标记。

管理子系统的管理标识编制，应按下列原则进行：

(1)规模较大的综合布线系统应采用计算机进行标识管理，简单的综合布线系统应按图样资料进行管理，并应做到记录准确、及时更新、便于查阅。

(2)综合布线系统的每条电缆、光缆、配线设备、端接点、安装通道和安装空间均应给定唯一的标志。标志中可包括名称、颜色、编号、字符串或其他组合。

(3)配线设备、线缆、信息插座等硬件均应设置不易脱落和磨损的标识，并应有详细的书面记录和图样资料。

(4)电缆和光缆的两端应采用不易脱落和磨损的不干胶条标明相同的编号。

(5)设备间、交接间的配线设备宜采用统一的色标区别各类用途的配线区。

以上内容的实施将给以后的维护和管理带来很大的方便，有利于提高管理水平和工作效率。特别是较为复杂的综合布线系统，如采用计算机进行管理，其效果将十分明显。目前，市场上已有商用的管理软件可供选用。

3.4.4.2　线路管理设计方案

1. 管理交接方案

用于构造交接场的硬件所处的地点、结构和类型决定综合布线的管理方式。交接场的结构取决于综合布线规模和选用的连接硬件。

管理交接方案有单点管理和双点管理两种。通常，单点管理交接方案用于综合布线规模较小的场合，而双点管理交接方案用于综合布线规模较大的场合。

（1）单点管理交接方案

单点管理属于集中管理型，通常线路只在设备间进行跳线管理，实现对终端用户设备的变更调控。单点管理又可分为单点管理单交接和单点管理双交接两种方式。

①单点管理单交接：这种方式使用的场合较少，管理点位于设备间的交接设备或互联设备附近，通常线路不进行跳线管理，直接连至用户工作区，如图 3.43 所示。

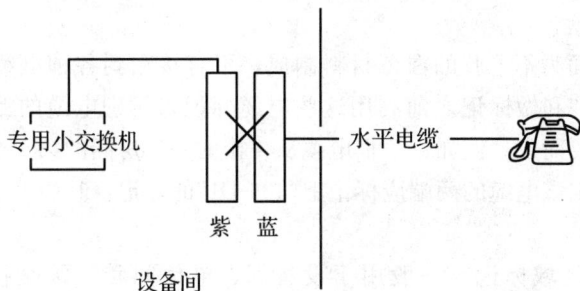

图 3.43　单点管理单交接

②单点管理双交接：管理点位于设备间的交接设备或互联设备附近，线路连接到配线间交接区（第二个接线交接区），第二个交接在配线间用接插软线实现，如图 3.44 所示。如果没有配线间，第二个交接区可放在用户指定的墙壁上。

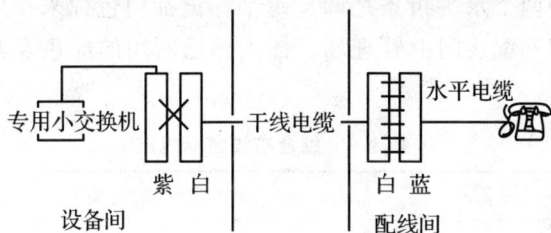

图 3.44　单点管理双交接

（2）双点管理交接方案

双点管理属于集中、分散管理型，除了在设备间里有一个管理点之外，在楼层配线间或用户房间的墙壁上还设置第二个可管理的交接区。典型的双点管理双交接方案如图 3.45 所示。

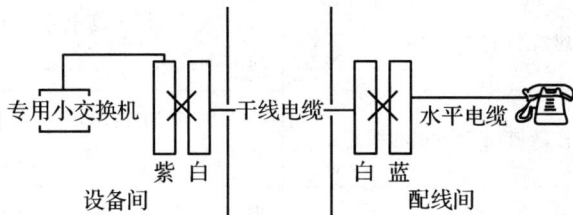

图 3.45　双点管理双交接

一般在管理规模较大而复杂，且有二级交接间时，才设置双点管理双交接方式，第二个交接用做二级交接间的管理点。若建筑物的规模较大，而且结构复杂，可以采用双点管理 3 交接方式或采用双点管理 4 交接方式（此时要建立灰色管理场）。综合布线中使用的电缆，一般不超过 4 次连接。

2. 管理子系统标签编制

在每个交连区实现线路管理的方法是采用色标标记，综合布线标记是管理综合布线的一个重要组成部分。完整的标记应提供以下的信息：建筑物的名称、位置、区号、起始点和应用功能等。

综合布线使用了三种标记：电缆标记、场标记和插入标记。其中插入标记最常用。

(1)电缆标记

电缆标记由背面为不干胶的白色材料制成，可直接贴到各种电缆起始端和终端的表面上。在交接场安装和做标记之前利用这些电缆标记来辨别电缆的源发地和目的地，其尺寸和形状根据需要而定。例如，一根电缆从 4 楼的 406 房间的第 1 个计算机网络信息点拉至楼层电信间，则该电缆的两端应标记上"406-D1"的标记，其中 D 表示数据信息点。

(2)场标记

场标记又称为区域标记，一般用于设备间、电信间和二级交接间的管理器件上，以区分管理器件连接线缆的区域范围。它也是由背面为不干胶的材料制成，可贴在布线场醒目的平整表面上。

(3)插入标记

插入标记是硬纸片，可以插在 1.27cm×20.32cm 的透明塑料夹里，这些塑料夹位于 110 型接线块上的两个水平齿条之间。每个标记都用色标来指明电缆的源发地，这些电缆端接于设备间和配线间的管理场。插入标记所用的底色及其含义有较为统一的规定，如表 3.9 所示。

表 3.9　综合布线色标规定

色别	设备间	电信间(配线间)	二级交接间
绿色	来自电信局的输入中继线/网络接口的设备侧		
紫色	来自系统公用设备(程控交换机或网络设备)连接线路		
黄色	交换机用户引出线或辅助装置的连接线路		
白色	干线电缆和建筑群电缆	来自设备间干线电缆的端接点	来自设备间干线电缆的点对点端接
蓝色	设备间至工作区或用户终端的线路	电信间至的工作区的线路	交接间至的工作区的线路
橙色	网络接口、多路复用器引来的线路	来自电信间多路复用器的输出线路	来自电信间多路复用器的输出线路
灰色	连接到计算机房或其他设备间的电缆	至二级交接间的连接电缆	来自电信间的连接电缆端接
棕色	建筑群干线电缆		

目前，综合布线还没有统一的标记方案。在大多数情况下，通常由用户的系统管理人员或通信管理人员提供标记方案的制订原则。为了有效地进行线路管理，标记方案必须作为技术文件存档。

典型的综合布线系统各个部分的连接及其色标如图 3.46 所示。

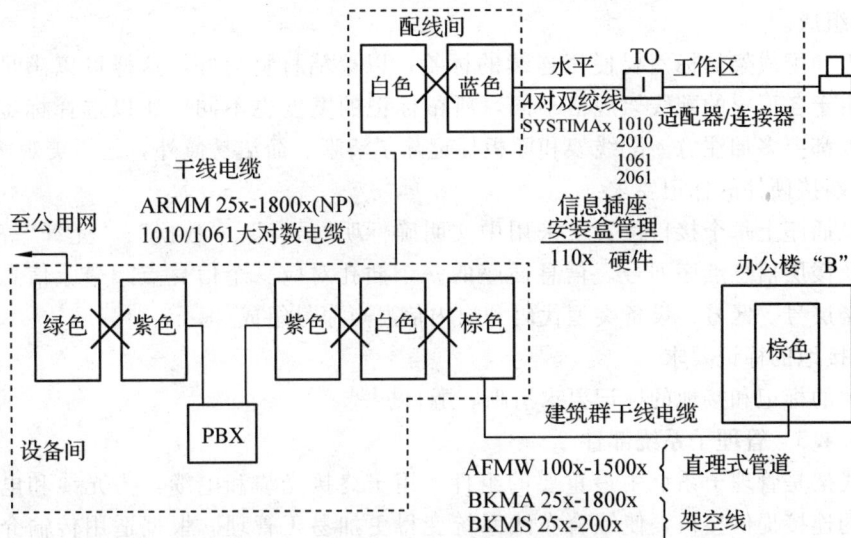

图 3.46   综合布线各个部分(电缆)的连接及其色标

3. 综合布线的标记管理

综合布线系统涉及的所有组成部分都有明确的标记，它们的名字、颜色、数字或序号及相关特性所组成的标记应能方便地互相区分。

一般的综合布线系统需要标记的部位有 5 个部分：线缆(电信介质)、通道(走线槽/管)、空间(设备间、电信间等)、端接硬件(电信介质终端)和接地。5 个部分的标记相互联系又相互补充，每种标记的方法及使用的材料应区别对待。

(1)线缆的标记要求

线缆的两端都进行标记，对于重要线缆，每隔一段距离都要进行标记。另外，在维修口、接合处、牵引盒处的电缆位置也要进行标记。

(2)通道电缆的标记要求

各种管道、线槽应用良好的明确的中文标记系统，标记的信息包括建筑物名称、建筑物位置、区号、起始点和功能等。

(3)空间的标记要求

在各交换间管理点，根据应用环境采用明确中文标记插入条来标出各个端接场。配线架布线标记方法应按照以下规定设计。

①FD 出线：标明楼层信息点序列号和房间号；

②FD 入线：标明来自 BD 的配线架号或集线器号、缆号和芯/对数；

③BD 出线：标明去往 FD 的配线架号或集线器号、缆号；

④BD 入线：标明来自 CD 的配线架号、缆号和芯/对数(或引线引入的缆号)；

⑤CD 出线：标明去往 BD 的配线架号、缆号和芯/对数；

⑥CD 入线：标明由外线引入的缆线号和线序对数。

当使用光纤时应明确标明每芯的衰减系数。使用集线器时应标明来自 BD 的配线架号、缆号和芯/对数，去往 FD 的配线架号和缆号。端子板的端子或配线架的端口都要编号，此编号一般由配线箱代码、端子板（或 Patch Panel）的块号以及块内端子（或端口）编号组成。

面板和配线架的标签要使用连续的标签，以聚酯材料为好，这样可以满足外露的要求。由于各厂家的配线架规格不同，所留标记的宽度也不同，所以选择标签时，宽度和高度都要多加注意。配线架和面板标记除了清晰、简洁易懂外，还要美观。

（4）端接硬件的标记要求

信息插座上每个接口位置上采用中文明确标明"语音"、"数据"、"光纤"等接口类型，以及楼层信息点序列号。信息插座的一个插孔对应一个信息点编号。信息点编号一般由楼层号、区号、设备类型代码和层内信息点序号组成。

（5）接地的标记要求

空间的标记和接地的标记要求清晰、醒目。

3.4.4.3　管理子系统部件

配线架是管理子系统中最重要的组件，用于终接光缆和电缆，为光缆和电缆与其他设备的连接提供接口，使综合布线系统变得更加易于管理。根据适用传输介质的不同，配线架分为电（铜）缆配线架和光缆配线架，分别用于终接双绞线和光纤。另外，也有厂家提供光纤和电缆共用配线架。

配线架通常安装在 19in 机柜、机架或墙上。通过安装附件，配线架可以全线满足UTP、STP、同轴电缆、光纤、音视频的需要。

1. 电（铜）缆配线架

电缆配线架类型有 110 系列和 RJ-45 模块化系列两种。

1）模块化配线架

模块化配线架是快接式配线架，其表面直接是 RJ-45 标准接口，集线面板有 12 口、24 口、48 口不等，线缆通过集线面板经由 RJ-45 跳线进行管理。其结构比较简单，下面只作简要介绍。

5 类模块配线架的结构如下：

◇ 支持 3 类、5 类双绞线和光纤；

◇ 适用电缆信息模块插座和光纤信息模块插座；

◇ 后部封装，以保护印刷电路板。

超 5 类模块配线架的结构如下：

◇ 面板上装有 8 位插针的模块插座连到标准的 110 型配线架（19in）上；

◇ 面板可翻转，可从支架的前端或后端进行端接线缆，如图 3.47 所示。

千兆位配线架可支持千兆位电缆，其结构与超 5 类模块配线架基本相同。

2）110 配线架

110 型连接硬件是 AT&T 公司为二级交接间、配线间和设备间的连线端接而选定的 PDS 标准连接硬件。110 型交连硬件分两大类：110A 和 110P，如图 3.48 和图 3.49 所示。这两种硬件的电气性能完全相同，但其规模以及所占用的墙空间或面积大小有

1.固定配线架
2.插入色码标签
3.插进模块
4.锁紧模块(背面终接)
锁紧带
6.安装模块(前面终接)
5.安装2100固线环
图标(可选)
标签(可选)

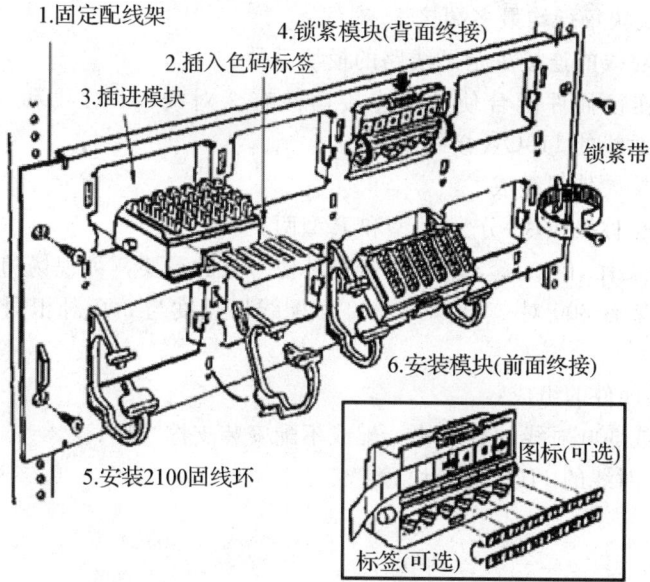

图 3.47　超 5 类模块化可翻转配线架

所不同。每种硬件各有其优点。110A 与 110P 管理的线路数据相同，但 110A 占有的空间只有 110P 或老式的 66 接线块结构的 1/3 左右，并且价格也较低。

(1)110 配线架的选择

①110 型硬件有两类：

◇ 110A—夹（跳）接线管理类；

◇ 110P—插接线管理类。

对线路不进行改动、移位或重新组合时，宜使用火接线（110A）方式。在经常需要重组线路时，宜使用接插线（110P）方式。110A 交连场可以应用于所有场合，特别适应信息插座比较多的建筑物。110P 硬件的外观简洁，便于使用插接线而不用跳接线，因而对管理人员技术水平要求不高。但 110P 硬件不能垂直叠放在一起，也不能用于 2 000 条线路以上的配线间或设备间。

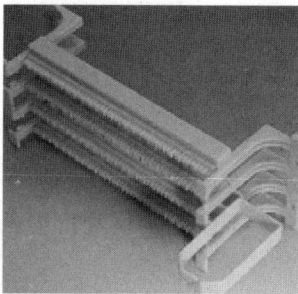

第二对　　第四对
第一对　　第三对
蓝　橙　绿　棕

| 图 3.48　110A 配线架 | 图 3.49　110P 配线架 | 图 3.50　110C-4 连接块 |

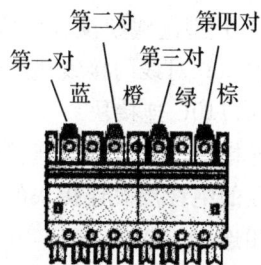

②所有的接线块每行均最多端接 25 对线。

③3、4 或 5 对线的连接决定了线路的模块系数。

④连接块与连接插件配合使用。连接插件有 3 对线、4 对线和 5 对线之分，如图 3.50 所示为 4 对线的 110C-4 接线快。

(2)110 型连接硬件的组成

110 配线架(也称接线块)分为 A 型和 P 型两类。

◇ A 型配线架有 100 对、300 对。若有其他对数的需要，可现场随意组装。

◇ P 型配线架有 300 对、900 对。900 对配线架宽度与 300 对相同，高(长)为 300 对的 3 倍。

①110A 连接硬件的组成：

◇ 100 对线或 300 对线的接线块，配或不配安装支撑"脚"；

◇ 3、4 或 5 对线的 110C 连接块；

◇ 底板；

◇ 定位器；

◇ 交连跨接线；

◇ 标签带(条)。

②110P 连接硬件的组成：

◇ 安装于终端块面板上的 100 对线的 110D 型接线块；

◇ 3、4 或 5 对线的连接块；

◇ 188C2 和 188D2 垂直底板；

◇ 188E2 水平跨接线过线槽；

◇ 管道组件；

◇ 接插线；

◇ 标签带(条)。

(3)110 型接线块

110 型接线块是阻燃的模制塑料件，其上面装有若干齿形条，足够用于端接 25 对线。沿接线块正面从左到右均有色标，以区分各条输入线。这些线放入齿形的槽缝里，再与连接块结合。利用 788J1 工具，就可以把接线块的连线冲压到 110C 连接上。

110 型终端块也有预先接有连接器的，这可以明显节约工程费用。

110A 配线架配有若干引脚，以便为其后面的安装电缆提供空间；配线架侧面的空间，可供垂直跳线使用。110A 系统通常直接安装在二级交接间、配线间或设备间墙壁上。110P 型配线架没有引脚，只用于某些空间有限的特殊环境，如装在机柜内。100 对线和 300 对线的接线块组装件如图 3.51 所示。

(4)110C 连接块

连接块内含熔锡快速接线夹子，当连接块推入接线块的齿形条时，这些夹子就切开连线的绝缘层。连接块的顶部用于交叉连接，顶部的连线通过连接块与齿形条内的连线相连。

110C 连接块有 3 对线、4 对线和 5 对线 3 种规格。110C 连接块的组装如图 3.52 所示。

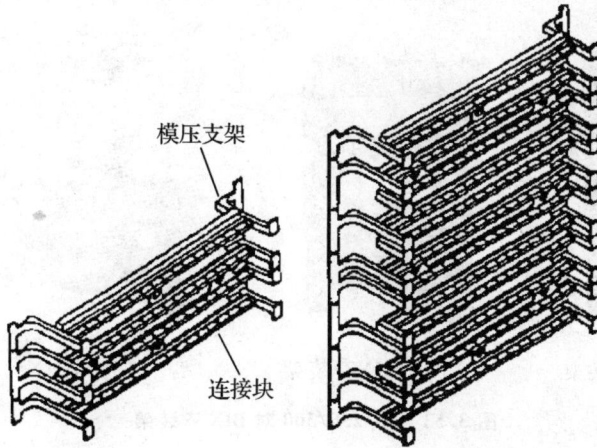

模压支架

连接块

图 3.51　110A100 对线和 300 对线的接线块组装件

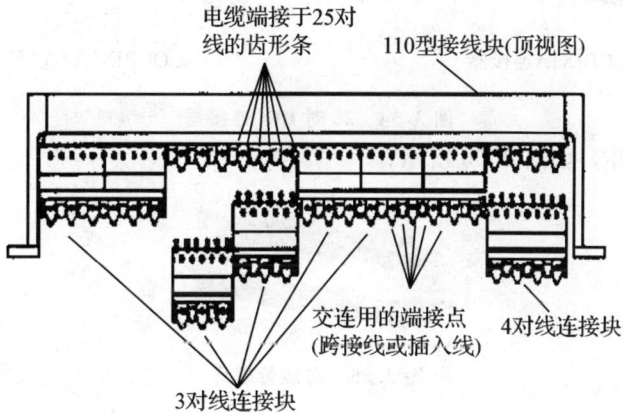

电缆端接于25对
线的齿形条

110型接线块(顶视图)

交连用的端接点
(跨接线或插入线)

4对线连接块

3对线连接块

图 3.52　110C 连接块

(5)110A 用的底板

底板是由金属制成的,上面装有两个封闭的塑料分线环。

188B1 底板用于承受和支持连接块之间的水平方向走线。188B2 底板带有 2.54cm
支脚,使线缆可以在底板后面通过。

3)BIX 交叉连接系统

BIX 交叉连接系统是 IBDN 智能化大厦解决方案中常用的管理器件,可以用于计算
机网络、电话语音、安保等弱电布线系统。BIX 交叉连接系统主要由以下配件组成:

(1)50、250、300 线对的 BIX 安装架,如图 3.53 所示;

(2)QCBIX1A、QCBIX2A、QCBIX5A、QCBIX7A、QCBIX1A4、QCBIX 2C 25
对 BIX 连接器,如图 3.54 所示;

300 对 BIX 安装架　　　　250 对BIX安装架　　　　50对BIX安装架

图 3.53　50/250/300 对 BIX 安装架

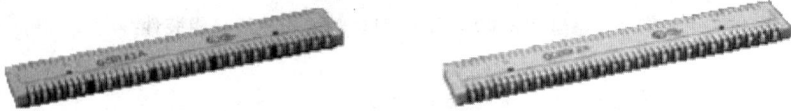

QCBIX1A连接器　　　　　　　QCBIX1A4连接器

图 3.54　25 对 BIX 连接器

(3)布线管理环,如图 3.55 所示;

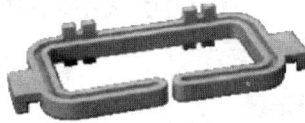

图 3.55　布线管理环

(4)标签条;

(5)电缆绑扎带;

(6)BIX 跳插线,如图 3.56 所示。

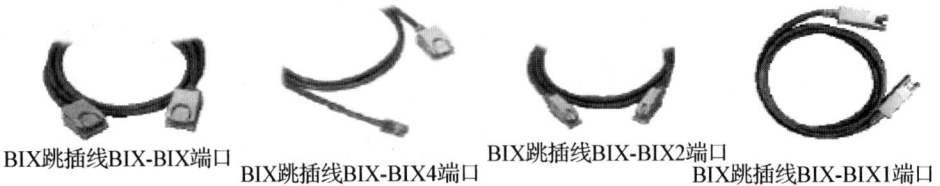

BIX跳插线BIX-BIX端口　　　　　　BIX跳插线BIX-BIX2端口

　　　BIX跳插线BIX-BIX4端口　　　　　　BIX跳插线BIX-BIX1端口

图 3.56　BIX 跳插线

BIX 安装架可以水平或垂直叠加,可以很容易地根据布线现场要求进行扩展,适合于各种规模的综合布线系统。BIX 交叉连接系统既可以安装在墙面上,也可使用专用套件固定在 19in 的机柜上。图 3.57 为一个安装完整的 BIX 交叉连接系统。

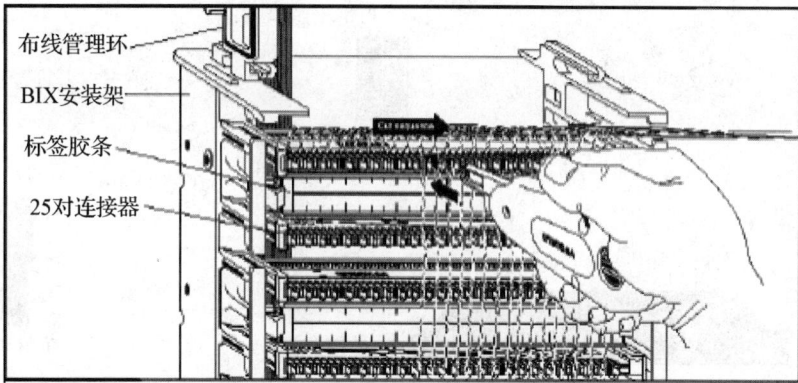

图 3.57　BIX 交叉连接系统

2. 光缆配线架

光纤配线架(ODF)用于光缆的成端和分配,通过光纤跳线可方便地实现光纤线路的连接、分配和调度。综合布线中主要采用以下几种光纤配线设备:

(1)光纤配线箱。多对数的光纤配线架称为光纤配线箱,光纤配线箱可以连接多对数光纤。如图 3.58(a)所示。

(2)光纤配线盘。小规模的光纤连接采用光纤配线盘。光纤配线盘可连接 2~48 口的光纤应用。如图 3.58(b)所示。

(3)光纤和其他种类电缆合用的配线架。这种配线架采用模块化安装,可以在配线架上安装 ST、SC、屏蔽双绞线、非屏蔽双绞线以及同轴电缆模块。

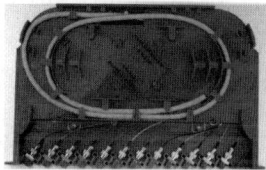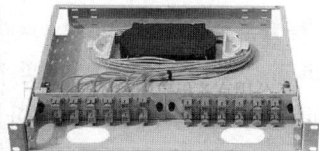

（a）光纤配线箱　　　　　　　　（b）光纤配线盘

图 3.58　常用光纤配线架

3. 电子标签配线架

简称电子配线架,是目前市场上一种新型的配线架,此种配线架在原有结构的基础上,把原有标签位置更换成可视化标签系统,配备一台控制器对其进行远程的输入、显示控制。每台控制器可管理若干个电子标签配线架,并且要有一套专用的综合布线管理软件与之配备。电子标签配线架面板以及配线架管理系统如图 3.59 和图 3.60 所示。与传统配线架相比,电子标签配线架具有以下优势:

①视觉更直观;

②形象更美观;

③维护更方便;

④管理更科学。

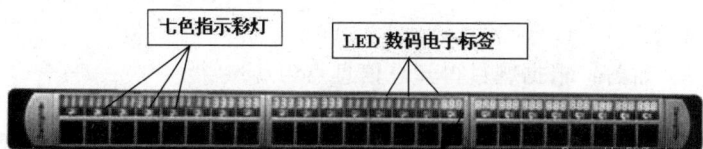

图 3.59　电子标签配线架

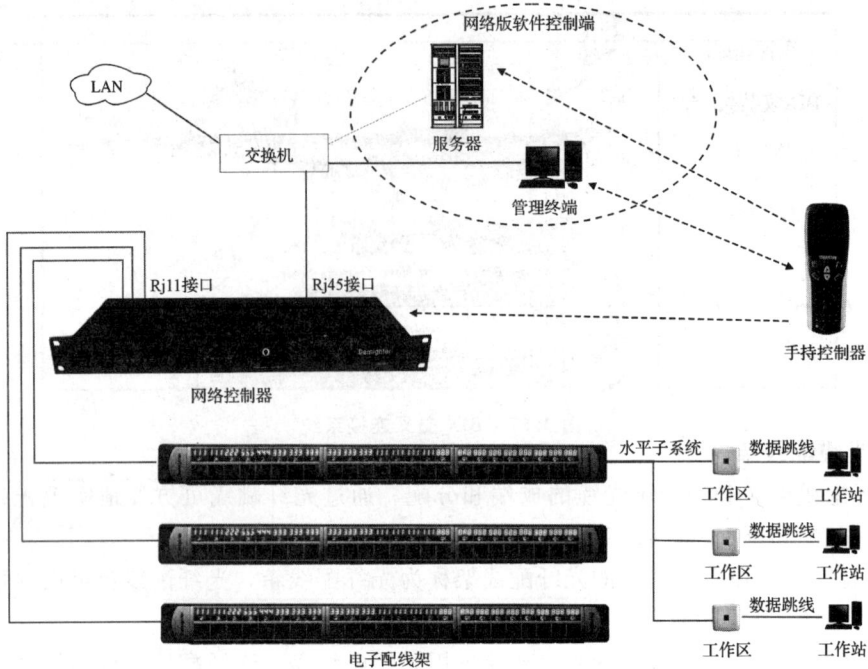

图 3.60　电子配线架管理系统

3.4.4.4　管理子系统设计步骤

1. 确定配线架的类别

配线架的种类不同，适用场合也不同。模块化快接式配线架适用于信息点数较少，主要以计算机为使用对象；多对数配线架适用于信息点多，以电话和计算机为主要使用对象。

2. 计算配线架数量

计算配线架数量的原则有两个：①语音配线架与数据配线架分开；②进线与出线分开（即垂直连接与水平连接分开）。此外为了保证系统的未来应用，建议水平双绞电缆（包括数据与语音）的所有 8 芯线都要打在配线架上。

3. 确定配线架安装方式

根据计算得到的配线架的种类和数量，确定采用机柜、机架或机箱，固定方式有立式（地上）和壁挂（墙上）两种。

4. 列出材料清单

列出管理电信间全部的布线材料清单，并画出详细的平面结构图。

【案例 1】已知某一建筑物的某一个楼层有计算机网络信息点 100 个，语音点 50 个，试计算出楼层电信间所需要使用的 110 配线架的型号和数量以及连接块的个数。

提示：110 配线架的规格有 25 对、50 对、100 对等，常用的连接块有 4 对、5 对连接块。

解答：根据题目得知总信息点为 150 个。

（1）总的水平线缆总线对数 $N=150 \times 4=600$ 对。

（2）电信间需要的配线架应为 6 个 100 对的 110 配线架。

(3)所需的连接块数量＝600/5＝120(个)5 对连接块，或 600/4＝150(个)4 对连接块。

【案例 2】已知某幢建筑物的计算机网络信息点数为 200 个，且全部汇接到设备间，那么在设备间中应安装何种规格的模块化数据配线架？数量多少？

提示：常用的模块化数据配线架规格为 24 口。

解答：根据题目得知汇接到设备间的总信息点为 200 个，因此设备间的模块化数据配线架应提供不少于 200 个 RJ-45 接口。如果选用 24 口的模块化数据配线架，则设备间需要的配线架个数应为 9 个(200 / 24 ＝ 8.3，向上取整应为 9 个)。

【案例 3】已知某建筑物其中一楼层采用光纤到桌面的布线方案，该楼层共有 40 个光纤信息点，每个光纤信息点均布设一根室内 2 芯多模光纤至建筑物的设备间，请问设备间的机柜内应选用何种规格的光纤配线架？数量多少？需要订购多少个光纤耦合器？

提示：光纤配线架的常用规格为 12 口、24 口。

解答：根据题目得知共有 40 个光纤信息点，由于每个光纤信息点需要连接一根双芯光纤，因此设备间配备的光纤配线架应提供不少于 80 个接口，考虑网络以后的扩展，可以选用 3 个 24 口的光纤配线架和 1 个 12 口的光纤配线架。光纤配线架配备的耦合器数量与需要连接的光纤芯数相等，即为 80 个。

【案例 4】已知某校园网分为 3 个片区，各片区机房需要布设一根 24 芯的单模光纤至网络中心机房，以构成校园网的光纤骨干网络。网管中心机房为管理好这些光缆应配备何种规格的光纤配线架？数量多少？光纤耦合器多少个？需要订购多少根光纤跳线？

解答：

(1)根据题目得知各片区的 3 根光纤合在一起总共有 72 根纤芯，因此网管中心的光纤配线架应提供不少于 72 个接口。

(2)由以上接口数可知网管中心应配备 24 口的光纤配线架 3 个。

(3)光纤配线架配备的耦合器数量与需要连接的光纤芯数相等，即为 72 个。

(4)光纤跳线用于连接光纤配线架耦合器与交换机光纤接口，因此光纤跳线数量与耦合器数量相等，即为 72 根。

3.4.5　设备间和电信间设计

设备间是每一座建筑物安装进出线设备，进行综合布线及其应用系统管理和维护的场所。设备间可放置综合布线的进出线配线硬件及语音、数据、图像、楼宇控制等应用系统的设备。典型的设备间如图 3.61 所示。

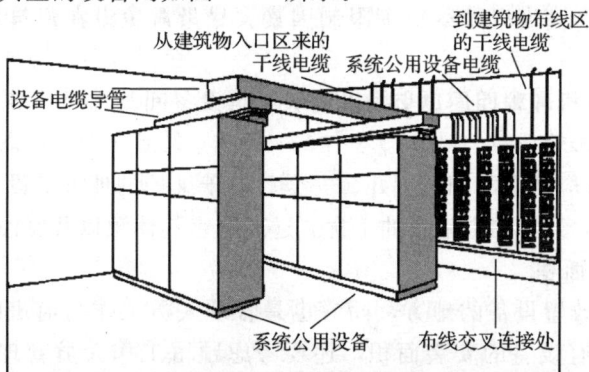

图 3.61　典型的设备间

3.4.5.1 设备间子系统设计要求

设备间子系统的设计主要考虑设备间的位置以及设备间的环境要求。

1. 设备间的位置及面积

每幢建筑物内应至少设置 1 个设备间，设备间的主要设备，如电话主机即程控用户交换机、数据处理机即计算机主机，可放在一起，也可分别设置。一般在较大型的综合布线中，可将计算机主机、数字程控用户交换机、楼宇自动化控制设备分别设置机房，把与综合布线密切相关的硬件或设备放在设备间。但计算机网络系统中的互联设备，如路由器、交换机等，离设备间的距离不宜太远。

设备间的位置及大小应根据建筑物的结构、综合布线规模、管理方式以及应用系统设备的数量等方面进行综合考虑，择优选取。一般而言，设备间应尽量建在建筑平面及其综合布线系统的中间位置。在高层建筑内，设备间也可以设置在第 2、3 层。设备间最小使用面积不得少于 $20m^2$。

2. 设备间的环境要求

设备间内安装了计算机、计算机网络设备、电话程控交换机和楼宇自动化控制设备等硬件设备，这些设备的运行需要相应的温度、湿度、供电和防尘等要求。设备间内的环境设置可以参照国家计算机用房设计标准《电子计算机机房设计规范》(GB 50174－93)、《计算站场地技术条件》(GB 2887－89)、程控交换机的《工业企业程控用户交换机工程设计规范》(CECS09：89)等相关标准及规范。

3. 设备间的设备管理

设备间内的设备种类繁多，而且线缆布设复杂。为了管理好各种设备及线缆，设备间内的设备应分类、分区安装，所有进出线装置或设备应采用不同色标，以区别各类用途的配线区，方便线路的维护和管理。

3.4.5.2 设备间子系统设计方法

1. 设备间的位置

在进行用户需求分析时，确定设备间位置是一项重要的工作内容。只有确定了设备间位置后，才可以设计综合布线的其他子系统。确定设备间的位置时，一般应考虑下列条件：

(1)考虑到配线架等大型设备的搬运和室内外各种通信设备网络接口的连接，设备间常选择在一楼或二楼，并使其尽量靠近通信电缆的建筑物引入区和网络接口，同时应考虑电梯内面积和高度以及载荷等限制因素。尽量避免设在建筑物的高层、地下室或用水设备的下层。

(2)当计算机主机和程控用户交换机机房不与设备间共用时，机房与设备间的距离不宜太远，以保证传输质量。

(3)设备间位置应选在周围环境好、安全、易于维护的地方。设备间应尽量远离强振动源和强噪声源，避开强电磁场的干扰、远离有害气体源以及腐蚀、易燃、易爆物。

2. 设备间使用面积

设备间不仅是放置设备的地方，同时也是管理人员工作与值班的地方，所以它的使用面积要考虑所有设备的安装面积，还要考虑预留工作人员管理操作设备的地方。设备间的使用面积可按照下述两种方法之一确定。

第一种计算方法：

$$S = (5 \sim 7)\sum S_i \qquad (i = 1, 2, \cdots, n)$$

式中，S 为设备间的使用面积(m^2)；S_i 为第 i 个与综合布线系统有关的并在设备间平面布置图中占有位置的设备面积(m^2)；$\sum S_i$ 为设备间内所有设备占地面积的总和(m^2)。

第二种计算方法：

$$S = KA$$

式中，S 为设备间的使用面积(m^2)；A 为设备间的所有设备台(架)的总数；K 为系数，取值$(4.5 \sim 5.5) m^2/$台(架)。当设备尚未选型时，可采用该方法确定设备间面积。

设备间最小使用面积不得小于 $20m^2$。

3. 设备布置要求

设备间设备安装应该符合如下规定：

(1)机架或者机柜前面空间不小于 80cm，后面空间不小于 60cm。

(2)壁挂式配线设备距离地面高度不得小于 30cm。

(3)在设备与设备之间，应按照该设备的使用手册要求留出一定空间，特别是需要通风的设备。

(4)在地震区域的设备安装，必须进行抗震加固，并应符合《通信设备安装抗震设计规范》(YD5059-98)的相关要求。

4. 建筑结构

设备间的建筑结构主要考虑设备大小、设备搬运以及设备质量等因素。设备间的净高一般为 $2.5 \sim 3.2m$。门的大小至少为 $2.1m \times 0.9m$(高×宽)，且宜采用外开双扇门。设备间的楼板负荷载重依设备而定，一般分为两级：A 级$\geqslant 500kg/m^2$；B 级$\geqslant 300kg/m^2$。

5. 设备间的环境条件

(1)温度和湿度

根据综合布线有关设备对温度、湿度的要求，可将温度、湿度分为 A、B、C 三级，如表 3.10 所示。设备间可按某一级执行，也可按某些级综合执行。

表 3.10　设备间温湿度要求

项　目	A 级	B 级	C 级
温度/℃	夏季：22 ± 4 冬季：18 ± 4	$12 \sim 30$	$8 \sim 35$
相对湿度/%	$40 \sim 65$	$35 \sim 70$	$20 \sim 80$

常用的微电子设备能连续进行工作的正常范围：温度为 $10℃ \sim 30℃$，湿度为 $10\% \sim 80\%$。超出这个范围，将使设备性能下降，寿命缩短。

(2)尘埃

设备间内的电子设备对尘埃要求较高，尘埃过高会影响设备的正常工作，降低设备的工作寿命。设备间尘埃限值要求如表 3.11 所示。降低设备间的尘埃度关键在于要

定期清扫灰尘，工作人员进入设备间应更换干净的鞋具。

表 3.11 设备间尘埃限制要求

尘埃颗粒最大直径/μm	0.5	1	3	5
灰尘颗粒最大浓度/(粒子数/m^3)	1.4×10^7	7×10^5	2.4×10^5	1.3×10^5

（3）空调系统的选用

设备间的温度、湿度和尘埃对微电子设备的正常运行及使用寿命都有很大的影响。温度的波动会产生电噪声，使微电子设备不能正常运行。相对湿度过低，容易产生静电，对微电子设备造成干扰；相对湿度过高，会使微电子设备内部焊点和插座的接触电阻增大。所以在设计设备间时，还应根据具体情况选择合适的空调系统。

（4）照明

为方便工作人员在设备间内操作设备和维护相关综合布线器件，设备间内必须安装足够照明度的照明系统，并配置应急照明系统。设备间内在距地面 0.8m 处，照度不应低于 200lx。设备间配置的应急照明，在距地面 0.8m 处，照度不应低于 5lx。

（5）噪声

设备间的噪声应低于 70dB。如果长时间在 70dB 以上噪声的环境下工作，不但影响工作人员的身心健康和工作效率，还可能造成人为的操作事故。

（6）电磁场干扰

设备间无线电干扰场强在频率为 0.15～1 000MHz 范围内，强度应不大于 120dB。设备间磁场干扰场强不大于 800A/m。

6. 供配电

供电电源应满足下列要求：

频率为 50Hz；电压为 380V/220V；相数为三相五线制或三相四线制/单相三线制。

设备间供电电源依据设备的性能，允许的变动范围如表 3.12 所示。

表 3.12 设备间供电电源允许变化的范围

项目	A 级	B 级	C 级
电压变动/%	-5～$+5$	-10～$+7$	-15～$+10$
频率变化/Hz	-0.2～$+0.2$	-0.5～$+0.5$	-1～$+1$
波形失真率/%	$< \pm 5$	$< \pm 7$	$< \pm 10$

按照应用设备的用途，供电方式可分为以下三类：

◇ 一类供电：需建立不间断供电系统；

◇ 二类供电：需建立带备用的供电系统；

◇ 三类供电：按一般用途供电。

设备间供电可采用直接供电和不间断供电相结合的方式。

供电容量是将设备间存放的每台设备用电量的标称值相加后，再乘以系数 $\sqrt{3}$ 即可。

从电源室（房）到设备间的分电盘使用的电缆，除应符合国家标准规定外，载流量应减少 50%。设备用的分电盘应设置在设备间，并应采取防触电措施。

各种设备的电缆应为耐燃铜芯屏蔽电缆,严禁铜铝混用。电力电缆不得与双绞线电缆平行走线。交叉时,应尽量以接近于垂直的角度交叉,并采取防阻燃措施。设备间电源所有接头均应镀铅锡处理、冷压连接。

设备间供电电源若采用三相五线制不间断电源(UPS)时,电源中性线的线径应大于相线的线径。不间断电源最好选用智能化 UPS。

7. 电源插座的设置

(1)设备间或机房

新建的建筑物,可预埋管道和地插电源盒。电源线的线径可根据负载大小来定,插座数量可按 40 个/100m² 以上设计(插座必须接地线)。

旧建筑物可破墙重新布线,或走明线。插座数量可按(20~40)个/100m² 以上设计(插座必须接地线)。

插座要顺序编号,并在配电柜上配有对应的低压断路器。

(2)配线间(交接间)

为了便于管理,配线间可采用集中供电方式,由设备间或机房的不间断电源供计算机网络互联设备部分。插座数量按每平方米一个或按应用设备多少来定。

(3)办公室(工作区)

不间断电源供服务器、高档微机等;市电供照明、空调等。电源容量:一般办公室按 60VA/m² 以上设计;电源插座数量:一般办公室按 20 个/100m² 以上设计(插座必须接地线),电源插座数量要与信息插座匹配;电源插座位置:电源插座距信息插座一般为 30cm。

8. 安全分类

设备间的安全分为 A 类、B 类、C 类 3 个基本类别。安全要求见表 3.13。

A 类:对设备间的安全有严格的要求,有完善的安全措施;

B 类:对设备间的安全有较严格的要求,有较完善的安全措施;

C 类:对设备间有基本的要求,有基本的安全措施。

根据设备间的要求,设备间安全可按某一类执行,也可按某些类综合执行。如某设备间按照安全要求可选:电磁波防护 A 类,火灾报警及消防设施 C 类。

表 3.13　设备间的安全要求

安全项目	C 类	B 类	A 类
场地选择	−	⊕	⊕
防火	⊕	⊕	⊕
内部装修	−	⊕	⊖
供配电系统	⊕	⊕	⊖
空调系统	⊕	⊕	⊖
火灾报警及消防设施	⊕	⊕	⊖
防水	−	⊕	⊖

安全项目	C类	B类	A类
防静电	—	⊕	⊖
防雷击	—	⊕	⊖
防鼠害	—	⊕	⊖
电磁波防护	—	⊕	⊕

注："—"表示无要求;"⊕"表示有要求或增加要求;"⊖"表示要求。

9. 结构防火及灭火设施

为保证设备安全使用,设备间应安装相应的消防系统,配备防火防盗门。

安全级别为A类的设备间,其耐火等级必须符合《高层民用建筑设计防火规范》(GB 50045—95)中规定的一级耐火等级。

安全级别为B类的设备间,其耐火等级必须符合《高层民用建筑设计防火规范》(GB 50045—95)中规定的二级耐火等级。

安全级别为C类的设备间,其耐火等级要求应符合《建筑设计防火规范》(GB 50016—2006)中规定的三级耐火等级。

与A、B类安全设备间相关的其余基本工作房间及辅助房间,其建筑物的耐火等级不应低于GB 50016—2006中规定的二级耐火等级。与C类设备间相关的其余基本工作房间及辅助房间,其建筑物的耐火等级不应低于GB 50016—2006中规定的三级耐火等级。

A、B类设备间应设置火灾报警装置。在机房内、基本工作房间、活动地板下、吊顶上方、主要空调管道中及易燃物附近都应设置烟感和温感探测器。

A类设备间内设置二氧化碳(CO_2)自动灭火系统,并备有手提式二氧化碳(CO_2)灭火器。

B类设备间在条件许可的情况下,应设置二氧化碳(CO_2)自动灭火系统,并备有手提式二氧化碳(CO_2)灭火器。

C类设备间应备置手提式二氧化碳(CO_2)灭火器。

A、B、C类设备间除纸介质等易燃物质外,禁止使用水、干粉或泡沫等易产生二次破坏的灭火剂。

另外,对于规模较大的建筑物,在设备间或机房应设置直通室外的安全出口。

10. 内部装饰

设备间装饰材料应使用符合《建筑设计防火规范》(GB 50016—2006)中规定的难燃材料或非燃材料,应能防潮、吸音、不起尘、抗静电等。

(1)地面

为了方便敷设电缆线和电源线,设备间的地面最好采用防静电活动地板,其接地电阻应在$1 \times (10^5 \sim 10^{10})\Omega$。其要求应符合国家标准《计算机机房用地板技术条件》(GB 6650—86)。

带有走线口的活动地板为异型地板,其走线口应光滑,防止损伤电线、电缆。设备间地面切忌铺毛制地毯,因为毛制地毯容易产生静电,而且容易产生积灰。铺设活动地板的建筑地面应平整、光洁、防潮、防尘。

（2）墙面

墙面应选择不易产生也不易吸附尘埃的材料；目前大多数是在平滑的墙壁涂阻燃漆，或在平滑的墙壁覆盖耐火的胶合板。

（3）顶棚

为了吸音及布置照明灯具，一般在设备间天花板下加一层吊顶。吊顶材料应满足防火要求。目前，我国大多数采用铝合金或轻钢做龙骨，安装吸音微孔铝合金板、难燃铝塑板、喷塑石英板等。

（4）隔断

根据设备间放置的设备及工作需要，可用玻璃板将设备间隔成若干个房间。隔断可以选用防火的铝合金或轻钢做龙骨，安装 10mm 厚玻璃。或从地板面至 1.2m 高度处安装难燃双塑板，1.2m 以上安装 10mm 厚玻璃。

3.4.5.3　电信间（管理间）设计方法

电信间又称楼层配线间或管理间，它是放置楼层配线设备（机柜、机架、机箱等安装方式）和应用系统设备（HUB 或 SW）的专用房间，并可考虑在该处设置缆线竖井、等电位接地体、电源插座和 UPS 配电箱等设施。在场地面积满足的情况下，也可设置如安防、消防、建筑设备监控系统、无线信号覆盖等系统的布缆线槽和功能模块的安装。如果综合布线系统与弱电系统设备合设于同一场地，从建筑的角度出发，则称为弱电间。

一般情况下，综合布线系统的配线设备和计算机网络设备采用 19in 标准机柜安装。如常用 42U 标准机柜[2 000mm（高）×600mm（宽）×900mm（深）]，机柜内可安装光纤连接盘、RJ-45（24 口）配线模块、多线对卡接模块（100 对）、理线架和计算机 HUB/SW 设备等。如果按建筑物每层电话和数据信息点各为 200 个考虑配置上述设备，大约需要有两个 19in（42U）的机柜空间，以此测算电信间面积至少应为 $5m^2$（2.5m×2.0m）。当涉及布线系统设置内、外网或专用网时，19in 机柜应分别设置，并在保持一定间距的情况下预测电信间的面积。如果电信间兼作设备间时，其面积不应小于 $10m^2$。

楼层电信间是提供水平线缆和主干线缆相连的场所。楼层电信间最理想的位置是楼层平面的中心，这样更容易保证所有的水平线缆不超过规定的最大长度 90m。如果楼层平面面积较大，很多信息点的水平线缆的长度超出 75m，甚至超出最大限值 90m，就应该考虑设置两个或更多个电信间，相应的干线子系统应采用双通道或多通道。也可采用分支电缆与配线间干线相连接的二级交接间。电信间的设备安装要求与设备间相同，请参考设备间的相关内容。

由于电信间通常放置各种不同的电子传输设备、网络互联设备等，这些设备的用电要求质量高，最好由设备间的不间断电源供电或设置专用不间断电源。其容量与电信间内安装的设备数量有关。

3.4.5.4　二级交接间设计方法

当给定楼层配线间所要服务的信息插座离干线的距离超过 75m，或每个楼层信息插座数量超过 200 个时，就需要设置一个二级交接间。二级交接间设计方法与配线间设计方法相同。值得注意以下两点：

（1）在设置二级交接间后，干线线缆和水平线缆连接方式有两种情况：一种是二级交接间是水平线缆转接的地方。干线线缆端接在楼层配线间的配线架上，水平线缆一端接在楼层配线的配线架上，另一端还要通过和二级交接间配线架连接后，再端接到信息插座上；另一种是二级交接间也可以是干线子系统与水平子系统转接的地方。干线线缆直接接到二级交接间的配线架上，这时的水平线缆一端接在交接间的配线架上，另一端接在信息插座上。

（2）每座大楼交接间的数量可根据建筑物的结构、布线规模及管理方式而定，并不是每一层楼都有配线间。但每座建筑物至少要有一个设备间。

3.4.6 建筑群子系统设计

建筑群子系统是指由两个及两个以上建筑群体之间构成的布线系统，由连接各建筑物之间的缆线和配线设备组成。单幢建筑物的综合布线系统可以不考虑建筑群子系统。

3.4.6.1 建筑群子系统设计要求

建筑群子系统应按下列要求进行设计：

（1）考虑环境美化要求

建筑群主干布线子系统设计应充分考虑建筑群覆盖区域的整体环境美化要求，建筑群干线线缆尽量采用地下管道或电缆沟敷设方式。因客观原因最后选用了架空布线方式的，也要尽量选用原已架空布设的电话线或有线电视电缆的路由，干线线缆与这些电缆一起敷设，以减少架空敷设的电缆线路。

（2）线缆类型的选择

建筑群子系统敷设的线缆类型及数量由综合布线连接应用系统种类及规模来决定。一般来说，建筑群之间数据和图像的连接应采用光缆，根据距离选用单模或多模光缆；电话系统可采用3类（或5类及以上）大对数电缆作为布线线缆；有线电视系统常采用同轴电缆或光缆作为干线电缆。

（3）考虑建筑群未来发展需要

在线缆布线设计时，要充分考虑各建筑需要安装的信息点种类、信息点数量，选择相对应的干线线缆的类型以及敷设方式，使综合布线系统建成后，保持相对稳定，能满足今后一定时期内各种新的信息业务发展需要。

（4）线缆路由的选择

考虑到节省投资，线缆路由应尽量选择距离短、线路平直的路由。但具体的路由还要根据建筑物之间的地形或敷设条件而定。在选择路由时，应考虑原有已铺设的地下各种管道，线缆在管道内应与电力线缆分开敷设，并保持一定间距。

（5）电缆引入要求

建筑群干线电缆、光缆进入建筑物时，都要设置引入设备，并在适当位置终端转换为室内电缆、光缆。引入设备应安装必要保护装置以达到防雷击和接地的要求。干线电缆引入建筑物时，应以地下引入为主，如果采用架空方式，应尽量采取隐蔽方式引入。

(6)干线电缆、光缆交接要求

建筑群的干线电缆、主干光缆布线的交接不应多于两次。从每幢建筑物的楼层配线架到建筑群设备间的配线架之间只应通过一个建筑物配线架。

3.4.6.2　建筑群子系统布线方案

建筑群环境中线缆布设有 3 种常用方式：架空布线法、直埋布线法和地下管道布线法。

1. 架空布线法

架空布线法是采用电线杆支撑线缆在建筑物之间悬空架设的布线方法。架空布线法通常应用于有现成电杆，对电缆的走线方式无特殊要求的场合。这种布线方式造价较低，但影响环境美观且安全性和灵活性不足。

架空布线法要求用电杆将线缆在建筑物之间悬空架设，一般先架设钢丝绳，然后在钢丝绳上挂放线缆。如果是自承(撑)式线缆，可用本身支撑钢丝直接悬挂。

架空电缆通常穿入建筑物外墙上的 U 形钢保护套，然后向下(或向上)延伸，从电缆孔进入建筑物内部，如图 3.62 所示。电缆入口的孔径一般为 5cm。建筑物到最近处的电线杆相距应小于 30m。通信电缆与电力电缆之间的间距应遵守当地城管等部门的有关法规。

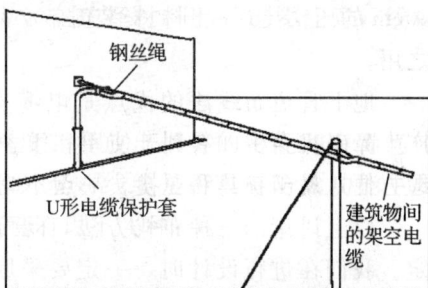

图 3.62　架空布线法

这种布线法的优点是施工建筑技术较简单；建筑条件不受限制；能适应今后变动，易于迁移、更换或调整，便于扩建增容；初次工程投资较低。缺点是不能提供机械保护，影响美观，而且保密性、安全性和灵活性都较差。因此，目前较少用这种布线方式。

2. 直埋布线法

直埋布线法根据选定的布线路由在地面上挖沟，然后将线缆直接埋在沟内。除了穿过基础墙的那部分线缆有导管保护外，其余部分直埋于地下，没有保护，如图 3.63 所示。直埋线缆通常应埋在距地面 0.6m 以下的地方，或按照当地城管等部门的有关法规去施工。如果在同一土沟内埋入了通信电缆和电力电缆，应设立明显的共用标志。

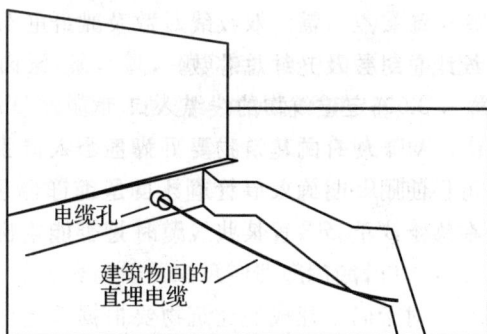

图 3.63　直理布线法

直埋布线法的路由选择受到土质、公用设施、天然障碍物(如木、石头)等因素的影响。直埋布线法给线缆提供某种程度的机械保护，具有较好的经济性和安全性，总体优于架空布线法，但更换和维护电缆不方便，且成本较高。

3. 地下管道布线法

地下管道布线是由管道和接合井(人孔)组成的地下系统，将缆线拉入管道和接合

井内，在接合井里完成建筑物之间缆线的互联。图 3.64 表示一条或多条管道通过基础墙进入建筑物内部的结构。

管道埋设的深度一般在 0.8~1.2m，或符合当地城管等部门有关法规规定的深度。为了方便线缆的管理，地下管道应间隔 50~180m 设立一个接合井，以方便人员维护。在电力电缆人孔和通信人孔合用的情况下，通信电缆千万不要在人孔里进行端接；通信管道与电力管道至少要用 8cm 的混凝土或者

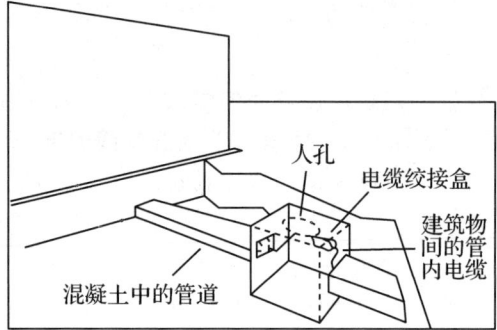

图 3.64　管道内布线法

30cm 的压实土层隔开。安装时，必须埋设一个备用管道并放一条拉线，以供日后扩充之用。

地下管道布线法的优点是电缆安全，有最佳的保护措施，可延长电缆使用年限；产生障碍机会少，有利于使用和维护；电缆线路隐蔽好，不会影响环境美观；敷设电缆方便，易于扩建和更换。缺点是挖沟、开管道和建人孔的初次投资较高。

以上讨论的三种布线方法，既可以单独使用，也可以混合使用，视具体建筑群而定。我们在进行设计时，一定要采取灵活的、思路开阔的方法；既要考虑实用，又要考虑经济、美观，还要考虑维护方便。

3.4.6.3　建筑群子系统设计步骤

1. 了解现场

确定现场的特点，即确定整个建筑工地大小；确定建筑工地界限；确定建筑物的座数。

2. 确定线缆的一般参数

确认起点位置；确认端接点位置；确认涉及的建筑物和每座建筑物的层数；确定每个端接点所需的双绞线对数及光纤芯数；确定由多个端接点及每座建筑物所需的双绞线总对数及光纤总芯数。

3. 确定建筑物的线缆入口

对于现有的建筑物要了解各个入口管道的位置；确定每座建筑持有多少入口管道可供使用；明确入口管道数目是否符合系统的需要；如果入口管道不够用，则要确认在移走或重新布置某些线缆时是否能空出部分入口管道，以及确定在不够用时需另装多少入口管道等。

对于尚未建成的建筑物要根据选定的线缆路由完成线缆系统设计，并标示出入口管道的位置；选定入口管道的规格、长度和材料；在建筑物施工过程中要求安装好入口管道等。

建筑物入口管道的位置选址应便于连接公共设备。

4. 确定障碍物的位置

确定障碍物的位置主要是识别土壤的类型，如沙质土、黏土、砾土等；确定电缆的布线方法；确定地下设施位置；查清在拟定的线缆路由中沿线的各个障碍物的位置或地理条件；确定对管道的需求。

5. 确定主线缆路由和备用线缆路由

对于每一种特定的路由，确定可能的线缆结构，例如，①所有建筑物共用一条线缆；②对所有建筑物进行分组，每组单独分配一条线缆；③每个建筑物单独使用一条线缆。通过对每个路由的比较，从中选择最优的路由方案。

6. 选择所需线缆类型和规格

确定线缆的长度；画出最后的结构图；准备选定路由的位置和挖沟的详细图，包括公用道路图或需要审批后才能使用的地区图；确定入口管道的大小与规格；选择每种设计方案中所需的专用线缆；如果需要用管道，应该选择其规格、长度及类型；如果需用钢管，应选择其规格和材料。

7. 确定每种选择方案所需的劳务费用

确定布线的时间，其中包括迁移或改变道路、草坪、树木等所花的时间，如果使用管道，应包括敷设管道和穿放线缆的时间；确定线缆接合时间；确定其他的时间，例如，移走旧线缆、处理障碍物所需用的时间；计算总的时间，其方法是把各项所需时间累加；计算每种设计方案的费用，即总时间乘以当地的工时费。

8. 确定每种选择方案的材料成本

主要包括线缆成本、支撑结构成本和支撑硬件成本。

9. 选择最经济、最实用的设计方案

把每种选择方案的劳务成本和材料成本相加，即得每种方案的总成本。比较各种方案的总成本后，从中选择成本较低的最优方案(不一定是成本最低的方案)。

3.4.7　进线间子系统设计

进线间是建筑物外部通信和信息管线的入口部位，并可作为入口设施和建筑群配线设备的安装场地。进线间主要作为室外电缆和光缆引入楼内的成端与分支，以及光缆的盘长空间位置。由于光缆至大楼(FTTB)、光缆至用户(FTTH)和光缆至桌面(FTTO)的应用及容量日益增多，进线间就显得尤为重要。一般情况下，进线间宜单独地设置场地，以便功能分区。对于电信专用入口设备比较少的布线场合，也可以将进线间与设备间合并使用。

1. 进线间的位置

一般一个建筑物宜设置一个进线间，一般是提供给多家电信运营商和业务提供商使用，通常设于地下一层，一般通过地埋管线进入建筑物内部。外线宜从两个不同的路由引入进线间，有利于与外部管道沟通。

2. 进线间面积的确定

进线间因涉及因素较多，难以统一提出具体所需面积的大小，可根据建筑物实际情况，并参照通信行业和国家的现行标准要求进行设计。

3. 线缆配置要求

(1)建筑群主干电缆和光缆、公用网和专用网电缆、光缆及天线馈线等室外缆线进入建筑物时，应在进线间成端转换成室内电缆、光缆，并在缆线的终端处可由多家电信业务经营者设置入口设施，入口设施中的配线设备应按引入的电、光缆容量配置。

(2)电信业务经营者在进线间设置安装的入口配线设备应与 BD(建筑物配线设备)或 CD(建筑群配线设备)之间敷设相应的连接电缆或光缆，实现路由互通。缆线类型与

容量应与配线设备相一致。

4. 入口管孔要求

进线间应设置管道入口。在进线间缆线入口处的管孔数量应留有充分的余量，以满足建筑物之间、建筑物弱电系统、外部接入业务及多家电信业务经营者和其他业务服务商缆线接入的需求，建议留有 2～4 孔的余量。进线间入口管道中，所有布放缆线和空闲的管孔应采取防火材料封堵，做好防水处理。

5. 进线间的设计要求

进线间宜靠近外墙和在地下设置，以便于缆线引入。进线间设计应符合下列规定：

◇ 进线间应防止渗水，宜设有抽排水装置；

◇ 进线间应与布线系统垂直竖井沟通；

◇ 进线间应采用相应防火级别的防火门，门向外开，宽度不小于 1 000mm；

◇ 进线间应设置防有害气体措施和通风装置，排风量按每小时不小于 5 次容积计算；

◇ 进线间如安装配线设备和信息通信设施时，应符合设备安装设计的要求；

◇ 与进线间无关的管道不宜通过。

6. 线缆入口方法

一般建筑物的缆线入口可采用 3 种方法：

(1)地下室入口用管道。这些管道从主机位置或建筑物入口设施通往接线柱。管道的尺寸要根据建筑物入口的线缆数量来确定。

(2)直埋式入口不用管道，直接将线缆放置在 60～70cm 深的沟内。穿过墙壁或地基处应放置套筒并延伸到室外。

(3)架式式入口提供架空用户线，从电线杆引入建筑物内。采用这种方法时要考虑审美要求和净高。穿过墙壁的保护管道电缆孔为线缆提供路径。

根据电缆的最大数量和类型，计算出所需的入口管道数量和尺寸，无论入口是哪一种类型，都应在设计时，向用户提出在墙壁、屋顶或地面下（带有电缆孔或管道的）开挖合适孔口的建议。

要说明电缆保护管的规格及设计参数，如弯曲半径、分线盒和建筑物端接要求。通常，有关管道入口的做法是使用防腐材料；在牵引点之间弯管应小于 $90°$；所有的弯管都是长弯道 L 形短管；所有的端部要求放大口径，加上金属衬套和盖帽；穿过地基墙的金属电缆孔必须延伸到未扰动地面，以防止出现应力；最小深度应为 45cm，或者符合有关电气设计规范；不要把安放在私人住宅中的管道端接在电力电缆或电气装置使用的检修孔中。

通信设施和电力设施可采用同一路由，并使用公用电缆沟。但是，在通信管道和电力线管道之间的间距要严格按照有关电气设计规范进行设计，最小间距为 0.3m，以免引起电磁干扰。合理埋入地沟的结构如图 3.65 所示。

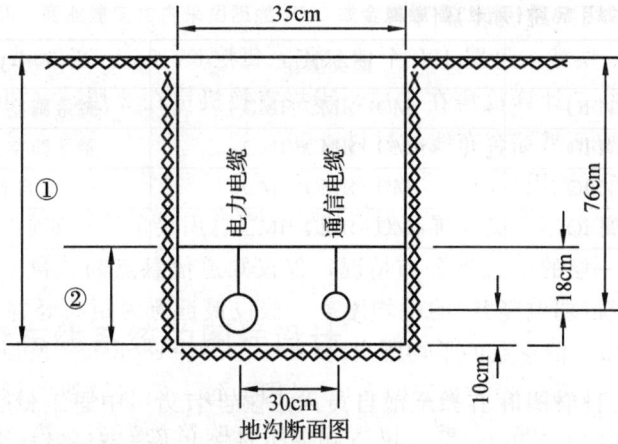

注：①挖掘口由其他东西填塞；②将岩石和尖石清除出再填塞。

图 3.65　合理埋入地沟的截面

管道从建筑物首层墙壁坡度处穿入建筑物的方法如图 3.66 所示。

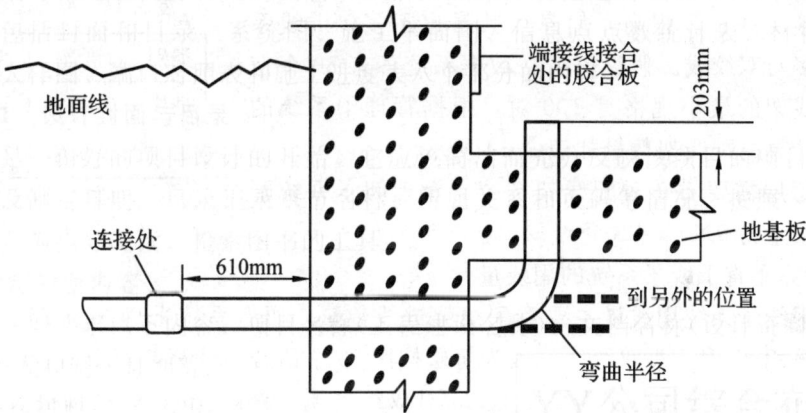

图 3.66　管道从首层墙壁坡度处穿入建筑物

管道要求延伸到未扰动的地面 0.6m 以下。当在建筑物边墙端接时，管道有一个光滑的喇叭状的结构，延伸到远程入口处。图 3.67 所示是管道与基础区的端接方法。

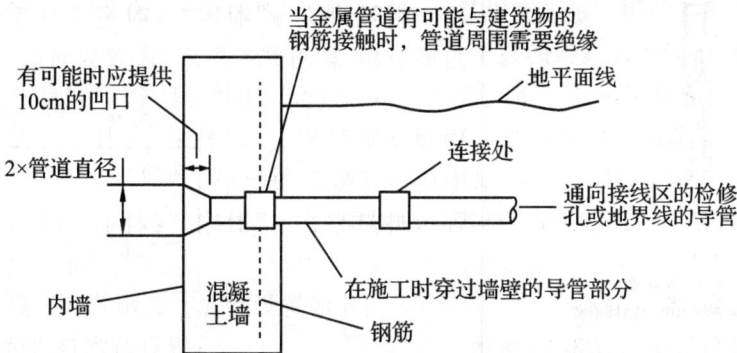

图 3.67　管道与基础区的端接方法

3.4.8 综合布线系统设计案例

【案例1】一栋6层楼，每层100个信息点，每层长40m、宽30m、高4m，弱电竖井正好在每层的中央，计算机房在3层，程控交换机房在2层，各机房都离竖井比较近。请估算这座大厦所需综合布线的材料清单。

(1)估算水平子系统用线量

水平子系统全部采用5类非屏蔽双绞线，每层总用线量计算如下：

因为不清楚每一层的信息点分布情况，仅仅知道信息点的数量，我们只有估计信息点到管理间子系统(弱电竖井)的平均距离。假设最远点为距离竖井25m处，最近点距离竖井5m处，那么信息点的平均距离为$(25+5)/2=15$(m)。所以每层的用线量估算如下：$100\times(15+1.5+6)=2\,250$(m)。又因为每一箱双绞线的标准长度约305m，所以用每层用线量除以305m，就可以得到每层订购箱数为7.4箱(仅仅是估算方法，实际工程建议采用前述精确算法)。

那么本楼水平子系统的总用线量为$7.4\times6=44.4$(箱)，所以订购数量为45箱(这是最保守估计，实际应用中用线量可能超过45箱)。

(2)计算配线架的用量

因为楼层并不算很高，信息点数量也不多，干线系统均采用多对双绞线。假设语音、数据系统各有50个信息点，配线架的最小规格是100对。根据管理子系统的设计方法计算的配线架数量如表3.14所示。

所以每层需要100对配线架7个，管理间子系统配线架总的用量为$6\times7=42$(个)。

表 3.14　配线架数量

类别	语音	数据
进线	100 对	200 对
出线	200 对	200 对

(3)计算垂直干线子系统的用线量

计算干线子系统用线量主要看配线架进线数量，语音系统采用3类25对双绞线，数据系统采用25对5类双绞线。因为每层按照50个语音点计算，每个语音点按照一对线考虑，所以语音干线每层需要3根25对双绞电缆。楼高4m，假设每根大对数双绞电缆的平均长度为$[(4+4+4)+4]/2+1.5+6=15.5$(m)(因为竖井距离机房很近，假设不会超过6m)，每层3根25对电缆，一共有$3\times5=15$根(3层除外)。所以语音系统多对数电缆总的用线量为$15\times15.5=232.5$(m)，需要订购1轴(每轴约305m)。同样可以计算数据系统的用线量，结果是1.5轴，向上取整即需订购2轴。

(4)设备间子系统配线架的数量

假设语音、数据系统各300个信息点，总配线架上有10%的余量，则计算结果如表3.15所示。

设备间语音系统进线的配线架用量需要根据用户申请的电话数量确定。订购时可以确定300对配线架5个，100对配线架3个。

表 3.15　设备间配线架数量

类别	语音	数据
进线		700 对
出线	400 对	700 对

(5)系统总设备清单

系统总设备清单如表3.16所示。

表 3.16　总设备清单

序号	设备名称	数量	序号	设备名称	数量
1	8 芯双绞线	45 箱	6	25 对多对数双绞线 5 类	2 轴
2	300 对配线架	5 个	7	设备间 1.8m 机柜	1 个
3	100 对配线架	45 个(42 + 3)	8	工具	1 套
4	模块及插座	600 套	9	消耗材料	1 批
5	25 对多对数双绞线 3 类	1 轴			

采用不同厂家的设备,系统总造价(包括设备费用、施工费用等一切杂费)会有所不同。本例题仅仅是对估计系统造价时的简单计算,不能作为实际应用中的工程设计。

【案例 2】一栋大楼地上部分总建筑面积 20 000m²,地上共有 10 层,地下 3 层。地上部分面积平均分配,每层高 4m,每层的信息点数量不详,1 层、2 层作为商场,3 层、4 层作为办公区,4 层以上作为写字楼出租。弱电竖井的位置在大楼的正中央,大楼长 50m、宽 40m,计算机房设在 3 层,程控交换机房设在 2 层,各机房距离竖井均约为 10m。请列出这座大厦的综合布线材料清单。

① 假设 1 层、2 层:2 个信息点/40m²(根据实际情况估算),共 200 个信息点。

② 假设 3 层、4 层:2 个信息点/10m²(根据实际情况估算),共 800 个信息点。

③ 假设 5 层以上:2 个信息点/15m²(根据实际情况估算),共 1 620 个信息点(每层 270 个)。

④ 假设信息点最远距离为 64m,最近距离为 5m。水平子系统总用线量为 2 620×{(64+5)/2+[(64+5)/2]×0.1+6}/305=378(箱)。

⑤ 假设语音、数据系统各有 1 300 个信息点,每层分配的线架和信息点如表 3.17 所示。

表 3.17　每层分配的线架和信息点

层数	类别	语音	数据
一层	进线	1 个 100 对	1 个 19in 光纤配线架
	出线	1 个 100 对	1 个 100 对
二层	进线	1 个 100 对	1 个 19in 光纤配线架
	出线	1 个 100 对	1 个 100 对
二层	进线	1 个 300 对	1 个 19in 光纤配线架
	出线	2 个 300 对,2 个 100 对	2 个 300 对,2 个 100 对
四层	进线	1 个 300 对	1 个 19in 光纤配线架
	出线	2 个 300 对,2 个 100 对	2 个 300 对,2 个 100 对
五层	进线	2 个 100 对	1 个 19in 光纤配线架
	出线	2 个 300 对	2 个 300 对
六层	进线	2 个 100 对	1 个 19in 光纤配线架
	出线	2 个 300 对	2 个 300 对
七层	线线	2 个 100 对	1 个 19in 光纤配线架
	进出	2 个 300 对	2 个 300 对

层数	类别	语音	数据
八层	进线	2 个 100 对	1 个 19in 光纤配线架
	出线	2 个 300 对	2 个 300 对
九层	进线	2 个 100 对	1 个 19in 光纤配线架
	出线	2 个 300 对	2 个 300 对
十层	进线	2 个 100 对	1 个 19in 光纤配线架
	出线	2 个 300 对	2 个 300 对

⑥ 假设语音、数据系统各 1 300 个信息点，总配线架数量(10％的余量)如表 3.18 所示。

表 3.18　总配线架数量

类别	语音配线架	数据配线架
进线	1 个 900 对, 1 个 300 对	2 个 19in 光纤
出线	2 个 100 对(1 500 对)	

⑦ 总设备清单如表 3.19 所示。

表 3.19　总设备清单

序号	设备名称	数量	序号	设备名称	数量
1	8 芯双绞线	375～400 箱	8	19in 光纤配线架	1 个
2	900 对配线架	1 个	9	光纤耦合器及 ST 接头	108
3	300 对配线架	34 个	10	光纤消耗材料	1 套
4	100 对配线架	26 个	11	机柜	11 个(除 3 层外, 每层 1 个, 总机房 2 个)
5	模块及插座	2 600 套	12	测试设备	1 套
6	25 对多对数双绞线 3 类	7～10 轴	13	工具	1 套
7	6 芯多模室内光纤	260～300m	14	消耗材料	1 批

采用不同厂家的设备总的造价会有所不同。系统总造价(包括设备费用、施工费用等一切杂费)在 110 万元左右。

本例题仅作为系统造价的估算使用，不能成为最终的系统造价。这个估算中不含预埋管线、底盒和金属桥架等设备的材料和安装费用。

【案例 3】校园网建设中，14 座楼要用光纤连接起来，每座楼内均要有各自的子网(10Mb/s 以太网)，相邻每座楼之间的间距都小于 2km。考虑用 FDDI 双环做主干，在每座楼中放一台 FR2100 FDDI/以太网双环网桥，再用 6 芯室外管道光缆将它们连起来。

每座楼内均采用熔接的方法，将 6 芯室外光缆转成带 3 条 FDDI 标准的 MIC 头跳线，以便连接 FDDI 网桥。这样每座楼内要熔接 6 个点，同时需要一个一进八出的光纤终端盒，14 座楼总共需要 21 条 MIC 跳线，14 个终端盒，84 个熔接点，14 段 6 芯室外光缆和 14 台 FDDI/以太网双环网桥。由于楼间距都较小(小于 2km),所以一般不用核算衰减余量。

▶ 3.5　电气保护与接地设计

由于受到电力线和电动机等电磁干扰源的影响,综合布线系统在设计中必须认真考虑线缆选型及敷设时相关的屏蔽要求,以达到抗干扰的目的。为了确保设备的安全正常运行,综合布线系统设计中还要考虑线缆电气保护,线缆管理器件、机柜等综合布线设备的接地要求。

3.5.1　设计要求

综合布线系统的国家标准《综合布线系统工程设计规范》(GB 50311-2007)及相关规范制定了关于屏蔽、电气保护和接地方面的设计规范。针对这些标准和规范的要求,综合布线系统设计过程中应注意以下几个方面的问题:

(1)当综合布线区域内存在的电磁干扰场强低于 3V/m 时,宜采用非屏蔽电缆和非屏蔽配线设备。

(2)当综合布线区域内存在的电磁干扰场强高于 3V/m,或用户对电磁兼容性有较高要求时,可采用屏蔽布线系统或光缆布线系统。

(3)当综合布线路由上存在干扰源,且不能满足最小净距要求时,宜采用金属管线进行屏蔽,或采用屏蔽布线系统及光缆布线系统。

(4)综合布线系统采用屏蔽线缆时,整个系统所有器件都应选用带屏蔽的硬件,所有屏蔽层要连接可靠,确保整个链路全程屏蔽。

(5)在电信间、设备间及进线间应设置楼层或局部等电位接地端子板。

(6)综合布线系统应采用共用接地的接地系统,如单独设置接地体时,接地电阻不应大于 4Ω。如布线系统的接地系统中存在两个不同的接地体时,其接地电位差不应大于 1V。

(7)楼层安装的各个配线柜(架、箱)应采用适当截面的绝缘铜导线单独连线至就近的等电位接地装置,也可采用竖井内等电位接地铜排引到建筑物共用接地装置,铜导线的截面应符合设计要求。

(8)在雷电防护区交界处,屏蔽电缆屏蔽层的两端应做等电位连接,并且要接地。

(9)综合布线的线缆采用金属线槽或钢管敷设时,线槽或钢管应保持连续的电气连接,并应有不少于两点的良好接地。

(10)当线缆从建筑物外面进入建筑物时,电缆和光缆的金属护套或金属件应在入口处就近与等电位接地端子板连接。

(11)当电缆从建筑物外面进入建筑物时,应选用适配的信号线路浪涌保护器,信号线路浪涌保护器应符合设计要求。

3.5.2　电气保护

电气保护的目的是尽量减少电气故障对综合布线的线缆和相关连接硬件的损坏;也可避免电气故障对综合布线所连接的终端设备或器件的损坏。

当缆线从建筑物外部进入建筑物内部时,在入口处应加保护电气装置,以避免因

电缆受到雷击、电源碰地、感应电压或地电上升等外界因素造成对线缆及连接设备的损害。

电气保护分为两种，即过电压保护和过电流保护。这些电气保护装置通常安装在建筑物的入口专用房间或墙面上。在大型建筑物中，需要设置专用房间。

1. 过电压保护

综合布线系统中过电压保护通常采用在电路中并联气体放电管或固态保护器来实现。

气体放电管保护器使用断开的放电空隙来限制导体和地之间的电压。气体放电管保护器的陶瓷（或玻璃）外壳内密封有两个电极，其间有放电间隙，密封壳内部充有一些惰性气体。当两极之间电位差超过 250V 交流电压或 700V 雷电浪涌电压时，气体放电管开始放电，为导体和地之间提供一条导电通路。

固态保护器是一种电子开关，它适应较低的击穿电压（60～90V）。当未达到其击穿电压时，它可进行快速、稳定、无噪声、绝对平衡的电压箝位。一旦超过击穿电压，便利用电子电路将过量的有害电压泄放入地，然后自动恢复原来状态。它对综合布线提供了最佳的保护。

2. 过电流保护

电缆上可能出现这样或那样的电压，它还不足以使过电压保护器动作，但所产生的电流可能会损坏设备。所以，综合布线系统除了采用过电压保护器之外，还应同时安装过电流保护器。

过电流保护器串接在线路中，当发生过电流时，就切断线路。为了方便维护，过电流保护器可采用自动恢复型。目前过流保护器有热敏电阻和雪崩二极管可供选用，但价格高，故可选用热线圈或熔丝，它们的电气特性相同，但工作原理不同。加热线圈是在动作时将导体接地，而熔丝是切断线路。

一般情况下，过流保护器的电流值在 350～500mA 之间将起作用。

在建筑物综合布线中，只有少数线路需要过流保护。设计人员可尽量选用自动恢复的保护器，对于传输速率较低的线路（如语音线路）使用熔丝比较容易管理。图 3.68 是 PBX 的寄生电流保护线路。

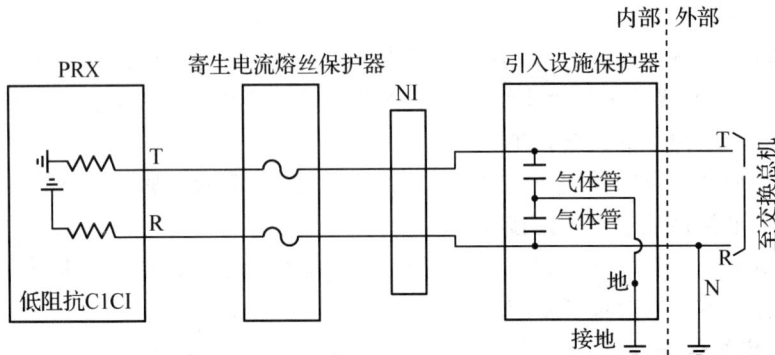

图 3.68　PBX 的寄生电流保护线路

3.5.3　屏蔽保护

当综合布线系统的周围环境存在电磁干扰时，必须采用屏蔽防护措施，以抑制外来的电磁干扰。采用屏蔽是为了在有干扰的环境下保证综合布线通道的传输性能。它有两部分含义，即减少电缆本身向外辐射的能量和提高电缆抗外来电磁干扰的能力。

综合布线系统中常用的三类系统是非屏蔽系统、屏蔽系统和光纤系统。为了解决这三种系统的外界电磁干扰问题，分别针对性地提出了解决方案。

1. 非屏蔽系统

非屏蔽系统采用非屏蔽双绞线电缆和非屏蔽的综合布线器件，由于没有屏蔽层，很容易受到外界的电磁干扰。为了提高抗干扰能力，双绞电缆由多对绞合线对相互绞合而成，减少了电缆内部的分布电容，同时充分利用绞合线对的平衡原理来提高抵抗外界电磁干扰的能力。非屏蔽双绞线内的各线对的绞距都经过精心设计，各线对之间可以抵消部分电磁干扰。

非屏蔽系统中的接口模块和配线架也都充分考虑抗电磁干扰的问题，进行了相应的处理。因此由模块、非屏蔽线缆和配线架组成的完整非屏蔽系统提供了一套较完善的抗干扰措施，在电磁干扰不太强的场合，只要注重安装工艺，完全可以满足系统传输的要求。

非屏蔽双绞线由于没有屏蔽层，因此成本较低且施工快捷方便，是智能化建筑内最常用的电缆。但在强电磁干扰源的干扰下，非屏蔽双绞线抗干扰能力有限，很难保证传输通道的传输性能，同时由于没有屏蔽层，因此对自身向外辐射的电磁干扰也很难控制。

2. 屏蔽系统

屏蔽系统由屏蔽双绞线电缆和屏蔽的综合布线器件组成。屏蔽双绞线电缆利用金属屏蔽层的反射、吸收及趋肤效应实现防止电磁干扰及电磁辐射的功能。同时，利用绞合线对的平衡原理也可以进一步提高抵抗外界电磁干扰的能力。

要想实现良好的屏蔽效果，综合布线必须实施全程 360°的屏蔽处理，即模块、线缆、配线架等全套设备均采用屏蔽产品。因为屏蔽系统中的信息插口、跳线等很难做到全程屏蔽，再加上屏蔽层的腐蚀、氧化破损等因素，所以没有一个通道能真正做到全程屏蔽。同时，屏蔽电缆的屏蔽层对低频磁场的屏蔽效果较差，不能抵御诸如电动机等设备产生的低频干扰，所以采用屏蔽电缆也不能完全消除电磁干扰。

要实现良好的屏蔽就必须对屏蔽层进行接地处理，在屏蔽层接地后使干扰电流经屏蔽层短路入地。因此，屏蔽系统的良好接地是十分重要的，否则不但不能减少干扰，反而会使干扰增大。因为当接地点安排不正确、接地电阻过大、接地电位不均衡时，会引起接地噪声，即在传输通道的某两点产生电位差，从而使金属屏蔽层上产生干扰电流，这时屏蔽层本身就形成了一个最大的干扰源，导致其性能远不如非屏蔽传输通道。因此，为保证屏蔽效果，必须对屏蔽层正确可靠接地。

目前屏蔽布线系统在电磁兼容方面的良好性能也正在为越来越多的用户所认可。市场上的屏蔽布线产品除了进口于欧洲，国内越来越多的厂商也提供屏蔽布线产品。在中国越来越多的用户，尤其是涉及保密和布线环境的电磁干扰较强的项目开始关注和使用屏蔽系统，甚至是 6 类屏蔽系统。

3. 光纤系统

光纤系统由光缆及光纤管理器件组成。光纤系统传输的是光信号，因此光纤系统

本身就具有良好的抗电磁干扰能力。为了达到优良的屏蔽效果，近年来随着光纤技术越来越成熟，很多综合布线项目也逐步采用光纤来替代屏蔽双绞线电缆。但由于光纤设备还比较昂贵，所以光纤一般只应用于对安全性、保密性要求很高的环境。

智能建筑内的布线系统选用非屏蔽系统、屏蔽系统或者光纤系统，要根据工程项目的质量要求、工期和投资来决定。

非屏蔽系统技术成熟、施工比较简单，质量标准要求低，施工工期较短，投资低。而屏蔽系统对屏蔽层的处理要求很高，除了要求链路的屏蔽层不能有断点外，还要求屏蔽通路必须是完整的全程屏蔽，从目前的施工条件来讲，很难达到整个系统的全程屏蔽，因此选用屏蔽系统要慎重考虑。光纤系统具有优良的传输性能和抗干扰能力，因此光纤系统将是布线系统发展的方向。目前，如果工程投资大且工程质量要求高的项目，可以推荐使用光纤系统。另外，在实际应用中，为最大程度降低干扰，还应注意传输通道的工作环境，远离电力线路、变压器或电动机房等各种干扰源。

3.5.4　线缆与其他管线的间距

根据综合布线系统的设计规范要求，综合布线系统的线缆必须与电磁干扰源保持一定的距离，以减少电磁干扰的强度。

1. 双绞电缆与其他管线的间距

对于综合布线系统常用的非屏蔽双绞线没有屏蔽层，抗干扰能力较弱，因此在布设时必须注意与建筑物内的电力线、电动机、变压器等干扰源保持一定的间距。

(1)双绞电缆与电磁干扰源的间距如表 3.20 所示。

表 3.20　双绞线电缆与电磁干扰源之间的最小分隔距离

类别	与综合布线接近状况	最小间距/mm
380V 电力电缆＜2kVA	与缆线平行敷设	130
	有一方在接地的金属线槽或钢管中	70
	双方都在接地的金属线槽或钢管中①	10①
380V 电力电缆 2～5kVA	与缆线平行敷设	300
	有一方在接地的金属线槽或钢管中	150
	双方都在接地的金属线槽或钢管中②	80
380V 电力电缆＞5kVA	与缆线平行敷设	600
	有一方在接地的金属线槽或钢管中	300
	双方都在接地的金属线槽或钢管中②	150
配电箱		1 000
变电室、电梯机房、空调机房		2 000

注：① 当 380V 电力电缆＜2kVA，双方都在接地的线槽中，且平行长度≤10m 时，最小间距可为 10mm；

② 双方都在接地的线槽中，系指两个不同的线槽，也可在同一线槽中用金属板隔开。

（2）双绞电缆与其他管线的间距如表 3.21 所示。

表 3.21　双绞电缆与其他管线的最小净距

序号	管线种类	平行净距/mm	垂直交叉净距/mm	序号	管线种类	平行净距/mm	垂直交叉净距/mm
1	避雷引下线	1 000	300	5	给水管	150	20
2	保护地线	50	20	6	煤气管	300	20
3	热力管	500	500	7	压缩空气管	150	20
4	热力管（包封）	300	300				

2. 光缆与其他管线的间距

光缆敷设时与其他管线之间的最小净距应符合表 3.22 的规定。

表 3.22　光缆与其他管线最小净距

范围 / 内容（单位）		最小间隔距离/m	
范围	内容	平行	交叉
市话管道边线（不包括人孔）	—	0.75	0.25
非同构的直埋通信电缆	—	0.50	0.50
直埋式电力电缆	<35kV	0.65	0.50
直埋式电力电缆	>35kV	2.00	0.50
给水管	管径<30cm	0.50	0.50
给水管	管径 30～50cm	1.00	0.50
给水管	管径>50cm	1.50	0.50
高压石油、天然气管	—	10.00	0.50
热力、下水管	—	1.00	0.50
煤气管	压力<3kg/cm²	1.00	0.50
煤气管	压力 3～8kg/cm²	2.00	0.50
排水沟	—	0.80	0.50

3.5.5　系统接地

1. 接地类型

综合布线电缆和相关连接硬件接地是提高应用系统可靠性、抑制噪声、保障安全的重要手段。综合布线系统机房和设备的接地，根据接地的作用不同分为直流工作接地、交流工作接地、防雷保护接地、防静电保护接地、屏蔽接地和保护接地等。

（1）直流工作接地

直流工作接地也称为信号接地，是为了确保电子设备的电路具有稳定的零电位参考点而设置的接地。

（2）交流工作接地

交流工作接地是为保证电力系统和电气设备达到正常工作要求而进行的接地，220/380V 交流电源中性点的接地即为交流工作接地。

（3）防雷保护接地

防雷保护接地是为了防止电气设备受到雷电的危害而进行的接地。通过接地装置可以将雷电产生的瞬间高电压泄放到大地中，保护设备的安全。

（4）防静电保护接地

防静电保护接地是为了防止可能产生或聚集静电电荷而对用电设备等所进行的接地。为了防静电，设备间一般敷设防静电地板，地板的金属支撑架要连接地线。

（5）屏蔽接地

为了取得良好的屏蔽效果，屏蔽系统要求屏蔽电缆及屏蔽连接器件的屏蔽层连接地线。当将屏蔽电缆或非屏蔽电缆敷设在金属线槽或管道时，金属线槽或管道也要连接地线。

（6）保护接地

为保障人身安全、防止间接触电而将设备的外壳部分接地处理。通常情况下设备外壳是不带电的，但发生故障时可能造成电源的供电火线与外壳等导电金属部件短路，这些金属部件或外壳就形成了带电体，如果没有良好的接地，带电体和地之间就会产生很高的电位差。如果人不小心触到这些带电的设备外壳，就会通过人身形成电流通路，产生触电危险。因此，必须将金属外壳和大地之间进行良好的电气连接，使设备的外壳和大地等电位。

2. 接地系统的结构

综合布线中接地系统的好坏将直接影响到的运行质量。根据商业建筑物接地和接线要求的规定：综合布线系统接地的结构包括接地线、接地母线（层接地端子）、接地干线、主接地母线（总接地端子）、接地引入线及接地体六部分。

（1）接地线

接地线是指综合布线系统各种设备与接地母线之间的连线。所有接地线均为铜质绝缘导线，其直径不小于 4mm。当综合布线系统采用屏蔽电缆布线时，信息插座的接地可利用电缆屏蔽层作为接地线连至每层的配线柜。若综合布线的电缆采用穿钢管或金属线槽敷设时，钢管或金属线槽应保持连续的电气连接，并应在两端具有良好的接地。

（2）接地母线（层接地端子）

接地母线是水平布线子系统接地线的公用中心连接点。每一层的楼层配线（架）柜均应与本楼层接地母线相焊接；与接地母线同一配线间的所有综合布线用的金属架及接地干线均应与该接地母线相焊接。接地母线均应为铜母线，其最小尺寸应为 6mm 厚×50mm 宽，长度视工程实际需要来确定。接地母线应尽量采用电镀锡以减小接触电阻，如没有电镀层，则在将导线固定到母线之前，须对母线进行清理。

（3）接地干线

接地干线是由总接地母线引出，连接所有接地母线的接地导线。在进行接地干线的设计时，应充分考虑建筑物的结构形式，建筑物的大小以及综合布线的路由与空间配置，并与综合布线电缆干线的敷设相协调。接地干线应安装在不受物理和机械损伤的保护处，建筑物内的水管及金属电缆屏蔽层不能作为接地干线使用。当建筑物中使用两个或多个垂直接地干线时，垂直接地干线之间每隔三层及顶层需用与接地干线等截面积的绝缘导线相焊接。接地干线应为绝缘铜芯导线，最小截面积应不小于 $16mm^2$。当在接地干线上，其接地电位差大于 1V(有效值)时，楼层配线间应单独用接地干线接至主接地母线。

(4)主接地母线(总接地端子)

一般情况下，每栋建筑物有一个主接地母线。主接地母线作为综合布线接地系统中接地干线及设备接地线的转接点，其理想位置宜设于外线引入间或建筑配线间。主接地母线应布置在直线路径上，同时考虑从保护器到主接地母线的焊接导线不宜过长。接地引入线、接地干线、直流配电屏接地线、外线引入间的所有接地线，以及与主接地母线同一配线间的所有综合布线用的金属架均应与主接地母线良好焊接。当外线引入电缆配有屏蔽或穿金属保护管时，此屏蔽和金属管也应焊接至主接地母线。主接地母线应采用铜母线，其最小截面尺寸为 6mm 厚×100mm 宽，长度可视工程实际需要而定。和接地母线相同，主接地母线也应尽量采用电镀锡以减小接触电阻。如不是电镀，则主接地母线在固定到导线前必须进行清理。

(5)接地引入线

接地引入线指主接地母线与接地体之间的连接线，宜采用 40mm 宽×4mm 厚或 50mm×5mm 的镀锌扁钢。接地引入线应作绝缘防腐处理，在其出土部位应有防机械损伤措施，且不宜与暖气管道同沟布放。

(6)接地体

埋入土壤中或混凝土基础中做散流的导体称为接地体。接地体分自然接地体和人工接地体两种。

3. 接地要求

根据综合布线相关规范，接地要求如下：

① 直流工作接地电阻一般要求不大于 4Ω，交流工作接地电阻也不应大于 4Ω，防雷保护接地电阻不应大于 10Ω。

② 建筑物内部应设有一套网状接地网络，保证所有设备具有共同的参考等电位。如果综合布线系统单独设置接地系统，且能保证与其他接地系统之间有足够的距离，则接地电阻值规定为小于或等于 4Ω。

③ 为了获得良好的接地，推荐采用联合接地方式。所谓联合接地方式就是将防雷接地、交流工作接地、直流工作接地等统一接到共用的接地装置上。当综合布线采用联合接地系统时，通常利用建筑钢筋作为防雷接地引下线，而接地体一般利用建筑物基础内钢筋网作为自然接地体，使整幢建筑的接地系统组成一个笼式的均压整体。要求联合接地电阻小于或等于 1Ω。如图 3.69 所示为综合楼综合布线系统采用联合接地体连接示意图。

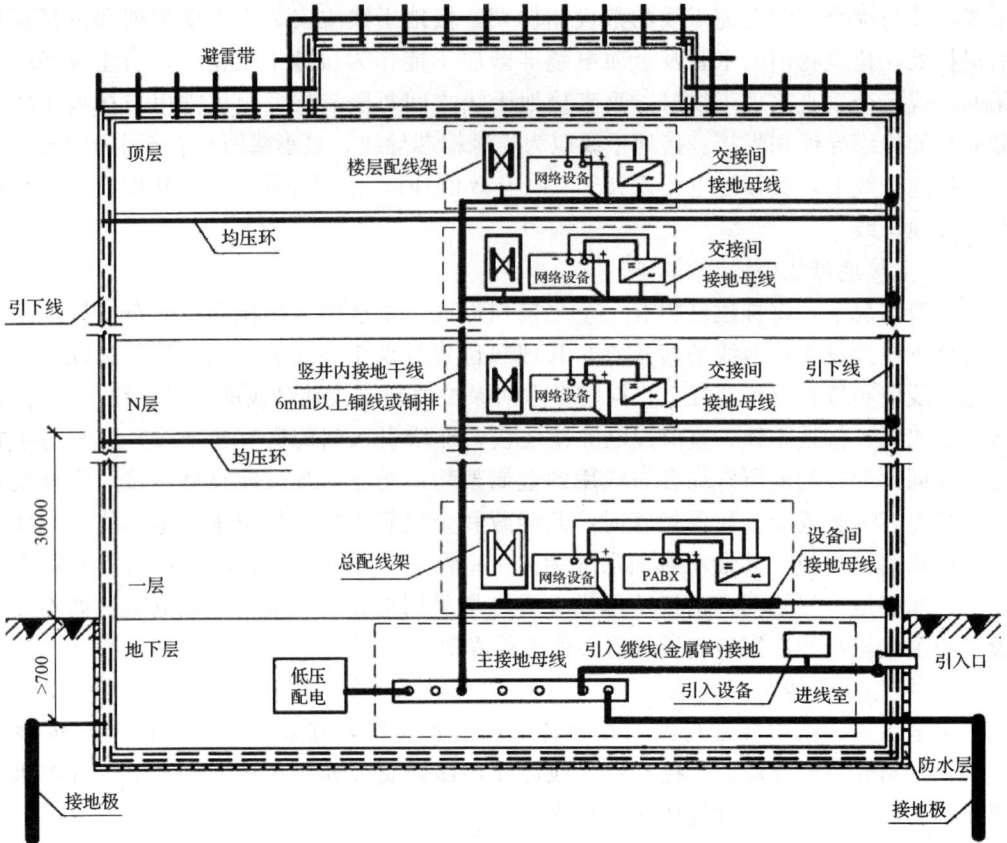

图 3.69 联合接地体连接示意图

④ 接地所使用的铜线电缆规格与接地的距离有直接关系，一般接地距离在 30m 以内，接地导线采用直径为 4mm 的带绝缘套的多股铜线缆。接地铜缆规格与接地距离的关系可以参见表 3.23。

表 3.23 接地铜缆规格与接地距离的关系

接地距离/m	接地导线直径/mm	接地导线截面积/mm²
<30	4.0	12
30~48	4.5	16
49~76	5.6	25
77~106	6.2	30
107~122	6.7	35
123~150	8.0	50
151~300	9.8	75

▶ 3.6　防火设计

在智能建筑中，综合布线的用线量逐渐增多，计算机的应用约每年以 25％的速度增长，而图像通信，如监控电视、会议电视与语音、数据等多媒体通信也在不断发展。每幢建筑使用综合布线数量均很大，一般铺设于走廊的吊顶层、密闭的管道内或活动地板内，建筑物内一旦发生火灾，这些线缆释放出的热量和毒气将成为重大的安全隐患。根据国内有关部门的数据显示，火灾每年在国内造成直接经济损失至少为 GDP 的 0.65％及高达 5 000 人的死亡。纵观最近几年国内发生的几起大型火灾事故，很多是由于受害者无法逃生，线缆燃烧散发出有毒的酸性气体，加上燃烧释放出的大量热量、烟雾，造成受害者呼吸困难，导致悲剧发生。所以，在选择材料上一定要注意，线材要符合规范。

3.6.1　综合布线线缆的防火材料与防火特性

线缆的防火主要关注三个问题：线缆燃烧的速度、释放出烟雾的密度和有毒气体强度。线缆的保护套物理上分为两部分：绝缘层和外套，线缆是否具有防火功能主要取决于最外一层护套的材料。总的来讲，线缆的外套有以下 4 种：

1. 聚乙烯(PE)/聚氯乙烯(PVC)

目前国内大多数局域网布线使用的线缆使用的都是 PE/PVC 材料，PE 的燃点较低，PVC 是在 PE 里面加入卤素以提高线缆燃点。PVC 价格较低，机械性能稳定，缺点是燃点低(允许工作温度为 70℃以下)，当温度达到 160℃或更高时，PVC 发散出有毒的卤素，并且燃烧时释放出大量热量。有关实验数据表明：每 1 500mPVC 线缆燃烧的发热值相当于 14～15L 原油的发热值，1 500m 线缆大约能够连接 20 个信息点，如果这一楼层有 400 个信息出口，折算后，燃烧时则会产生约 300L 原油的发热值。

2. 防火型 PVC(FR PVC)

为了提高线缆的稳定性，通常在 PVC 掺入重金属如铅、铬、汞、镉；为了提高线缆的燃点，通常在 PVC 里面加入一定比率的卤素(氟，氯，碘)，线缆中卤素含量比率越高，燃点越高。防火型 PVC 线缆比普通 PVC 线缆难以燃烧，燃点大约在 300℃，燃烧时会散发出有毒的卤化气体及铅蒸汽，卤化气体迅速吸收氧气，从而使火熄灭，导致电缆自行熄灭。其缺点是氯气浓度高时，引起的能见度下降会导致无法识别逃生路径，同时氯气及铅蒸气具有很强的毒性，影响人的呼吸系统，此外，FR PVC 燃烧释放出的氯气在与水蒸气结合时，会生成盐酸，对通信设备及建筑物造成腐蚀。

3. 低烟无卤型(LSZH 或 LSOH)

目前，线缆的燃烧毒性成为人们越来越关注的问题，为了减少有毒物质对环境的影响，欧盟专门制定了"有害物质限制规定"即 RoHS 环保指令，凡含有铅、镉、溴等六种物质的电子产品包括线缆不得在欧盟国家销售。低烟无卤型线缆不含任何卤素并且不含重金属，比如铅，代之以铝氢氧化合物或镁氢氧化合物加入线缆外套中。当燃烧时，这种线缆毒性及烟雾浓度很低。阻燃作用来自于燃烧时产生的水，燃烧的速度较 PVC 慢，燃点大约 150℃。

低烟无卤线缆燃烧时产生的有毒气体非常少，烟雾发散较低，但是，无卤素线缆

的成本一般比同等级的 PVC 线缆高(大约是 PVC 线缆价格的 1.5 倍),另外 LSZH 线缆外套的硬度比 PVC 外套的线缆要硬一些。

4. 耐火型(Fire Resistant)

采用 PTFE(聚四氟乙烯)或 FEP(氟化乙丙烯)材料作外套,PTFE 或 FEP 也是一种高效的绝缘体,燃烧烟雾浓度很低,因为氟具有更强的防火性,其燃点比 FR PVC 和 LSZH 还要高,燃点高达 800℃。FEP 电缆燃烧时,它释放出无色、无味,但毒性比氯化氢更强的氟化氢。测试发现,FEP 电缆的毒性是 PVC 线缆的 1.5 倍,是无卤线缆的 5 倍。

采用 FEP 绝缘材料的线缆一般称为"填充型线缆",因为这种电缆可以不用金属套管直接安装在有空调或通风的建筑物中。然而,FEP 的线缆价格较高,大约是 PVC 线缆价格的 4 倍。

3.6.2 综合布线线缆的防火标准

美国国家电工规范(National Electrical Code,NEC)是国际上最为广泛采用的电气安全要求,在规定中对铜缆和光缆都有防火要求。规程中最严重的两项灾害是电路回路的起火和电缆上火焰的蔓延。

NEC 的防火标准由美国国家防火协会(National Fire Protection Association,NFPA)发布,美国国家电工规范 NEC800 条款定义了电缆的防火等级,表 3.24 按照从高到低的顺序列出了这些级别的定义。

表 3.24　NEC800 条款弱电电缆的防火等级

NEC800 名称	通用名称	测试方法	说明
CMP	阻燃级	UL 910/NFPA262/EN50289-4-11	电缆必须具备防止火焰蔓延和减少烟雾产生的能力,没有毒性方面要求。这种电缆可以不使用金属套管,直接安装在通风位置和强制通风环境中
CMR	垂直级	UL 1666 /FIPEC 2/EN50266/IEC 60332-3/(成束线缆垂直铁架)	电缆固定在建筑物的垂直竖井中时,火焰不会沿电缆在楼层间蔓延,可以用于不同楼层
CMG	通用级	CSA C22.2 No.0.3-M(垂直桥架)	火焰在电缆上蔓延的距离不超过 4ft 11in(1.5m),电缆不可以穿越楼板或天花板,即只可以用于同一楼层。此级别定义是为了协调美国和加拿大的标准
CM	通用级	UL 1581/1685/IEC60332-2(垂直桥架)	火焰在电缆上蔓延的距离不超过 4ft 11in(1.5m),只可以用于同一楼层
CMX	住宅级	UL 1581VW-1/IEC60332-1(垂直桥架)	电缆必须符合最基本的防火需求,只能用于一到两个的住宅单元,通常根据 UL 室外使用的电缆需求来定义
CMUC	地毯级	UL 1581 VW-1(垂直桥架)	地毯下用通信电缆

与电缆相对应,美国国家电工规范 NEC770 条款定义了光缆的防火等级,表 3.25 按照从高到低的顺序列出了这些级别的定义。

表 3.25　NEC770 条款光缆的防火等级

NEC770 名称	通用名称	测试方法	说明
OFNP/OFCP	阻燃级光缆	UL910(NFPA262)	用于强制通风环境
OFNR/OFCR	垂直级光缆	UL1666	用于不同楼层垂直竖井
OFNG/OFCG	通用级光缆	CSA C22.2 No.0.3-M(垂直桥架)	用于同一楼层,此级别定义是为了协调美国和加拿大的标准
OFN/OFC	通用级光缆	UL 1581 VW-1(垂直桥架)	用于同一楼层

注:N 代表非金属光缆;C 代表金属铠装光缆。

电缆的防火测试主要测试烟雾浓度及火焰蔓延速度两项参数。对于 NRTL(北美认可实验室)而言,无论测试产品还是认证产品都必须取得资格认证。认证包括定期的工厂核查以保证制造者连续生产的产品符合工厂核查手册。当前,在北美有 9 家被认可的 NRTL,包括安全实验室(UL)、电子检测实验室(ETL)以及加拿大协会(CSA)等,他们可以测试、核实和认证通信电缆的防火等级和 TIA/EIA 类别性能。

UL910/NFPA262:用于空气流通环境中电缆或光缆的火焰传播速度和烟雾浓度的测试。通过这种测试的电缆被认为是适用于压力通风空间的阻燃级电缆。

UL1666:用于测试安装在垂直竖井的电缆或光缆的火焰蔓延速度。所设计的垂直主干级电缆须通过这种测试。

UL1581/1685:UL1581 用于测试安装在垂直竖井的多根电缆的火焰蔓延速度。UL1685 用于测试安装在垂直竖井的光缆的烟雾浓度及火焰蔓延长度。

综合布线线缆的防火等级及对应的测试标准如表 3.26 所示。

表 3.26　防火等级及测试标准对照表

阻燃等级	NEC/UL 名称铜缆/光缆	UL 测试标准	NFPA 测试标准	IEC 国际测试标准	欧洲测试标准	GB 国际测试标准
难燃烧	LC/—	UL2424	NFPA-90A	—	—	—
阻燃级	CMP/OFNP	UL910	NFPA-262	—	EN50289-4-11	—
垂直级	CMR/OFNR	UL1666	—	IEC60332-3-10	EN50266	GB/T8380-3
通用级	CM/—	UL1581/UL1685	—	IEC60332-1/IEC60332-2	EN50265	GB/T18380-1/GB/T18380-2
住宅级	CMX/—	UL1581 VW1	—	IEC60332-1	EN13823	GB/T18380-1
低烟无卤测试内容	NEC/UL 名称铜缆/光缆	UL 测试标准	NFPA 测试标准	IEC 国际测试标准	欧洲测试标准	GB 国标测试标准

阻燃等级	NEC/UL 名称铜 缆/光缆	UL测试 标准	NFPA测 试标准	IEC国际测 试标准	欧洲测 试标准	GB国际测 试标准
烟雾浓度	LSZH	—	—	IEC61034	EN50268	GB/T17651
气体酸度	LSZH	—	—	IEC60754-2	EN50267-2	GB/T17650.2
毒性气体	LSZH	—	—	IEC60754-1	EN50267-1	GB/T17650.1

通信电缆最常用的防火测试标准有 UL910、IE332-1 及 IEC332-3。UL910 标准为加拿大、日本、墨西哥和美国使用，UL910 等同于美国的 NEPA262 标准。UL910 标准是几种防火标准中要求最高的标准，而符合 UL910 标准的 FEP 材料，其阻燃性能要比符合 IE332-1、IEC332-3 标准的 LSZH 阻燃性能好，燃烧起来烟的浓度低，万一燃烧起来也可以降低火灾的损失及对人类的危害。

3.6.3 综合布线系统中防火线缆的选用

在防火综合布线系统防火线缆的选择上，与屏蔽和非屏蔽综合布线系统一样，北美与欧洲存在不同的意见。因此，线缆的选择应根据建筑物场地的实际情况如线槽(线管)材料、空调通风系统安装情况、线缆安装方式等因素综合考虑。

1. 架空地板或吊顶

建筑物架空地板或吊顶内若为 PVC 线槽/管且安装了空调通风系统，在架空地板或吊顶内须采用阻燃级的(CMP 或 OFNP)线缆；如果建筑物架空地板或吊顶内采用金属线槽/管或防火性 PVC 线槽/管，可采用任意防火等级的(CM/CMR/CMP 或 OFN/OFNR/OFNP)线缆。

2. 垂直竖井

建筑物垂直竖井内若为 PVC 线槽(线管)，垂直竖井内应采用垂直级(CMR 或 OFNR)以上等级的电缆或光缆；垂直竖井内若为金属线槽/管(或阻燃 PVC 线槽/管)，垂直竖井内可采用任意防火等级的(CM/CMR/CMP 或 OFN/OFNR/OFNP)线缆。

对于有环保需求的建筑物，设计综合布线工程时应选用符合 LSZH 等级的线缆，同时应采用防火功能的金属线槽/管或阻燃 PVC 线槽/管。

表 3.27、表 3.28 列出了建筑物采用不同线槽(线管)情况时，可以采用的线缆防火等级。

表 3.27 商业建筑物内采用 PVC 线槽(线管)情况下线缆选择

区 域	电缆类型	光缆类型
A(吊顶或地板有空调系统)	CMP	OFNP
A(吊顶或地板无空调系统)	CMP/CMR /CM	OFNP/OFNR/ OFN
B(一般工作区)	CMP/CMR/ CM	OFNP/OFNR/ OFN
C(弱电竖井)	CMP/CMR	OFNP/OFNR

表 3.28　商业建筑物内采用阻燃 PVC 或金属线槽(线管)情况下线缆选择

区　域	电缆类型	光缆类型
A(吊顶或地板有空调系统)	CMP/CMR /CM	OFNP/OFNR/ OFN
A(吊顶或地板无空调系统)	CMP/CMR/ CM	OFNP/OFNR /OFN
B(一般工作区)	CMP/CMR/ CM	OFNP/OFNR /OFN
C(弱电竖井)	CMP/CMR/ CM	OFNP/OFNR/ OFN

▶ 3.7　综合布线系统的图样设计

在综合布线系统工程中,设计与施工人员自始至终在和图样打交道,布线系统的图样设计将对整个布线过程产生决定性的影响。

在施工过程中,施工者均严格按照设计图样进行施工和布线;监理方依据设计图样对施工进行检查和监理;而施工结束后,业主依据施工图样对工程进行测试与验收。故设计者应认真谨慎,做好充分的调查研究,通过建筑图样来了解和熟悉建筑物结构,并最好搜集与相应建筑物有关的资料,严格按照设计规范进行设计。布线系统的图样设计主要包括封面和目录、系统图、施工平面图、信息点点数统计表、材料预算表、机柜安装大样图、端口对照表和施工进度表八个部分的内容。

3.7.1　设计封面与目录

封面是一份好的项目设计的开始。它应该简洁而充分反映该项目的项目名称和项目负责人及制定日期。目录记录章节名称、所属关系和页码等情况,按照一定的次序编排而成,为指导阅读、检索图书的工具。

1. 确定封面内容

封面一般要求以下内容:项目名称(工程建设名称)、文档名称(设计资料或竣工文档)、制作人和制作日期等。

2. 制作封面

利用 Word 软件在页面上从上而下输入:

(1)项目名称:字体:"宋体";文字横排、居中对齐;字号:"50"。

(2)文档名称:字体:"宋体";文字竖排,以文本框插入,边框设置为"无线条颜色";填充颜色设置为"无填色颜色";字号:"50"。

(3)制作人:字体:"宋体";文字横排、居中对齐;字号:"20"。

(4)制作时间:字体:"宋体";文字横排、居中对齐;字号:"20"。

(5)页面设置及其他文字属性设置如下:

① 页边距保持默认设置;

② 行距:单倍行距。

封面范例如图 3.70 所示。

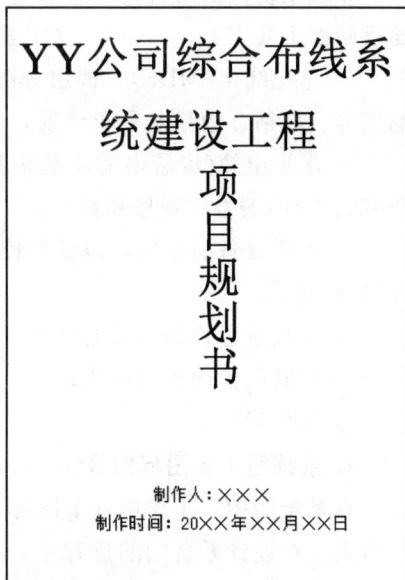

YY公司综合布线系统建设工程项目规划书

制作人:×××
制作时间:20××年××月××日

图 3.70　封面范例

3. 制作目录

(1)在页面的第一行输入"目录",字体"宋体";文字横排、居中对齐;字号:"25"。

(2)按次序每行输入一项文件名称,如:"工程建设说明"、"综合布线系统系统图"、"综合布线系统施工平面图"、"综合布线系统信息点点数统计表"、"综合布线系统材料预算表"、"综合布线系统机柜安装大样图"、"综合布线系统端口对照表"、"综合布线系统施工进度表"等,设置这些字体为"宋体";文字横排、居中对齐;字号"20"。

(3)页面设置及其他文字属性设置如下:

① 页边距保持默认设置;

② 行距:单陪行距。

(4)根据每项文件内容页面位置编排目录的页码。

3.7.2 制作综合布线系统图

1. 系统图的内容

综合布线系统图应包括下面几方面的主要内容:

(1)工作区子系统:各层的插座型号和数量。

(2)水平子系统:各层水平电缆型号和根数。

(3)干线子系统:从建筑物配线架(BD)到各楼层配线架(FD)的线缆型号和根数。

(4)建筑群子系统:从建筑群配线架(CD)到各建筑物配线架(BD)的线缆的型号和根数。

(5)管理子系统:建筑群配线架(CD)、建筑物配线架(BD)和楼层配线架(FD)所在建筑编号、楼层、型号和数量等。

布线系统图是所有配线架和电缆线路在全部通信空间的示意图。综合布线系统图要反映如下要点:

◇ 总配线架(MDF)、楼层分配线架(IDF)以及其他种类的配线架、光纤互连单元的编号、规格、数量及分布位置;

◇ 水平电缆(屏蔽电缆还是非屏蔽电缆)的类型和干线及建筑群电缆(光纤还是多对数双绞线)的编号、规格和数量;

◇ 主要设备的位置,包括程控电话交换机(PBX)和网络设备(HUB或网络交换机等设备)等;

◇ 干线及建筑群线缆的路由;

◇ 公共电信网进线位置;

◇ 图例说明。

2. 系统图中各图标的含义

在系统图中,主要由各个图标和必要的简短文字加以说明整个系统线路连接的具体含义。在设计系统图的过程中,要做到简明扼要同时又要细致,尽量做到充分反映整体构建状况。图中的每一个图标均各自代表不同的含义,所以明确每个图标及其作用尤为重要。

3. 制作系统图

完成前期准备工作后，就可以将相关资料汇总，利用绘图软件 Auto CAD 或 Microsoft Visio 形成一个比较完整的综合布线系统图。通过布局安排，将配线架 FD、BD、CD 和工作区子系统图标按照各自的功能放入具体位置当中并进行连线；利用文字说明各个部分所表达的子系统概念；在系统图的下方，建立一个图例说明区域，把所有图标罗列到系统图下方的区域中，并把图标及其对应的含义加以说明。简单综合布线系统图例如图 3.71 所示。

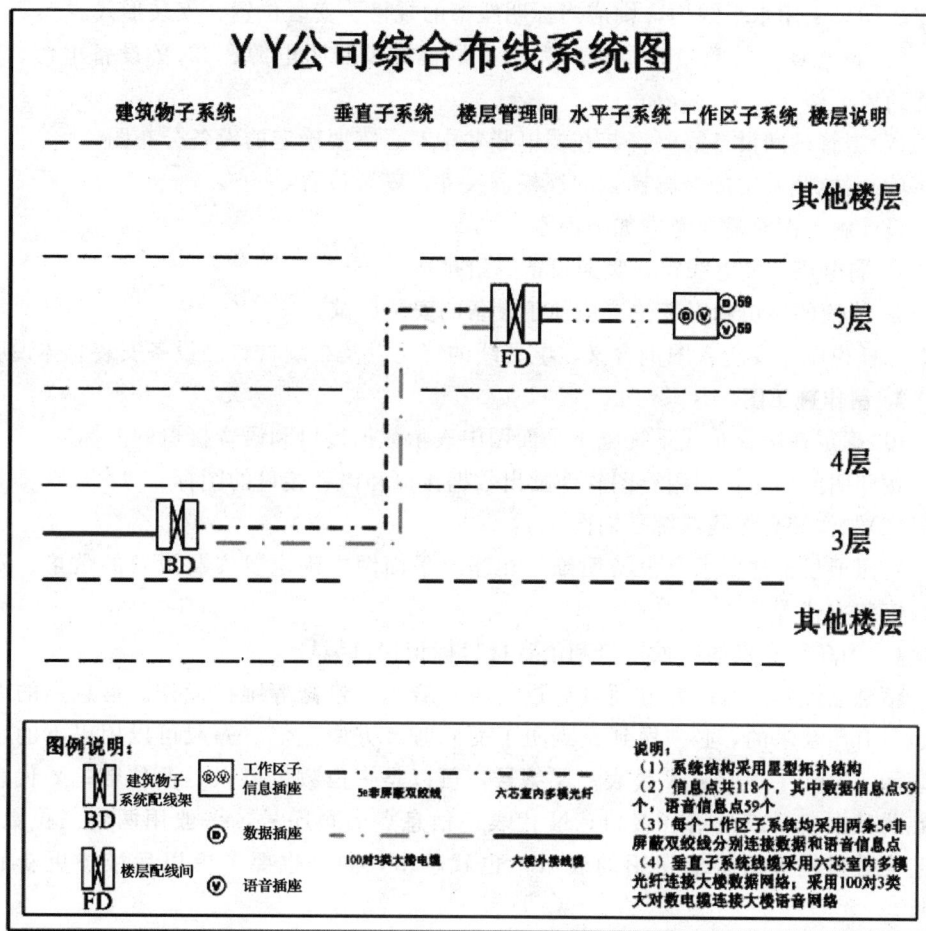

图 3.71　综合布线系统图例

3.7.3　制作综合布线系统施工平面图

施工图，是表示工程项目总体布局，建筑物的外部形状、内部布置、结构构造、内外装修、材料作法及设置、施工等要求的样图。施工图具有图样齐全、表达准确、要求具体的特点，是进行工程施工、编制施工图预算和施工组织设计的依据，也是进行技术管理的重要技术文件，可以和其他弱电系统的平面图在一张图上表示。在设计前首先应该清楚系统采用的是哪个厂家的设备，以确定所需管槽的大小尺寸。有关管槽系统的设计，参见本书相关内容。

1. 施工图的内容

施工图样应该明确以下问题：

(1)电话局进线的具体位置、标高、进线方向、进线管道数目、管径。

(2)电话机房和计算机房等的位置，由机房引出线槽的位置。

(3)电话局进线到电话机房的位置，由机房引出线槽的位置。

(4)每层信息点的分布、数量，插座的样式、安装标高、安装位置、预埋底盒。

(5)水平线缆的路由。由线槽到信息插座之间管道的材料、管径、安装方式、安装位置。如果采用水平线槽，则应当标明线槽的规格、安装位置、安装形式。

(6)弱电竖井的数量、位置、大小，是否提供照明电源、220V设备电源、地线，有无通风设施。

(7)当管理间设备需要安装在弱电竖井中时，需要确定的设备分布图。

(8)弱电竖井中的金属梯架的规格、尺寸、安装位置。

设计施工图时需要考虑如下因素：

◇ 弱电避让强电线路、暖通设备、给排水设备；

◇ 线槽的路由和安装位置应便于设备的安装调试。

图样说明中要包含图例含义、电话线的情况以及布线材料的设备安装总体说明等。

2. 制作施工图

(1)确定在综合布线系统施工平面图中表示数据接口和语音接口的图标

按照图例约定，利用绘图软件画出数据接口和语音接口的图标。

(2)制作综合布线系统平面图

对照项目描述要求及设备明细，在建筑平面图中确定要安装设备的数量、安装位置、安装方式等。

(3)为各信息点的数据接口和语音接口标识接口编号

信息点编号的目的是方便日后进行各种查询、检修等维护操作。信息点的编号方法也是有所要求的，必须做到直观明了而同时又方便记忆。一般可以用以下的字符组来表示：XYN。其中：X代表楼层编号，可以是一位数也可以是两位数；Y代表该信息点为数据接口或是语音接口；N代表该信息点的顺序号，一般用两到三位数表示，信息点数量越多所要求使用的表示位也就越多，同进也要考虑以后维护更新的可扩充性。

(4)添加必要的图例、文字说明和项目名称、制作人、制作时间和平面图设计版本等

考虑到施工者在参考该施工图进行施工时对各个图标的理解保持一致性，要对施工图进行必要的图例说明和简要的文字说明。另外，平面图基本完成后，设计可能会因为经过讨论或发生其他情况而改变，改变一次应做相应修改，同时保留原有设计底稿的情况下要与其有所区别，所以就在设计的最后阶段，加入设计的项目名称、制作人、制作时间和图样版本等说明信息，以便日后查询及对比。

各文字属性设置：字体"宋体"，字号"12pt"，字形"加粗"。综合布线施工图例如图3.72所示。

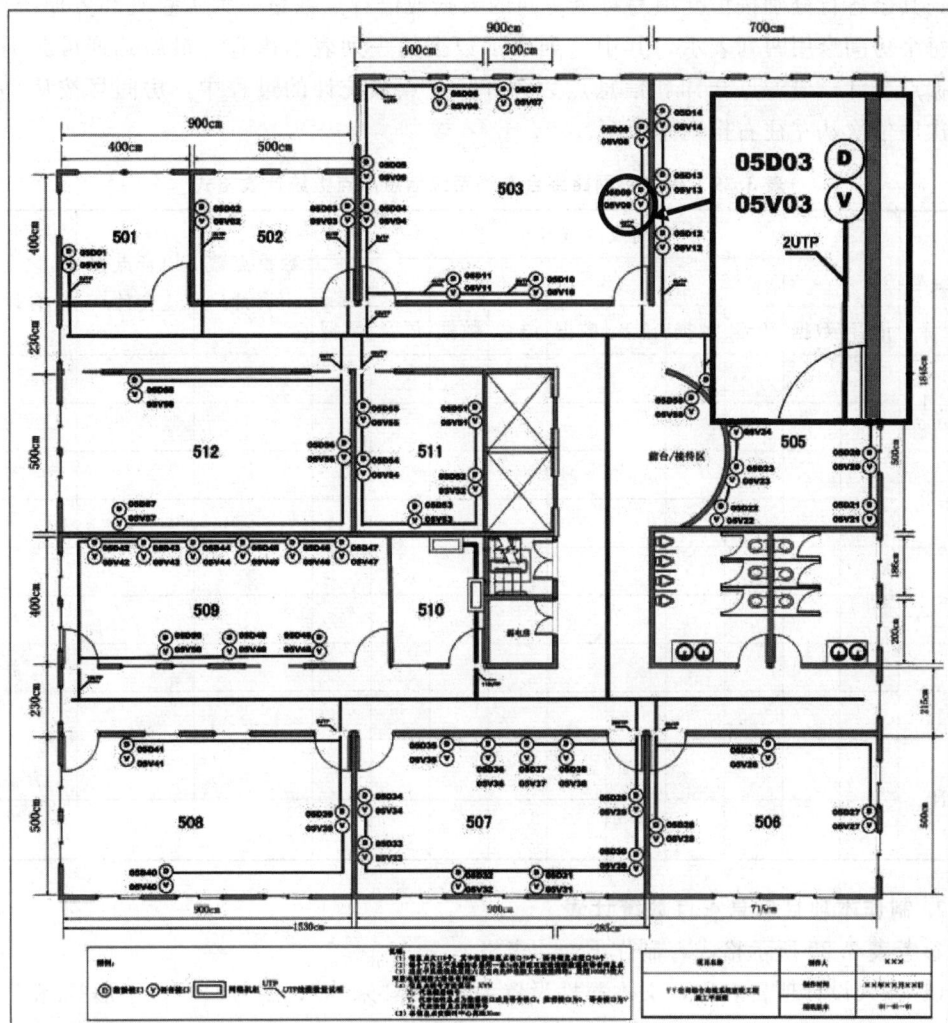

图 3.72　综合布线施工图例

3.7.4　制作综合布线系统信息点点数统计表

工作区信息点点数统计表简称点数表，是设计和统计信息点数量的基本工具和手段。初步设计的主要工作是完成点数表。在需求分析和技术交流的基础上，首先确定每个房间或者区域的信息点位置和数量，然后制作和填写点数统计表。

点数统计表的做法是先按照楼层，然后按照房间或者区域逐层逐房间地规划和设计网络数据、语音信息点数，再把每个房间规划的信息点数量填写到点数统计表对应的位置。每层填写完毕，即可统计该层的信息点数，全部楼层填写完毕，则统计建筑物的信息点数。

1．点数统计表格式

常用信息点点数统计表格式如表 3.29 所示。

一般常用的表格中格式为房间按照行表示，楼层按照列表示。标题行为设计项目或设计对象的名称；第 1 行为房间或区域名称；第 2 行为房间号；第 3 行为数据或语音

类别；其余各行分别按情况填写每个房间的数据或语音点数量。为了直观和方便统计，一般每个房间全用两列表示，其中一列表示数据另一列表示语音。最后几列可分别统计数据点合计、语音点合计和信息点数合计。在点数统计的过程中，房间号按从小到大的次序依次从左往右排列并填写。

表 3.29　建筑物网路综合布线系统信息点点数统计表格式

楼层编号	房间或区域号										数据点数合计	语音点数合计	信息点数合计
	1		2		3		4		5				
	语音	数据	语音	数据	语音	数据	语音	数据	语音	数据			
楼层 1													
楼层 2													
楼层 3													
……													
合计													

2. 制作本项目信息点点数统计表

参考表 3.29 所示格式，制作 Excel 表格。

(1)输入设计项目名称，文本属性设置为：字体"宋体"；字号"14"；字形"加粗"。

(2)余下文本属性设置为：字体"宋体"；字号"12"。

(3)输入楼层编号和合计。

(4)设置单元格格式的边框值为外边框和内框。

(5)全表单元格格式设置为水平居中对齐、垂直居中对齐。

3. 在信息点点数统计表中录入对应信息点点数信息

针对项目描述，统计各房间所要求的信息点数量并填入点数表。

4. 添加必要的设计信息说明

在设计最后阶段，要在统计表的下方添加项目名称、制表人、制表时间、图表版本号等设计说时信息，以便日后的查询对比操作。

文本格式为：字体"宋体"；字号"12"；字形"常规"；按制表情况设定表格边框。至此，完成综合布线系统建设工程信息点点数统计表的制作。制作效果如图 3.73 所示。

楼层编号	房间或区域号																										数据点数合计	语音点数合计	信息点数合计
	01		02		03		04		05		06		07		08		09		10		11		12		前台				
	语音	数据	语音	数据	语音	数据	语音	数据	语音	数据	语音	数据	语音	数据	语音	数据	语音	数据	语音	数据	语音	数据	语音	数据	语音	数据			
五楼	1	1	2	2	8	8	6	6	8	8	3	3	10	10	3	3	9	9	0	0	5	5	3	3	1	1	59	59	
合计	1	1	2	2	8	8	6	6	8	8	3	3	10	10	3	3	9	9	0	0	5	5	3	3	1	1	59	59	118

项目名称		制表人	XXX
YY 公司综合布线系统建设工程信息点点数统计表		制表时间	XX 年 XX 月 XX 日
		图表版本号	01-01-01

图 3.73　综合布线系统信息点点数统计表案例

3.7.5　制作综合布线系统材料预算表

综合布线系统工程的预算是对工程造价进行控制的主要依据，它包括设计概算和施工图预算。设计概算是设计文件的重要组成部分，应严格按照批准的可行性报告和其他相关文件进行编制。施工图预算则是施工图设计文件的重要组成部分，应在批准的初步设计概算范围内进行编制。

1. 确定预算表表头内容

预算表中应给出完成整个项目要用的材料预算值。在设计时，一要考虑表中内容能充分说明完成工程需要的材料及其数量，二要充分反映每样材料的大致用途，三要能明确地给出各种材料的预算值和最终总预算值，以便用户衡量及评定该预算是否合适。在设定预算表表头内容时，一般会包含序号、材料名称、材料规格/型号、单价、数量、单位、小计和用途简述等。

表头制作方法：

(1)表名称。文本属性设置为：字体"宋体"；字号"18"；字形"加粗"；水平对齐"居中"；垂直对齐"居中"；颜色"黑色"。

(2)表头内容。格式为：水平对齐"居中"；垂直对齐"居中"；字体"宋体"；字号"18"；字形"加粗"；颜色"黑色"；边框"外边框、内部均选择"；线条样式"单细实线"；颜色"黑色"；单元格底纹"浅灰色"。

2. 阅读项目文字说明及平面施工图，获得预算表各表项

单元格格式设置。文本属性——字体"宋体"；字号"14"；颜色"黑色"；各列文本对齐方式——列 A、C、D、F 为水平居中对齐、垂直居中对齐；列 B 为水平左对齐、垂直居中对齐。

3. 重新检查项目需求与计算结果的差异及平面施工图，统计各材料原始数量

(1)双绞线的预算。

(2)统计预算配线架的数量。

$$配线架的数量 = 信息点数量 \div 配线架端口数$$

(3)统计预算理线器的数量。理线器又称理线环，有的品牌配线盘自带理线器，有的需要单独配置。如果需要单独配理线环，一般采用 1 对 1 的形式配置，也可以采用 1 对 2 的形式配置。

（4）统计预算网络机柜的数量。机柜的数量预算原则是所使用的网络设备的尺寸总高度小于所配机柜的实际尺寸，如果大于所配机柜的实际尺寸，就需要增加机柜数量。

（5）统计预算跳线及水晶头的数量。水晶头数量预算原则是信息点数量乘以 2 加上跳线数量乘以 2 并加上预留及后备数量。

（6）其他材料直接通过项目描述即可得出预算数量。

4. 完成预算表"合计"、"制表人"、"制作日期"等项目的制作

制表人，一般指制作该表的人员或组织名称；制作日期，一般指该表制作形成的具体日期。最终制作效果如图 3.74 所示。

综合布线系统材料预算表

序号	材料名称	材料规程/型号	单价/元	数量	单位	小计/元	用途简述
1	双口信息插座（含模块）	超5类RJ45接口86系列塑料	60	59	套	3 540	
2	插座底盒	明装，86系列塑料	1	59	个	59	
3	超5类非屏蔽双绞线	Cat 5e 4PR UTP	750	15	箱	11 250	
4	线槽	PVC，白色	3	300	米	900	
5	配线架	1U，24口超5类	1000	6	个	6 000	
6	100对机柜式配线架	110语音配线架	200	1	个	200	
7	理线环	1U	120	7	个	840	
8	网络机柜	36U	1600	2	个	3 200	
9	水晶头	RJ45	1	200	个	200	
10	标签等零星配件	/	/	1	/	2 000	
11	网络跳线	超5类，原装，1M	20	80	条	1 600	
12	鸭嘴跳线	1对	20	20	条	500	
						合计：30 289	
	制表人：×××				制表时间：××年××月××日		

图 3.74 综合布线系统材料预算表案例

3.7.6 制作综合布线机柜安装大样图

综合布线系统机柜安装大样图是安装在机柜内的各个设备的立体安装表示形式，它能在设计阶段反映出各种购置的设备在机柜中的安装情况。安装人员可根据设计人员的设计对设备及机柜进行安装。机柜安装大样图是设备在机柜内安装时的参考和依据。

（1）建立 Visio/CAD 文件。

（2）添加机柜，设定机柜大小。

（3）添加理线环。

（4）制作添加 110 语音配线架。

（5）制作添加模块式配线架。

（6）添加完成所有设置并命名、编号，添加区域高度及冗余备份空间高度说明。所有文本设置属性均设置为：字体"宋体"；字号"5pt"；字形"加粗"。

(7)添加图例、文字说明及设计制作人、制作时间及版本。在机柜大样图上，进行设置图例及文字说明。其中文本属性设置为：字体"宋体"；字号"4pt"；字形"加粗"；文字对齐方式"左对齐"。

制作效果如图 3.75 所示。

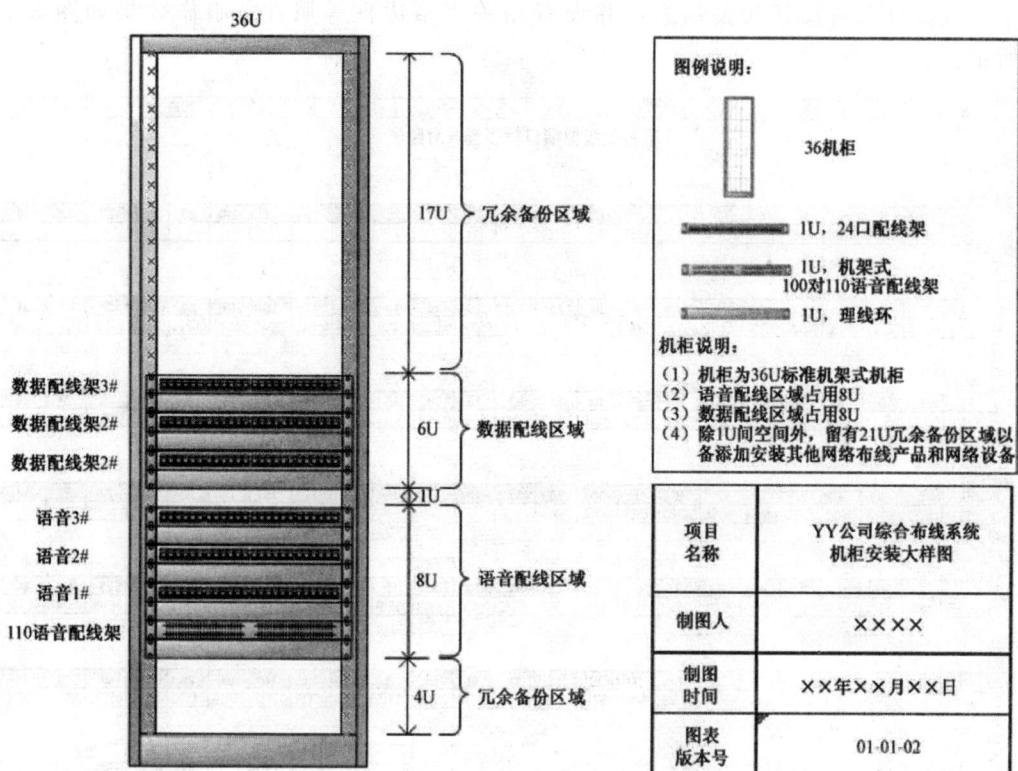

图 3.75　综合布线机柜安装大样图案例

3.7.7　制作综合布线端口对照表

综合布线系统端口对照表是一张记录端口信息与其所在位置的对应关系的二维表。它是网络管理人员在日常维护和检查综合布线系统端口过程中快速查找和定位端口的依据。端口对照表可分为机柜配线架端口标签编号对照表和端口标签位置对照表，前者表示机柜配线架各个端口和信息点编号的对应关系，后者表示信息点编号和其物理位置的关系。

1. 制作表名

新建 Excel 工作簿，文本属性为：字体"宋体"；字号"18"；字形"加粗"；单元格设置水平对齐方式"居中对齐"。

2. 制作表头

文本属性为：字体"宋体"；字号"12"；字形"加粗"。每个数字代表配线架上一个端口的编号。单元格格式、边框、外边框和内部具有细线条。

3. 制作各配线架表格内容

文本属性为：字体"宋体"；字号"12"；字形"常规"；单元格对齐方式为水平对齐

方式"居中对齐",垂直对齐方式"居中对齐"。

4. 为各个信息点标签编号

从第一个开始依次编号,数据和语音区分开。

5. 制作制表有及其他相关信息

填写制表人及其相关信息,并设置相关表格边框等属性。制作效果如图 3.76 所示。

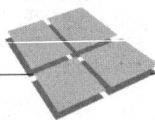

图 3.76 综合布线系统端口对照表案例

3.7.8 制作综合布线标签号位置对照表

1. 制作表名

建立 Excel 工作簿,文本属性为:字体"宋体";字号"16";字形"加粗";单元格设置水平对齐方式"居中对齐"。

2. 制作表头

文本属性为字体:"宋体";字号:"12";字形:"加粗"。

3. 输入标签编号并填写编号位置

从第一个开始依次编号,数据和语音区分开。

4. 制作人及其他相关信息

填写制表人及其相关信息,并设置相关表格边框等属性。制作效果如图 3.77 所示。

端口标签号位置对照表

标签编号	编号位置	标签编号	编号位置	标签编号	编号位置	标签编号	编号位置
05D01	501	05D31	507	05V01	501	05V31	507
05D02	502	05D32		05V02	502	05V32	
05D03		05D33		05V03		05V33	
05D04	503	05D34		05V04	503	05V34	
05D05		05D35		05V05		05V35	
05D06		05D36		05V06		05V36	
05D07		05D37		05V07		05V37	
05D08		05D38		05V08		05V38	
05D09		05D39		05V09		05V39	
05D10		05D40	508	05V10		05V40	508
05D11		05D41		05V11		05V41	
05D12	504	05D42	509	05V12	504	05V42	509
05D13		05D43		05V13		05V43	
05D14		05D44		05V14		05V44	
05D15		05D45		05V15		05V45	
05D16		05D46		05V16		05V46	
05D17		05D47		05V17		05V47	
05D18	505	05D48		05V18	505	05V48	
05D19		05D49		05V19		05V49	
05D20		05D50		05V20		05V50	
05D21		05D51	511	05V21	505	05V51	511
05D22		05D52		05V22		05V52	
05D23		05D53		05V23		05V53	
05D24		05D54		05V24		05V54	
05D25		05D55		05V25		05V55	
05D26	506	05D56	512	05V26	506	05V56	512
05D27		05D57		05V27		05V57	
05D28		05D58		05V28		05V58	
05D29	507	05D50	前台	05V29	507	05V59	前台
05D30				05V30			

项目名称	制表人	XXX
YY 公司综合布线系统端口标签号对照表	制表时间	XX 年 X 月 X 日
	图表版本	01-01-01

图 3.77　综合布线系统端口标签号位置对照表案例

3.7.9　制作综合布线施工进度表

施工进度控制关键就是编制施工进度计划，合理安排好前后工作的次序，能对整个工程按进、按质、按量完成起到正面的促进作用。

1. 制作综合布线系统施工进度表表名

新建 Excel 工作簿，文本属性为：字体"宋体"；字号"18"；字形"加粗"；单元格水平对齐方式"居中对齐"。

2. 制作综合布线系统施工进度表表头内容

表头内容文本属性为：字体"宋体"；字号"12"。并设置单元格格式、边框、外边框和内部。

3. 录入相应的工程项目内容

分别按次序输入施工过程的各个项目名称，并设置单元格格式、边框、外边框和内部。

4. 按实际施工时间需求规划日期安排

最后制作效果如图 3.78 所示。

时间 \\ 项目	XX年XX月

YY公司综合布线系统工程施工进度表

图 3.78　综合布线施工进度表案例

以上是综合布线系统的规划与设计阶段的内容，在实际工程中需装订成册并交付用户存档。这些内容基本涵盖了综合布线系统规划与设计阶段的绝大部分内容，在实际工程建设中，可参照实际情况加以适当修改。

3.7.10　绘图软件简介

设计图样应能简单、清晰、直观地反映了网络和布线系统的结构、管线路由和信息点分布等情况。因此，识图、绘图能力是综合布线工程设计与施工组织人员必备的基本功。目前，综合布线工程中主要采用两种制图软件：AutoCAD 和 Visio。也可利用综合布线系统厂商提供的布线图绘制软件进行制图。

1. AutoCAD

AutoCAD 是美国 Autodesk 公司开发的一个交互式绘图软件，是当今最流行的用于二维及三维设计、绘图的系统工具，用户可以使用它来创建、浏览、管理、打印、输出、共享及准确复用富含信息的设计图形，已被广泛地应用于机械设计、建筑设计、电器设备设计以及 Web 网的数据开发等多个领域。

AutoCAD 软件主要有以下特点：

(1)运行于普通计算机上的 AutoCAD 基本具有运行于工作站上的 CAD 系统的大部分功能。其作图功能既强大又完善，对图形的修改既多样又方便，还具有完善的尺寸及形位公差标注功能。它不仅可以绘制输出符合要求的各种平面图形、工程图形，还能表现三维图形，既精确又美观。它的三维图形既可显示消隐或不消隐的网格图，又可显示出具有明暗色彩和真实感受的立体图。AutoCAD 的绘图辅助工具也为用户的绘图工作带来高效率。如自动捕捉功能方便准确地俘获所需要的点，从而加快了绘图的速度和精度；可在 AutoCAD 文件中快速地查找、浏览、提取和重复利用特定的图块、图层和线型等。这项功能在绘制综合布线楼层信息点分布图时非常有用。

(2)AutoCAD 提供符合人们习惯的窗体风格的用户界面，菜单系统结合命令行的操作方式，包括了 AutoCAD 的大多数命令和选择项以及对系统变量的操作。用户界面上有绘图窗口、命令窗口、状态栏、下拉菜单、图标工具栏、快捷菜单和对话框等。这些丰富的界面，使用户的操作变得更加简单、直观、迅速，适合各层次的用户。

（3）提供强大的二次开发工具。作为一种通用的制图系统，同时具有开放体系结构，用户可根据需要定制和扩展它的内容，如系统参数、用户自己的菜单系统、线型、图案、符号、样板等。AutoCAD 还提供了内嵌 Visual LISP 语言，从而使用户以 AutoCAD 为平台，开发自己的应用软件，为了与其他高级语言进行图形数据交流，AutoCAD 还提供多种接口技术，如 Object ARX 和 VBA（Microsoft Visual Basic for Application）等。

（4）全面支持 Internet 的功能。AutoCAD 配备了相应的工具以便用户通过 Internet 与同事共享图形与设计。即用户可以直接从 Internet 上打开或进入 AutoCAD 图形文件，向 Internet 保存文件或浏览相应内容。用户还可以通过标准的或专用的数据格式与其他 CAD 系统，以及各种常用的数据库系统进行图形信息交换，执行图形数据的浏览、查询和管理。

AutoCAD 可应用于综合布线系统的设计当中。在建设单位提供了建筑物的 CAD 建筑图样的电子文档后，设计人员可以在其图样上直接进行布线系统的设计，起到事半功倍的效果。目前，AutoCAD 主要用于绘制综合布线管线设计图、楼层信息点分布图、布线施工图等。综合布线系统中，绘制计算机网络拓扑图、布线系统拓扑图等结构性图样时需要大量的专业符号、图标，用 AutoCAD 也能完成图库的构建。

图 3.79 所示为 AutoCAD 操作界面。

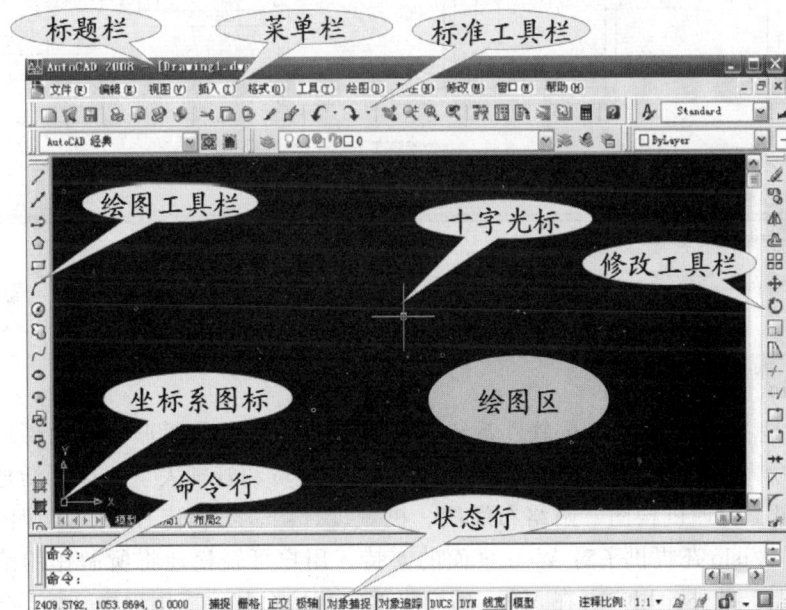

图 3.79　AutoCAD 基本界面

AutoCAD 为用户提供了【文件】、【编辑】、【视图】、【插入】、【格式】、【工具】、【绘图】、【标注】、【修改】、【窗口】、【帮助】十一个主菜单，常用制图工具和管理编辑等工具分门别类地排列在这些主菜单中，用户可以非常方便的启动各主菜单中的相关菜单项，进行必要的图形绘图工作。在绘图窗口的两侧和上侧，以图标按钮形式出现

的工具条，则为 AutoCAD 的工具栏，这些图标按钮为快捷绘图提供了便利条件。绘图区是用户的工作区域，图形的设计与修改工作就是在此区域内进行操作的。命令行是用户与 AutoCAD 软件进行数据交流的平台，主要功能就是用于提示和显示用户当前的操作步骤。有关 AutoCAD 的细节，请读者参阅相关的书籍和资料。

图 3.80 所示为用 AutoCAD 绘制的楼层综合布线施工图。

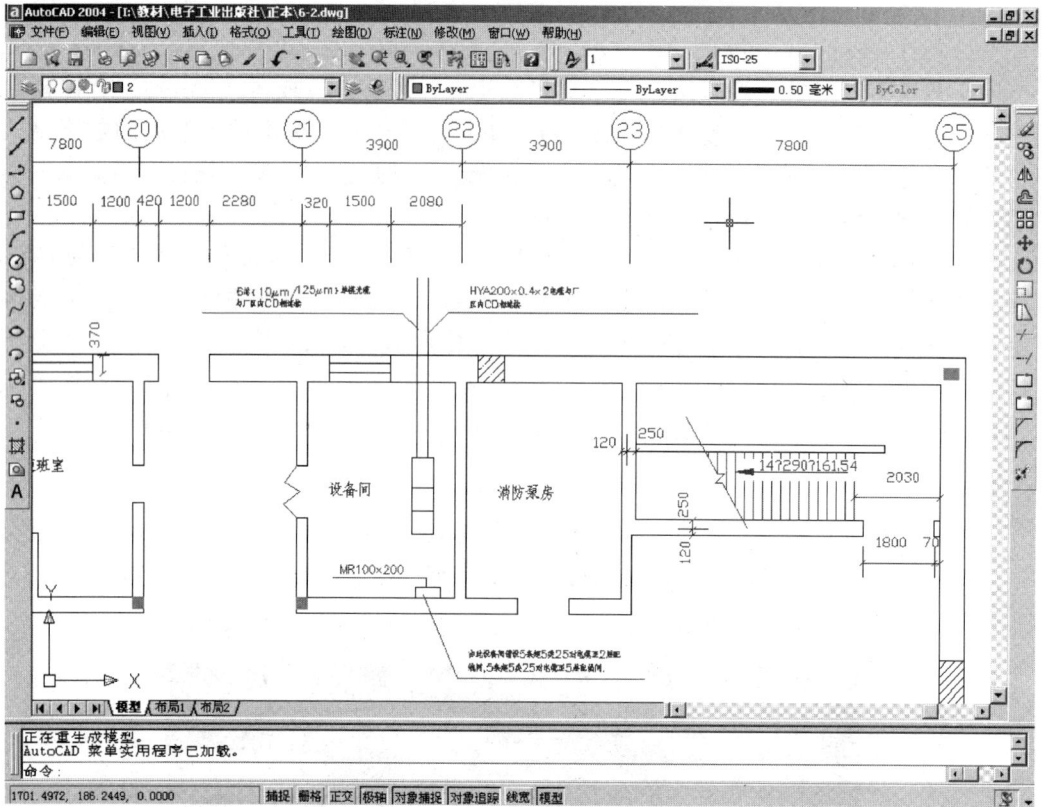

图 3.80　2 层楼综合布线设计施工图

2. Visio

Visio 是 Microsoft Office 软件系统，是一套易学易用的图形处理软件，使用者经过短时间的学习就能上手绘图。Visio 能够使专业人员和管理人员快捷灵活地制作各种建筑平面图、管理机构图、网络布线图、机械设计图、工程流程图、审计图及电路图等。同时，Visio 还提供了对 Web 页面的支持，用户可轻松地将所制作的绘图发布到 Web 页面上。此外，用户可在 Visio 用户界面中直接对其他应用程序文件（如 Microsoft Office 系列、AutoCAD 等）进行编辑和修改。它主要有以下特点。

（1）易用的集成环境。Visio 使用的是常用的 MS Office 环境。由于实现了与众多 Microsoft 技术的集成，使得绘图的可视化过程变得更为轻松和快捷。图 3.81 所示为 Microsoft Visio 界面。

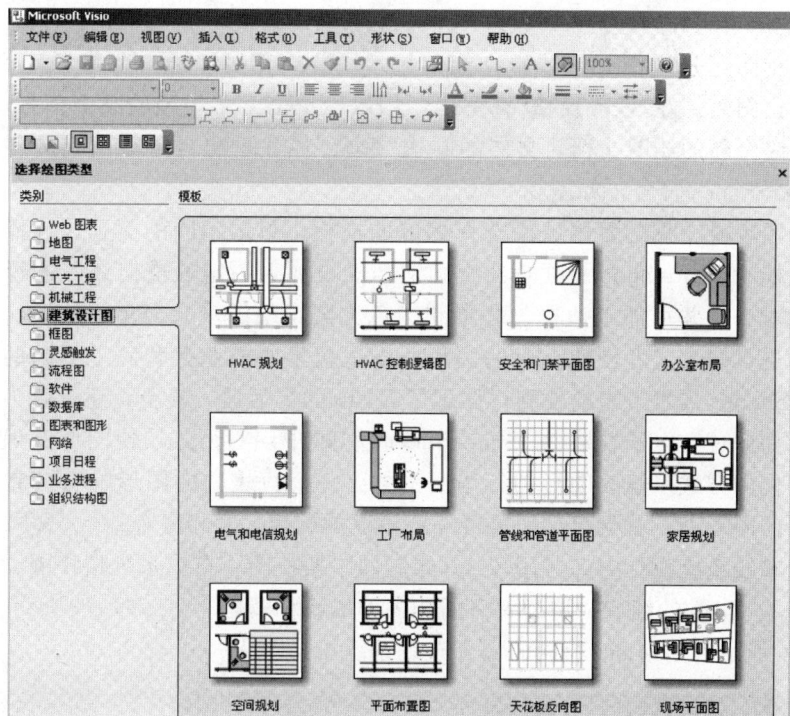

图 3.81　Microsoft Visio 界面

（2）丰富的图表类型。Visio 2003 包含了 16 种图表类型，打开 Visio 后，"任务窗格"的主要部分就显示出来，分别是 Web 图表、地图、电气工程、工艺工程、机械工程、建筑设计图、框图、灵感触发、流程图、软件、数据库、图表和图形、网络、项目日程、业务进程、组织结构图。图 3.82 所示为选择绘图类型。

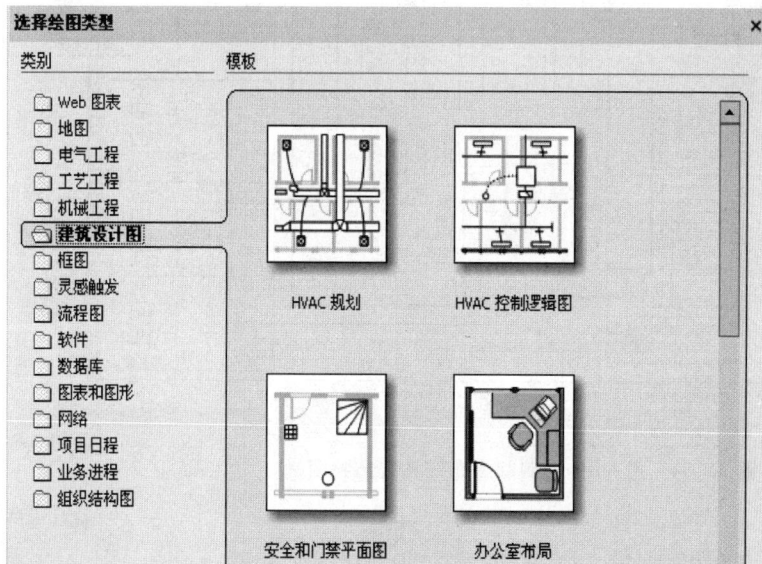

图 3.82　选择绘图类型

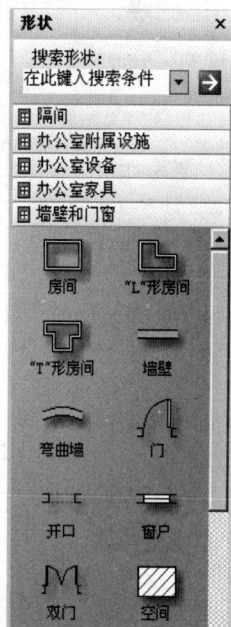

图 3.83　形状栏图表元素

（3）直观的绘制方式。Visio 提供一种直观的方式来进行图表绘制，不论是制作一幅简单的流程图还是制作一幅非常详细的技术图样，都可以通过程序预定义的图形，轻易地组合出图表。在"任务窗格"视图中，用鼠标单击某个类型的某个模板，Visio 即会自动产生一个新的绘图文档，文档的左边"形状"栏显示出极可能用到的各种图表元素——SmartShapes 符号，如图 3.83 所示。

在绘制图表时，只需要用鼠标选择相应的模板，单击不同的类别，选择需要的形状，用鼠标拖动 SmartShapes 符号到绘图文档上，加上一定的连接线，进行空间组合与图形排列对齐，并可加上边框、背景和颜色方案，绘图步骤简单、快捷、方便。也可以对图形进行修改或者创建自己的图形，以适应不同的业务和满足不同的需求，这也是 SmartShapes 技术带来的便利，体现了 Visio 的灵活性。甚至，还可以为图形添加一些智能，如通过在电子表格（像 ShapeSheet 窗口）中编写公式，使图形意识到数据的存在或以其他的方式来修改图形的行为。例如：一个代表门的图形"知道"它被放到了一个代表墙的图形上，就会自动地进行一定角度的旋转，互相嵌合。

在综合布线系统设计中，常用 Visio 绘制网络拓扑图、布线系统拓扑图、信息点分布图等。有关 Visio 的细节，请读者参阅相关的书籍和资料。

图 3.84 所示为用 Visio 绘制的综合布线系统拓扑图。

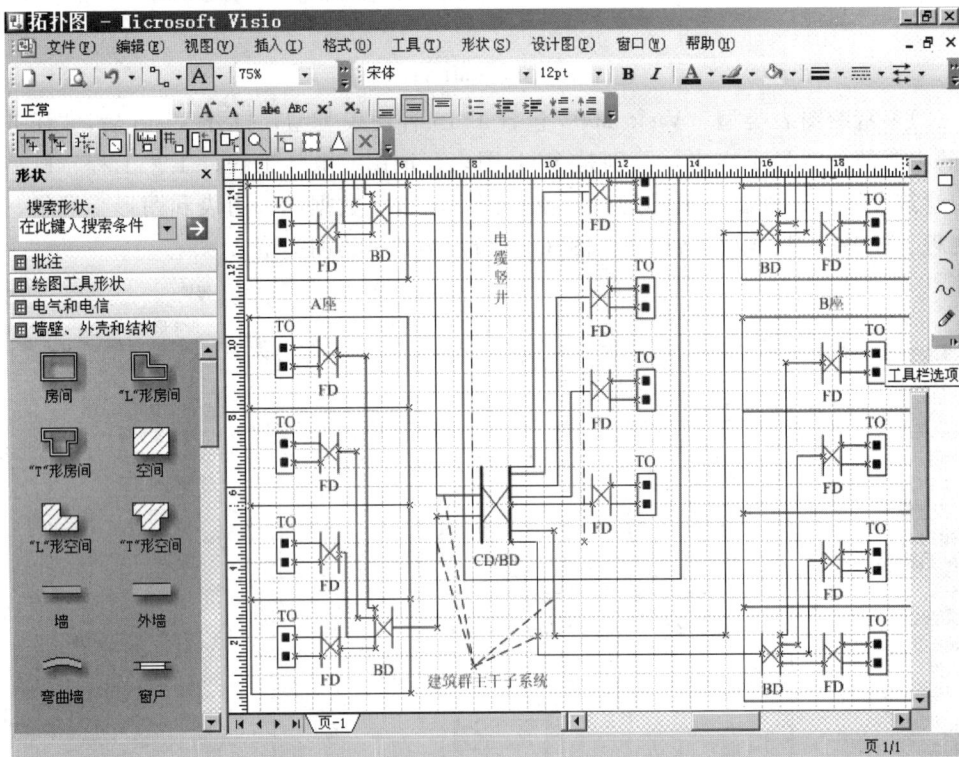

图 3.84 用 Visio 绘制综合布线系统拓扑图

思考与练习

一、问答题

1. 简要叙述综合布线系统设计的步骤。
2. 综合布线系统的总体方案有哪几种？
3. 管槽系统设计有哪些要求？
4. 简述工作区子系统的设计步骤。
5. 水平子系统的布线方法有哪几种？
6. 旧建筑物布线方式有哪几种？
7. 大开间办公室布线方法有哪几种？
8. 简述水平子系统设计步骤。
9. 干线子系统是否都是垂直布放？为什么？
10. 简述管理子系统的设计内容。
11. 电信间和设备间的概念是什么？它们有什么区别和联系？对环境有哪些要求？
12. 在建筑物中应如何确定设备间的位置和面积？
13. 建筑群子系统的布线方法有哪几种？
14. 什么是电气保护？其用途是什么？
15. 接地有几类？接地的用途是什么？
16. 简述综合布线系统的电气保护原则。

二、计算题

1. 某综合布线系统工程共有 1 000 个信息点，布点比较均匀，距离 FD 最近的信息插座布线长度为 20m，最远插座的布线长度为 90m，该综合布线系统配线子系统使用 6 类双绞线电缆，则需要购买双绞线多少箱？

2. 建筑物的某一层要设 300 个信息插座，其中 200 个网络信息点，100 个电话语音点，水平线缆全部采用 5e 类 4 对双绞线电缆。水平配线的所有芯线全部连接在配线架上，试确定该层管理间楼层配线架的水平配线架选用安普品牌的配线架的型号和数量。

3. 已知某建筑物一楼层采用光纤到桌面的布线方案，该楼层共有 50 个光纤点，每个光纤信息点均布设一根室内 2 芯多模光纤至建筑物的设备间，请问设备间的机柜内选用安普品牌的哪种规格光纤配线架？数量多少？需要订购多少个光纤耦合器？

4. 已知某建筑物需要进行综合布线，某一层设 300 个信息插座，其中 200 个网络信息点，各信息点要求接入速率为 100Mb/s，100 个电话语音点，而该层楼层配线间到设备间的距离为 60m，请确定该建筑物该层的干线电缆类型及线对数。

三、实训题

1. 以校园中的一幢建筑物（分别为教学楼、办公楼、图书馆、实验楼、学生宿舍楼）作为设计对象作一个简单的综合布线系统设计，内容如下：

（1）综合布线系统方案设计，主要包括各工作区信息分布及数量，配线子系统选用线缆类型、数量，干线子系统线缆、数量等。

(2)绘制综合布线系统拓扑图。

(3)绘制综合布线系统管路槽道路由图和信息点平面图。

2.××大学学生公寓布线方案设计，建筑情况及要求如下：

(1)该大学共有 20 幢公寓式建筑，其中本科宿舍 13 幢，硕士生宿舍 3 幢，博士生宿舍 1 幢，留学生宿舍 2 幢，继续教育生宿舍 1 幢。

(2)共计 8 200 间宿舍，其中本科生宿舍 3 500 间，硕士生宿舍 1 500 间，博士生宿舍 800 间，留学生宿舍 1 200 间，继续教育生宿舍 1200 间。

(3)本科生宿舍每个房间设置 5 个信息点(4 个网络点＋1 个电话点)，硕士生宿舍每个房间设置 4 个信息点(3 个网络点＋1 个电话点)，博士生、留学生、继续教育生宿舍每个房间设置 2 个信息点(1 个网络点＋1 个电话点)。

设计各公寓楼的配线子系统及干线子系统的线缆选择和布线方式。

3.某办公大楼高 12 层(层高 3.5m)，计算机中心设在 6 层，电话主机房设在 6 层，但不在同一位置。要求每层 50 个信息点，50 个语音点(最近 20m、最远 80m)，总计数据点 600 个，语音点 600 个。数据、语音配线子系统均使用 6 类非屏蔽双绞线电缆；数据垂直干线电缆采用室内 6 芯多模光纤；语音垂直干线系统采用 5 类 25 对大对数电缆。

请计算并设计：

(1)跳线数量、信息模块数量、信息插座底盒和面板数量。

(2)配线子系统线缆数量。

(3)干线子系统线缆数量。

(4)数据配线架需求数量。

(5)光纤配线架需求数量。

第4章   综合布线系统工程施工

1. 熟悉综合布线工程施工准备阶段工作内容;
2. 掌握综合布线系统设备安装技术要求;
3. 掌握管槽系统的施工技术要求和安装方法;
4. 掌握综合布线各子系统的施工技术要求和安装方法。

▶ 4.1   概述

4.1.1   综合布线工程的特点

综合布线系统工程的安装施工具有以下特点:

(1)工程内容较多,且更复杂;

(2)技术先进、专业性强、安装施工的要求很高;

(3)涉及面广、对外配合协调多;

(4)外界干扰影响的因素较多,施工周期长;

(5)工程现场广阔分散,设备、部件类型和品种较多,且价格较高,管理难度大。

4.1.2   综合布线工程施工阶段的划分

1)施工准备

施工企业与发包的建设单位(业主)签订承包施工合同后,即进入施工准备阶段。主要包括以下内容:

(1)熟悉和了解工程设计和施工图样;

(2)编制施工进度计划、施工组织设计以及具体施工方案等;

(3)对设备、器材、仪表和工具等进行核对、清点、检查和测试;

(4)对施工现场环境条件进行检查。

2)安装施工

安装施工主要包括以下内容:

(1)设备器材的运送、保管;

(2)管槽安装施工;

(3)线缆的布放;

(4)线缆的端接。

3)分段测试

分段测试又称阶段测试,是指在干线子系统、配线子系统、建筑群子系统以及地下管线等施工过程中,为了及早发现工程质量问题及时修复而进行的分段检查测试。

4）系统测试

系统测试又称全程测试阶段，是指综合布线系统的全程测试（包含各个布线子系统各自范围内的全段测试）。

5）竣工保修

竣工验收和保修阶段简称竣工保修阶段，包括竣工验收准备工作阶段。

4.1.3 综合布线工程施工的依据和相关文件

1. 标准与规范

综合布线系统工程的施工应执行下列标准、规范及白皮书的要求：

（1）《综合布线系统工程设计规范》（GB 50311－2007）；

（2）《综合布线系统工程验收规范》（GB 50312－2007）；

（3）《大楼通信综合布线系统第1－3部分》（YD/T 927.1～3－2001）；

（4）《通信管道工程施工及验收技术规范》（GB 50374－2006）；

（5）《本地通信线路工程设计规范》（YD/T 5137－2005）；

（6）数据中心布线系统设计与施工技术白皮书；

（7）综合布线系统的管理和运行维护白皮书；

（8）屏蔽布线系统的设计与施工检测技术白皮书；

（9）光纤白皮书。

2. 工程设计和施工图等有关文件

指导性文件中有很多与具体工程紧密结合的重要内容，它们直接影响工程质量的优劣、施工进度的安排和今后运行的效果。所以，在综合布线系统工程施工时，必须始终以这些文件来指导和监督工程的进行。指导性文件主要有以下几种：

（1）综合布线系统工程设计文件和施工图样；

（2）承包施工合同或有关协议；

（3）生产厂家提供的产品安装手册或施工操作规程；

（4）施工变更文件或记录。

4.1.4 综合布线工程安装施工的基本要求

（1）在新建或扩建的智能建筑或智能化小区中，如采用综合布线系统时，必须按照《综合布线系统工程验收规范》（GB 50312－2007）中的有关规定进行安装施工。

（2）在综合布线系统工程安装施工中，如遇上述规范中没有包括的内容时，可按照国家标准《综合布线系统工程设计规范》（GB 50311－2007）中的规定要求执行，也可以根据工程设计要求办理。

（3）综合布线系统工程中，其建筑群子系统部分的施工与本地电话网络有关，因此安装施工的基本要求应遵循我国通信行业标准《本地通信线路工程设计规范》（YD/T 5137－2005）、《通信管道工程施工及验收技术规范》、《市内通信全塑电缆线路工程施工及验收规范》等的规定。

（4）综合布线系统工程中所用的缆线类型及性能指标、布线部件的规格以及质量等均应符合我国通信行业标准《大楼通信综合布线系统第1－3部分》（YD/T 927.1～3－2001）等规范或设计文件的规定，工程施工中，不得使用未经检定合格的器材和设备。

（5）综合布线系统是一项系统工程，必须针对工程特点，建立规范的组织机构，保障施工顺利进行。

(6)必须加强施工工程管理。施工单位必须按照国家标准 GB 50312－2007 进行工程的自检、互检和随工检查。

(7)施工过程要按照统一的管理标识对线缆、配线架和信息插座等进行标记，标记一定要清晰、有序。

(8)对于已敷设完毕的线路，必须进行测试检查。

(9)必须敷设一些备用线。备用线的作用在于它可及时、有效地代替出问题的线路。

(10)高低压线须分开敷设。为保证信号、图像的正常传输和设备的安全，要完全避免电涌干扰，要做到高低压线路分管敷设，高压线需使用铁管；高低压线应避免平行走向，如果由于现场条件只能平行时，其间隔应保证按规范的相关规定执行。

4.1.5　综合布线工程施工安全

1. 电气安全

1)高压安全

综合布线工作人员在使用有源设备之前，要使用电压测试设备(如万用表)对设备的表面电压进行测试，防止设备带电。在国家标准 GB 50311－2007 中第 7.0.9 条(当电缆从建筑物外面进入建筑物时，应选用适配的信号线路浪涌保护器，信号线路浪涌保护器应符合设计要求)为强制性条文，必须严格执行。也是为了防止工作人员触电。

2)接地安全

接地是保障安全的重要手段，应注意在综合布线系统安装过程中正确安装接地系统，并验证接地系统能否正常工作。

3)电缆分离

在综合布线系统施工中，不要让综合布线系统电缆距离传输电能的电缆或任何带电的东西太近，因为距离太近会使铜缆数据传输特性受到损害。

4)静电放电

静电是破坏性最大和最难控制的电流形式，对人体没有伤害，但对计算机等电子设备是灾难性的，一定要采取措施处理静电，以保护敏感的电子设备。

5)切割与钻孔

当需要在墙体和地板打孔时，为了避免伤害，必须遵守以下安全规则：

(1)不要对掩藏的电缆或管道进行切割和钻孔；

(2)在钻孔之前需要与建筑工程师或维护人员进行交流；

(3)在钻孔前要检查两个表面，因为一个人的天花板是另一个人的地面；

(4)在切割与钻孔前，先做一个小的观察孔。

2. 工作场所安全

在综合布线系统工程施工中，必须熟悉工作场所的其他潜在危险。工作场所应该是一个安全的环境。

(1)正确使用梯子。梯子必须放在平坦、稳定的表面上。如果找不到平坦、稳定的表面，必须由其他工作人员扶着梯子，或者将梯子放置在保证不会移动的地方。一定要确定支架是充分固定的，并且是正确锁定的。另外，要确定梯子设定的角度及其工

作位置间的距离是正确的。梯子与墙面的距离一般为梯子的1/4。

（2）灭火器的使用。当发生火灾时，应切断电源，打电话求救。只有在火势很小并有限制，可用灭火器灭火，在灭火之前，应确定一条逃离路线，灭火时应保持背朝着安全出口。

3. 个人安全设备

个人安全设备是指工作现场穿着的用来保护工作人员免受伤害的衣物及装备。布线安装人员应正确穿戴合身的个人安全设备。个人安全设备主要包括工作服、安全帽、眼睛保护装备、听力保护装置、呼吸道保护、手套等。

▶ 4.2　施工准备

施工准备工作是保证综合布线工程顺利施工、全面完成各项技术指标的重要前提，是一项有计划、有步骤、有阶段性的工作。准备工作不仅在施工前，而且贯穿于施工的全过程。施工准备工作的内容较多，但就其工作范围而言，一般可分为阶段性施工准备和作业条件的施工准备。所谓阶段性施工准备，是指工程开工之前针对工程所做的全面准备工作；所谓作业条件的施工准备，是为某一施工阶段或某一部分工程或某个施工环节所做的准备工作，它是局部性、经常性的施工准备工作。

4.2.1　施工技术准备

全面了解和掌握设计文件和图样，并以此为依据编制施工方案和工程预算，是高质量完成工程施工的重要环节。

（1）熟悉、会审图样。图样是工程的语言、施工的依据。开工前，施工人员首先应熟悉施工图样，了解设计内容及设计意图，明确工程所采用的设备和材料，明确图样所提出的施工要求，明确综合布线工程和主体工程以及其他安装工程的交叉配合，以便及早采取措施，确保在施工过程中不破坏建筑物的强度，不破坏建筑物的外观，不与其他工程发生位置冲突。

施工准备阶段必须完成所有施工图设计或深化设计，必须具有系统图、平面施工图、设备安装图、接线图及其他必要的技术文件。

（2）熟悉和工程有关的其他技术资料，如施工及验收规范、技术规程、质量检验评定标准以及制造厂商提供的资料，即安装使用说明书、产品合格证、试验记录数据等。

（3）技术交底。技术交底的主要内容如下：

◇ 设计要求和施工组织中的有关要求；

◇ 工程使用的材料、设备的性能参数；

◇ 工程施工条件、施工顺序、施工方法；

◇ 施工中采用的新技术、新设备、新材料的性能和操作使用方法；

◇ 预埋部件注意事项；

◇ 工程质量标准和验收评定标准；

◇ 施工中的安全注意事项。

技术交底的方式有书面技术交底、会议交底、设计交底、施工组织设计交底、口头交底等形式。

(4)编制施工方案。在全面熟悉施工图样的基础上，依据图样并根据施工现场情况、技术力量及技术装备情况，综合做出合理的施工方案。施工方案主要包括以下几方面的内容：

①确定工程施工的起点和流向；

②确定施工程序；

③确定施工顺序；

④确定施工方法；

⑤确定安全施工的措施；

⑥施工计划。

(5)编制工程预算。工程预算包括工程材料清单和施工预算。

4.2.2　施工场地的准备

为了加强管理，要在施工现场布置一些临时场地和设施，主要有：

(1)管槽加工制作场。在管槽施工阶段，根据布线路由实际情况，需要对管槽材料进行现场切割和加工。

(2)仓库。对于规模稍大的综合布线系统工程，设备材料都有一个采购周期，同时每天使用的施工材料和施工工具不可能存放到公司仓库，因此，必须在现场设置一个临时仓库存放施工工具、管槽、线缆和其他材料。

(3)现场办公室。现场施工的指挥场所，配备照明、电话和计算机等办公设备。

(4)现场供电供水。在施工过程和加工制作过程中都需要供电、供水。

4.2.3　施工工具准备

综合布线工程施工主要准备以下工具：

◇ 室外沟槽施工工具；

◇ 线槽、线管和桥架施工工具；

◇ 线缆敷设工具；

◇ 线缆端接工具；

◇ 线缆测试工具。

4.2.4　施工前检查

1. 环境检查

在对综合布线系统的缆线、工作区的信息插座、配线架及所有连接器件安装施工之前，首先要对土建工程，即建筑物的安装现场条件进行检查，在符合设计规范和设计文件相应要求后，方可进行安装。

1)工作区、电信间、设备间检查

(1)工作区、电信间、设备间的土建工程已全部竣工。房屋墙面和地面均应平整、光洁，门的高度和宽度应符合设计要求；

(2)房屋建筑内预埋的线槽、暗管、预留孔洞和电缆竖井等的位置、数量、尺寸均应符合设计要求，务必满足工艺施工需要；

(3)铺设活动地板的场所(如机房、设备间)，其活动地板防静电措施及接地装置均应符合设计要求；

(4)电信间、设备间应设有一定数量、分布合理，便于使用的交流 220V 带保护接

地的单相电源插座；

（5）电信间、设备间应提供可靠的接地装置，接地电阻值及接地装置的设置应符合设计要求；

（6）电信间、设备间的位置、面积、高度、通风、防火及环境温、湿度等应符合设计要求。

2）进线间及入口设施检查

具体检查要求包括以下几点：

（1）引入管道与其他设施（如电气、水、煤气、下水道等）之间的位置和间距应符合设计要求；

（2）引入缆线采用的敷设方法应符合设计要求；

（3）引入管线入口部位的处理应符合设计要求，并应检查采取排水措施及防止气、水、虫等进入的措施，并应检查其是否切实有效；

（4）进线间的位置、面积、高度、照明、电源、接地、防火、防水等应符合设计要求。

2. 器材检验

综合布线工程所用的各种器材，施工之前应进行检查。无出厂检验证明材料或与设计不符，不得在工程中使用。经检验的应做好记录，对不合格的器材应单独存放，已备核查与处理。

1）型材、管材与铁件的检验

（1）各种钢材和铁件的材质、规格、型号应该符合设计文件的规定和质量标准。表面所作防锈处理应光洁良好，无脱落和起泡的现象。不得有歪斜、扭曲、毛刺、断裂和破损等缺陷。

（2）各种管材的管身和管口不得变形，接续配件齐全有效。各种管材（如钢管、硬质 PVC 管等）内壁应光滑、无节疤、无裂缝；材质、规格、型号及孔径壁厚应符合设计文件的规定和质量标准。

2）电缆、光缆的检验

为了使工程中布放的电缆、光缆的质量得到有效的保证，在工程的招标投标阶段可以对厂家所提供的产品样品进行分类封存备案，待工程的实施中，厂家大批量供货时，用所封存的样品进行对照，以检验产品的外观、标识和质量是否完好，对工程中所使用的缆线应按下列要求进行。

（1）缆线的检验内容

①工程中所用的电缆、光缆的规格、形式和型号应符合设计的规定和合同要求；

②成盘的电缆（一般以 305m 配盘）、光缆的型号及长度等，应与出厂产品质量合格证一致；

③缆线的外护套应完整无损，电缆所附标志、标签的内容应齐全、清晰。如用户要求，应附有本批量电缆的技术指标。

（2）线的性能指标抽测

对于对绞电缆应从到达施工现场的批量电缆中任意抽出 3 盘，并从每盘中截出 90m，同时在电缆的两端连接上相应的接插件，以形成永久链路（5 类布线系统可以使用基本链路模式)的连接方式(使用现场电缆测试仪)进行链路的电气特性测试。从测试的结果进行分析和判断这批电缆及接插件的整体性能指标,也可以让厂家提供相应的产品出厂检测报告和质量技术报告,并与抽测的结果进行比较。对光缆首先对外包装进行检查,看有无损伤或变形现象,也可按光纤链路的连接方式进行抽测。

3)接插件及配线设备的检验

(1)配线模块和信息插座及其他器件的部件应完整,检查塑料材质是否满足设计要求;

(2)保安单元过压、过流保护的各项指标应符合有关规定;

(3)光纤插座的连接器类型和数量、位置应与设计相符;

(4)光缆、电缆接续设备的型式、规格应符合设计要求。

▶ 4.3　综合布线管槽安装施工

综合布线系统工程的施工可以分为 3 个环节:

(1)管槽安装施工;

(2)线缆敷设施工;

(3)设备安装和调试阶段。

其中,管槽安装施工是整个工程施工的第一个环节,包括管道、线槽和桥架等器材的安装。管槽系统在综合布线系统中虽然只是辅助的保护或支撑措施,但它在工程中具有极为重要的地位。

4.3.1　管槽的安装方式

管路通常以暗敷为主,为半成品,可以单独使用或组装成群,灵活性强、适应性高,在综合布线系统工程中即可用于上升管路,又可用在水平管路,遍布在智能建筑内的四面八方。

槽道多为明敷方式,并且以塑料槽道为主,为成品,且是固定规格,灵活性和适应性较差,一般用于通信线路的主干路由或重要场合,尤其是缆线路由集中,且条数较多的场合或段落,如在智能建筑中的电缆竖井、电信间和设备间内以及重要的干线路由上。

4.3.2　管路和槽道安装的基本要求

(1)综合布线系统的线缆和所需的管槽系统必须与公用通信网络的管线连接;

(2)建筑物内的暗敷管路路由在墙壁内敷设时,应采取水平或垂直方向敷设,不得任意斜穿,以免影响其他管线施工;

(3)建筑物干线子系统如采用上升管路,且利用电缆竖井敷设时,在电缆竖井的墙壁上应预埋安装上升管路的预埋铁件,其间距应符合设计要求;

(4)走最短距离的路由;

(5)管槽路由与建筑物基线保持一致;

(6)横平竖直,弹性定位。根据施工图确定的安装位置,从始端到终端(先垂直干线定位再水平干线定位)找好水平或垂直线。

4.3.3 建筑物内主干布线的管槽安装施工

1. 上升管路安装

上升管路通常适用于中、小型智能化建筑，尤其是楼层面积不大、楼层层数较多的塔楼，或各种功能组合成的分区式建筑群体。装设位置一般选择在综合布线系统线缆较集中的地方，宜在较隐蔽角落的公用部位（如走廊、楼梯间或电梯厅等附近），在各个楼层的同一地点设置；不得在办公室或客房等房间内设置，更不宜过于邻近垃圾道、燃气管、热力管和排水管以及易爆、易燃的场所，以免造成危害和干扰等后患。

上升管路可用钢管或硬聚氯乙烯塑料管，在屋内的保护高度不应小于2m，用钢管卡子等固定，其间距为1m。敷设方法如图4.1所示。

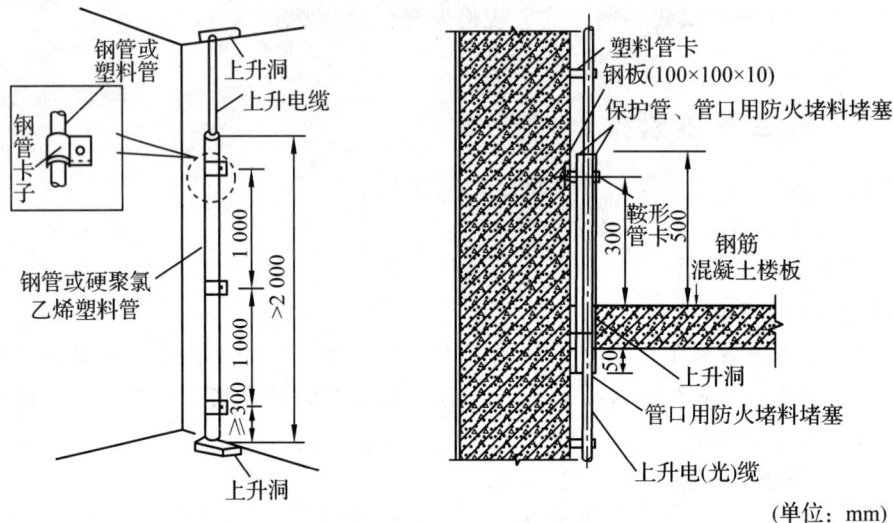

（单位：mm）

图 4.1 上升管路直接敷设

2. 电缆竖井安装

在特大型或重要的高层智能建筑中，一般均有设备安装的区域，设置各种管线。他们是从地下底层到建筑物顶部楼层，形成一个自上而下的深井。

（1）将上升的主干电缆或光缆直接固定在竖井的墙上，它适用于电缆或光缆条数很少的综合布线系统；

（2）在竖井墙上装设走线架，上升电缆或光缆在走线架上绑扎固定，它适用于较大的综合布线系统。电缆竖井内安装梯式桥架方法如图4.2所示；

（3）在竖井墙壁上设置上升管路，这种方式适用于中型的综合布线系统。

3. 上升房内安装

在大、中型高层建筑中，可以利用公用部分的空余地方，划出只有几平方米的小房间作为上升房，在上升房的一侧墙壁和地板处预留槽洞，作为上升主干缆线的通道，专供综合布线系统的垂直干线子系统的线缆安装使用。

（1）上升房内的布置应根据房间面积大小、安装电缆或光缆的条数、配线接续设备装设位置和楼层管路的连接、电缆走线架或槽道的安装位置等合理设置；

（2）上升房为综合布线系统的专用房间，不允许无关的管线和设备在房内安装，避免对通信线缆造成危害和干扰，保证线缆和设备安全运行；

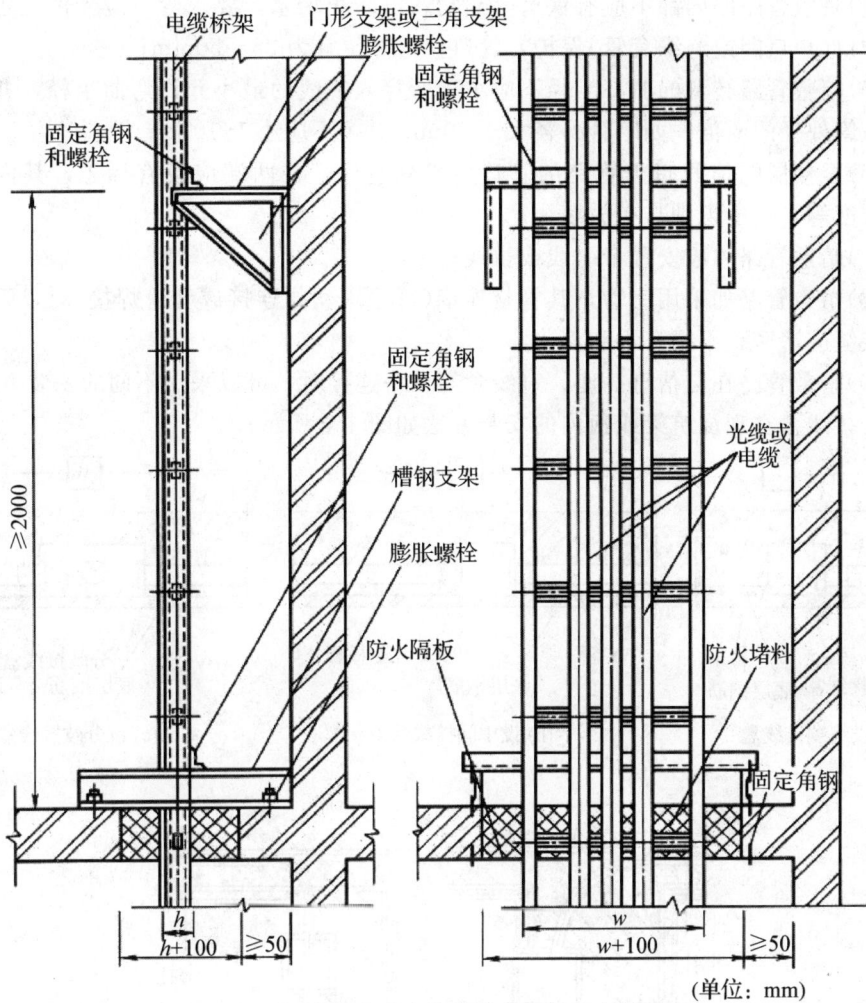

（单位：mm）

图 4.2   电缆竖井内安装梯式桥架示意图

（3）上升房是建筑物中一个上、下直通的整体单元结构，为了防止火灾发生时沿通信线缆延燃，应按国家防火标准的要求，采取切实有效的隔离防火措施。

4.3.4   建筑物内水平布线的管槽安装施工

1. 预埋暗敷管路

预埋暗敷管路属于隐蔽工程，一般与建筑同时施工建成，是配线子系统中广泛采用的支撑保护方式之一。

（1）预埋暗敷管路宜采用无缝钢管或具有阻燃性能的聚氯乙烯（PVC）管。在墙内预埋管路的管径不宜过大；

（2）预埋暗敷管路应尽量采用直线管道，直线管道超过 30m，再需延长距离时，应设置过线盒等装置，以利于牵引敷设线缆。如必须采用弯曲管道，要求每隔 15m，设置过线盒等装置；

（3）暗敷管路如必须转弯，其转弯角度应大于 90°，在路径上每根暗管的转弯角不得多于 2 个，并不应有 S 弯出现，有转弯的管段长度超过 20m 时，应设置管线过线盒装置；有 2 个弯时，不超过 15m 应设置过线盒；

(4)暗敷管路的内部不应有铁屑等异物,以防止堵塞。要求管口应光滑无毛刺,并加有护口(户口圈或绝缘套管)保护,管口伸出部位宜为 25～50mm;

(5)暗敷管路转弯的曲率半径不应小于所穿入缆线的最小允许弯曲半径,并且不应小于该管外径的 6 倍,如暗管外径大于 50mm 时,不应小于 10 倍;

(6)至楼层电信间暗敷管路的管口应排列有序,在两端应设有标志,其内容有序号、长度等,便于识别与布放缆线;

(7)暗敷管路内应安置牵引线或拉线;

(8)暗敷管路如采用钢管,其管材连接(可采用丝扣连接或套管焊接)时,管孔应对准,接缝应严密,不得有水和泥浆渗入;

(9)暗敷管路在与信息插座、过线盒等设备连接时,可以采用不同的安装方法:

①接线盒在现浇筑梁或板内的安装方法如图 4.3 所示;

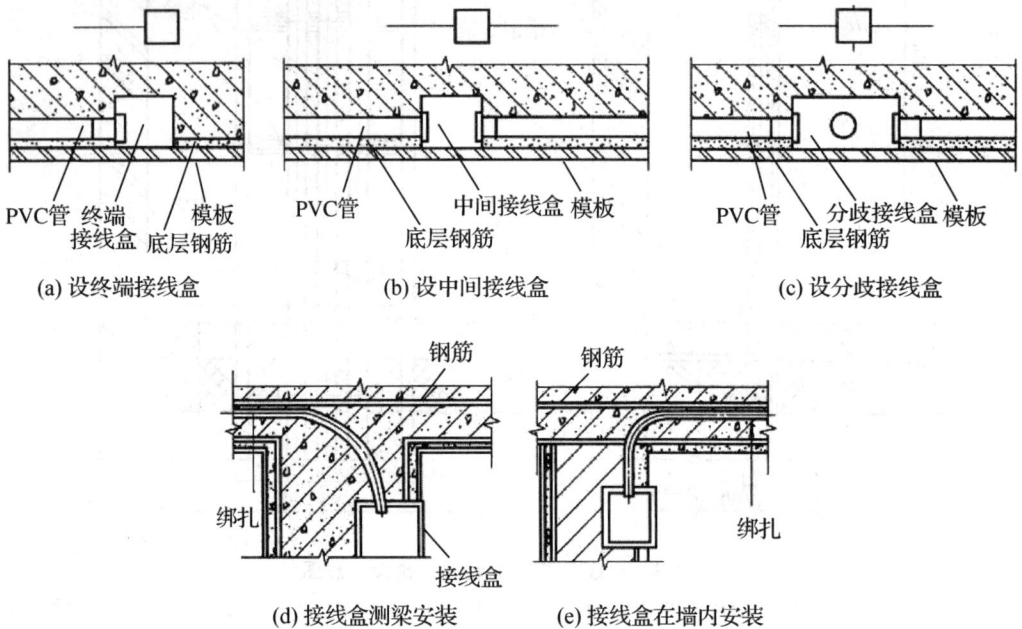

(a) 设终端接线盒　　　　(b) 设中间接线盒　　　　(c) 设分歧接线盒

(d) 接线盒测梁安装　　　(e) 接线盒在墙内安装

图 4.3　接线盒在现浇筑梁或板内的安装

②接线盒在墙壁内与暗敷管路(包括钢管或 PVC 管)互相连接的安装方法如图 4.4 所示;

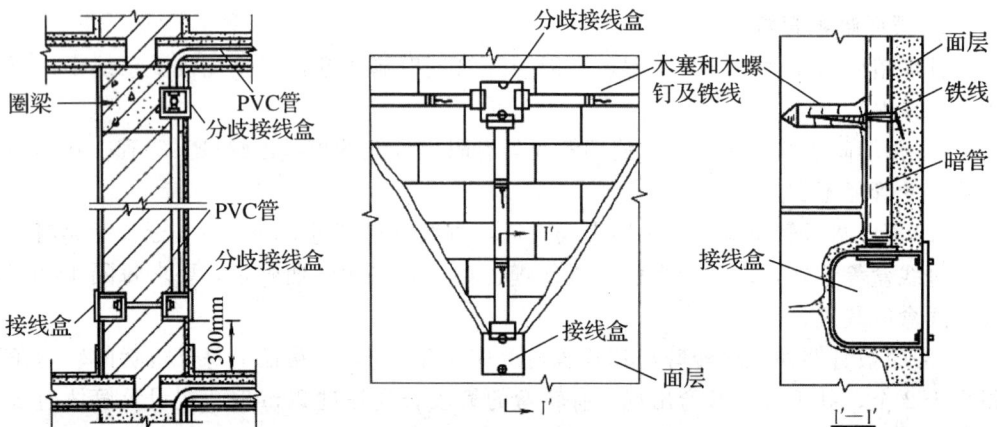

图 4.4　在墙壁内暗敷管路与接线盒的安装

③接线盒在轻型材料的石膏板墙的安装有其特殊性。

(10)暗敷管路进入信息插座、过线盒等接续设备时，如采用钢管，可采用焊接固定，管口露出盒内部分应小于 5mm；如采用硬质塑料管，应采用入盒接头紧固。

2. 明敷配线管路

明敷配线管路在智能建筑中应尽量不用或较少采用，但在有些场合或短距离的段落使用较多。

(1)明敷配线管路采用的管材，应根据敷设场合的环境条件选用不同材质的规格，一般有如下要求：在潮湿场所或埋设于建筑物底层地面内的段落，如采用镀锌钢管或钢管，均应采用管壁厚度大于 2.5mm 的厚壁钢管；使用在干燥场所(含在混凝土或水泥砂浆内)的段落，可采用管壁厚度为 1.6～2.5mm 的薄壁钢管；

(2)明敷配线管路应排列整齐，布置合理、横平竖直，且要求固定点或支撑点的间距均匀。金属管明敷时，在距接线盒 300mm 处，弯头处的两端，每隔 3m 处应采用管卡固定。

3. 预埋金属槽道(线槽)

适用于大空间且间隔变化多的场所，一般预埋于现浇筑混凝土地面、现浇筑楼板中活楼板垫层内。

(1)在建筑物中预埋线槽，宜按单层设置，每一路由进出同一过路盒的预埋线槽均不应超过 3 根，线槽截面高度不宜超过 25mm，总宽度不宜超过 300mm；

(2)线槽直埋长度超过 30m 或在线槽路由交叉、转弯时，宜设置过线盒，以便于布放缆线和维修；

(3)过线盒盖能开启，并与地面齐平，盒盖处应具有防灰与防水功能；

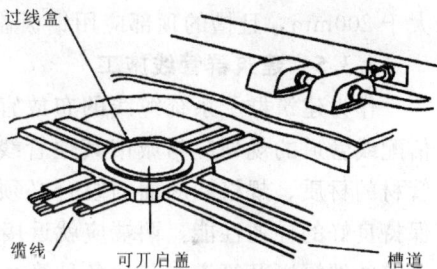

图 4.5　预埋金属线槽方式示意图

(4)过线盒和接线盒盒盖应能抗压；

(5)从金属线槽至信息插座模块接线盒间或金属线槽与金属钢管之间相连接时的缆线宜采用金属软管敷设。预埋金属线槽方式如图 4.5 所示。

4. 明敷线缆槽道或桥架

明敷线缆槽道或桥架适用于正常环境的室内场所，有严重腐蚀的场所不宜使用。在敷设时必须注意以下要求：

(1)缆线桥架底部应高于地面 2.2m 及以上，顶部距建筑物楼板不宜小于 300mm，与梁及其他障碍物交叉处间的距离不宜小于 50mm；

(2)缆线桥架水平敷设时，支撑间距宜为 1.5～3m。垂直敷设时固定在建筑物结构体上的间距宜小于 2m，距地 1.8m 以下部分应加金属盖板保护，或采用金属走线柜包封，门应可开启；

(3)直线段缆线桥架每超过 15～30m 或跨越建筑物变形缝时，应设置伸缩补偿装置；

(4)金属线槽敷设时，在下列情况下应设置支架或吊架：线槽接头处；每间距 3m

处；离开线槽两端出口 0.5m 处；转弯处。

5. 金属立柱的铺设

金属立柱起到支撑建筑物内的吊顶和布放缆线的作用。金属立柱可以在地面上或办公家居的隔断上作支撑和布线，立柱支撑点如在地面时，应避开地面沟槽的位置。公用立柱布线方式如图 4.6 所示。

6. 活动地板和网络地板的铺设

（1）活动地板的铺设

活动地板内净高应为 150～300mm，如果考虑空调采用下送风上回风的方式时，地板内的净高不应小于 300mm。在地板内也可铺设线槽。

图 4.6　公用立柱布线方式示意图

（2）网络地板的铺设

网络地板是一种可灵活搭配和组合的线槽，但地板板块间所构成的槽位宽度不宜大于 200mm，且槽的顶部应用钢板盖上。

4.3.5　建筑群管线施工

作为建筑群子系统缆线的布放宜采用钢管、多孔塑料管或水泥管块铺设。地下通信配线管道的规划应与城市其他管线的规划相适应，并做到同步建设。管道铺设所用管材的材质、规格和断面的组合必须符合设计的规定。而且所有的金属管道全程必须保持良好的导通性能，两端应就近接地。管道的防水、防蚀、防强电干扰等防护措施，管道的埋深以及管道与其他各种管线平行或交叉的最小净距均应符合设计的要求。

1）水泥管块铺设

① 水泥管块的顺向连接间隙不大于 5mm，上下两层管块间及管块与基础间的距离应为 15mm；

② 管群的两层管及两行管的接续缝应错开。水泥管块的接缝无论行间、层间均宜错开 1/2 的管长；

③水泥管块的接续采用抹浆的方法，水泥浆与管身粘接应牢固、质地坚实、表面光滑、不空鼓、无飞刺、无欠茬、不断裂。

2）铸铁管与塑料管的铺设

① 钢管铺设的断面组合应符合设计规定；

② 钢管接续宜采用管箍法，管口应光滑，两根钢管应分别旋入管箍长度的 1/3 以上；

③塑料管的接续宜采用承接法或双承接法。

3）管道引入人（手）孔要求

① 管顶距人（手）孔、通道上覆、沟盖底面不小于 300mm，管孔距人（手）孔和通道基础面应不小于 400mm；

② 各种引上管进入人（手）孔、通道，宜在上覆、沟盖下 200～400mm 范围以内。

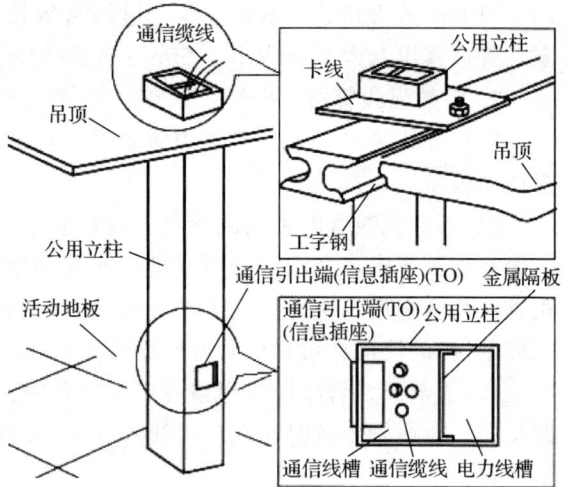

管口应终止在墙体内 30～50mm 处，并应封堵严密、抹出喇叭口。

4）地下通信用蜂窝式 PVC 多孔直埋管铺设

（1）产品特点

① 采用聚氯乙烯为主要原料，适量填加多种助剂，具有良好的抗老化、耐腐蚀、阻燃性和绝缘性能；

② 采用人字梁结构，设计合理。使管道的刚度提高，抗压性能增强；

③ 采用多孔一体结构，可以直接穿缆。各子管排列紧凑合理提高了管孔的利用率；

④ 内壁光滑度好，管孔内壁摩擦阻力小，穿缆便捷；

⑤ 不需外护套，直埋入地，从而减少了材料消耗，缩短投资周期；

⑥ 具有良好的抗酸碱、耐老化、耐冲击和密封防水性能；

⑦ 铺设的兼容性好。适用于铺设光缆、电缆等缆线。

（2）PVC 多孔直埋管铺设

① 开挖沟槽。蜂窝式直埋管材开槽施工工艺应根据现场环境，槽深、地下水位高低、地质情况、施工设备、季节影响等因素综合考虑。开挖沟槽尺寸应符合工程设计要求。

② 铺设安装。铺管前验收管材规格型号以及堵塞、接头等材料的规格、数量，并对外观质量进行检查，不符合标准的不得使用。

蜂窝式直埋管或接头在黏合前应用棉纱或干布将承口内侧、插口外侧和管孔擦拭干净，使被黏结面清洁，无尘砂与水迹，表面沾有油污时，须用棉纱蘸丙酮等清洁剂擦净。用油刷胶粘剂冷刷被粘接插口外侧及粘接承口内侧时，应轴向转动、动作迅速、涂抹均匀且涂刷的胶粘剂适量。冬季施工时尤须注意，应先涂承口，后涂插口。

③ 沟槽覆土。沟槽覆土应在管道隐蔽工程验收合格后进行，覆土应及时，防止管道暴露时造成损失。回填土时，不得回填入淤泥、砖头及其含有其他杂硬物体的泥土。

管顶 150mm 内，必须用人工回填，严格机械回填。若采用推土机或碾压机碾压或受汽车垂直负载，管顶以上的覆土厚度不应小于 700mm。回填土质量，必须达到设计规定的密实度要求。

④ 穿缆、放缆时为避免发生缠绕，应采用放缆机放缆。牵引钢缆与蜂窝式直埋管的连接可使用较粗的铁丝 3～7 根纵向穿过轴心，与（电）缆相连。

▶ 4.4　综合布线系统设备安装

综合布线系统中需要安装的设备包括各种配线架（CD、BD、FD）、相应接线模块、布线接插件和各种通信引出端（包括单孔或多孔的信息插座）。

由于不同厂家的设备类型和品种不同，配线架安装方法也有区别。较为常用的类型有单面/双面配线架的落地安装方式和单面配线架的墙上安装方式，设备的结构有敞开的列架式和外设箱体外壳保护的柜式。目前，国内外所有配线接续设备的外形尺寸基本相同，其宽度均采用通用的 48.26cm（19in）标准机柜（架），有利于设备统一布置和安装施工。

信息插座的外形结构和内部零件安装方式大同小异，基本为面板、接线模块和盒

体几部分组装成整体，连接用的插座插头都与 RJ-45 型配套使用。也有采用 IDC 卡接式的接线模块(IDC 为绝缘压穿连接方式)。

4.4.1　机架(柜)安装

(1)机架(柜)安装完工后，要求其前后左右的垂直偏差度均不应大于 3mm。

(2)机架(柜)及其内部设备上的各种零件应齐全、无损坏，内部不应留有线头等杂物，表面漆面如有损坏或脱落，应及时予以补漆。各种标志应统一、完整、清晰、醒目。

(3)机架(柜)必须安装牢固可靠。各种螺钉必须拧紧，无松动、缺少、损坏或锈蚀等缺陷，机架更不应有摇晃现象。在有抗震要求时，应根据设计规定或施工图中防震措施要求进行抗震加固。机柜(架)的底部应为地面加固。对于 8 度以及 8 度以上的抗震设防，加固所用的膨胀螺栓等加固件应加固在垫层下的混凝土楼板上。如果采用活动地板时，在活动地板内可以预制抗震底座的方式与机架(柜)进行加固。

(4)机架(柜)在形成列架时，顶部安装应采取由上架、立柱、连固铁、列间撑铁、旁侧撑铁和斜撑组成的加固连接网。构件之间应按有关规定连接牢固，使之成为一个整体。对于 8 度以及 8 度以上的抗震设防，必须用抗震夹板或螺栓加固。

(5)为便于施工和维护人员操作，机架(柜)前应至少预留 1 500mm 的空间，背面距离墙面应大于 800mm，以便人员施工、维护和通行。

(6)采用墙上安装方式时，要求墙壁必须坚固牢靠，能承受机架(柜)质量，其机架(柜)底距地面宜为 300～800mm，或视具体情况决定。其接线端子应按电缆用途划分连接区域，方便连接，并设置标志，以示区别。

(7)在新建建筑中，布线系统应采用暗配线铺设方式，所使用的配线设备也应采取暗敷方式，埋装在墙壁内。为此，在建筑设计中应根据综合布线系统要求，在规定位置处，预留墙洞，并先将设备箱体埋在墙内，布线系统工程施工时再安装内部连接硬件和面板。箱体的底部距离地面宜为 500～1 000mm。

(8)机架(柜)采用直径 4mm 的铜线连接到接地端，并满足接地电阻的要求。所有与地线连接处应使用接地垫圈，垫圈尖角应对铁件，刺破其涂层。只允许一次装好，不得将已装过的垫圈取下重复使用，以保证接地回路畅通。

4.4.2　信息插座的安装

以形式区分，综合布线系统的信息插座可分单插座、双插座和多用户信息插座等数种。其安装位置既有安装在墙上的，也有埋于地板及办公桌上的，安装施工方法应区别对待。

(1)安装在地面或活动地板上的地面信息插座，是由接线盒体和插座面板两部分组成。插座面板有直立式(面板与地面成 45°，可以倒下成平面)和水平式等几种。缆线连接固定在接线盒体内的装置上，接线盒体均埋在地面下，其盒盖面与地面平齐，可以开启，要求必须有严密防水、防尘和抗压功能。在不使用时，插座面板与地面齐平，不得影响人们日常行动。地面信息插座的各种安装方法如图 4.7 所示。

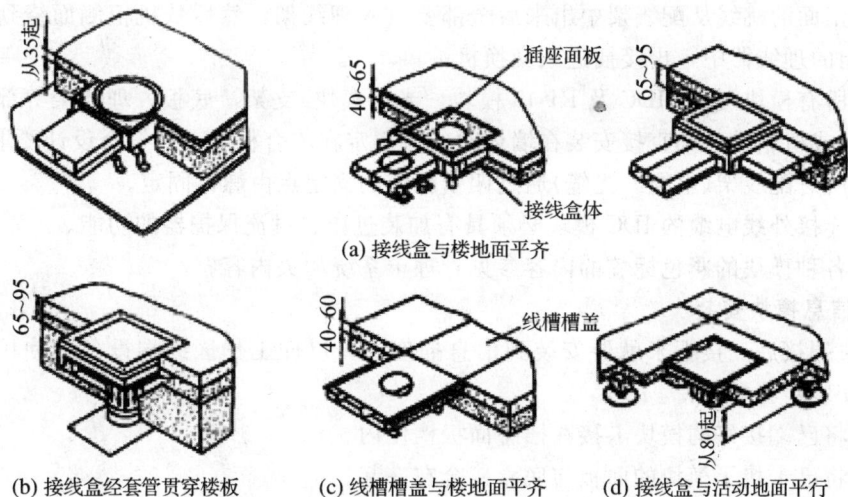

(a) 接线盒与楼地面平齐

(b) 接线盒经套管贯穿楼板　　(c) 线槽槽盖与楼地面平齐　　(d) 接线盒与活动地面平行

图 4.7　地面信息插座的各种安装方法

（2）安装在墙上的信息插座，其位置宜高出地面 300mm 左右。如房间地面采用活动地板时，信息插座应离活动地板地面为 300mm。安装在墙上的信息插座如图 4.8 所示。

（3）在办公桌上安装信息插座，主要用于大开间办公场所，应根据办公桌的尺寸及摆设考虑信息插座的位置。插座最好是斜面安装，如与桌面成 45°，对于防尘有很好的效果。

在新建的智能建筑中，信息插座宜与暗铺管道系统配合，信息插座盒体采用暗装方式，在墙

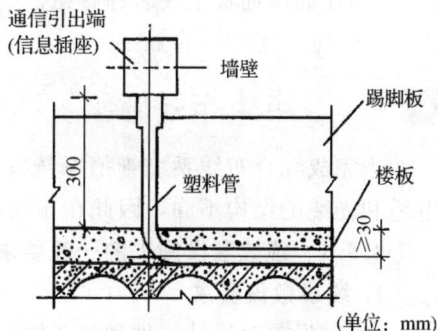

图 4.8　安装在墙上的信息插座示意图

壁上预留洞孔，将盒体埋设在墙内，综合布线施工时，只需加装接线模块和插座面板。在已建成的智能化建筑中，信息插座可根据具体环境条件，采取明装或暗装方式。

信息插座底座的固定方法应以现场施工的具体条件确定，可用扩张螺钉、射钉或一般螺钉等方法安装，安装必须牢固可靠，不应有松动现象。

信息插座应有明显的标志，可以采用颜色、图形和文字符号来表示所接终端设备的类型，以便使用时区别，不混淆。

4.4.3　模块安装

1. 配线架安装

(1)在机柜内部安装配线架前，首先要进行设备位置规划或按照图样规定确定位置。

(2)缆线采用地面出线方式时，一般缆线从机柜底部穿入机柜内部，配线架宜安装在机柜下部。采取桥架出线方式时，一般缆线从机柜顶部穿入机柜内部，配线架宜安装在机柜上部。缆线采取从机柜侧面穿入机柜内部时，配线架宜安装在机柜中部。

(3)每个模块式快速配线架之间安装有一个理线架，每个交换机之间也要安装理线架。

（4）正面的跳线从配线架中出来后全部要放入理线架，然后从机柜侧面绕到上部的交换机间的理线器中，再接插进入交换机端口。

（5）所有模块（包括 IDC 及 RJ-45 模块，光纤模块）支架，底板，理线架等部件应紧固在机柜或机箱内，如直接安装在墙体时，应固定在胶合板上，并符合设计要求。

（6）所有配线架（电缆、光缆）通过四个孔位的固定点由螺钉固定。

（7）连接外线电缆的 IDC 模块必须具有加装过压、过流保护器的功能。

（8）各种模块的彩色标签的内容参见管理子系统相关内容。

2. 信息模块安装

模块端接后，接下来就要安装到信息插座内，以便工作区终端设备的使用。信息模块的安装步骤如下：

（1）将已端接好的模块卡接在插座面板槽位内。

（2）将已卡接了模块的面板与底盒接合在一起。

（3）用螺钉将插座面板固定在底盒上。

（4）在插座面板上安装标签条。

▶ 4.5　电缆布线施工

当完成综合布线系统管槽系统安装后，接下来即可进行线缆布线施工。由于双绞电缆和光缆的结构不同，因此在布线施工中所采用的技术也有所区别。

4.5.1　缆线敷设施工的一般要求

1. 缆线敷设要求

（1）敷设前对设计文件和施工图样进行核对，尤其是对主干路由中所采用的缆线型号、规格、程式、数量、起讫段落以及安装位置，要重点复核。

（2）缆线两端应贴有统一正规标签，应标明缆线编号和用途，标签上的文字符号书写应清晰、字体端正和内容正确。标签应选用不易损坏的材料制成。

（3）缆线的布放应自然平直，不得产生扭绞、打圈、接头等现象，不应受外力的挤压而损伤。

（4）为了保证缆线本身不受损伤，在缆线敷设时，布放缆线的牵引力应小于缆线允许张力的 80%。如敷设水平双绞电缆，4 对双绞电缆导线直径为 0.5mm 时，牵引力拉力不应超过 10kg，N 根 4 对双绞电缆，拉力不应超过 $N \times 5 + 5$kg，但不管多少根线对电缆，最大拉力不能超过 40kg，速度不宜超过 15m/min；导线直径为 0.4mm 时的牵引拉力不应超过 7kg。

（5）布放线缆应有冗余，以适应终端连接、检查测试和需要变更（如拆除移动）的需要。一般情况下，双绞电缆预留长度：在工作区宜为 3～6cm，电信间宜为 0.5～2m，设备间宜为 3～5m；光缆布放路由宜盘留，预留长度宜为 3～5m，有特殊要求的应按设计要求预留长度。

（6）缆线的弯曲半径应符合下列规定：

①非屏蔽 4 对双绞电缆的弯曲半径应至少为电缆外径的 4 倍。

②屏蔽 4 对双绞电缆的弯曲半径应至少为电缆外径的 8 倍。

③大对数主干双绞电缆的弯曲半径应至少为电缆外径的 10 倍。

④2 芯或 4 芯水平光缆的弯曲半径应大于 25mm；其他芯数的水平光缆、主干光缆和室外光缆、电缆的弯曲半径应至少为线缆外径的 10 倍。

(7)缆线间的最小净距应符合设计要求。

对于建筑物内缆线通道内较为拥挤的部位，综合布线系统应单独敷设。但与智能化建筑内弱电系统各个子系统合用一个金属槽道布放缆线时，各个子系统的缆线线束间应用金属板隔开。在一般情况下，各个子系统的缆线应布放在各自的金属线槽中，金属线槽应可靠就近接地，与各系统缆线间距应符合设计要求。

(8)具有屏蔽结构的电缆，其屏蔽层端到端应保持完整良好的导通性，屏蔽层的全程不得有中断的现象。

2. 预埋线槽和暗管敷设缆线规定

(1)敷设线槽和暗管的两端宜用标志表示出编号等内容。

(2)预埋线槽宜采用金属线槽，预埋或密封线槽的截面利用率应为 30%～50%。

(3)敷设暗管宜采用钢管或阻燃聚氯乙烯硬质管。布放大对数主干电缆及 4 芯以上光缆时，直线管道的管径利用率应为 50%～60%，弯管道应为 40%～50%。暗管布放 4 对双绞电缆或 4 芯及以下光缆时，管道的截面利用率应为 25%～30%。

3. 缆线在槽道或桥架内的布置和固定

(1)在密封式线槽内布放的缆线应顺直，尽量不互相交叉重叠，在缆线进出线槽部位、转弯处应绑扎固定牢靠，做到美观整齐。

(2)缆线在桥架或敞开式槽道内敷设时，应对缆线进行绑扎。缆线垂直敷设时，在缆线的上端和每间隔 1.5m 处应固定在桥架的支架上；当缆线水平敷设时，在缆线的首、尾、转弯及每间隔 5～10m 处应绑扎固定牢靠。通常根据缆线的类型、用途、缆径、线对数量，采用分束绑扎并加以标记，便于维护管理，如图 4.9 所示。

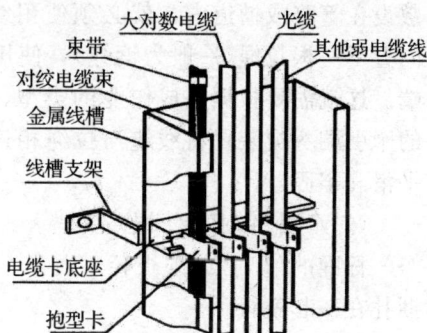

图 4.9 缆线在槽道中分束绑扎

(3)在建筑物内，光缆在桥架敞开敷设时，应在绑扎固定段落处加装垫套，以缓冲外力直接对缆线的影响。

4. 吊顶支撑柱作为线槽在顶棚内敷设缆线

采用吊顶支撑柱作为线槽在顶棚内敷设缆线时，每根支撑柱所辖范围内的缆线可以不设置密封线槽进行布放，但应分束绑扎在支撑柱上，力求整齐美观，缆线应采用阻燃型，缆线选用应符合设计要求。

4.5.2 线缆布设技术

1. 路由选择

线缆敷设的路由在工程的设计阶段就确定下来，并在设计图样中反映出来。根据已确定的电缆敷设路由，可以设计出相应的管槽安装的路由图。在建筑物土建阶段应同步埋好暗敷的管道，土建工程完成后可以开始桥架和槽道的施工。当建筑物内的管路、桥架和槽道安装完毕后，就可以开始敷设线缆。

选择线缆敷设路由时，要根据建筑物结构所允许的条件尽量选择最短距离，但对于布放线缆来说，它不一定就是最好、最佳的路由。在选择最容易布线的路由时，要考虑便于施工，便于操作，即使浪费一些线缆也要这样做。

水平电缆敷设的路由根据水平布线所采用的布线方案，有走地下线槽管道的，有走活动地板下面的，有走房屋吊顶的，形式多种多样。

干线电缆敷设的路由主要根据建筑物内竖井或垂直管路的路径，以及其他一些垂直走线路径来确定的。根据建筑物结构，干线电缆敷设路由有垂直路由和水平路由，单层建筑物一般采用水平路由，有些建筑物结构较复杂，也可采用垂直路由和水平路由。

建筑群子系统的干线线缆敷设路由与采用的布线方案有关。如果采用架空布线方法，则应尽量选择原有电话系统或有线电视系统的干线路由。如果采用直埋电缆布线法，则路由的选择要综合考虑土质、天然障碍物、公用设施（如下水道、水、气、电）的位置等因素。如果采用管道布线法，则路由的选择应考虑地下已布设的各种管道，并注意管道内应用情况以及与其他管路保持一定的距离。

2. 线缆牵引

在线缆敷设之前，建筑物内的各种暗敷的管路和槽道已安装完成，因此要将线缆敷设在管路或槽道内，就必须使用线缆牵引技术。通常，在安装各种管路或槽道时已内置了一根拉绳（一般为钢绳），使用拉绳可以方便地将线缆从管道的一端牵引到另一端。这就需要根据完成作业的类型、线缆的数目和质量、布线路由的难度等制作合适的牵引端头或装置将线缆与拉绳相连，所遵循的原则是使拉线与线缆的连接点应尽量平滑和牢固。

（1）牵引"4对"双绞电缆

标准的"4对"线缆很轻，通常不要求做更多的准备，只要将它们用电工带子与拉绳捆扎在一起就行了。

如果牵引多条"4对"线穿过一条路由，可用下列方法：

① 将多条线缆聚集成一束，并使它们的末端对齐，用电工带或胶布紧绕在线缆束外面，在末端外绕 50～100mm 长距离，见图 4.10(a)；

② 将拉绳穿过电工带缠好的线缆，并打好结，见图 4.10(b)。

如果牵引线缆时连接点散开了，则需制作更牢固的连接，为此，可按下面方法做：

① 除去一些绝缘层暴露出 5cm 的裸线并分成两束，见图 4.10(c)；

② 将两束导线互相缠绕起来形成环，见图 4.10(d)；

③ 将拉绳穿过此环，并打结，然后将电工带缠到连接点周围，要缠得结实和平滑。

（2）牵引单根"25对"双绞电缆

①将线缆向后弯曲以便建立一个环，直径为 15～30cm，并使线缆末端与线缆本身绞紧，如图 4.11(a)所示；

②用电工带紧紧地缠在绞好的缆上，以加固此环，见图 4.11(b)；

③把拉绳连接到线缆环上，用电工带紧紧地将连接点包扎起来。

（3）牵引多根"25对"或"更多对"的双绞电缆

①剥除约 30cm 的线缆护套（包括导线绝缘层），剪去部分导线，留下约 12 根，并

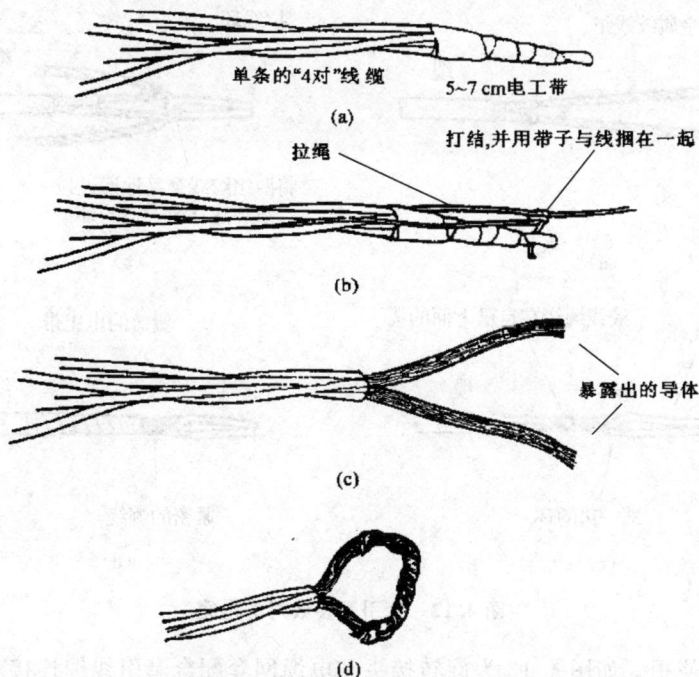

图 4.10　"4 对"线缆牵引处理方法

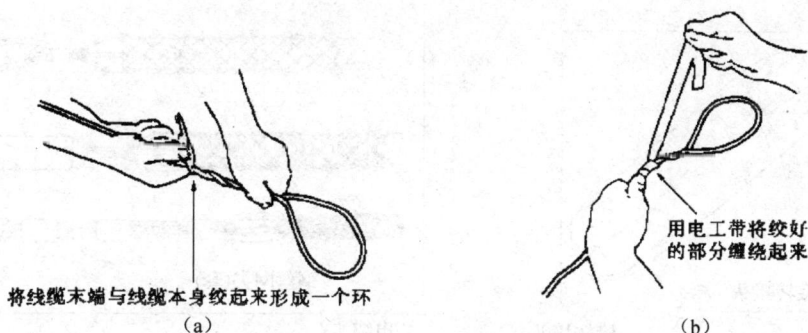

图 4.11　牵引单根的"25 对"电缆

分成两个绞线组，见图 4.12(a)；

　　②将两组绞线交叉穿过拉线的环，在线缆的那边建立一个闭环，见图 4.12(b)；

　　③将缆一端的导线缠绕在一起以使环封闭，见图 4.12(c)；

　　④将缠绕的导线用电工带紧紧地缠绕，覆盖长度约 5cm，然后继续再绕上一段，见图 4.12(d)。

　　(4)电缆网套连接器牵引线缆

　　电缆网套连接器又称电缆网套、拉线网套、光缆网套，其钢丝网套可紧箍各种规格线缆，且能通过各类型放线滑车，具有质量轻，拉力负荷大，不损线，使用方便等优点，是线缆敷设施工最理想的牵引工具。通常与旋转连接器配套使用，用于各种规格线缆放线时连接牵引钢丝绳，能释放钢丝绳捻劲，避免线缆缠绕。目前已有旋转型

两个金属绞线组

缆

拉线环

缆

将两组绞线交叉地通过拉
线环建立缆一边的环

（a）

（b）

拉线环

绞线缠绕在自己上面的缆

缆

覆盖的电工带

缆

端一边的环

紧密的缠绕

（c）

（d）

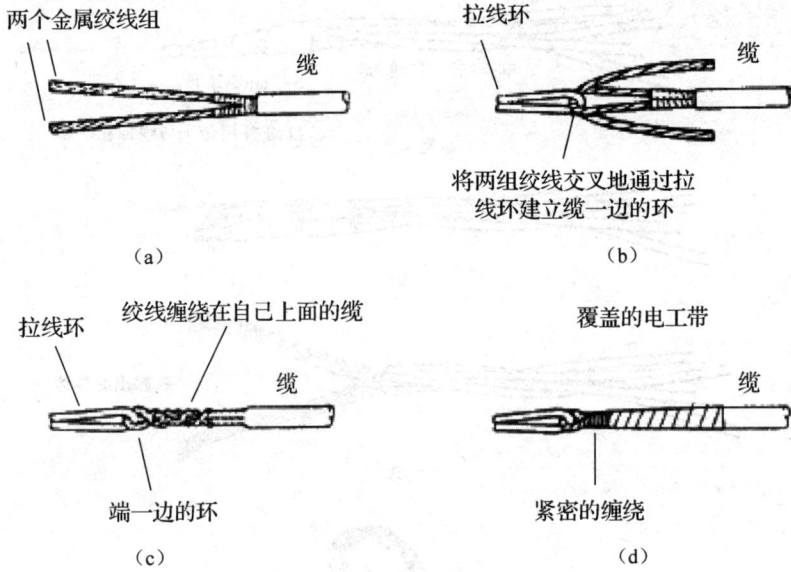

图 4.12　牵引更多线对的电缆

电缆网套可供使用。如图 4.13 为旋转接头和电缆网套配合牵引线缆连接示意图。

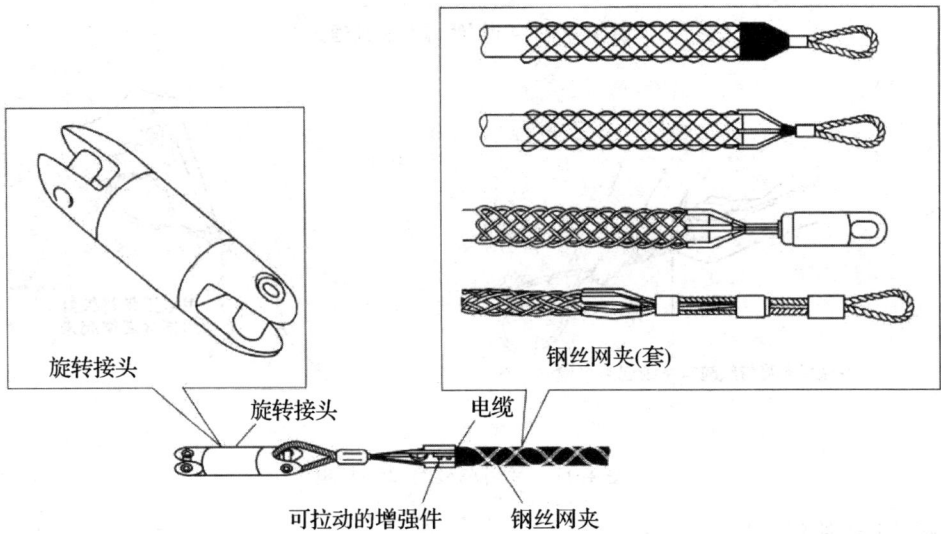

钢丝网夹(套)

旋转接头

旋转接头

电缆

可拉动的增强件

钢丝网夹

图 4.13　牵引网套等连接装置

3. 管道清刷和试通

　　管道布线时要对管道进行清刷和试通，按操作顺序，用刷子和布块等物从建筑物向人孔方向牵引试通，达到管孔内干净清洁、畅通无阻的要求，能够满足穿放缆线的需要。如图 4.14 所示为引入建筑物的缆线施工时对引入管孔清刷和试通的示意图。

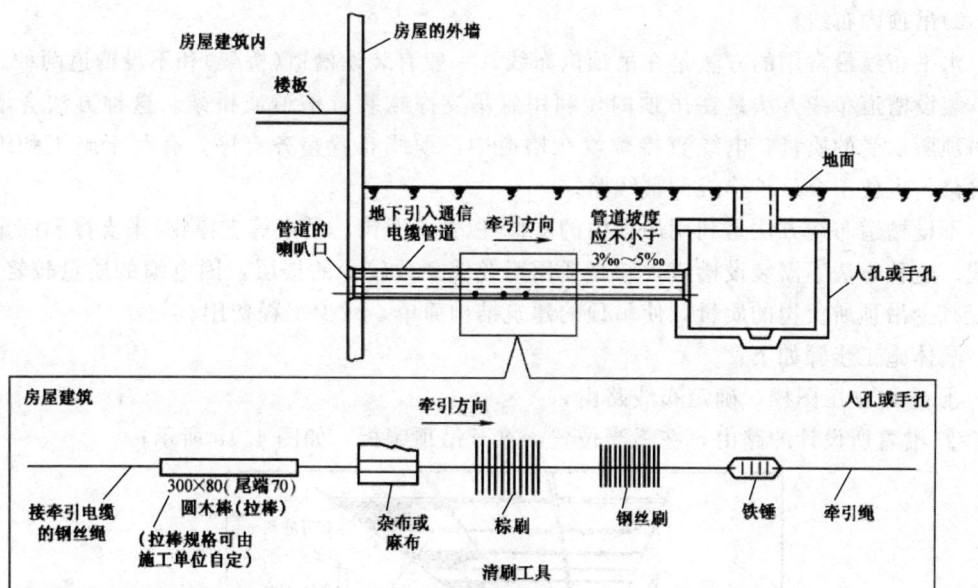

图 4.14　清刷管道和试通

4.5.3　电缆布线

1. 建筑物内水平布线

水平布线，具有面广、量大，具体情况较多，而且环境复杂等特点，遍及智能化建筑中所有角落，可选用吊顶、地板下、墙壁及其组合来布线，在决定采用哪种方法之前，到施工现场，进行比较，从中选择一种最佳的施工方案。在布放多条线缆时，试着一次尽量布更多的线缆。

1)地板下布线

(1)敷设方法

目前，在综合布线系统中采用的地板下水平布线方法较多，这些方法比较隐蔽美观，安全方便。例如新建建筑物主要有地板下预埋管路布线法、蜂窝状地板布线法、地面线槽布线法(线槽埋放在垫层中)、活动地板法(又称高架地板法)。它们的管路或线槽，甚至利用地板结构都是在楼层的楼板中，与建筑同时建成，此外，在新建或原有建筑的楼板上(固定或活动地板下)主要有地板下管道布线法和高架地板布线法。

(2)地板下布线的具体要求

① 不论在楼板中或楼板上敷设的各种地板下布线方法，除选择缆线的路由应短捷平直、装设位置安全稳定以及安装附件结构简单外，更要便于今后维护检修和有利于扩建改建；

② 敷设缆线的路由和位置应尽量远离电力、给水和煤气等管线设施，以免遭受这些管线的危害而影响信息传输质量；

③ 在改建或原有房屋建筑中因没有预埋暗敷管路或线槽时，如需敷设综合布线系统的缆线，应根据该房屋建筑的图样(房屋建筑的布局和结构、楼层高度、楼板结构、内部各种管线的分布等)进行核查后，拟定采用相应的地板布线方法。

2)吊顶内布线

水平布线最常用的方法是在吊顶内布线。一般有装设槽道(桥架)和不设槽道两种。

装设槽道布线方法是在吊顶内,利用悬吊支撑物装置槽道或桥架。这种方法会增加吊顶所承受的质量。电缆直接敷设在槽道中,缆线布置整齐有序,有利于施工和维护检修,也便于今后扩建或调整线路。

不设槽道布线方法是利用吊顶内的支撑柱(如J形钩、吊索等支撑物)来支撑和固定缆线。这种方法不需装设槽道,它是适用于缆线条数较少的楼层,因电缆的质量较轻,可以减少吊顶所负担的质量,使吊顶的建筑结构简单,减少工程费用。

具体施工步骤如下:

① 索取施工图样,确定布线路由;

② 沿着所设计的路由,在适当位置,推开吊顶镶板,如图4.15所示;

图4.15 具有可移动镶板的悬挂式天花板

当水平电缆较多时,为了减轻对吊顶的压力,可使用J形钩、吊索及其他支撑物来支撑线缆;

③ 假设要布放24条双绞线缆,到每个信息插座安装孔有两条线缆。首先,将24个线缆箱按照房间位置分成4组,每组有6个线缆箱放在一起,如图4.16所示;

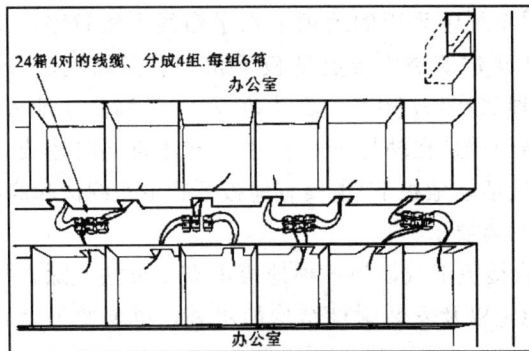

图4.16 共布24条电缆,每房间2条电缆

④ 加标注。在箱上写标注;在线缆的末端贴上标签并标注;

⑤ 沿途在吊顶内放置牵引绳(采用投掷法)直至配线间,从离配线间最远的一组开始,将6根电缆绑扎在拉绳上;

⑥ 在拉绳的另一端人工牵引拉绳,将电缆牵引第二组缆箱处,将该组的6根电缆

也绑扎在拉绳上，如图 4.17 所示；

⑦ 继续将剩下的线缆组增加到拉绳上。每次牵引它们向前，直到走廊末端，再继续牵引这些线缆一直到达配线间连接处，如图 4.18 所示；

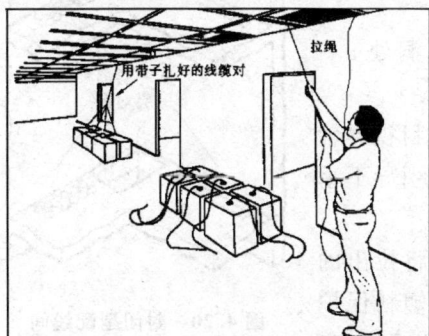

图 4.17　将用带子扎好的缆对拉过吊顶

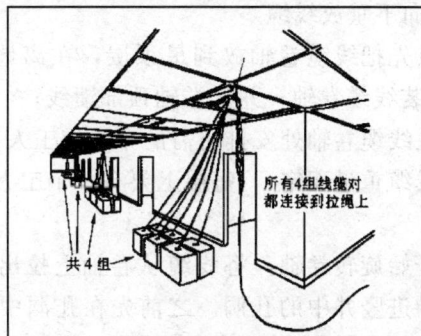

图 4.18　将连接好的 4 组线缆牵引通过吊顶到达配线间连接处

⑧ 当线缆在吊顶内布完后，还要通过墙壁或墙柱的管道将线缆向下引至信息插座安装孔；

⑨ 电缆牵引完毕，按规定预留一定长度，将电缆端接到配线架和信息插座上。

3）在墙上布线

综合布线系统缆线在墙上布线方法有以下几种类型：

① 新建或改扩建房屋建筑的墙内预先埋设暗敷管路；

② 原有房屋建筑或虽然是新建房屋因需增设暗敷管路时，一般采取镂槽嵌管的补救方式，以免影响房屋建筑结构和满足使用需要；

③ 沿墙明敷管路后，外加装饰物予以遮盖，形成暗敷管路；

④ 将管路或缆线直接在墙壁上布设。如图 4.19 所示。这种方式造价低，但影响美观，又易被损伤，一般应用在单根水平布线的场合。具体方法是将线缆沿着墙壁下面的踢脚板或墙根边敷设，并使用钢钉线卡固定。

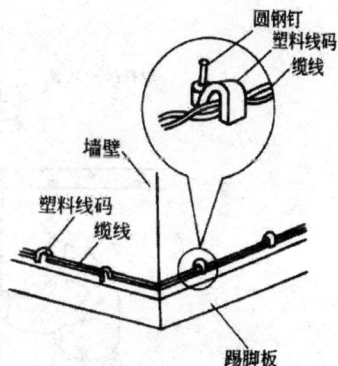

图 4.19　墙壁上缆线直接布设

2. 建筑物干线电缆布线

干线电缆是建筑物的主要馈线缆，它为从设备间到每层配线间之间的传输信息提供通路。

在新的建筑物中，通常在垂直方向有一系列上下对准的封闭型的小房间，称为弱电间。在这些房间有若干开口槽（电缆井）或套筒圆孔（电缆孔），见图 4.20。这些孔和槽从建筑物最高层到地下室，在每层的同一位置上都有。这就解决了垂直方向通过各楼层敷设干线线缆的通道问题。

在弱电间中敷设干线线缆有两种选择：

①向下垂放；

②向上牵引。

通常向下垂放比向上牵引容易，但如果将线缆卷轴抬到高层上去很困难，则只能由下向上牵引。

（1）向下垂放线缆

①首先把线缆卷轴放到最顶层，在离地板孔洞处 3～4m 处安装线缆卷轴，并从卷轴顶部馈线；

②在线缆卷轴处安排所需的布线施工人员（数目视卷轴尺寸及线缆重量而定），每层上要有一个工人以便引导下垂的线缆；

③开始旋转卷轴，将线缆从卷轴上拉出，并将拉出的线缆引导进竖井中的孔洞。之前先在孔洞中安放塑料保护物，以防止孔洞不光滑的边缘擦破线缆的外皮，如图 4.21 所示。

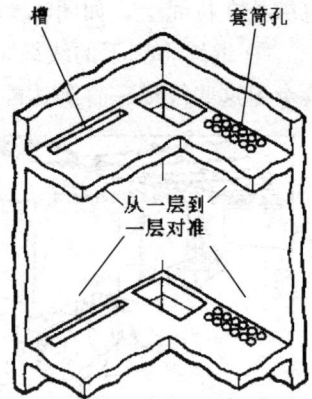

图 4.20　封闭型配线间

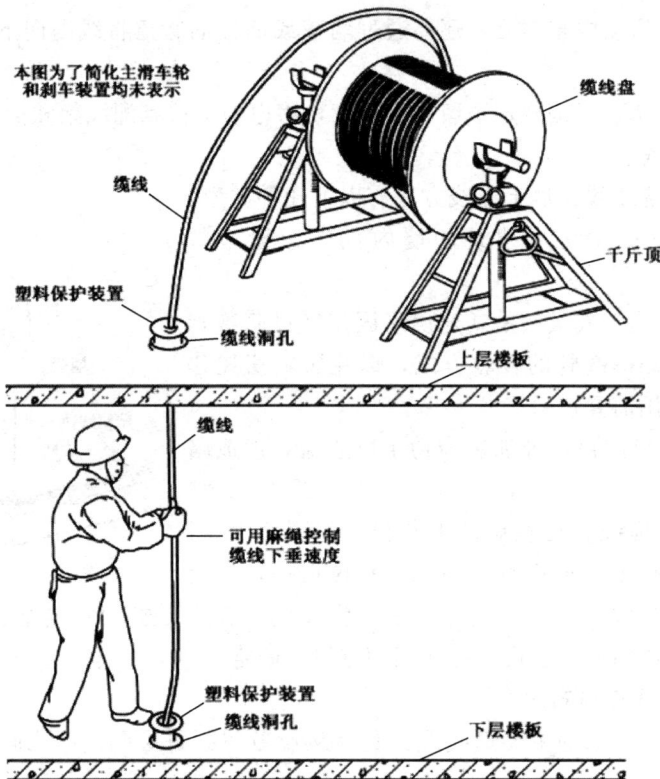

图 4.21　向下垂放线缆

④慢慢地从卷轴上放缆并导入孔洞向下垂放，直到下一层布线人员能将线缆引到下一个孔洞；

⑤按前面的步骤，继续慢慢地放线，并将线缆引入各层的孔洞。

如果要经由一个大孔敷设垂直主干线缆，就无法使用一个塑料保护套了，这时最好使用一个滑车轮，通过它来下垂布线，为此需求做如下操作：

一是在孔的中心处装上一个滑车轮，如图 4.22 所示。将缆拉出绕在滑车轮上；

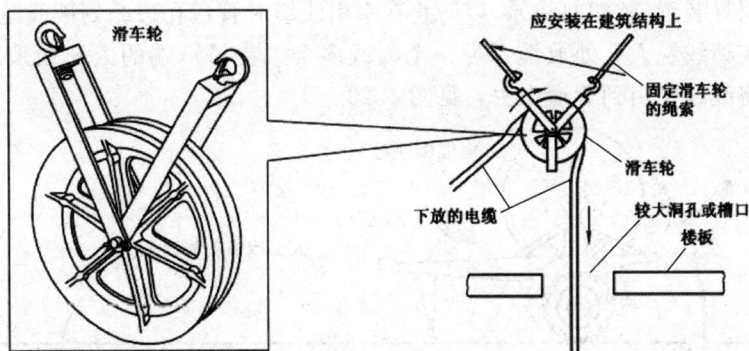

图 4.22   利用滑车轮向下垂放通过大的洞孔或槽口

二是按前面所介绍的方法牵引线缆穿过每层的孔，当线缆到达目的地时，把每层上的线缆绕成圈放在架子上固定起来，等待以后的端接。

（2）向上牵引线缆

若布放的线缆较少，可采用人工向上牵引的方案。若布放的线缆较多，则可采用电动牵引绞车向上牵引的方案。

①按照线缆的质量，选定绞车型号，并按厂家的说明书进行操作；

②起动绞车，并往下垂放一条拉绳（确认此拉绳的强度能保护牵引线缆），拉绳向下垂放直到安放线缆的底层；

③制作合适牵引端头或采用电缆网套连接器将拉绳与电缆连接；

④起动绞车，慢慢地将线缆通过各层的孔向上牵引。缆的末端到达顶层时，停止绞车。在地板孔边沿上用夹具将线缆固定；

⑤当所有连接制作好之后，从绞车上释放线缆的末端。

3. 建筑群电缆布线

在建筑物之间敷设线缆，一般有管道、架空（包括墙壁）、掩埋式三种方式。综合布线中一般采用两种方法，即地下管道敷设和架空（包括墙壁）敷设。

1）管道敷设电缆

在管道中敷设电缆，有三种情况：小孔到小孔敷设、在人孔间直线敷设和沿着拐弯处敷设。采用人力或机器来敷设电缆，首先尝试用人力牵引线缆，如果人力牵引不动或很费力，则改用机器牵引线缆。

（1）小孔到小孔

小孔到小孔牵引指的是直接将线缆牵引通过管道（这里没有人孔）。即通过小孔在一个地方进入地下管道，而经由小孔在另一个地方出来。

在保证管道中已置入拉绳的情况下，在管道的入口处将线缆制作合适牵引端头连接到拉绳上馈入管道，在管道的另一端采用人力或机器牵引拉绳，匀速而平稳地将线缆牵引通过管道。

（2）人孔到人孔

牵引线缆的过程基本上与小孔到小孔的牵引方法相似。人孔可能较深或较窄，因此具体牵引时要采用一些辅助部件（滑车轮、链锁等）。为了保证管道边缘是平滑的，

要安装一个引导装置(软塑料块),以防止在牵引线缆时管道孔边缘划破线缆保护层。

一个人在馈线缆人孔处放缆,另一个人或多个人在另一端的人孔处采用人力或机器牵引拉绳将线缆牵引到管道中去,见图4.23。

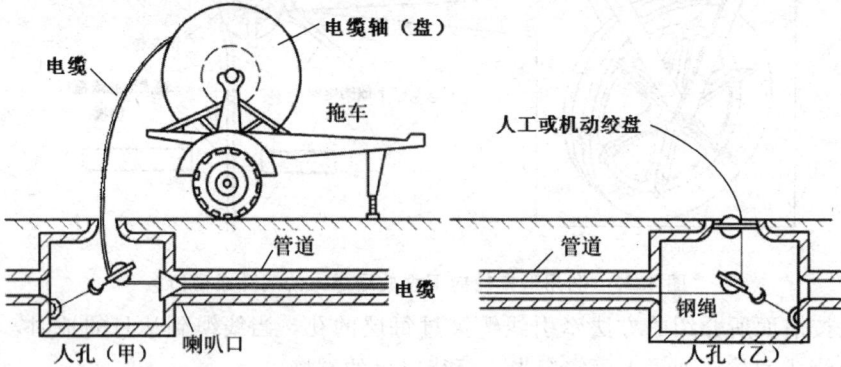

图4.23 两人孔间牵引线缆

如果通过多个人孔布放电缆,其过程与牵引线缆从人孔到人孔的方法相似。只有一点除外,即在每一个人孔中要提供足够的松弛线缆并用夹具或其他硬件将其挂在墙上。不上架的线缆应割下,留出一定的空间,以便施工人员将来完成连接作业。

(3)转弯管道

对于具有拐弯的管道,为防止可能损坏线缆,可使用下列过程来牵引。

假设线缆从一个人孔到另一个人孔直线布线,然后转90°的弯进入一个建筑物,见图4.24。

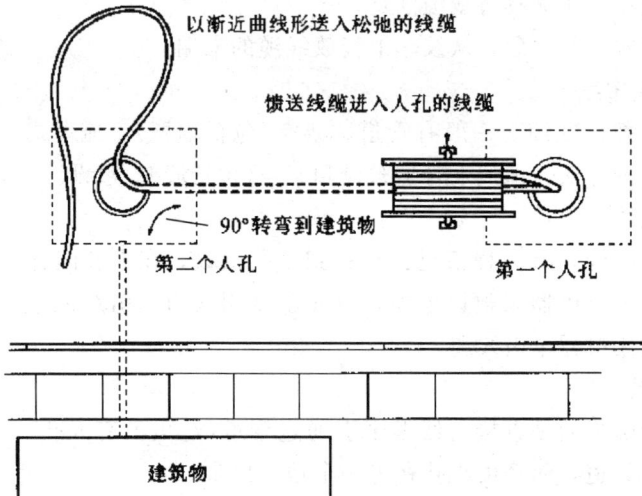

图4.24 牵引线缆通过光滑的转弯

首先,将要敷设的电缆放在第一个人孔处,借助拉绳通过第一个人孔牵引电缆到第二个人孔,在第二个人孔处牵引出足够的线缆(长度要求能转弯到达建筑物,并考虑预留)。然后,在第二个人孔处将牵引出的电缆连接在通往建筑物的拉绳上,把电缆馈入人孔的管道中,并通过此管道牵引进入建筑物。

2)架空敷设线缆

如果建筑群的距离较近，又有现存的电线杆，且电线杆距离小于 30m，可利用电线杆架空敷设线缆。

架空布放的线缆有两种类型：自承式和非自承式电缆。综合布线通常非自承式电缆，敷设时将其固定到一根钢丝绳上去(此钢绳横跨在两个建筑物或两个电线杆之间)。根据线缆的质量选择钢丝绳，一般选 7/2.2mm(或 7/2.6mm)镀锌钢绞线。

敷设过程：首先将钢绳固定在电线杆或建筑物上，再用链吊升器和钢绳牵引机将它拉紧，然后将线缆吊挂固定在钢绳之上。

(1)安装钢绳

①将钢绳卷轴放在电线杆或建筑物附近；

②将钢绳拉出并拉到远端的电线杆或建筑物；

③在电线杆或建筑物的合适位置固定一条吊索；

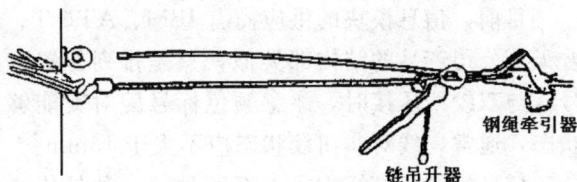

图 4.25 安装钢绳

④按图 4.25 所示安装钢绳牵引器和链吊升器(一端钩在吊索上，另一端到牵引器上)；

⑤在链吊升器上牵引钢绳，将钢绳系紧并拉直；

⑥当钢绳拉紧后，安装钢绳缆夹；

⑦断开并撤去吊索、链吊升器及牵引器。

(2)安装线缆

将线缆固定到钢绳上有多种方法。下面介绍一种预挂挂钩法，如图 4.26 所示。

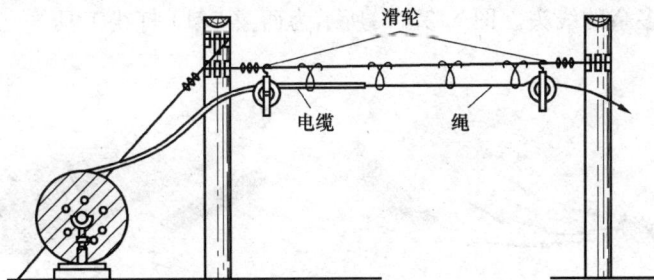

图 4.26 预挂挂钩法固定电缆

首先在架设段落的两端各装设一个滑轮，然后在吊线上每隔 50cm 预挂一只挂钩，挂钩的死钩应逆向牵引方向，以免电缆牵引时挂钩被拉跑或脱落。在挂挂钩的同时，应将一根拉绳穿过所有的挂钩和角杆滑轮，在拉绳的末端用网套连接电缆。

电缆盘由电缆拖车或电缆支架托起，并用人力转动。另一端用人力或机械牵引拉绳，引导电缆穿过所有挂钩，将电缆布放在吊线上，布放后应沿线检查，补挂或更换部分挂钩。

4.5.4 信息插座(模块)端接

1. 概述

布放线缆只是综合布线施工的一部分，施工人员还要对线缆进行各种连接。电缆连接的施工特点是工作量大而集中，精密程度和技术要求极高。线缆连接硬件用于端

接或直接连接电缆，以构成一个完整的信息传输通道。这些连接可以分为两类：一类是 110 连接场；另一类是模块化配线板、信息插座、插头等。

信息插座是信息模块和面板的组合。其中的信息模块所遵循的通信标准，决定着信息插座的适用范围，如超 5 类模块、6 类模块，分别适用于超 5 类双绞线、6 类双绞线。

信息插座在正常情况下，具有较小的衰减和近端串扰，以及插入电阻。如果连接不好，可能要增加链路衰减及近端串扰。所以，安装和维护综合布线的人员，必须先进行严格培训，掌握安装技能。

电缆在信息插座上有 T568A 和 T568B 两种端接方式，均在一个模块中实现。两种端接方式的线对分布不一样，在一个系统中只能选择一种，不可混用。

目前，信息模块的供应商有 IBM、AT&T、AMP、西蒙等国外商家，国内有南京普天等公司产品的结构都类似，只是排列位置有所不同。模块通常注有双绞线颜色标号，与双绞线压接时，注意颜色标号配对就能够正确地压接，并尽量保持线对的对绞状态，通常，线对非扭绞状态应不大于 13mm。

信息模块从打线方式上有两种：一种是传统的需要手工打线的，打线时需要专门的打线工具，制作起来比较麻烦；另一种是新型的，无须手工打线，无须任何模块打线工具，只需把相应双绞线卡入相应位置，然后用手轻轻一压即可，使用起来非常方便、快捷。

2. 端接工具

端接信息模块时，需要使用电缆准备工具和打线工具。电缆准备工具也称剥线刀，如图 4.27(a)，它的主要功能是剥掉双绞线外部的绝缘层。使用它进行剥皮不仅比使用压线钳快，而且还比较安全，一般不会损坏到包裹的芯线。打线工具用于将双绞线压入模块，并剪断多余的线头。图 4.27(b)所示为西蒙 S814 打线工具。

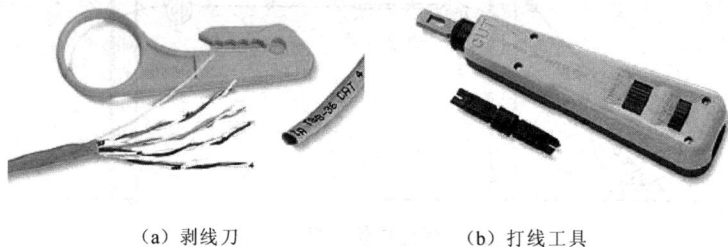

（a）剥线刀　　　　　　　　（b）打线工具

图 4.27　信息插座端接工具

3. 模块端接

（1）打线模块端接

以非屏蔽 RJ-45 模块为例说明端接过程。

①把双绞线从布线底盒中拉出约 20cm 长，使用剥线刀剥除约 10cm 外层绝缘皮，然后，用偏口钳或剪刀剪掉抗拉线（若是 6 类模块需剪掉中间十字骨架）；

②将信息模块的 RJ-45 接口向下，置于桌面等较硬的平面上；

③分开电缆的 4 对线对，但线对之间不要拆开，按照信息模块上指示的线序，稍稍用力将导线一一置入相应的线槽内，如图 4.28(a)所示；

　　④将打线工具的刀口对准信息模块上的线槽和导线，垂直向下用力，听到"喀"的一声，模块外多余的线会被剪断。重复这一操作，可将 8 条芯线一一打入相应颜色的线槽中，如图 4.28(b)所示；

　　⑤将模块的塑料防尘片沿缺口插入模块，并牢牢固定于信息模块上。现在模块端接完成；

　　⑥将信息模块插入信息面板中相应的插槽内，如图 4.28(c)所示。再用螺钉将面板牢牢地固定在信息插座的底盒上从而完成信息插座的安装。

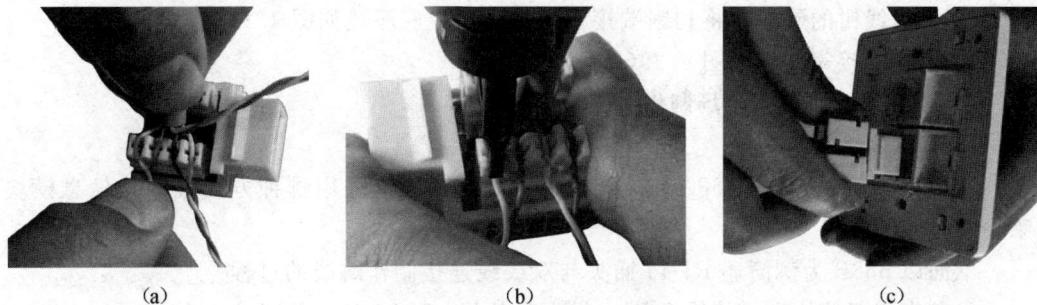

(a)　　　　　　　　　　　(b)　　　　　　　　　　　(c)

图 4.28　信息模块端接

　　对于屏蔽式模块的端接，其过程与非屏蔽模块的端接基本相同，只需注意屏蔽双绞电缆的屏蔽层与模块屏蔽罩必须保持 360°圆周良好接触，接触长度不宜小于 10mm。

　　(2)免打线模块端接

　　以 Vcom 公司免打线信息模块 MOU45E-WH[见图 4.29(a)]为例说明端接过程。

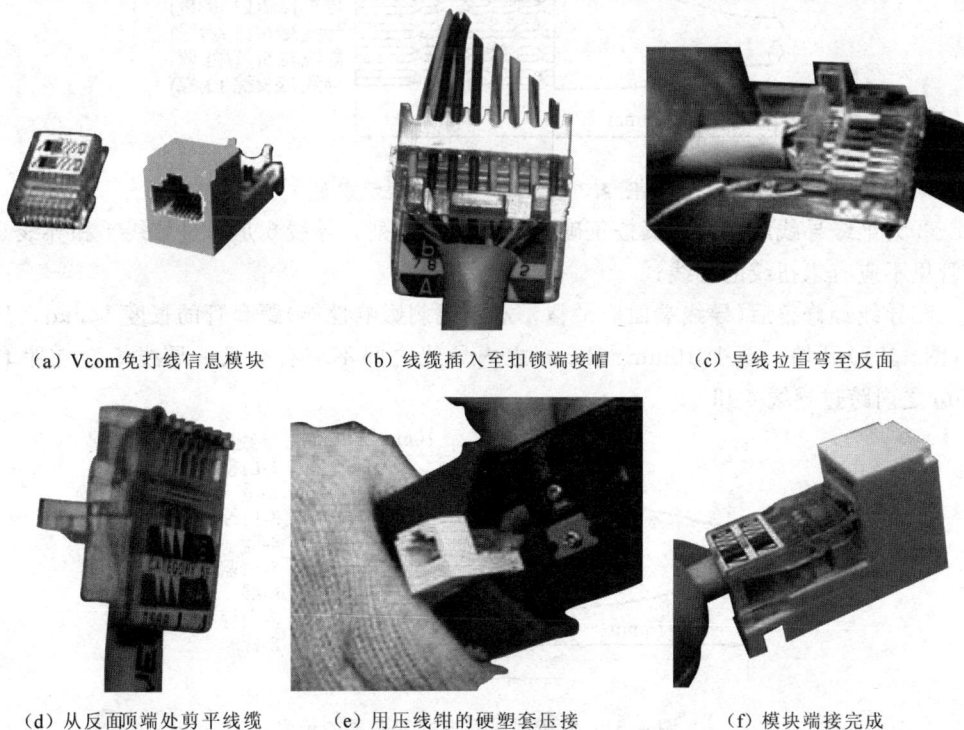

(a) Vcom 免打线信息模块　　(b) 线缆插入至扣锁端接帽　　(c) 导线拉直弯至反面

(d) 从反面顶端处剪平线缆　　(e) 用压线钳的硬塑套压接　　(f) 模块端接完成

图 4.29　免打线模块端接

① 用双绞线剥线器将双绞线塑料外皮剥去 2～3cm；

② 按信息模块扣锁端接帽上标定的 B 标(或 A 标)线序打开双绞线；

③ 理平、理直线缆，斜口 45°角剪齐导线(便于插入端接帽)；

④ 将线缆按标示线序方向插入至扣锁端接帽，注意开绞长度(至信息模块底座卡接点)不能超过 13mm，如图 4.29(b)所示；

⑤ 将多余导线拉直并弯至反面，如图 4.29(c)所示；

⑥ 从反面顶端处剪平导线，如图 4.29(d)所示；

⑦ 用压线钳的硬塑套将扣锁端接帽压接至模块底座，如图 4.29(e)所示；

⑧ 模块端接完成，如图 4.29(f)所示。

4.5.5 双绞线跳线现场制作

1.5e 类跳线制作

RJ-45 的连接也分为 568A 与 568B 两种方式，不论采用哪种方式必须与信息模块采用的方式相同。

下面以 568B 为例简述 RJ-45 插头与双绞线连接制作跳线的过程。

① 首先将双绞线电缆绝缘套管，自端头剥去大于 20mm，露出 4 对线；

② 定位电缆线以便它们的顺序号是 1&2、3&6、4&5、7&8，如图 4.30 所示。为防止插头弯曲时对套管内的线对造成损伤，导线应并排排列至套管内至少 8mm 形成一个平整部分，平整部分之后的交叉部分呈椭圆形状态；

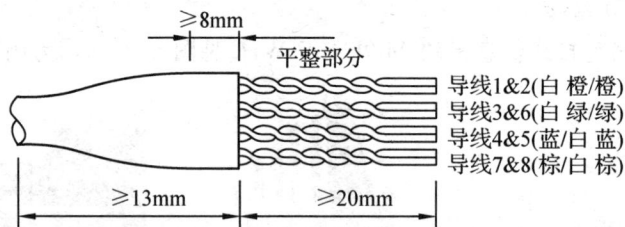

图 4.30 RJ-45 连接剥线示意图

③ 为绝缘导线解扭，使其按正确的顺序平行排列，导线 6 是跨过导线 4 和导线 5 在套管里不应有未扭绞的导线；

④ 导线经修整后(导线端面应平整，避免毛刺影响性能)距套管的长度 14mm，从线头(图 4.31)开始，至少 10mm±1mm 之内导线之间不应有交叉，导线 6 应在距套管 4mm 之内跨过导线 4 和 5；

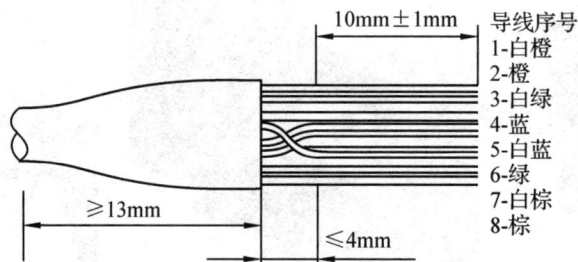

图 4.31 双绞线排列方式和必要的长度

⑤将导线插入 RJ-45 水晶头，导线在 RJ-45 头部应能见到铜芯，套管内的平坦部分应从插塞后端延伸直至初张力消除(图 4.32)，套管伸出插塞后端至少 6mm。

⑥用如图 4.33 所示压线工具压实 RJ-45 水晶头。

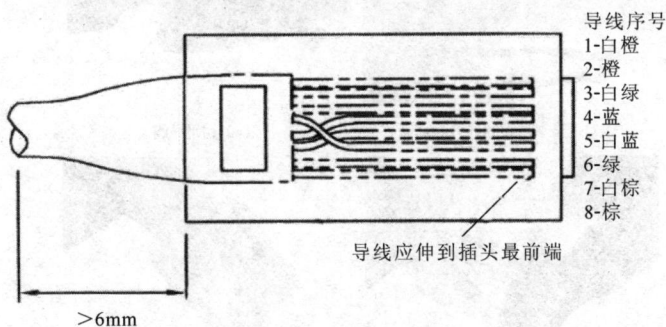

导线序号
1-白橙
2-橙
3-白绿
4-蓝
5-白蓝
6-绿
7-白棕
8-棕

导线应伸到插头最前端

>6mm

图 4.32　RJ-45 压线的要求　　　　**图 4.33　RJ-45/RJ-11 压线钳**

重复以上步骤，再制作另一端的 RJ-45 接头，从而完成双绞跳线制作。

2. 6 类跳线制作

6 类水晶头与 5e、5 类水晶头外观基本相同，总体符合 RJ-45 标准，与 RJ-45 插座兼容，接头内部结构有相应改进。如图 4.34 为几种不同结构的 6 类水晶头。

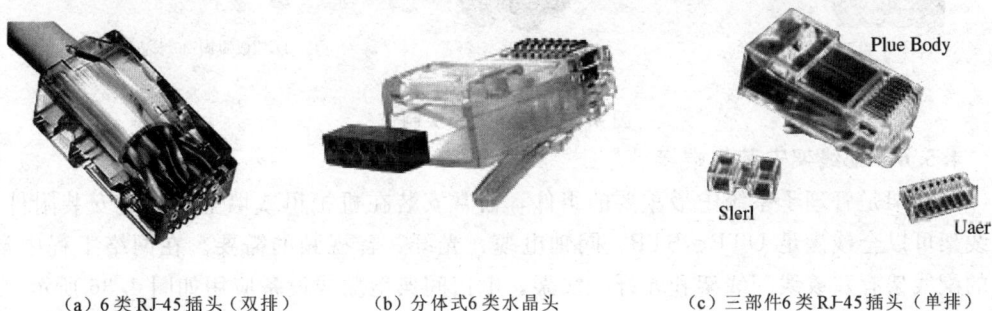

Plue Body

Slerl

Uaer

（a）6 类 RJ-45 插头（双排）　　（b）分体式 6 类水晶头　　（c）三部件 6 类 RJ-45 插头（单排）

图 4.34　不同结构 6 类水晶头

下面以 IDEAL 85-366 三部件 6 类 RJ-45 插头为例说明制作跳线的过程。

①剥除电缆外护套，分开线对，切除十字骨架，如图 4.35(a)所示；

②将分线器(Sled，线对固定器)套入线对，如图 4.35(b)所示；

③按照标准排列线对，将每根线轻轻捋直，并切平导线端，如图 4.35(c)所示；

④将插件(Liner，芯线固定器)套入各线对，如图 4.35(d)所示；

⑤将裸露出的双绞线用剪刀剪下只剩约 14mm 的长度，如图 4.35(e)所示；

⑥插入 RJ-45 水晶头，如图 4.35(f)所示；

⑦用压线钳进行压接，如图 4.35(g)所示。完成制作的 RJ-45 水晶头如图 4.35(h)所示。

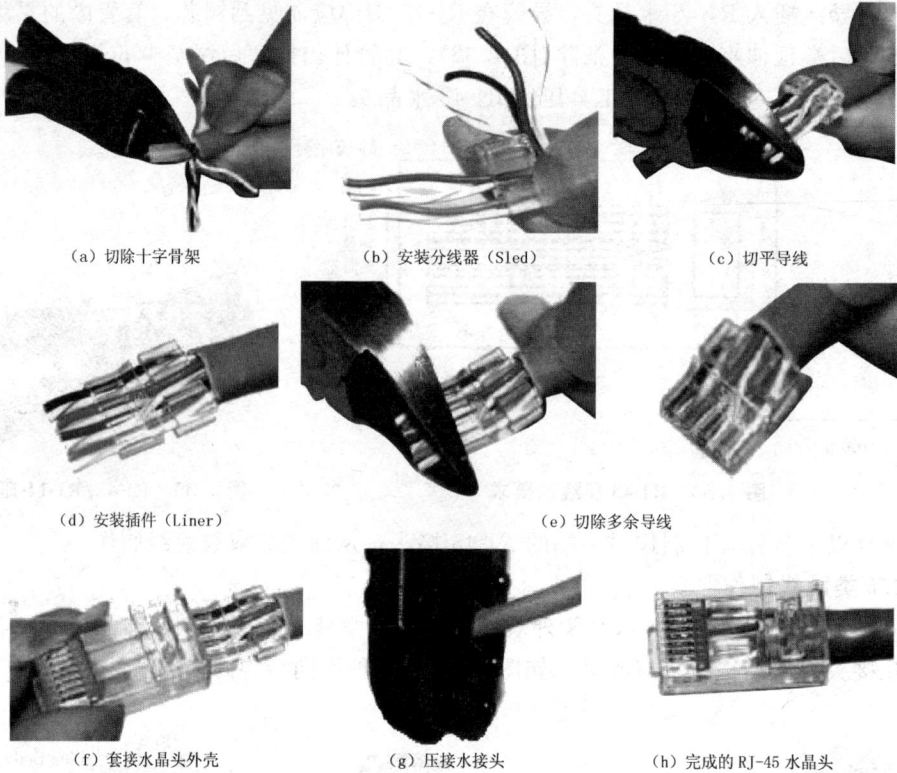

（a）切除十字骨架　　　　　　（b）安装分线器（Sled）　　　　　（c）切平导线

（d）安装插件（Liner）　　　　　　　（e）切除多余导线

（f）套接水晶头外壳　　　　　　（g）压接水接头　　　　　　（h）完成的RJ-45水晶头

图 4.35　6 类水晶头制作

4.5.6　配线架安装与端接

配线架是管理子系统中最重要的组件，通常安装在机柜里或墙上。通过安装附件，配线架可以全线满足 UTP、STP、同轴电缆、光纤、音视频的需要。在网络工程中常用的配线架有双绞线配线架和光纤配线架。电信间典型配线设备应用如图 4.36 所示。

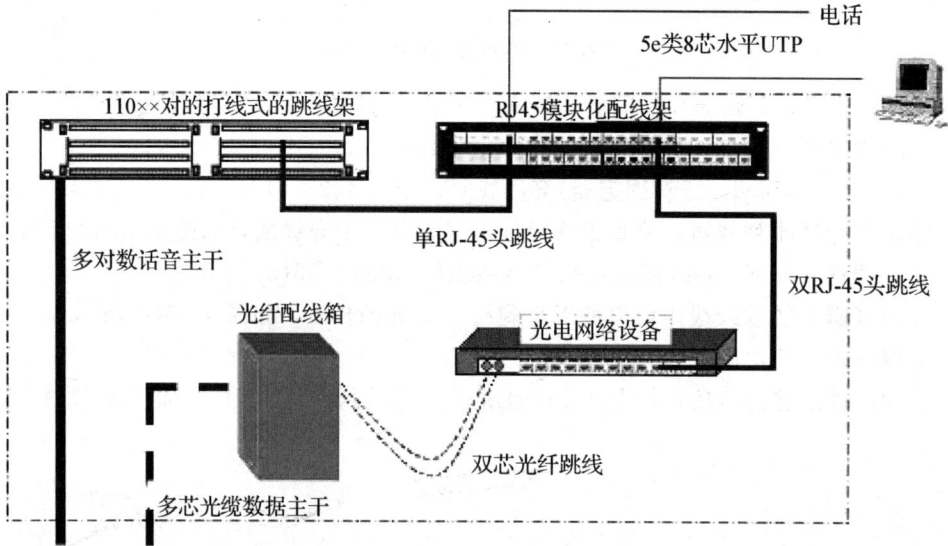

图 4.36　电信间典型配线设备应用

本节只讲述 110 配线架和模块式快速配线架的电缆连接，光纤配线架将在 4.6 节中介绍。

1. 端接双绞线缆的基本要求

（1）在缆线终端连接前，应首先整理缆线在设备上敷设状态，要求路径合理、布置整齐、缆线的曲率半径符合规定。所有缆线应用塑料扎带捆扎、松紧适宜，并固定在设备中的走线架上或线槽内，以防缆线不合理的移动或受到外力损伤。

（2）按照缆线终端顺序，剥除每条缆线的外护套，在剥除缆线外护套时必须采用专用工具施工操作，不得采用一般刀剪，以免操作不当损伤缆线的绝缘层，影响缆线的电气特性而使传输质量下降。

（3）操纵剥除外护套后的电缆线对时要注意以下几点：

①不要单独地拉和弯曲线缆"对"；

②终接在连接硬件上的线对应尽量保持扭绞状态。最大暴露双绞线长度为 40～50mm。线对间最大间距 4cm。非扭绞长度，对于 3 类电缆不应大于 25mm，5 类电缆不应大于 13mm，6 类电缆应尽量保持扭绞状态，减小扭绞松开长度，如图 4.37 所示。

（4）在卡接时应注意以下几点：

①必须采用专制卡接工具进行卡接，卡接中的用力要适宜，不宜过猛，以免造成接续模块受损；

图 4.37　5 类双绞线开绞长度

②应按照缆线的色标顺序进行终端，不得混乱而产生线对颠倒或错接。如发生错误需要改接时，应用专用工具将导线从接线缝中拉出再按正确的顺序重新卡接，在拆除重新改接过程中要注意拉力不应过猛，以免损伤导线而形成断线；

③卡接导线后，应立即清除多余线头，不得在接续模块中留存，并要检查导线是否放准、有无变形或可疑之处，必要时需重新施工。

2. 电缆连接方式

在综合布线中，常用的连接结构有两种连接方式：一种是互相连接方式；另一种是交叉连接方式。典型的连接结构如图 4.38 所示。从图中可以看出，互相连接比交叉连接结构简单，水平电缆和干线电缆在配线架同一区域直接对应连接。交叉连接结构中，水平电缆和干线电缆连接在配线架的不同区域，它们之间通过跳线或接插线有选择地连接在一起。在配线间的标准机柜内放置配线架和应用系统设备。工作区放置终端设备。应用系统设备用两端带有连接器的接插线，一端连接到水平子系统的信息插座上，另一端连接到配线架上。水平线缆一端连接到工作区的信息插座上，另一端连接到配线架上。干线线缆的两端分别连接在不同的配线架上。

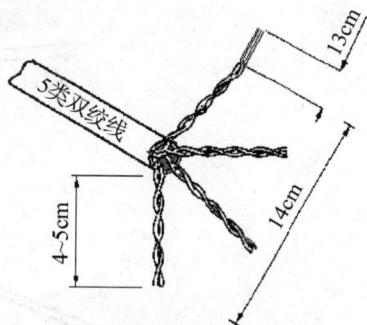

(a)

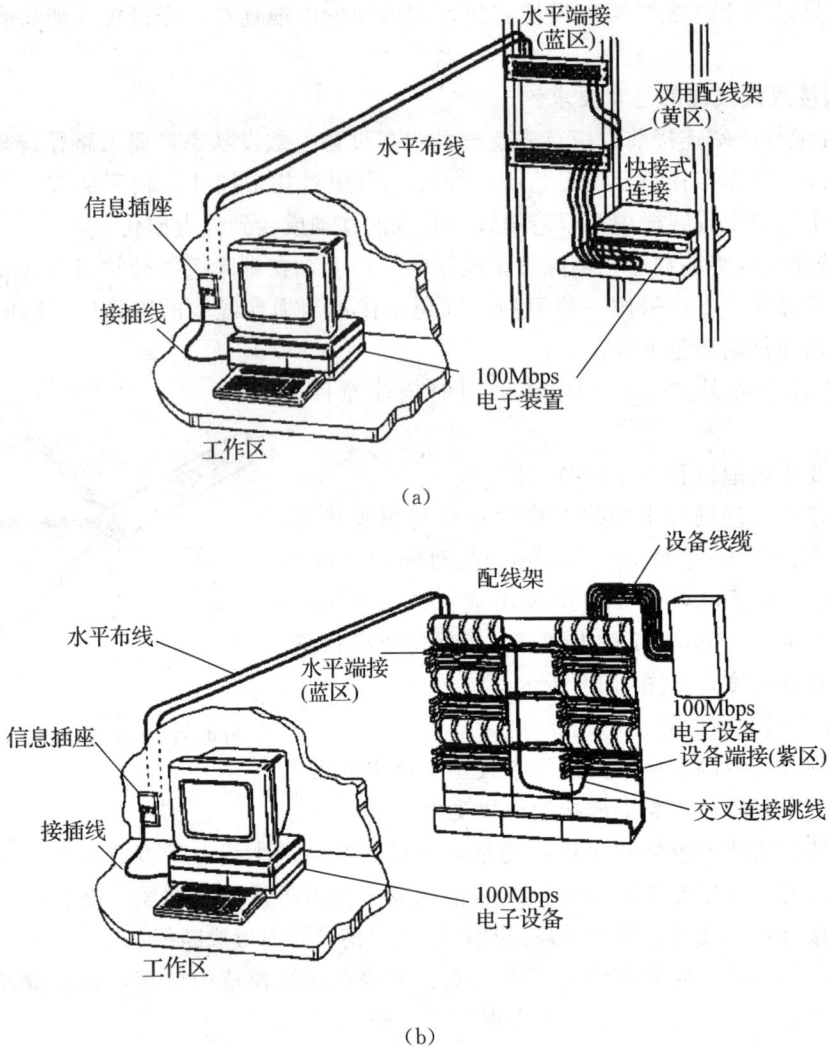

(b)

图 4.38　交叉连接

3. 110 配线架安装与端接

下面以在墙上安装 110 配线架构建 4 对 UTP 电缆交叉连接管理系统为例进行介绍。

(1)在墙上标记好 110 配线架安装的水平和垂直位置，如图 4.39 所示。

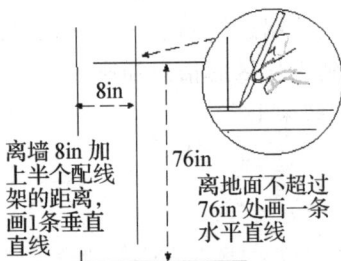

8in

离墙 8in 加上半个配线架的距离，画 1 条垂直直线

76in

离地面不超过 76in 处画一条水平直线

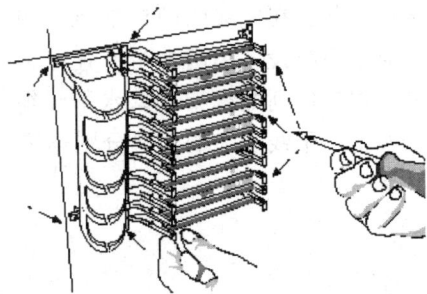

图 4.39　在墙上标记 110 配线架安装位置　　**图 4.40　300 线对配线架及线缆管理槽固定方法**

（2）对于 300 线对配线架，沿垂直方向安装线缆管理槽和配线架并用螺钉固定在墙上，如图 4.40 所示。对于 100 线对配线架，沿水平方向安装线缆管理槽，配线架安装在线缆管理槽下方，如图 4.41 所示。

（3）每 6 根 4 对电缆为一组绑扎好，然后布放到配线架内，如图 4.42 所示。注意线缆不要绑扎太紧，要让电缆能自由移动。

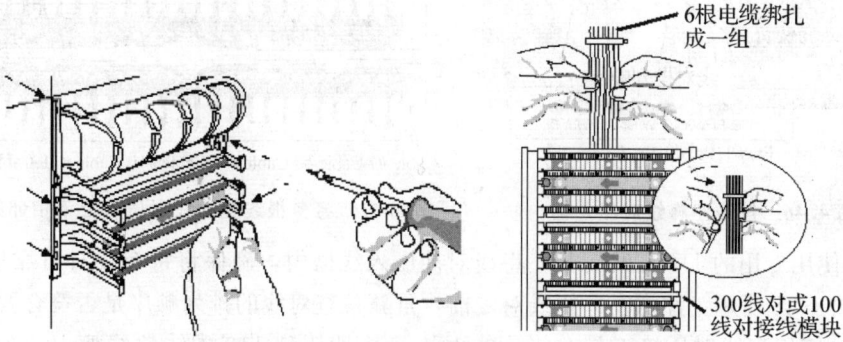

图 4.41　100 线对配线架及线缆管理槽固定方法　**图 4.42　成组绑扎电缆并引入配线架**

（4）确定线缆安装在配线架上各接线块的位置，用笔在胶条上做标注，如图 4.43 所示。

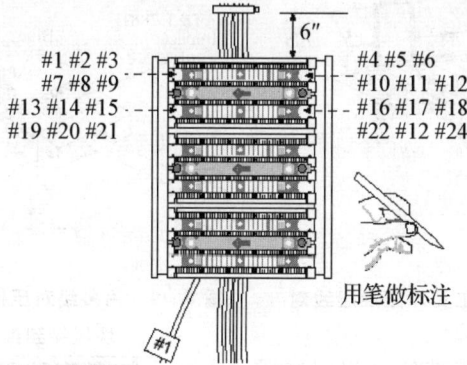

图 4.43　在配线架上标注各线缆连接的位置

（5）根据线缆的编号，顺序整理线缆以靠近配线架的对应接线块位置，如图 4.44 所示。

（6）按电缆的编号顺序剥除电缆的外皮，如图 4.45 所示。

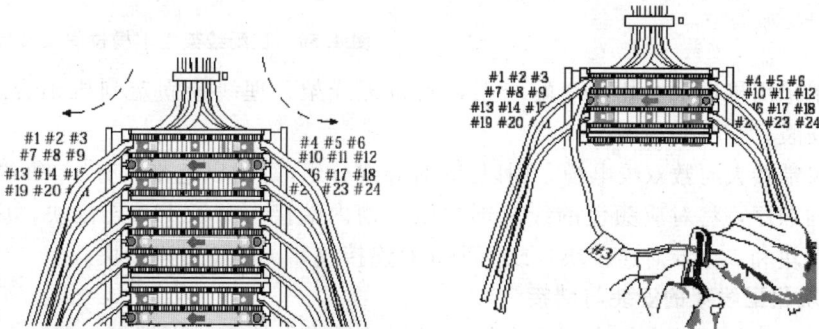

图 4.44　按连接接线块的位置整理线缆　　**图 4.45　剥除电缆外皮**

（7）按照规定的线序将线对逐一压入连接块的槽位内，如图 4.46 所示。

（8）将上下相邻的两个 110 槽位安装完线缆的线对，如图 4.47 所示。

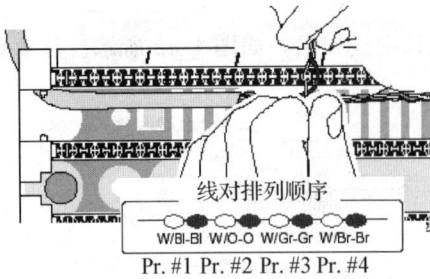

图 4.46　按线序将线对压入槽内

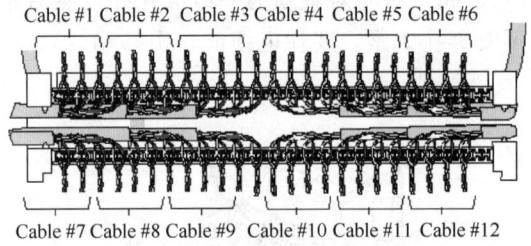

图 4.47　将多根线缆的线对压入上下相邻的槽位

（9）使用专用的 110 压线工具，将线对冲压入线槽内，确保将每个线对可靠地压入槽内，如图 4.48 所示。注意在冲压线对之前，重新检查对线的排列顺序是否符合要求。

（10）使用多线对压接工具，将 4 线对连接块冲压到 110 配线架线槽上，如图 4.49 所示。

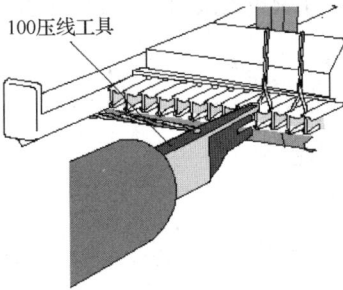

图 4.48　使用 110 压线工具冲压底层线对

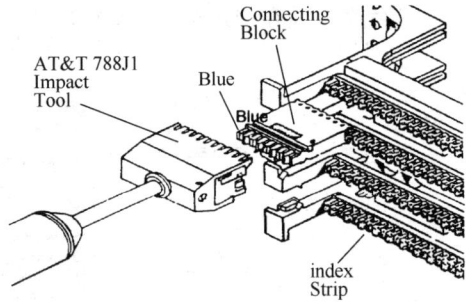

图 4.49　用多线对压接工具将 4 线对连接块压接到配线架上层

（11）在配线架上下两槽位之间安装胶条及标签，如图 4.50 所示。

（12）用测线器进行联通测试，如通过则试验完成；测试不通，配线架模块重打，直至测试通过。

图 4.50　在配线架上下槽位间安装标签条

说明：

①如果采用机柜来安装 110 配线架，则将配线架、理线架固定到机柜合适位置，余同墙上安装；

②如果端接大对数双绞电缆，则以 25 对导线分组（每组以色带区分），每组根据电缆色谱排列顺序，将对应颜色的线对逐一压入槽内端接。对于 110 连接块，应选择 5 个 4 对连接块和 1 个 5 对连接块，或 7 个 3 对连接块和 1 个 4 对连接块。

4. 模块化配线架的安装与端接

首先把配线架按顺序依次固定在标准机柜的垂直滑轨上，用螺钉上紧，每个配线架需配有 1 个配线管理架（理线架）。

（1）使用螺钉将配线架固定在机架上，如图 4.51 所示。

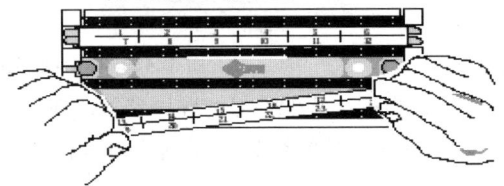

（2）在配线架背面安装理线环，将电缆整理好固定在理线环中并使用绑扎带固定好电缆，一般 6 根电缆作为一组进行绑扎，如图 4.52 所示。

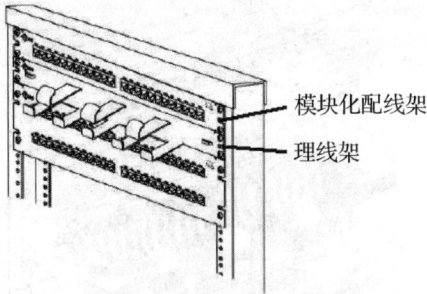

图 4.51　在机架上安装配线架　　　　图 4.52　安装理线环并整理固定电缆

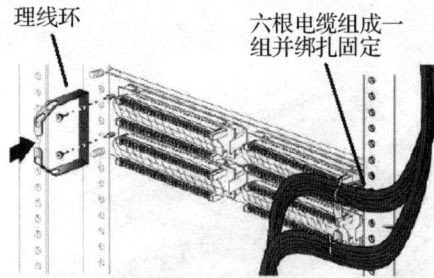

（3）根据每根电缆连接接口的位置，测量端接电缆应预留的长度，然后使用平口钳截断电缆，如图 4.53 所示。

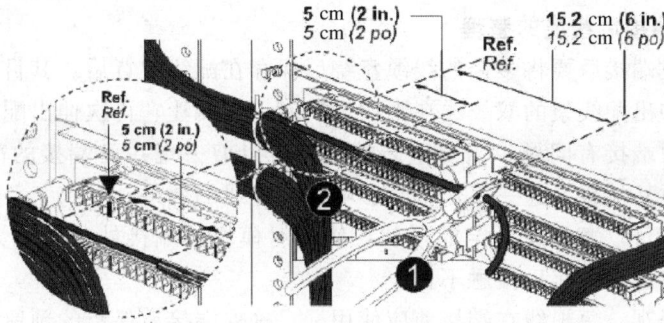

图 4.53　测量预留电缆长度并截断电缆

（4）根据系统安装标准选定 T568A 或 T568B 标签，然后将标签压入模块组插槽内，如图 4.54 所示。

（5）根据标签色标排列顺序，将对应颜色的线对逐一压入槽内，然后使用打线工具固定线对连接，同时将伸出槽位外多余的导线截断，如图 4.55 所示。

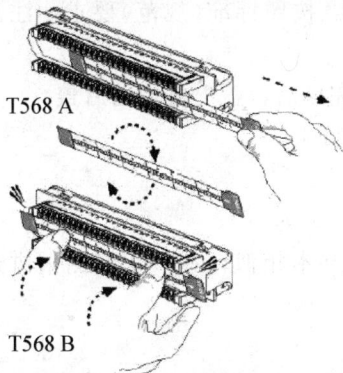

图 4.54　调整合适标签并安装在模块组槽位内　　图 4.55　将线对逐次压入槽位并打压固定

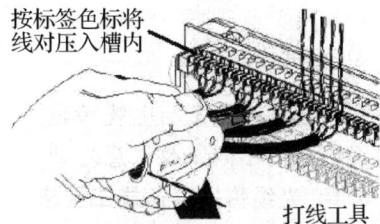

（6）将每组线缆压入槽位内，然后整理并绑扎固定线缆，如图 4.56 所示。

（7）将跳线通过配线架下方的理线架整理固定后，逐一接插到配线架前面板的 RJ-

45 接口，最后编好标签并贴在配线架前面板，如图 4.57 所示。

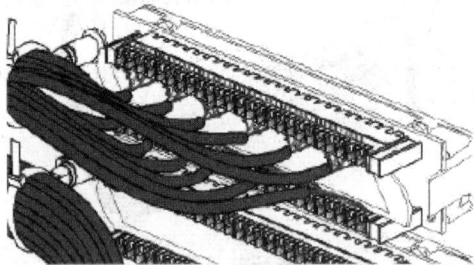

图 4.56 整理并绑扎固定线缆

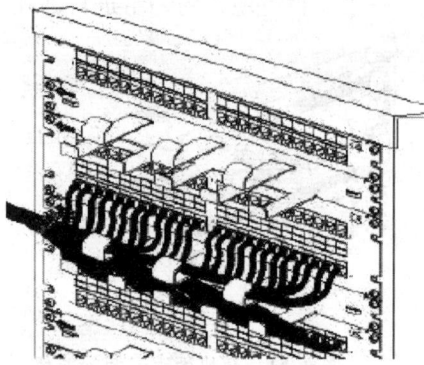

图 4.57 将跳线接插到配线架各接口并贴好标签

（8）用测线器进行联通测试，测试不通，配线架模块重打，直至测试通过。

5. 配线架端接后线缆的整理

配线架完成端接后要将多余的线缆盘绕后保存在配线架背后。其目的如下：

①端接时伸出配线架的双绞线在下次维护时还需要让它再次伸出配线架；

②万一模块端接有问题，需要重新端接，可以剪去现在已端接的部分，就近取到预留线缆进行重新端接。这一工作不会影响已有理线的效果；

③预留线缆可以弯曲成一定的形状，使其对模块的端接处产生压力，避免端接线缆因受拉力而造成在数年后接触不良。

为了保证美观，每根线在端接前应使用标尺确保端接后保留的预留长度相同。

具体做法：将理顺的双绞线垂直盘绕成环型，将尼龙扎带穿过配线架后侧的线缆托架上的对应孔中，然后将环状线的底端分叉处绑扎在托架上。绑扎以固定住为目标，不可过紧，以免影响传输性能。

说明：

①也可以整理成波浪形，固定在托线架上；

②由于端接后理线的线缆长度短，应特别注意按照标准（规范）要求，注意转弯半径的大小，以免影响传输特性；

③一个机柜的配线架端接以及安装工序全部完成后，盖上机柜的后盖。

▶ 4.6 光缆布线施工

光缆传输系统施工与电缆传输系统施工方法基本相似，本节我们侧重讲述光缆施工与电缆施工的不同以及注意之处。

4.6.1 光缆传输通道施工要求

光纤通过石英玻璃而不是通过铜导线来传播光信号，因此，在光缆施工时，有许多特殊要求并要特别地小心谨慎，参加施工的人员，必须经过严格训练，学会光纤连接的技巧，并遵守操作规程。

1. 光缆与电缆的区别

除了传输的信号分别是光信号或电信号外，光缆中的光纤是以二氧化硅（SiO_2）为主要成分的石英光导纤维制成，它不同于电缆中的铜芯导线。此外还有以下的区别和各自的特点，这些对于安装铺设施工都有密切关系，必须加以注意。

1）机械强度

光纤的直径很小，较脆弱，易断裂，为保证光缆的施工质量，需要注意以下几点要求：

（1）光缆弯曲时不能超过最小曲率半径。在静止状态容许的最小曲率半径应不小于光缆外径的 15 倍；在施工过程中不应小于光缆外径的 20 倍。

（2）光缆铺设时的张力、扭转力和侧压力均应符合表 4.1 中的规定。要求布放光缆的牵引力应不超过光缆允许张力的 80%，瞬时最大牵引力不得大于光缆允许张力。主要牵引力应加在光缆的加强构件上，光纤不应直接承受拉力。

表 4.1 光缆允许张力和侧压力

光缆铺设方式	允许张力/N		允许侧压力/（N/100mm）	
	长 期	短 期	长 期	短 期
管道光缆	600	每千米光缆质量，但不小于 1 500	300	1 000
直埋光缆	(a)1 000 (b)2 000	3 000	1 000	3 000

说明：

①用钢绞线吊挂的架空光缆可按照管道光缆的要求，自承式架空光缆需另行要求。建筑物内的光缆可按管道光缆办理；

②直埋光缆(a)用于一般地区，(b)用于山区或土壤易变动地区；

③其他机械物理性能应按国家标准或 IEC 的规定进行试验。

（3）在施工中，应避免光缆受到外界的冲击力和重物碾压，不得使光缆变形或光纤受损，这将会使光学特性发生变化。如果发现光缆有变形的可能时，应对其护套进行检查，必要时要对光缆的密封性能和光纤衰减特性等进行测试。

2）接续方式

光缆光纤和电缆导线的接续方式不同。铜芯导线采用电接触式连接，操作技术比较简单，各方面要求均低。而光纤连接不仅要求连接处的接触良好，且要求两端光纤的接触端中心完全对准，还要求有较高新技术的接续设备和相应的技术力量，因此，整体要求高。

3）劳动保护

施工人员操作不当，石英玻璃碎片会伤害人。工作中的光纤连接不好或光纤发生断裂，会使人受到光波辐射，对人的眼睛可能造成损害。因此，要求参加光缆施工的人员必须经过严格培训，有一定专业知识，才可进行安装和维修。

2. 光缆布线施工要求

（1）在施工前对光缆的 A、B 端别予以判定，A 端应是网络枢纽的方向，B 端是用户一侧，各段铺设光缆的端别应方向一致，不得排列混乱。

（2）根据运到施工现场的光缆情况，结合工程实际，合理配盘与光缆铺设顺序相结合。应充分利用光缆的盘长，施工中宜整盘铺设，以减少中间接头，不得任意切断光缆。室外管道光缆的接头应该放在人（手）孔内，其位置应避开繁忙路口或有碍于人们工作和生活处，直埋光缆的接头位置宜安排在地势平坦和地基稳固地带。

（3）光纤的接续人员必须经过严格培训，取得合格证明才准上岗操作。光纤熔接机等贵重仪器和设备，应有专人负责使用、搬运和保管。

（4）在装卸光缆盘作业时，应使用叉车或起重机，如采用跳板时，应小心细致从车上滚卸。严禁将光缆盘从车上直接推落到地。在工地滚动光缆盘的方向，必须与光缆的盘绕方向（箭头方向）相反。其滚动距离规定在 50m 以内，当滚动距离大于 50m 时，应使用运输工具。在车上装运光缆盘时，应将光缆固定牢靠，不得歪斜和平放。

（5）光缆如采用机械牵引时，牵引力应用拉力计监视，不得大于规定值。光缆盘转动速度应与光缆布放速度同步，要求牵引的最大速度为 15m/min，并保持恒定。光缆出盘处要保持松弛的弧度，并留有缓冲的余量，又不宜过多，避免光缆出现背扣、扭转或小圈。牵引过程中不得突然启动或停止，应互相照顾呼应，严禁硬拉猛拽，以免光纤受力过大而损害。在铺设光缆的全过程中，应保证光缆外护套不受损伤，密封性能良好。

（6）光缆不论在建筑物内或建筑群间铺设，应单独占用管道管孔，如利用原有管道和铜芯电缆合用时，应在管孔中穿放塑料子管，塑料子管的内径应为光缆外径的 1.5 倍以上，将光缆铺设在塑料子管中，不应与铜芯电缆合用同一管孔。在建筑物内光缆与其他弱电系统平行铺设时，应按规定的间距分开铺设，并固定绑扎。当小芯数光缆在建筑物内采用暗管铺设时，管道的截面利用率应为 25%～30%。

（7）采用吹光纤系统时，应根据穿放光纤的环境、光纤芯数、光纤长度和光纤弯曲次数及管径粗细等因素，决定空气压缩机的大小和选用吹光纤机等相应设备及施工方法。

4.6.2　光缆布线

综合布线系统的主干线路通常都采用光缆传输系统，可分为建筑群之间的主干光缆和建筑物内的主干光缆，甚至还有水平光缆，虽然同是光缆铺设施工，但有很大的区别，不论施工客观环境、电缆建筑方式和具体施工操作都有明显特点。所以，分别给予介绍。

1. 施工人员的配合

铺设光缆需要多少施工人员，取决于牵引的是单根光缆还是多根光缆，是以最大的牵引力将光缆拉入一条管道，还是经过拥挤的区域，以及是否通过建筑物各层的预留槽孔向下布放光缆。当牵引一条光缆进入管道时，还要考虑光缆卷轴与管道的相对位置，有没有滑车轮来辅助牵引光缆等。下面给出一些如何确定铺设光缆施工人员的建议：

（1）牵引一条光缆

如果被牵引的光缆要通过比较拥挤的区域，最好考虑用两个人，即一个人在卷轴处放光缆，另一个人用拉绳牵引光缆。

如果在一个空的管道中铺设光缆，而且光缆卷轴放在管道的入口点处，则用一个人就可以放光缆并牵引光缆，但在这种情况下必须保证张力要求(4 芯光缆张力小于45kg、6 芯光缆张力小于 56kg、12 芯光缆张力小于 67.5kg)。若管道不是空的，或光缆卷轴无法对准管道的入口点，则就需要两个人，一个人将光缆馈送到管道入口处，另一个人牵引光缆。

(2)牵引多条光缆

当在拥挤区或在管道中人工地同时安装多条光缆时，应配备两个人。第一个人负责牵引光缆进入拥挤区或管道(站在牵引绳的一端)，放置光缆卷轴的一侧分两种情况：一种是通过管道，则第二个人在光缆卷轴的一端把光缆馈送进管道，为了避免在牵引时超过最大张力应将光缆对准管道；另一种是铺设在拥挤区里，第二个人将负责组织光缆并将光缆馈送进此区内，同时要保证不能在带尖的边沿上拖动光缆。

在一个管道中若需要滑车轮来敷设光缆，则需要三个人。其中，第一个人负责将光缆从卷轴上牵引出来，第二个人负责组织光缆并将其馈送进管道，同时监视敷设时负载的峰值；第三个人则操纵滑车轮、缠绕牵引带并对其他两人的请求作出响应。

(3)经由建筑物各层楼板中的槽孔向下铺设光缆

如果光缆经建筑物弱电竖井的槽孔向下铺设，则最少需要三个人，也许还要多些。要安排两个人来负责从卷轴上放光缆(一个人备用)，在最底层的光缆入口处需要一个人，并且还要有人在楼层之间牵引光缆。

2. 建筑物内光缆铺设

建筑物内光缆铺设技术与电缆铺设相似。因此，可参见该部分内容，这里予以简述。

(1)通过各层的槽孔垂直地铺设光缆

在新建的建筑物里面每一层同一位置都有一个封闭的配线间，在配线间的楼板上通常留有大小合适、上下对齐的槽孔，形成一个专用的竖井。光缆宜采用竖井内电缆桥架或走线槽方式敷设。

在配线间中铺设方式有两种：向下垂放和向上牵引。通常向下垂放比向上牵引容易些。

但如果将光缆卷轴机搬到高层上去很困难，则只能由下向上牵引。

(2)通过吊顶来铺设

通常，当设备间和配线间同在一个大的单层建筑物中时，可以在悬挂式的吊顶内铺设光缆。由于吊顶的类型不同(悬挂式、塞缝片)，光缆的类型不同(填充物的和无填充物的)，故铺设光缆的方法也不同。因此，首先要查看并确定吊顶和光缆的类型。

如果铺设的是有填充物的光缆，且不牵引过管道，具有良好的可见的宽敞的工作空间，则光缆的铺设任务就比较容易。

如果要在一个管道中铺设无填充物的光缆，就比较困难，其难度还与铺设的光缆及管道的弯曲度有关。

(3)在水平管道中铺设光缆

当需要在拥挤区内铺设非填充的光缆，并要求对非填充光缆进行保护时，可将光缆铺设在一条管道中。

光缆铺设中需要注意的几点要求如下：

① 建筑物内主干布线系统的光缆一般装在电缆竖井或上升房中，应铺设在槽道内（或桥架）和走线架上，并应排列整齐，不应溢出槽道或桥架，并按规范要求予以绑扎；

② 光缆铺设后，应细致检查，要求外护套完整无损，不得有压扁、扭伤、折痕和裂缝等缺陷；

③ 光缆铺设后，要求铺设的预留长度必须符合设计要求，在设备端应预留 5～10m，有特殊要求的场合，根据需要预留长度。光缆的曲率半径应符合规定，转弯的状态应圆顶，不得有死弯和折痕；

④ 光缆全部固定牢靠后，应将建筑内各个楼层光缆穿过的所有槽洞、管孔的空隙部分，先用材料密封，再加防火措施，以求防潮和防火效果。

3. 建筑群光缆铺设

建筑群之间的光缆基本上有三种铺设方法：管道铺设、直埋铺设和架空铺设。

管道铺设是在地下管道中铺设光缆，是三种方法中最好的一种方法。因为管道可以保护光缆，防止挖掘、有害动物及其他故障源对光缆造成损坏。

直埋铺设，通常不提倡用这种方法，因为任何未来的挖掘都可能损坏光缆。

架空铺设，即在空中从电线杆到电线杆铺设，因为光缆暴露在空气中会受到恶劣气候的破坏，工程中较少采用架空铺设方法。

1)管道铺设光缆

(1)铺设前，根据设计文件和施工图样对选用光缆穿放的管孔大小和位置进行核对，如所选管孔孔位需要改变时(同一路由上的管孔位置不宜改变)，应取得设计单位的同意。

(2)铺设前，应逐段将管孔清刷干净和试通。清扫时应用专制的清刷工具，清扫后应用试通棒试通检查合格，才可穿放光缆。如采用塑料子管，应对塑料子管的材质、规格、盘长进行检查，均应符合设计规定。一般塑料子管的内径为光缆外径的 1.5 倍以上，一个 90mm 管孔中布放两根以上的子管时，其子管等效总外径不宜大于管孔内径的 85%。

(3)穿放塑料子管时，其铺设方法与光缆铺设基本相同，但必须符合以下规定：

① 穿放两根以上的塑料子管，如管材已有不同颜色可以区别时，其端头可不必做标志。如无颜色的塑料子管，应在其端头做好有区别的标志；

② 穿放塑料子管的环境温度应在－5℃～＋35℃之间，在过低或过高的温度时，尽量避免施工，以保证塑料子管的质量不受影响；

③ 连续布放塑料子管的长度，不宜超过 300m，塑料子管不得在管道中间有接头；

④ 牵引塑料子管的最大拉力，不应超过管材的抗张强度，在牵引时的速度要均匀；

⑤ 穿放塑料子管的水泥管管孔，应采用塑料管堵头(也可采用其他方法)，在管孔处安装，使塑料子管固定。塑料子管布放完毕，应将子管口临时堵塞，以防异物进入管内；本期工程中不用的子管必须在子管端部安装堵塞或堵帽。塑料子管应根据设计规定要求在人孔或手孔中留有足够长度；

⑥ 如果采用多孔塑料管，可免去对子管的铺设要求。

(4)光缆牵引端头的制作与电缆有所区别，通常将光缆中纱线绞合后打结与拉线相连。为防止在牵引过程中发生扭转而损伤光缆，在牵引端头与牵引索之间应加装旋转接头。

(5)光缆采用人工牵引布放时，每个人孔或手孔应有人值守帮助牵引；机械布放光缆时，不需每个孔均有人，但在拐弯处应有专人照看。整个铺设过程中，必须严密组织，牵引光缆过程中应有较好的联络手段，并有专人统一指挥。

(6)光缆一次牵引长度一般不应大于 1 000m。超长距离时，应将光缆采取盘成倒"8"字形分段牵引或中间适当地点增加辅助牵引，以减少光缆张力和提高施工效率。

(7)为了在牵引工程中保护光缆外护套等不受损伤。在光缆穿入管孔时，应采用导引装置或喇叭口保护管等保护。此外，根据需要可在光缆四周加涂中性润滑剂等材料，以减少牵引光缆时的摩擦阻力。

(8)光缆铺设后，应逐个在人孔或手孔中将光缆放置在规定的托板上，并应留有适当余量，避免光缆过于绷紧。人孔或手孔中光缆需要接续时，其预留长度应符合表 4.2 中的规定。在设计中如有要求做特殊预留的长度，应按规定位置妥善放置(例如预留光缆是为将来引入新建的建筑)。

表 4.2　光缆铺设的预留长度

光缆铺设方式	自然弯曲增加长度/(m/km)	人(手)孔内弯曲增加长度/(m/孔)	接续每侧预留长度/m	设备每侧预留长度/m	备　注
管道	5	0.5～1.0	一般为 6～8	一般为 10～20	其他预留按设计要求，管道或直埋光缆需引上架空时，其引上地面部分每处增加 6～8m
直埋	7				

(9)光缆管道中间的管孔不得有接头。当光缆在人孔中没有接头时，要求光缆弯曲放置在电缆托板上固定绑扎，不得在人孔中间直接通过，否则既影响今后施工和维护，又增加对光缆损害的机会。

(10)光缆与其接头在人孔或手孔中，均应放在人孔或手孔铁架的电缆托板上予以固定绑扎，并应按设计要求采取保护措施。保护材料可以采用蛇形软管或软塑料管等管材。管道光缆在有接头或接头设备时的盘留安装方法如图 4.58～图 4.62 所示。

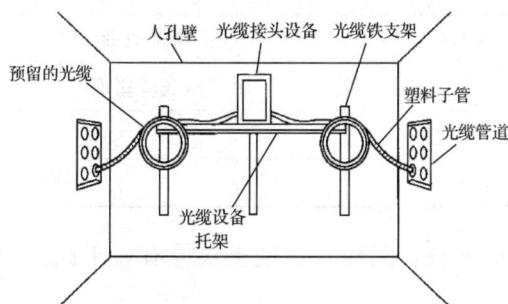

图 4.58　管道光缆接头设备在托架上　　**图 4.59　管道光缆接头设备在人孔壁上**

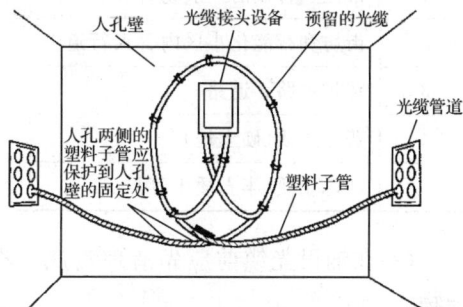

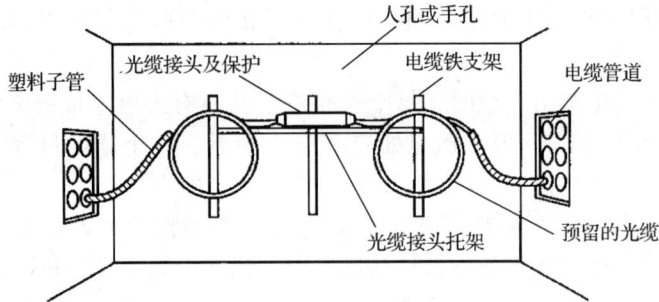

图 4.60 在人孔壁预留小圈方法

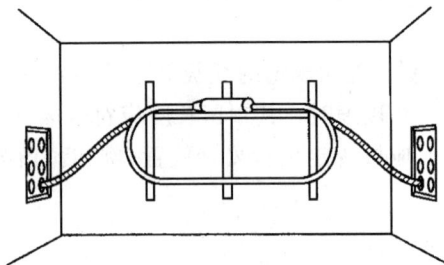

图 4.61 在电缆铁支架预留大圈方法

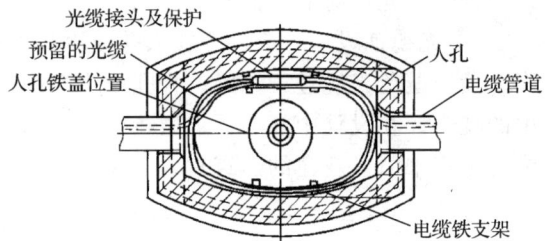

图 4.62 环绕人孔四周方法

(11)光缆在人孔或手孔中应注意以下几点：

①光缆穿放的管孔出口端应封堵严密，以防水或杂物进入管内；

②光缆及其接续应有识别标志，标志内容有编号、光缆型号和规格等；

③在严寒地区应按设计要求采取防冻措施，以防光缆受冻损伤；

④如光缆有可能被碰损伤时，可在其上面或周围采取保护措施。

2)直埋铺设光缆

直埋光缆是隐蔽工程，技术要求较高，在铺设时应注意以下几点：

(1)直埋光缆的埋深应符合表 4.3 的规定。

表 4.3 直埋光缆的埋设深度

序号	光缆铺设的地段或土质	埋设深度/m	备 注
1	市区、村镇的一般场合	≥1.2	不包括车行道
2	街坊和智能化小区内、人行道下	≥1.0	包括绿化地带
3	穿越铁路、道路	≥1.2	距道碴底或路面
4	普通土质(硬土地)	≥1.2	
5	沙砾土质(半石质土等)	≥1.0	

(2)在铺设光缆前应先清理沟底，沟底应平整，无碎石和硬土块等有碍于施工的杂物。

(3)在同一路由上，且同沟铺设光缆或电缆时，应同期分别牵引铺设。

(4)直埋光缆的铺设位置，应在统一的管线规划综合协调下进行安排布置，以减少管线设施之间的矛盾。直埋光缆与其他管线的最小净距见第 3 章有关内容。

（5）在道路狭窄操作空间小的时候，宜采用人工抬放铺设光缆。铺设时不允许光缆在地上拖拉，也不得出现急弯、扭转、浪涌或牵引过紧等现象。

（6）光缆铺设完毕后，应及时检查光缆的外护套，如有破损等缺陷应立即修复，并测试其对地绝缘电阻。

（7）直埋光缆的接头处、拐弯点或预留长度处以及与其他地下管道交越处，应设置标志，以便今后维护检修。标志可以专制标石，也可利用光缆路由附近的永久性建筑的特定部位，测量出距直埋光缆的相关距离，在有关图样上记录，作为今后查考资料。

3）架空铺设光缆

架空铺设光缆的方法基本与架空铺设电缆相同，施工时注意以下问题：

① 架空时，光缆引上线干处须加导引装置，并避免光缆拖地。光缆牵引时注意减小摩擦力；

② 每个杆上要余留一段用于伸缩的光缆。光缆在经过十字形吊线连接或丁字形吊线连接处，光缆的弯曲应圆顺，并符合最小曲率半径要求，光缆的弯曲部分应穿放聚乙烯管加以保护，其长度约为30cm，如图4.63所示。在电杆附近的架空光缆接头，它的两端光缆应各作伸缩弯，其安装尺寸和形状如图4.64所示，两端的预留光缆应盘放在支架上，如图4.65所示；

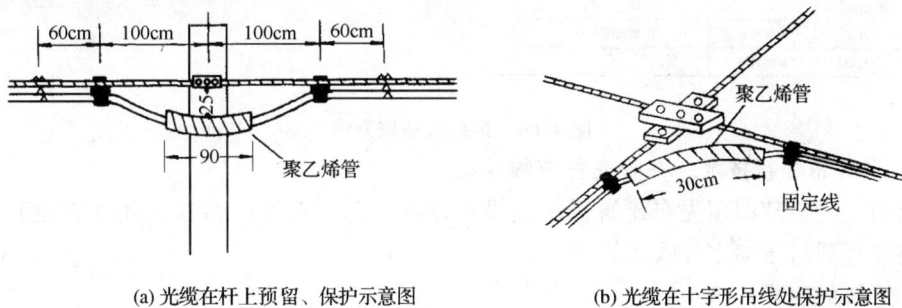

(a) 光缆在杆上预留、保护示意图　　(b) 光缆在十字形吊线处保护示意图

图 4.63　架空光缆保护

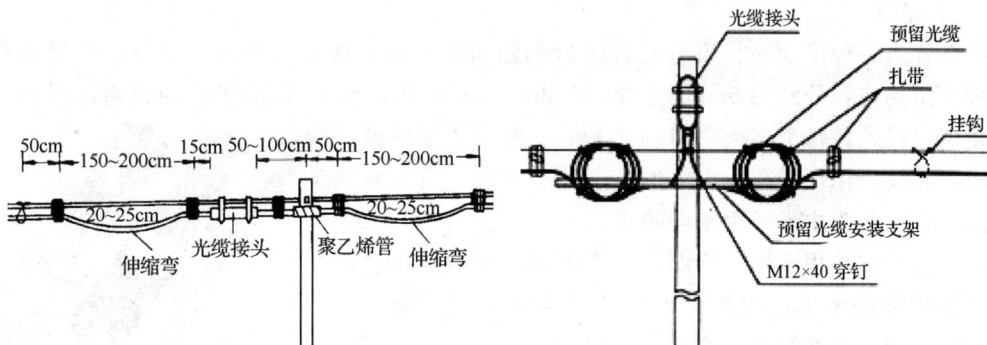

图 4.64　在电杆附近架空光缆接头安装图　　图 4.65　在电杆上光缆接头及预留光缆安装

③ 墙壁悬挂光缆时，各种终端和中间支持物都应安装牢固、稳定可靠，严禁采用木塞和钉子固定光缆或一切支持物。墙壁光缆不论采用哪种敷设方式，都应做到横平竖直、整齐美观，不应有起伏不平、波浪式弯曲的现象。

非自承式吊挂式墙壁光缆的施工方法如图 4.66 所示。

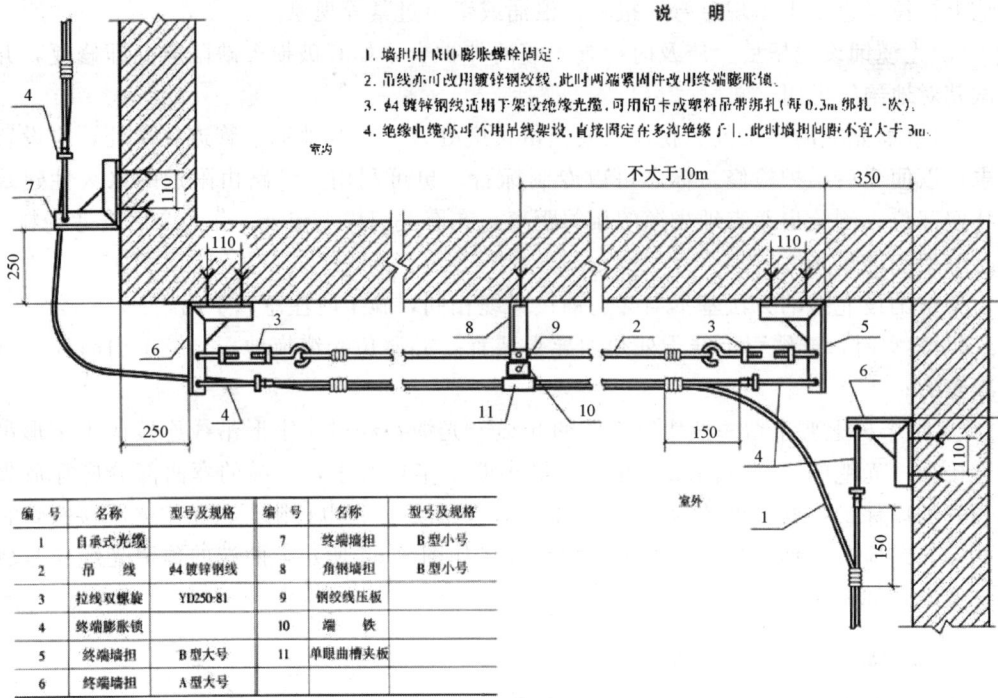

说　明

1. 墙担用 M10 膨胀螺栓固定。
2. 吊线亦可改用镀锌钢绞线,此时两端紧固件改用终端膨胀锁。
3. φ4 镀锌钢绞线适用下架设绝缘光缆,可用铝卡成塑料吊带绑扎(每 0.3m 绑扎一次)。
4. 绝缘电缆亦可不用吊线架设,直接固定在木沟绝缘子上,此时墙担间距不宜大于 3m。

编　号	名　称	型号及规格	编　号	名　称	型号及规格
1	自承式光缆		7	终端墙担	B 型小号
2	吊　线	φ4 镀锌钢线	8	角钢墙担	B 型小号
3	拉线双螺旋	YD250-81	9	钢绞线压板	
4	终端膨胀锁		10	端　铁	
5	终端墙担	B 型大号	11	单眼曲槽夹板	
6	终端墙担	A 型大号			

图 4.66　吊挂式墙壁光缆

4. 光纤布线新技术——吹光纤布线系统

所谓"吹光纤"即预先在建筑群中铺设特制的管道,在实际需要采用光纤进行通信时再将光纤通过压缩空气吹入管道。

1)系统的组成

吹光纤系统由微管、吹光纤、附件和安装设备组成。

(1)微管

微管是一种尺寸小、质量轻且柔软的塑料管,有单微管和多微管之分。单微管有两种常用规格,分别为 5mm(外径)和 8mm(外径)管。8mm 管由于内径较粗,因而吹制距离也较远。每个多微管可由 2 根、4 根或 7 根单微管组成,并按应用环境分为室内型及室外型两类,可安装到桌面,也可作为主干或用于楼间连接。

微管外皮采用阻燃、低烟、不含卤素的材料,符合国际最新标准的要求;而微管内壁的低摩擦衬里,非常光滑,利于吹光纤在管内的吹动。采用直径为 5mm 的微管,在路由多弯曲(最小弯曲半径为 25mm,有 300 个 90°弯曲)的情况可吹制超过 300m;在直路中可超过 500m。采用

图 4.67　微管

8mm 微管,在路由多弯曲的情况下,可吹制距离超过 600m;在直路中超过 1000m,垂直安装高度(由下向上吹制)超过 300m。在室内环境中,单微管的最小弯曲半径为 25mm,可充分适应楼内布线环境的要求。微管示意图如图 4.67 所示。

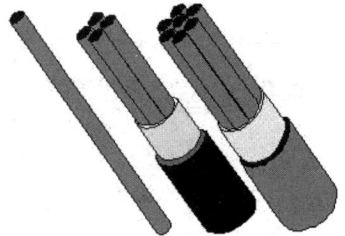

（2）吹光纤

吹光纤单芯纤芯有 $62.5/125\mu m$、$50/125\mu m$ 多模和 $8.3/125\mu m$ 单模三类，其性能与传统光纤系统没有差别。结构如图 4.68 所示。每根 5mm 外径或 8mm 外径的单微管同时最多均可吹 8 芯光纤（可吹制不同种类光纤），并且吹制时无须特意绑扎光纤。由于光纤表面经过特别涂层处理（涂层表面有鳞状突起不规则细小颗粒），并且质量极轻（每芯为 0.23g/m），光纤借助空气动力悬浮在空管内，并利用空气涡流作用向前飘行，且吹制时纤芯没有方向性，吹制方向只是取决于压缩空气的吹动方向。

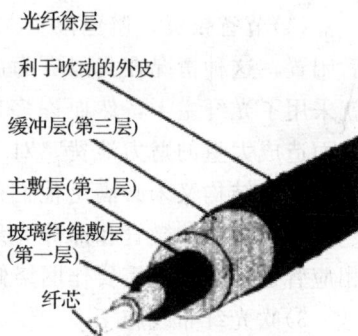

光纤徐层
利于吹动的外皮
缓冲层(第三层)
主敷层(第二层)
玻璃纤维敷层(第一层)
纤芯

图 4.68　吹光纤结构

（3）附件

附件包括 19in 吹光纤配线架、光纤出线盒、用于微管间连接的连接头、微管密封端帽和微管分歧等。常用附件如图 4.69 所示。

（a）吹光纤配线架　　（b）微管连接头　　（c）吹光纤墙上出口　　（d）吹光纤地上出口

图 4.69　吹光纤附件

（4）吹光纤安装设备

吹光纤安装设备包括吹光纤机、空气压缩机以及吹光纤缆安装架等。该设备通过压缩空气，将光纤吹入微管内，吹制速度最高可达 40m/min。吹光纤安装设备如图 4.70 所示。

2）吹光纤系统的优越性

（1）分散成本。在初期，用户只需要敷设成本极低（不及光纤的 1/10）的空微管，亦即只需要花费预算的 5%～10% 就可以把整个光纤布线系统的路由搭建起来，当什么时候需要光纤应用时，再通过压缩空气将光纤吹入预先安装的空微管内，从而分散投资成本，减轻用户负担。

图 4.70　吹光纤安装设备

（2）安装安全、灵活、方便。由于路由上采用的是微管的物理连接，因此即使出现微管断裂，也只需简单地用另一段微管替换即可，对光纤不会造成任何损坏。另外，在传统的光纤布线系统中，光缆一旦铺设，网络结构也相应固定，无法更改，而吹光纤系统则不同，它只需更改微管的物理走向和连接方式就可轻而易举地将光纤网络结构改变。

（3）便于网络升级换代。网络及网络设备的发展对于光纤本身也提出了越来越严格的要求，随着网络技术的高速发展，光纤本身也将不断发展。而吹光纤的另一特点就是它既可以吹入，也可以吹出，当将来网络升级需要更换光纤类型时，用户可以将原

来的光纤吹出，再将所需类型的光纤吹入，从而充分保护用户投资的安全性。

(4)节省投资，避免浪费。根据美国FIA协会统计，有72%的用户在光纤安装之后闲置，这种情况在我国更为严重，特别是大量的写字楼、办公楼在初期投入使用时就采用了光纤主干，然而许多用户目前尚无对光纤的需求，闲置比例约在80%以上，从而造成大量的财力浪费。对于少数需要光纤的用户来说，现有的光纤数量、类型和光纤网络结构又未必满足他们的需求，常常需要重作修改。采用吹光纤系统，在大楼建设时只需布放微管和部分光纤，随着用户的不断搬入，根据用户需要再将光纤吹入相应管道。当用户需要作网络修改时，还可将光纤吹出，再吹入新的光纤。

3)吹光纤布线施工

吹光纤系统与传统光纤系统的区别主要在于其铺设方式，吹光纤的内层结构即玻璃纤芯与普通光纤相同，因此，光纤的端接程序、设备及接头与传统光纤完全一样，同样可采用ST、SC型接头端接，而且吹光纤系统的造价也与普通光纤系统相差无几。

吹光纤布线施工包括以下步骤：①设计光缆路由；②沿路由敷设吹光纤微管或微管缆；③由楼外进入楼内、在楼层电信间的配线架连接时，用特制陶瓷接头将微管拼接；④当所有微管敷设连接好后，通过钢珠测试法来测试路由是否畅通，对不畅通的微管进行定位和更换处理；⑤将吹光纤置于需要敷设光纤的微管入口，启动光纤安装设备将光纤吹入微管至目的位置；⑥安装光纤出线盒，做好端接的准备工作。

4.6.3 进线间布线

综合布线系统引入建筑物内的管理部分通常采用暗敷方式。引入管路从室外地下通信电缆管道的人孔或手孔接出，经过一段地下埋设后进入建筑物，由建筑物的外墙穿放到室内。若室外光缆引入口位于设备间，则不必单设进线间，室外光缆可直接端接于光配线架，或经由一个光缆进线设备箱(分接箱)，转换为室内光缆后再敷设至主配线架或网络交换机，并由竖井布放至楼层电信间。如图4.71所示。光缆布放应有冗余，一般室外光缆引入时预留长度为5~10m，室内光缆在设备端预留长度为3~5m。按规范要求进行绑扎固定。

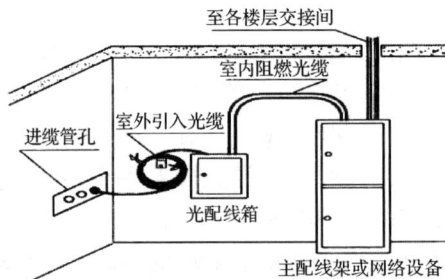

图4.71 进线间与设备间合用时将室外光缆引入

在很多情况下，光缆引入口和设备间距离较远，此时需单设进线间。光缆由进线间敷设至机房的光缆配线架(ODF)，往往从地下或半地下进线室沿爬梯引至所在楼层。因光缆引上不能光靠最上层拐弯部位受力固定，而应进行分散固定，即要沿爬梯引上，并作适当绑扎。敷设时，可见部位应在每支横铁上用粗细适当的扎带绑扎。对无铠装光缆，每隔几档应衬垫一块胶皮后扎紧，对拐弯受力部位，还应套一胶管保护。在进线间可将室外光缆转换为室内光缆，也可引至光配线架进行转换。如图 4.72 和图 4.73 所示。

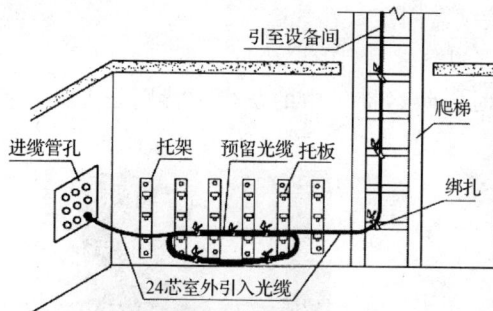

图 4.72　在进线间将室外光缆引入到设备间

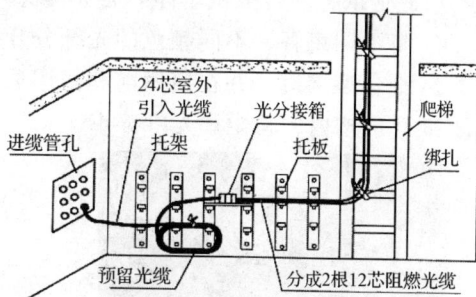

图 4.73　在进线间将室外光缆转换为室内光缆

4.6.4　光缆接续和终端

1. 光缆连接的类型和施工内容

光缆连接是综合布线系统工程中极为重要的施工项目，按其连接类型可分为光缆接续和光缆终端两类。它们虽然都是光纤连接形成光通路，但有很大区别。

光缆接续是光缆相互直接连接，中间没有任何设备，它是固定连接；光缆终端是中间安装设备，例如光缆接续箱（LIU，又称光缆互连装置、光缆接续箱）和光缆配线架（LGX，又称光纤接线架），光缆的两端分别终端连接在这些设备上，利用光纤跳线或连接器进行互连或交叉连接，形成完整的光通路，它是活动连接。

光缆接续的施工内容包括光纤接续，铜导线（如光电组合光缆时）、金属护层和加强芯的连接，接头损耗测量，接头套管（盒）的封合安装以及光缆接头的保护措施的安装等。

光缆终端的施工内容包括光缆布置（包括光缆终端的位置），光纤整理和连接器的制作及插接，铜导线（如光电组合光缆时）、金属护层和加强芯的终端和接地等施工内容。

2. 光缆接续

本节只重点讲述光纤接续过程。

目前光纤接续有熔接法、粘接法和冷接法，一般采用熔接法，其优点是接点损耗小，反射损耗大，可靠性高。无论选用哪种接续方法，为了降低连接损耗，在光纤接续的全部过程中应采取质量监视。光纤熔接法流程如图 4.74 所示，具体接续过程和步骤如下：

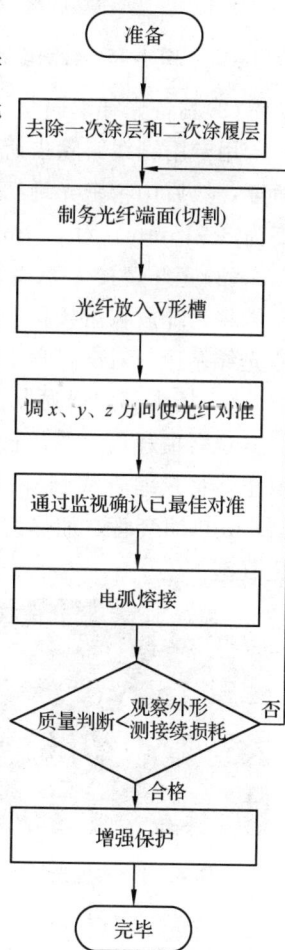

图 4.74　光纤熔接流程

（1）准备工作

① 开剥光缆，并将光缆固定到接续盒内。注意不要伤到束管，开剥长度取 1m 左右，用卫生纸将油膏擦拭干净，将光缆穿入接续盒固定；

② 将不同束管、不同颜色的光纤分开，穿过热缩管（图 4.75）；

③ 准备熔接机。并在使用前和使用后及时去除熔接机中的灰尘，特别是夹具，各镜面和 V 形槽内的粉尘和光纤碎末。

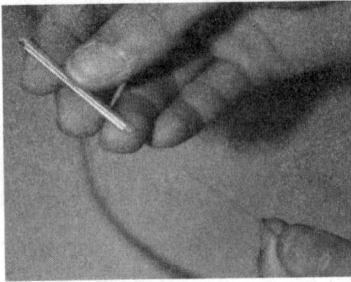

图 4.75　套热缩套管

图 4.76　剥除涂覆层

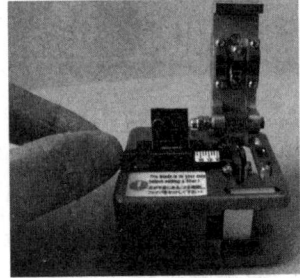

图 4.77　用切割刀进行规范长度的切割

（2）制备光纤端面

用专用剥线钳除去所有涂覆层（图 4.76），再用清洁酒精棉擦拭裸纤几次，用力要适度，然后用精密光纤切割刀切割光纤（图 4.77），对 0.25mm（外涂层）光纤，切割长度为 8～16mm，对 0.9mm（外涂层）光纤，切割长度为 16mm。要求端面光滑、垂直。

（3）光纤熔接

将光纤放在熔接机的 V 形槽中并固定（图 4.78），同样操作另一根光纤，并尽量使两光纤靠近、对准，盖上防风罩，按"SET"键开始光纤熔接（图 4.79）。

（4）接头部位增强保护

观察损耗值，一般低于 0.05dB 以下方认可为合格。把接头合格的光纤从熔接机上取出，将热缩管移到裸纤中心（接头部位），放到专用加热器上加热（图 4.80）。对于 60mm 热缩套管，加热约 85s。采用热可缩管加强保护时，要求加强管收缩均匀，管中无气泡。

图 4.78　放置光纤

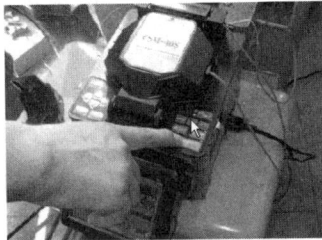

图 4.79　熔接光纤

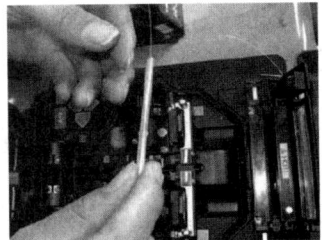

图 4.80　放置热缩管至加热器

（5）盘纤固定

光纤全部连接完成后，应按规范要求将光纤接头固定和余长光纤收容盘放（图 4.81）。要求光纤排列有序、整齐、布置合理，并应将光纤接头固定，接头部位应平直，无受力。

盘纤可采用以下几种方法：

①先中间后两边，即先将热缩后的套管逐个放置于固定槽中，然后再处理两侧余纤。优点：有利于保护光纤接点，避免盘纤可能造成的损害。在光纤预留盘空间小、光纤不易盘绕和固定时，常用此种方法；

②从一端开始盘纤，固定热缩管，然后再处理另一侧余纤。优点：可根据一侧余纤长度灵活选择热缩管安放位置，方便、快捷，可避免出现急弯、小圈现象；

③特殊情况的处理，如个别光纤过长或过短时，可将其放在最后，单独盘绕；带有特殊光器件时，可将其置入另一盘处理，若与普通光纤共盘时，应将其轻置于普通光纤之上，两者之间加缓冲衬垫，以防止挤压造成断纤，且特殊光器件尾纤不可太长；

④根据实际情况采用多种图形盘纤。按余纤的长度和预留空间大小，顺势自然盘绕，且勿生拉硬拽，应灵活地采用圆、椭圆、"CC"、"～"多种图形盘纤（注意R≥4cm)，尽可能最大限度利用预留空间和有效降低因盘纤带来的附加损耗。

如果是光纤终端盒中的接续，封盒并将光纤终端盒固定于机柜(图4.82)。光纤接续盒(图4.83)则大多置于电信井中，或固定于架空钢缆上。

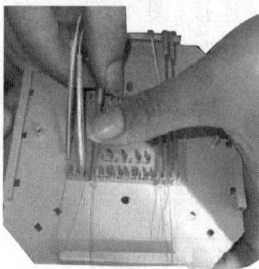

图 4.81　热缩管置入固定槽　　图 4.82　光纤终端盒安装　　图 4.83　光缆接头盒

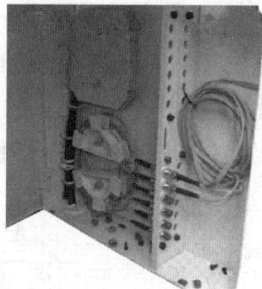

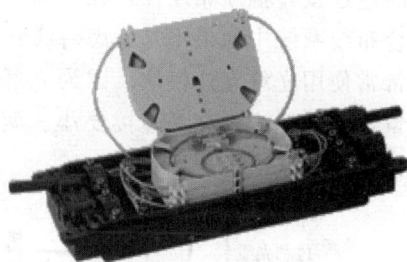

3. 光缆的终端

1)光缆终端的连接方式

综合布线系统的光缆终端一般都在设备上或专制的终端盒中。在设备上是利用其装设的连接硬件，如耦合器、适配器等器件，使光纤互相进行连接。终端盒则采用光缆尾纤与盒内的光纤连接器连接。这些光纤连接方式都是采用活动接续，分为光纤交叉连接(又称光纤跳接)和光纤互相连接(简称光纤互连，又称光纤对接)两种。

(1)光纤交叉连接

光纤交叉连接是一种以光缆终端设备为中心，对线路进行集中和管理的设施。既可简化光纤连接，又便于重新配置、新增或拆除线路等调整工作。在需要调整时，一般采用两端均装有连接器的光纤跳线或跨接线，改变输入和输出光纤通路，实现光通路的管理。这些光缆终端设备主要有光缆配线架(LGX)、光缆接线箱(LIU，又称光缆连接盒、光缆端接架、光缆互连单元)和光缆终端盒等多种类型和品种。它们的规格和容量都有很大的区别，有几芯到几十芯，甚至百芯以上，选用时根据网络需要，装设场合和光缆的规格和铺设方式等来考虑。常用的光缆接线箱(LIU)如图4.84所示。光纤交叉连接(光纤跳接)的简单连接如图4.85所示。图中为了简化只表示出光纤跨接线的一侧。

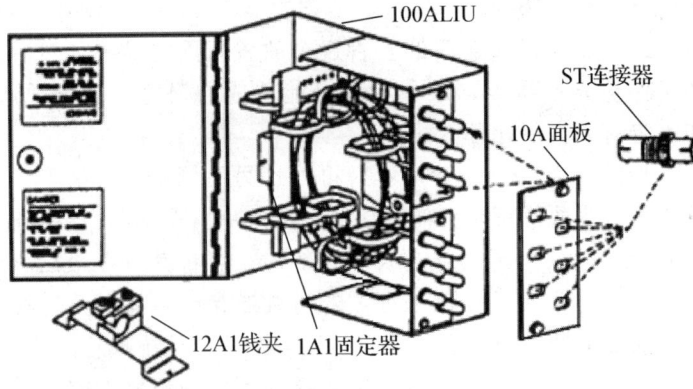

图 4.84 光缆接线箱

（2）光纤互相连接

光纤互相连接是综合布线系统中较常用的光纤连接方法，有时也作为线路管理使用。它的主要特点是直接将来自不同光缆的光纤，例如分别是输入端和输出端的光纤通过连接套箍互相连接，在中间不必通过光纤跳线或光纤跨接线连接（图 4.86）。在综合布线系统中如果不是考虑对线路进行经常性的调整工作时，只为降低光能量的损耗，常常使用光纤互连模块。因为光纤互相连接中光信号只通过一次插接性连接，其光能量损耗远比光纤交叉连接要小。两种连接方式各有其特点和用途，应根据网络需要和设备配置来决定选用。

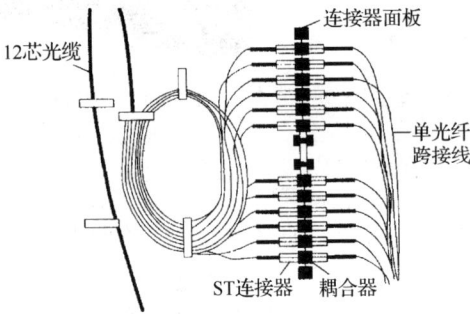

图 4.85 光纤交叉连接示意图　　　　图 4.86 光纤互连示意图

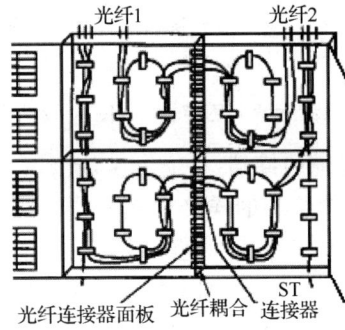

2）光纤上安装连接器

光纤连接器的作用是实现光纤与光纤之间、光纤与应用系统的设备之间、设备与设备之间及设备与仪表之间的活动连接，以便于应用系统的接续、测试和维护。

（1）光纤连接器的种类

综合布线系统中使用的光纤连接器种类较多，如 ST 连接器、SC 连接器、FC 连接器，还有 FDDI 介质界面连接器（MIC）和 ESCON 连接器等。其中以 ST 连接器、SC 连接器、FC 连接器使用最多，它们与光缆接线箱（LIU）和光缆配线架上的光纤耦合器配合使用。

（2）安装光纤连接器

光纤连接器安装技术有很多，例如环氧树脂灌封、热熔安装、快速固化粘接等技术，目前，光纤快速连接器以其独有的特点在光缆布线过程中得到广泛使用，其特点有：不需要对光纤进行特殊的抛光处理；安装时不需要复杂的工具（只需要剥线器和切割刀）；制作简单快捷；可重复使用。我们以 SC 型光纤快速连接器为例说明安装过程。

①组件清单（图 4.87）

②安装工具（图 4.88）

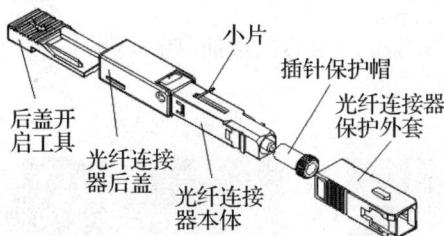

图 4.87　SC 光纤快速连接器组件

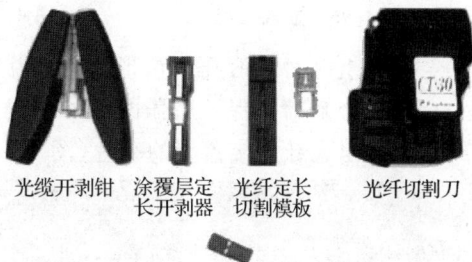

图 4.88　SC 光纤快速连接器安装工具

③ 安装过程

步骤 1：光缆开剥：

a. 使用皮线光缆开剥钳，将皮线光缆开剥约 50mm 长度（图 4.89）；

b. 使用涂覆层定长开剥器将 0.25mm 的涂覆层开剥掉，留 24mm 左右（图 4.90）；

c. 用无水酒精擦拭干净（图 4.91）；

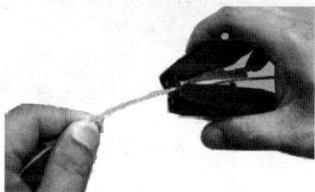

图 4.89　光缆开剥

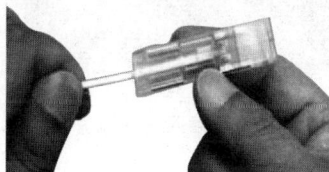

图 4.90　去除涂覆层

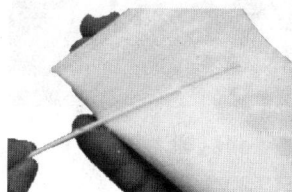

图 4.91　酒精擦拭

d. 将光缆嵌入定长切割模板（图 4.92），用光纤切割刀切割光纤（图 4.93），保留长度约 32mm（图 4.94）。

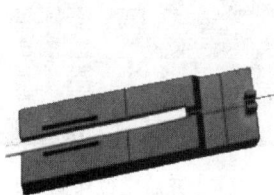

图 4.92　嵌入切割板

图 4.93　切割光纤

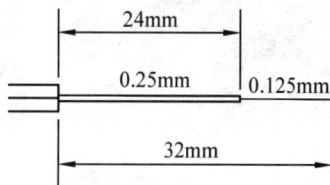

图 4.94　尺寸要求

步骤 2：光纤定位及固定：

a. 打开光纤连接器的后盖，将开剥好的光缆插入中间的导向孔（图 4.95）；

b. 当光缆外护套抵到固定齿时，将光缆翘起 30°～45°（图 4.96）；

c. 继续推进光缆，直至纤芯与预埋光纤纤芯接触为止，然后，后退 3～4cm 再前推，重复 2 次，确保纤芯与预埋光纤充分接触（图 4.97）；

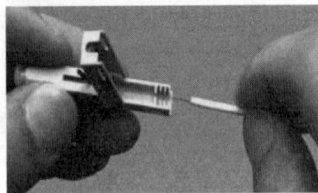

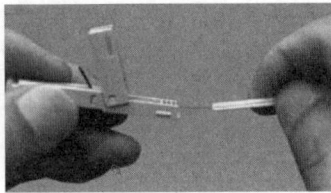

图 4.95　插入光缆　　　图 4.96　推进光缆　　　图 4.97　重复推进光缆

d. 将光缆外护套压入齿形槽内，并保证光纤有少量的微弯曲（图 4.98）；

e. 合上后盖，保证后盖两侧可靠锁住（图 4.99）；

f. 拔出光纤连接器上的小片（图 4.100）。

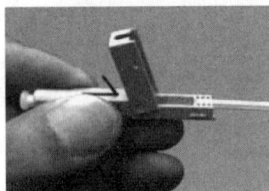

图 4.98　压入光缆外护套　　图 4.99　SC 光纤快速连接器组件　　图 4.100　SC 光纤快速连接器安装工具

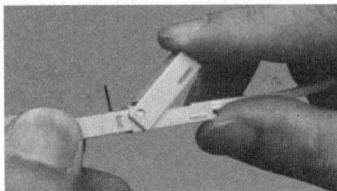

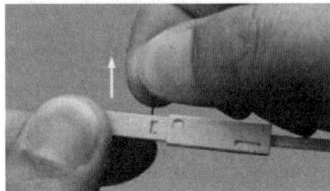

步骤 3：装配保护外套（图 4.101～图 4.103）。

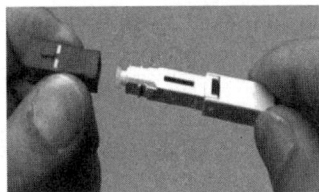

图 4.101　准备连接器护套　　　图 4.102　插入连接器护套　　　图 4.103　完成的光纤连接器

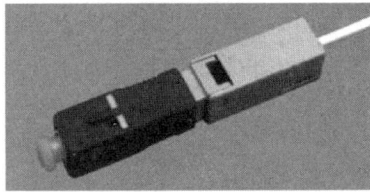

④ 重复安装

步骤 1：卸掉光纤连接器保护外套（图 4.104）；

步骤 2：使用后盖开启工具，将光纤连接器后盖打开（图 4.105）；

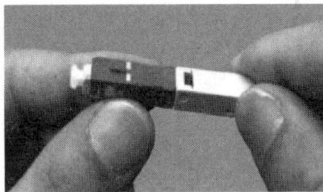

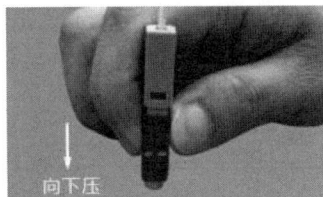

图 4.104　卸掉连接器护套　　　图 4.105　打开连接器后盖　　　图 4.106　开启定位和固定装置

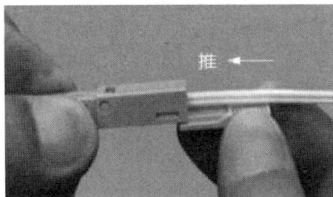

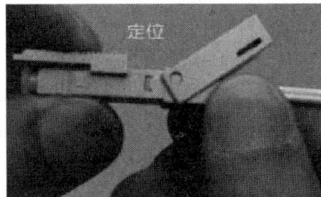

步骤 3：将开启工具嵌入光纤连接器本体内，开启光纤的定位和固定装置（图 4.106）；

步骤 4：拔出原有光缆（图 4.107），插入新的光缆，重复③的步骤，即可完成。

另外，现场还常将现成的带有连接器的光纤跳线剪断，采用光纤熔接机将其连接到光纤末端，特别是光纤配线架端

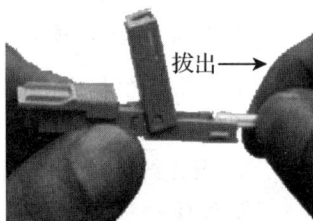

图 4.107　拔出光缆

接时，推荐采用此方法。

3)光纤连接器的互联

(1)光纤连接器互连的含义

①对于互连模块来说，光纤连接器的互联是将两条半固定的光纤通过其上的连接器与此模块嵌板上的耦合器互连起来。做法是将两条半固定光纤上的连接器从嵌板的两边插入其耦合器中；

②对于交叉连接模块来说，光纤连接器的互联是将一条半固定光纤上的连接器插入嵌板上耦合器的一端中，此耦合器的另一端中插入光纤跳线的连接器；然后，将光纤跳线另一端的连接器插入要交叉连接的耦合器的一端，该耦合器的另一端中插入要交叉连接的另一条半固定光纤的连接器。交叉连接以跳线作为中间链路，使管理员管理或维护线路。

(2)光纤连接器互连的步骤

以 ST 光纤连接器为例，说明其互连方法。

①清洁 ST 连接器：取下 ST 连接器头上的黑色保护帽，用蘸有试剂级丙醇酒精的棉签轻轻擦拭连接器头。

②清洁光纤耦合器：摘下光纤耦合器两端的红色保护帽，用蘸有清洁剂的杆状清洁器穿过耦合器孔擦拭耦合器内部以除去其中的碎片。使用罐装气，吹去耦合器内部的灰尘，如图 4.108 所示。

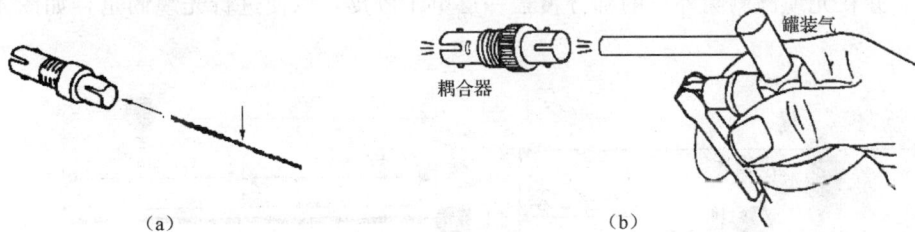

图 4.108　清洁耦合器

③ST 光纤连接器插到耦合器中：将光纤连接器槽口对准耦合器上的突起，插入后扭转连接器以使其锁定。如经测试发现光能量耗损较高，则需摘下连接器并用罐装气重新净化耦合器，然后再插入 ST 光纤连接器。在耦合器的两端插入 ST 光纤连接器，并确保两个连接器的端面在耦合器中接触。ST 连接互连过程如图 4.109 所示。

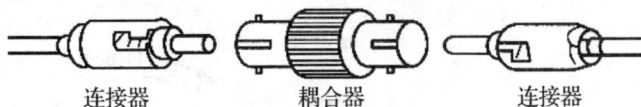

连接器　　　　　耦合器　　　　　连接器

图 4.109　ST 连接器互连

④重复以上步骤，直到所有的 ST 光纤连接器都插入耦合器为止。

注意，若一次来不及装上所有的 ST 光纤连接器，则连接器头上要盖上黑色保护帽，而耦合器空白端或未连接的一端(另一端已插上连接器头的情况)要盖上红色保护帽。

4)光纤配线架的安装与端接

最常使用的光纤管理器件是安装在机柜内的机架式光纤配线架。光纤配线架对光

纤起到较好的保护作用并提供了一系列光纤连接器实现光纤端接管理工作。下面以 IBDN Fiber Express 机架式光纤配线架为例，介绍光纤配线架安装步骤：

（1）打开并移走光纤配线架的外壳，在配线架内安装上耦合器面板，如图 4.110 所示；

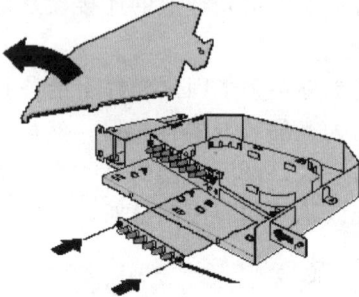

图 4.110　安装耦合器面板

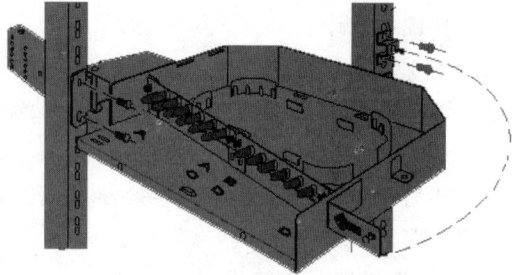

图 4.111　光纤配线架固定在机架上

（2）用螺钉将光纤配线架固定在机架合适的位置上，如图 4.111 所示；

（3）从光缆末端分别测量出 297.2cm 和 213.4cm 位置并打上标志，以便后续的光缆安装，如图 4.112 所示；

（4）距光缆末端 297.2cm 处剥除光缆的外皮并清洁，在距光缆末端 111.8cm 处打上标志，并在光缆已剥除外皮的部分覆盖一层电工胶皮，以便进行光缆固定，如图 4.113 所示；

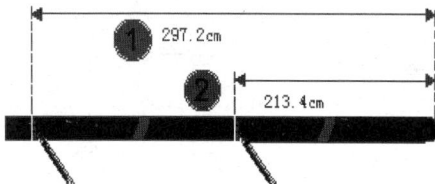

图 4.112　光缆做标记

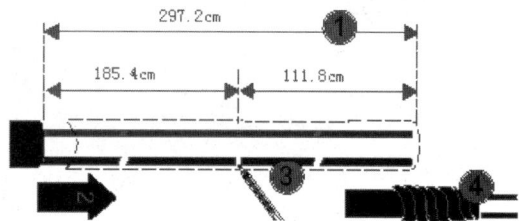

图 4.113　标记光缆并覆盖电工胶皮

（5）如图 4.114 所示，按图示要求将光缆穿放到机架式光纤配线架并对光缆进行固定；

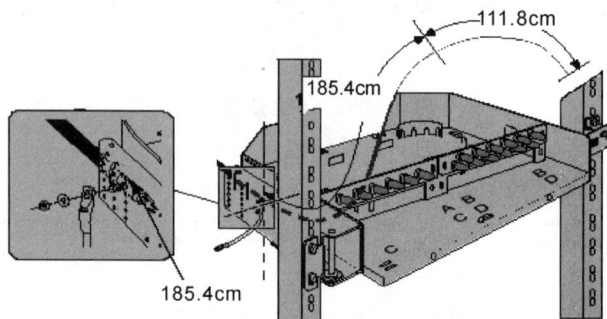

图 4.114　穿放光缆并固定

(6)将光缆各纤芯与尾纤熔接好后，各尾纤在配线架内盘绕安装并接插到配线架的耦合器内，如图 4.115 所示；

(7)将光纤配线架的外壳盖上，在配线架上标签区域写下光缆标记，如图 4.116 所示；(8)移去耦合器防尘罩，接插光纤跳线到耦合器，另一端连接设备的光纤接口，如图 4.117 所示。

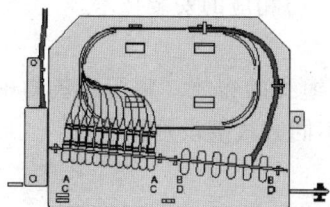

图 4.115　尾纤熔接及安装　　　　图 4.116　上盖及标签管理　　　　图 4.117　跳线连接

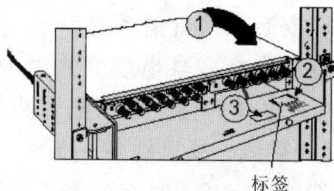

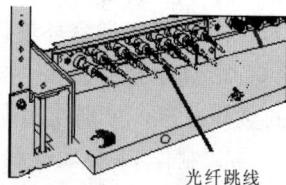

思考与练习

一、问答题

1. 综合布线系统工程安全施工主要包括哪些方面？

2. 通常将综合布线系统工程施工划分为哪几个阶段？

3. 综合布线工程施工的依据和相关文件是什么？

4. 在布线施工前应该进行哪些准备工作？

5. 简述综合布线系统工程管路和槽道安装的基本要求有哪些？

6. 敷设金属管时，一般什么情况下需要设拉线盒？

7. 管道中敷设线缆时，对管道的利用率有何要求？

8. 桥架安装时有什么要求？

6. 电缆传输通道施工要求有哪些？

7. 在综合布线系统工程中，如何一齐牵引 5 条 4 对双绞线电缆？

8. 在吊顶内一般应如何敷设双绞线电缆？

9. 在竖井中垂直电缆敷设的两种方式应该如何实现？

10. 线缆在槽道或桥架内如何布置和固定？

11. 简述 5e 类双绞线跳线的制作步骤。

12. 比较 5e 类和 6 类双绞线跳线制作的要求有何不同。

13. 信息插座的安装方式有几种？有哪些要求？

14. 简述 110P 配线架的安装和端接步骤。

15. 简述模块式快速配线架的安装和端接步骤。

16. 光缆传输通道施工与电缆传输通道施工有什么区别？

17. 简述地下管道光缆的敷设要求和过程。

18. 吹光纤系统由哪几部分组成？

19. 光缆终端的连接方式有哪些？

20. 什么是光纤接续？其施工内容有哪些？

21. 简述光纤快速连接器的安装过程。

22. 什么是光纤连接器互连？如何进行光纤连接器互连？

23. 简述光纤配线架的安装过程。

二、实训题

1. 认识目前市场上常见的管道、线槽以及电缆桥架，练习相应的安装技术。

2. 根据实训室环境设计、安装水平管槽系统。

3. 到学校办公楼、机关办公大楼观察电缆竖井内干线缆线的布放。利用建筑物中的竖井通道，分别使用向下垂放电缆和向上牵引电缆两种不同方式敷设垂直干线。

4. 制作 5e 类双绞线直通线跳线、交叉线各一条。

5. 制作 6 类双绞线直通线跳线、交叉线各一条。

6. 将 5e 类双绞线端接在 5e 类信息模块上并安装到信息面板。

7. 将 6 类双绞线端接在 6 类信息模块上并安装到信息面板。

8. 在 110P 配线架上端接 4 对双绞线电缆。

9. 在机柜中安装 5e 类模块化快速配线架并端接 5e 类双绞线。

10. 在机柜中安装 6 类模块化快速配线架并端接 6 类双绞线。

11. 制作一个牵引 10 条 4 对 5e 类双绞线电缆的牵引端。

12. 制作一个牵引 1 条 25 对双绞线电缆的牵引端。

13. 制作一个牵引 3 条 25 对双绞线电缆的牵引端。

14. 在机柜中安装配线架、交换机，并使用跳线通过理线架将交换机端口和配线架的端口连接起来。

15. 到校园、企事业单位等网络中心，观察网络中心机房双绞线电缆配线架和光纤配线架的端接和线缆的整理。

16. 安装光纤快速连接器。

17. 在机柜上安装光纤配线架并整理光纤跳线。

第 5 章　综合布线系统工程测试与验收

学习目标

1. 熟悉综合布线系统工程测试的标准和测试类型；

2. 理解基本链路、通道和永久链路的概念及其相互关系；

3. 掌握双绞线、光纤有关性能指标的测试方法；

4. 熟悉综合布线系统工程验收的基本要求、验收项目和验收内容。

▶ 5.1　综合布线系统工程测试概述

综合布线系统工程施工完成之后，必须组织专业人员对布线系统进行严格的测试，以检查工程的施工质量是否达到原有的设计要求，这也是工程验收的主要工作之一。对于综合布线的施工方来说，测试主要有两个目的：一是提高施工的质量和速度；二是给用户证明他们所作的投资得到了应有的质量保证。

5.1.1　综合布线系统测试类型

综合布线的测试，从工程的角度来看可以分为两类：验证测试与认证测试。

1. 验证测试

验证测试又称随工测试，是边施工边测试（随装随测——Test As You Go），主要检测线缆的质量和安装工艺，及时发现并纠正问题，避免返工。通常这种测试只注重综合布线的连接性能，而对综合布线电气特性并不关心。验证测试不需要使用复杂的测试仪，只需要使用能测试接线通断和线缆长度的测试仪。

在工程竣工检查中，发现信息链路不通、短路、反接、线对交叉、链路超长等问题占整个工程质量问题的 80%，这些问题本应在施工初期通过重新端接、调换线缆、修正布线路由等措施就能解决，因此，综合布线系统工程施工阶段就应做到随装随测。

2. 认证测试

认证测试又称为竣工测试、验收测试，是所有测试工作中最重要的环节，是在工程验收时对综合布线系统的安装、电气特性、传输性能、设计、选材和施工质量的全面检验。综合布线系统的性能不仅取决于综合布线系统方案设计、施工工艺，同时取决于在工程中所选的器材的质量。认证测试是检验工程设计水平和工程质量的总体水平，所以对于综合布线系统必须要求进行认证测试。认证测试又分为自我认证测试和第三方认证测试两种类型。

（1）自我认证测试

自我认证测试由施工方自己组织进行，按照设计施工方案对工程每一条链路进行

测试，确保每条链路都符合标准要求。如果发现未达标链路，应进行修改，直至复测合格；同时需要编制确切的测试技术档案，写出测试报告，交建设方存档。测试记录应准确、完整、规范，方便查阅。

（2）第三方认证测试

目前主要采用两种做法：

①对工程要求高，使用器材类别高，投资较大的工程，建设方除要求施工方要做自我认证测试外，还邀请第三方对工程做全面验收测试。

②建设方在施工方做自我认证测试的同时，请第三方对综合布线系统链路做抽样测试。一般 1 000 个信息点以上的工程抽样 30%，1 000 个信息点以下的工程抽样 50%。

5.1.2 综合布线系统测试模型

1. 电缆系统

综合布线工程电气测试中使用的三种模型，即基本链路模型、永久链路模型和信道模型。3 类和 5 类布线系统按照基本链路模型和信道模型进行测试，超 5 类和 6 类布线系统按照永久链路模型和信道模型进行测试。

1）基本链路模型

基本链路又被称为承包商链路。包括三部分：最长为 90m 的水平布线电缆（F）、两端接插件和两条各 2m 长的测试设备跳线（G、E）。基本链路模型如图 5.1 所示。

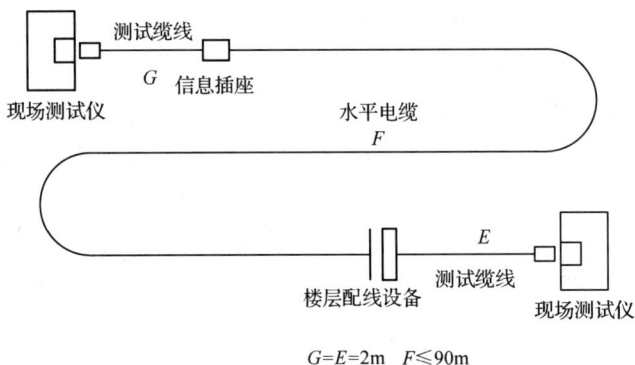

$$G=E=2m \quad F\leqslant 90m$$

图 5.1 基本链路模型

2）永久链路模型

永久链路又称固定链路，它由最长为 90m 的水平电缆（$G+H$）、两端接插件和转接连接器组成，如图 5.2 所示。其与基本链路的区别在于基本链路包括两端的 2m 测试电缆。

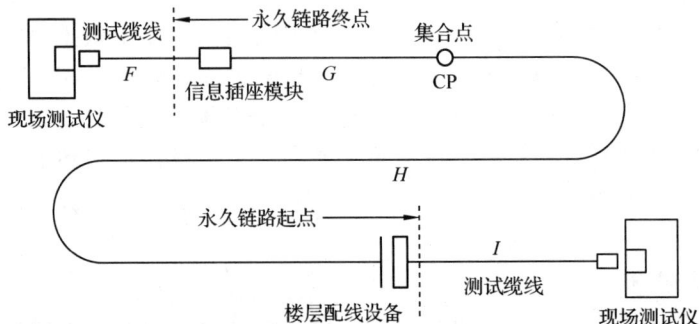

图 5.2 永久链路模型

3）信道模型

信道又称用户链路，用于测试端到端的链路整体性能，它在永久链路模型的基础上，还包括工作区和电信间的设备电缆和跳线在内的整体信道。信道模型如图 5.3 所示，包括最长 90m 的水平缆线（$B+C$）、信息插座模块、集合点、电信间的配线设备、跳线（D）、设备线缆（$A+E$），总长不得大于 100m。

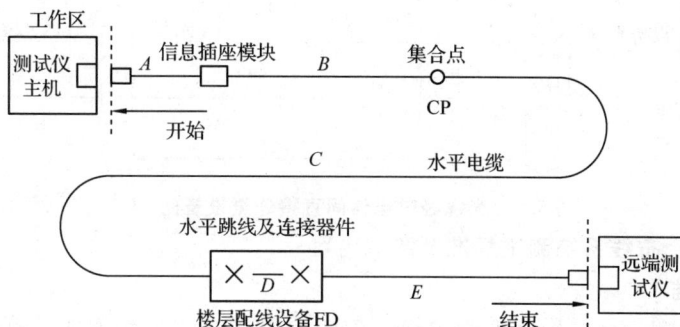

图 5.3　信道模型

基本链路连接模型与信道连接模块两者相比最大的区别在于，基本链路连接模型不包括用户端使用的电缆（用户连接工作区终端与信息插座、配线架及交换机等设备的连接线），而信道是作为一个完整的端到端链路定义的，包括连接网络站点和集线器的全部链路，其中用户的末端电缆必须是链路的一部分，且必须与测试仪相连。

2. 光缆系统

光纤测试信道有以下几种构成形式：

1）经光纤跳线连接的光信道

经光纤跳线连接的光信道由水平光缆和主干光缆至电信间的光纤配线设备经光纤跳线连接构成，如图 5.4 所示。

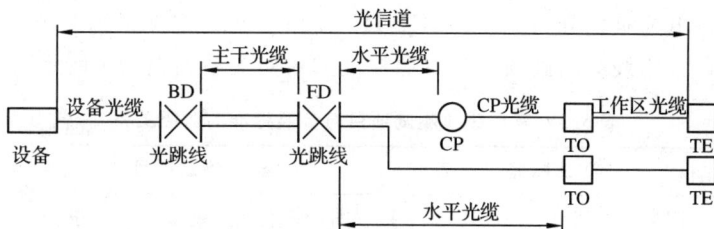

图 5.4　光缆经 FD 光跳线连接

2）经端接连接的光信道

经端接连接的光信道由水平光缆和主干光缆在电信间经端接（熔接或机械连接）构成，如图 5.5 所示。

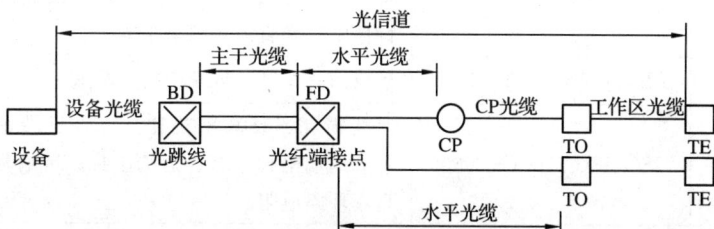

图 5.5　光缆在电信间 FD 做端接

3) 直接连接的光信道

直接连接的光信道由水平光缆经过电信间直接连接至设备间光配线设备构成，如图 5.6 所示。

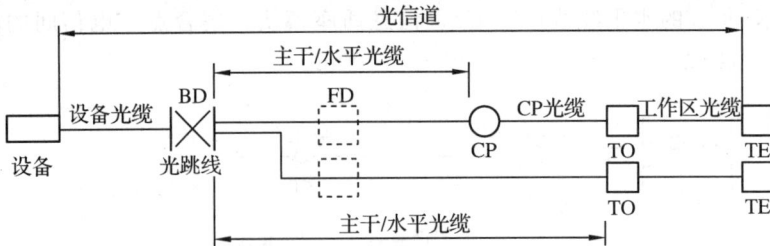

图 5.6 光缆经过电信间直接连至设备间 BD

5.1.3 综合布线系统测试标准及测试内容

1. 测试标准

在综合布线测试中，标准非常重要，因为标准既是测试的方法，也是测试的评判依据。随着综合布线技术的发展，各国及国际标准制定机构都在积极地制定和修订综合布线系统的测试标准，以满足综合布线系统技术要求和适应市场的需要，目前，主要参考执行的是美国的《商业建筑物电信布线标准》(TIA/EIA 568 B.2)和国际标准化组织的《用户建筑群通用布线标准》(ISO/IEC 11801)。我国编制的行业标准《综合布线系统电气性能测试方法》(YD/T1013-1999)是根据我国楼宇综合布线系统的验收测试需要和实际情况制定出的一部测试标准，对综合布线系统的验收测试提供了具体测试指导和测试方法。与此相关的最新的国家规范为《综合布线系统工程设计规范》(GB 50311—2007)和《综合布线系统工程验收规范》(GB 50312—2007)颁布，于 2007 年 10 月 1 日起开始实施，GB 50312—2007 明确规定了综合布线系统工程中电气性能测试的要求，在附录中还进一步明确了综合布线系统工程中电气测试方法及测试内容、光纤链路测试方法。该标准把电缆级别分为 A、B、C、D、E 和 F 级，定义了超 5 类、6 类、7 类布线系统的标准。常用线缆测试项目与参照标准的对照关系如表 5.1 所示。

表 5.1 常用线缆测试项目与参照标准的对照关系

线缆类别		测试标准	测试项目	备注
电缆系统	5 类电缆系统	EIA/TIA568A 和 TSB—67	接线图、长度、近端串扰、衰减	
		ISO/IEC 11801	接线图、长度、近端串扰、衰减、衰减串扰比和回波损耗	
		GB 50312—2007	基本测试项目：接线图、长度、衰减和近端串扰；任选测试项目：衰减串扰比、环境噪声干扰强度、传输延迟、回波损耗、特性阻抗和直流环路电阻等	
	5e 类电缆系统	EIA/TIA568A-5—2000	接线图、长度、近端串扰、衰减	
		ISO/IEC 11801—2000	回波损耗、衰减串扰比、综合近端串扰、等效远端串扰、综合远端串扰、传输延迟、直流环路电阻	

续表

线缆类别		测试标准	测试项目	备注
电缆系统	6 类电缆系统	EIA/TIA 568B1.1	接线图、长度、衰减、近端串扰、传输延迟、延迟偏差、直流环路电阻、综合近端串扰、回波损耗、等效远端串扰、综合等效远端串扰、综合衰减串扰比	
		ISO/IEC 11801—2002		
	光缆系统	GB50312—2007	连通性、插入损耗、长度、衰减	

对电缆布线链路的测试主要有 12 项指标,分别是接线图、长度、传输时延、时延差、回波损耗、衰减、线对间近端串扰、线对间等效远端串扰、综合等效远端串扰、衰减串扰比、综合衰减串扰比及特性阻抗。对光缆布线链路的测试主要是光损耗(衰减)。

2. 认证测试技术参数指标

1)电缆链路及信道性能指标

(1)接线图(Wire Map)

接线图是指布线连接线序。连接正确的线序是保证网络性能的基本条件。测试的目的是检查 8 芯电缆的每对线连接是否正确,该测试属于连接性能测试。布线时如果接错,便有开路、短路、错对、反接、串绕 5 种情况出现。布线测试中可能出现的接线图情况如图 5.7 所示,正确的线对连接如图 5.7(a)所示,后三种为错误接线。

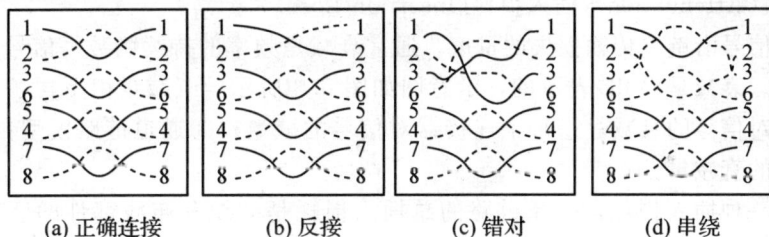

(a) 正确连接   (b) 反接   (c) 错对   (d) 串绕

图 5.7   接线图

①开路、短路:在施工时由于安装工具或接线技巧问题以及墙内穿线技术问题,会产生通路断开或短接这类故障;

②反接:同一对线在两端针位接反,一端为 1&2,另一端为 2&1;

③错对:将一对线接到另一端的另一对线上。比如一端是 1&2,另一端接在 4&5 针上。最典型的这类错误就是打线时混用 T568A 与 T568B 的色标;

④串绕:所谓串绕就是将原来的两对线分别拆开而又重新组成新的线对。因为出现这种故障时,端对端连通性是好的,所以用万用表这类工具检查不出来,只有用专用的电缆测试仪才能检查出来。串绕会产生很强的近端中扰(NEXT)。当信号在电缆中高速传输时,产生的近端串扰如果超过一定的限度就会影响信息传输。

避免串绕的方法很简单:施工中,在打线时根据电缆色标按照 T568A 或 T568B 的接线方法端接就不会出现串绕问题。

(2)长度(Length)

长度是指链路的物理长度。每一条链路的长度必须有记录。现场测试综合布线的长度通常采用 TDR(时域反射分析)测试技术,TDR 的工作原理是,测试仪从电缆一端

发出一个脉冲波,在脉冲波行进时,如果碰到阻抗的变化,如开路、短路或不正常接线时,就会将部分或全部的脉冲能量反射回测试仪。依据来回脉冲波的延迟时间及已知的信号在电缆传播的NVP(标称传播相速度),从而计算出脉冲波接收端到该脉冲返回点的长度。

NVP是指电信号在该电缆中传输的速度与真空中光的传输速度的比值。由于NVP值的标定有相当大的不定度,所以,在对综合布线链路长度测试之前,用现场测试仪对同一批标号的电缆进行校正测试,以得到精确的标称传播相速度值。校正的方法很简单,TSB-67推荐使用长1 000ft(304.8m)的典型同批号电缆来调整测试仪器,使长度读数等于1 000ft(304.8m),这样测试仪就会自动校正标称传播相速度值。典型的非屏蔽双绞电缆的NVP值是62%~72%。由于每条电缆的线对之间的绞距不同,所以在测试时,采用延迟时间最短的线对作为参考标准来校正电缆测试仪。

标称传播相速度(NVP)计算公式:

$$NVP = 2 \times L / (T \times C)$$

式中,L为电缆长度;T为信号传送与接收之间的时间差;C为真空状态下的光速$(3 \times 10^9 \text{m/s})$。

由于严格的NVP值的校正很难全部实现,一般有10%的误差。所以TSB-67修正了长度测试的通过/未通过的参数:通道长度为100m+100m×10%=110m;基个链路长度为94m+94m×10%=103.4m;永久链路长度为90m+90m×10%=99m。

(3)衰减(Attenuation)/插入损耗(Insertion Lose)

衰减是信号沿链路传输损失的量度。通常衰减是频率的持续函数,信号频率越高,其衰减越大。衰减是以dB表示的,示意图如图5.8所示。衰减量由下述各部分构成:①布线电缆对信号的衰减;②每个连接器对信号的减量;③通道链路模型再加上10m跳线对信号的衰减量。

衰减是一种插入损耗,一条链路的总插入损耗是电缆和布线部件的衰减的总和。电缆是链路衰减的一个主要因素,电缆越长,链路的衰减就会越明显。与电缆链路衰减相比,其他布线部件所造成的衰减要小得多。衰减不仅与信号传输距离有关,而且由于传输信道阻抗存在,它会随着信号频率的增加,而使信号的高频分量衰减加大,这主要由集肤效应所决定,它与频率的平方根成正比。引起衰减的原因还有温度、阻抗不匹配等因素。

一根90m长双绞电缆基本链路衰减如图5.9所示。图中反映了不同线对的衰减情况。

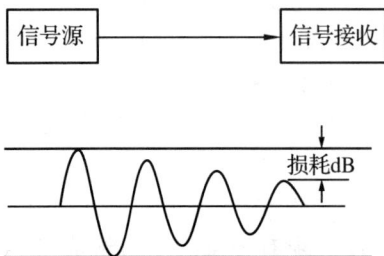

图5.8 电信号的衰减

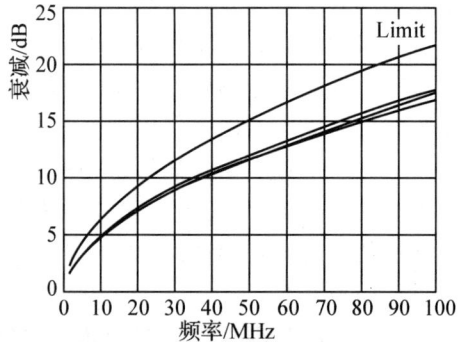

图5.9 基本链路衰减与频率关系

布线系统信道的插入损耗(IL)值指标要求如表 5.2 所示。

表 5.2　信道插入损耗值

频率/MHz	最大插入损耗/dB					
	A 级	B 级	C 级	D 级	E 级	F 级
0.1	16.0	5.5				
1		5.8	4.2	4.0	4.0	4.0
16			14.4	9.1	8.3	8.1
100				24.0	21.7	20.8
250					35.9	33.8
600						54.6

(4)近端串扰(NEXT)

近端串扰(NEXT)是在信号发送端(近端)进行测量得到的串扰,测试时是以测得的近端串扰损耗的大小来衡量信号串扰的程度。对于双绞电缆链路,近端串扰是一个关键的性能指标,也是最难测量精确的一个指标,尤其是随着信号频率的增加其测量难度就更大,它是频率的复杂函数。近端串扰与长度没有比例关系,另外,施工的工艺问题也会产生近端串扰(如端接处电缆被剥开,失去双绞的长度过长)。

从实际的近端串扰测试曲线看:各对双绞线的近端串扰损耗不同;曲线中不规则的形状还可以看出除非沿频率范围测试很多点,否则峰值情况(最坏点)可能很容易被漏过。测试时采样频率点的步长越小,测试就越准确,因此,测试时的最大频率步长要求如表 5.3 所示。

表 5.3　近端串扰测试采样步长

频率段/MHz	最大步长/m
1~31.25	0.15
31.26~100	0.25
100 以上	0.50

测试一条双绞电缆的链路的近端串扰,需要在每一对线之间测试。也就是说,对于 4 对双绞电缆来说要有 6 对线对关系的组合,即测试 6 次。并且,对近端串扰的测试要在链路的两端各进行一次。现在的测试仪都能在一端进行两端的 NEXT 的测量。布线系统信道的近端串音值指标如表 5.4 所示。

表 5.4　信道近端串音值

频率/MHz	最小近端串音/dB					
	A 级	B 级	C 级	D 级	E 级	F 级
0.1	27.0	40.0				
1		25.0	39.1	60.0	65.0	65.0
16		19.4	43.6	53.2	65.0	
100			30.1	39.9	62.9	
250				33.1	56.9	
600					51.2	

(5)综合近端串扰(PS NEXT)

近端串扰是一对发送信号的线对对被测线对在近端的串扰,实际上,在 4 对双绞线电缆中,当其他 3 个线对都发送信号时也会对被测线对产生串扰。因此在 4 对电缆中,3 个发送信号的线对向另一相邻接收线对产生的总串扰就称为综合近端串扰,又称近端串扰功率和(Power Sum NEXT)。如图 5.10 所示。通常用近端串扰功率和损耗值来衡量串扰程度。

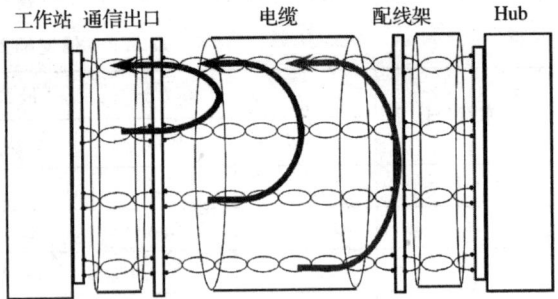

图 5.10 综合近端串扰

综合近端串扰只有超 5 类(D、E、F 级)以上电缆中才要求测试它,这种测试在用多个线对传送信号的 100 Base-T4 和 1000 Base-T 等高速以太网中非常重要。因为电缆中多个传送信号的线对把更多的能量耦合到接收线对,在测量中近端串扰功率和损耗值要低于同种电缆线对间的近端串扰损耗值。布线系统信道的 PS NEXT 值指标如表 5.5 所示。

表 5.5 信道近端串扰功率和值

频率/MHz	最小近端串音功率和/dB		
	D 级	E 级	F 级
1	57.0	62.0	62.0
16	40.6	50.6	62.0
100	27.1	37.1	59.9
250		30.2	53.9
600			48.2

(6)衰减与串扰比(ACR)

通信链路在信号传输时,衰减和串扰都会存在,串扰反映电缆系统内的噪声,衰减反映线对本身的传输质量,这两种性能参数的混合效应(信噪比)可以反映出电缆链路的实际传输质量,用衰减与串扰比来表示这种混合效应,衰减与串扰比定义为被测线对受相邻发送线对串扰的近端串扰损耗值与本线对传输信号衰减值的差值(单位为 dB),即

$$ACR(dB) = NEXT(dB) - Attenuation(dB)$$

ACR 只应用于布线系统的 D、E、F 级,在布线的两端均应符合 ACR 值要求。布线系统信道的 ACR 值指标如表 5.6 所示。

表 5.6 信道衰减串扰比值

频率/MHz	最小衰减串扰比/dB		
	D 级	E 级	F 级
1	56.0	61.0	61.0
16	34.5	44.9	56.9

频率/MHz	最小衰减串扰比/dB		
	D 级	E 级	F 级
100	6.1	18.2	42.1
250		−2.8	23.1
600			−3.4

（7）综合衰减与串扰比（PS ACR）

PS ACR 为近端串音功率和值与插入损耗值之间的差值。布线系统信道的 PS ACR 值指标如表 5.7 所示。

表 5.7　信道综合衰减串扰比值

频率/MHz	最小衰减串扰比/dB		
	D 级	E 级	F 级
1	53.0	58.0	58.0
16	31.5	42.3	53.9
100	3.1	15.4	39.1
250		−5.8	20.1
600			−6.4

（8）等效远端串扰（ELFEXT）

与 NEXT 定义相类似，FEXT 是信号从近端发出，而在链路的另一侧（远端），发送信号的线对向其同侧其他相邻（接收）线对通过电磁感应耦合而造成的串扰。FEXT 也用远端串音损耗来度量。

因为信号的强度与它所产生的串扰及信号的衰减有关，所以电缆长度对测量到的 FEXT 值影响很

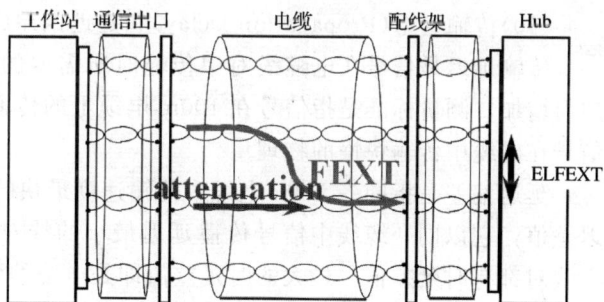

图 5.11　等效远端串扰原理

大，FEXT 并不是一种很有效的测试指标，在测量中是用等效远端串扰（ELFEXT）值的测量代替 FEXT 值的测量。

ELFEXT 是指某线对上远端串扰损耗与该线路传输信号的衰减差，也称为远端 ACR。

定义：ELFEXT(dB)＝FEXT(dB)−A(dB)（A 为受串扰接收线对的传输衰减）

等效远端串扰原理如图 5.11 所示。布线信道 ELFEXT 数值指标如表 5.8 所示。

表 5.8 信道等电平远端串音值

频率/MHz	最小等效远端串扰/dB		
	D 级	E 级	F 级
1	57.4	63.3	65.0
16	33.3	39.2	57.5
100	17.4	23.3	44.4
250		15.3	37.8
600			31.3

(9)综合等效远端串扰(PS ELFEXT)

和 PS NEXT 一样,PSELFEXT 是几个同时传输信号的线对在接收线对形成的 ELFEXT 总和。对 4 对 UTP 而言,它组合了其他 3 对线对第 4 对线的 ELFEXT 影响。

布线系统永久链路的最小 PS ELFEXT 值指标如表 5.9 所示。

表 5.9 永久链路的最小 PS ELFEXT 值

频率/MHz	最小 PS ELFEXT 值/dB		
	D 级	E 级	F 级
1	55.6	61.2	62.0
16	31.5	37.2	56.3
100	15.6	21.2	43.0
250		13.2	36.2
600			29.6

(10)传输延迟(Propagation Delay)和延迟偏差(Delay skew)

传输延迟是信号在电缆线对中传输时所需要的时间。传输延迟随着电缆长度的增加而增加,测量标准是指信号在 100m 电缆上的传输时间,单位是纳秒(ns),它是衡量信号在电缆中传输快慢的物理量。

延迟偏差是指同一 UTP 电缆中传输速度最快的线对和传输速度最慢线对的传输延迟差值,它以同一缆线中信号传播延迟最小的线对的时延值作为参考,其余线对与参考线对都有时延差值。最大的时延差值即是电缆的延迟偏差。

布线系统信道的传播时延及延迟偏差值指标如表 5.10 和表 5.11 所示。

表 5.10 信道传播时延偏差

频率/MHz	最大传播时延/μs					
	A 级	B 级	C 级	D 级	E 级	F 级
0.1	20.000	5.000				
1		5.000	0.580	0.580	0.580	0.580
16			0.553	0.553	0.553	0.553
100				0.548	0.548	0.548
250					0.546	0.546
600						0.545

表 5.11　信道传播时延偏差

等级	频率/MHz	最大时延偏差/μs
A	$f=0.1$	
B	$0.1{\leqslant}f{\leqslant}1$	
C	$1{\leqslant}f{\leqslant}16$	0.050①
D	$1{\leqslant}f{\leqslant}100$	0.050①
E	$14{\leqslant}f{\leqslant}250$	0.050①
F	$14{\leqslant}f<600$	0.030②

注：①0.050 为 0.045＋4×0.001 25 计算结果；②0.030 为 0.025＋4×0.001 25 计算结果。

(11)回波损耗(RL)

回波损耗是线缆与接插件构成布线链路阻抗不匹配导致的一部分能量反射。

当端接阻抗(部件阻抗)与电缆特性阻抗不一致而偏离标准值时，将导致通信链路阻抗不匹配。阻抗的不连续性引起链路偏移，电信号到达链路偏移区时，必须消耗掉一部分来克服链路偏移，则会导致两个后果：一是信号损耗，二是少部分能量会被反射回发送端。被反射到发送端的能量会形成噪声，导致信号失真，降低了通信链路的传输性能。RL 用发送信号与反射信号的比值(dB)来衡量。

注意与结构性回波损耗(SRL)的区别，RL 包含了标称阻抗的偏差及结构尺寸偏差(不均匀性)，SRL 仅代表了电缆介质本身相对于特性阻抗的结构效应。

回波损耗(RL)只在布线系统中的 C、D、E、F 级采用，在布线的两端均应符合回波损耗值的要求。布线系统信道的最小回波损耗值指标如表 5.12 所示。

表 5.12　信道回波损耗值

频率/MHz	最小回波损耗/dB			
	C 级	D 级	E 级	F 级
1	15.0	17.0	19.0	19.0
16	15.0	17.0	18.0	18.0
100		10.0	12.0	12.0
250			8.0	8.0
600				8.0

(12)直流环路电阻(d.c.)

任何导线都存在电阻，直流环路电阻是指一对双绞线电阻之和。布线系统信道的直流环路电阻(d.c.)指标如表 5.13 所示。

表 5.13　信道最大直流环路电阻　　　　　　　　　　(单位：Ω)

A 级	B 级	C 级	D 级	E 级	F 级
560	170	40	25	25	25

综上测试参数，对于 3 类、5 类布线系统考虑指标项目为衰减、近端串音（NEXT）；5e 类、6 类、7 类布线系统，应考虑指标项目为插入损耗（IL）、近端串扰、衰减串扰比（ACR）、等效远端串音（ELFEXT）、综合近端串扰（PS NEXT）、综合衰减串扰比（PS ACR）、综合等效远端串扰（PS ELEFXT）、回波损耗（RL）、时延、时延偏差等。屏蔽的布线系统还应考虑非平衡衰减、传输阻抗、耦合衰减及屏蔽衰减，具体参数参看相应规范。

2）光纤链路及信道性能指标

光纤衰减是光纤链路及信道很重要的指标，它是光波沿光纤传输时光能损失的度量。光纤的衰减主要是由光纤本身的固有吸收和散射造成的，光纤的衰减由下式决定：

$$\alpha = 10\lg \frac{P_i}{P_o}(\text{dB})$$

式中，P_i 是注入光纤的光功率；P_o 是经过光纤传输后在光纤末端输出的光功率。α 越大，光信号在光纤里被衰减得越严重。

为了精确衡量不同长度光纤通道的衰减特性，引入衰减系数 α_L，单位是 dB/km，即：

$$\alpha_L = 10\lg \frac{P_i}{P_o}/L$$

式中，L 是光纤的长度。

（1）光缆衰减标准

不同标称波长的光缆，其每千米的最大衰减值指标如表 5.14 所示。

表 5.14　最大光缆衰减值

项目	OM1、OM2 及 OM3 多模		OS1 单模	
波长/nm	850	1 300	1 310	1 550
衰减/(dB/km)	3.5	1.5	1.0	1.0

（2）光纤信道衰减

光纤布线信道在规定的传输窗口测量出的最大光衰减（插入损耗）指标如表 5.15 所示，该指标已包括接头与连接插座的衰减在内。

表 5.15　信道衰减值　　　　　　　　　　（单位：dB）

信道	多模		单模	
	850nm	1 300nm	1 310nm	1 550nm
OF-00	2.55	1.95	1.80	1.80
OF-500	3.25	2.25	2.00	2.00
OF-2 000	8.50	4.50	3.50	3.50

注：每个连接处的衰减值最大为 1.5dB。OF（Optical Fiber）代表光纤信道。

（3）光纤链路的插入损耗极限值

光纤链路损耗可由以下公式对应计算，参考值如表 5.16 所示。

光纤链路损耗＝光纤损耗＋连接器件损耗＋光纤连接点损耗

光纤损耗＝光纤损耗系数(dB/km)×光纤长度(km)

连接器件损耗＝连接器件损耗/个×连接器件个数

光纤连接点损耗＝光纤连接点损耗/个×光纤连接点个数

表 5.16   光纤链路损耗参考值

种类	工作波长/nm	衰减系数/(dB/km)
多模光纤	850	3.5
多模光纤	1 300	1.5
单模室外光纤	1 310	0.5
单模室外光纤	1 550	0.5
单模室内光纤	1 310	1.0
单模室内光纤	1 550	1.0
连接器件衰减	0.75dB	
光纤连接点衰减	0.3dB	

5.1.4   综合布线系统测试仪器

要保证布线工程测试结果的权威性，就必须选择合适的测试仪器。一般要求测试仪同时具有认证和故障查找能力，从而在保证布线通过各项标准测试的基础上，能快速准确地进行故障定位。

1. 对测试仪器的要求

综合布线测试中用到的测试仪器的性能和精度要符合相关标准的要求，仪器本身要通过权威机构的认证；同时，测试仪器的使用应在规定的测试环境中进行。这样才能保证测试结果是科学的和可信的。

1)测试仪表的性能要求

无论是按时域还是按频域原理设计的测试仪表，在满足测量扫描步长的要求下，还应考虑以下性能指标：

◇ 支持多个测试标准；

◇ 测试仪表测量的精度和可重复性能；

◇ 具有一定的故障定位诊断能力；

◇ 具有自动、连续、单项选择测试的功能；

◇ 可存储规定的各测量步长频率点的全部测试结果，以供查询；

◇ 测试仪器是否被独立认证，如被美国保险商实验室 UL 认证；

◇ 有定位和详细分析电气故障的诊断能力；

◇ 简单易用。

2)测试仪表的精度要求

测试仪表的精度表示实际值与仪表测量值的差异程度，直接决定着测量数值的准确性。无论测试基本链路还是信道，作为认证布线的测试仪器必须要达到二级精度。

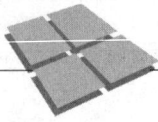

综合布线系统测试仪表性能参数二级精度要求如表 5.17 所示。宽带测试仪表的测试精度应高于二级，光纤测试仪表测量信号的动态范围应大于或等于 60dB。

表 5.17 综合布线系统测试仪表性能参数二级精度要求

序号	性能参数	频率范围 1～100MHz	备注
1	近端串扰精度	±2dB	①测试仪表能准确报告的最低近端串扰损耗值至少应高于内部残余串扰值 10dB 以上；②测试仪表能准确报告的最低衰减值应在内部随机噪声水平 30dB 以上；③电表精度（动态精确度）适宜于从 0dB 基准至优于近端串扰损耗（NEXT）极限值的一个带宽，按 60dB 限制
2	衰减量精度	±1.0dB	
3	内部随机噪声电平	$-65+15\times\lg(f/100)$dB	
4	内部残余串扰	$-55+15\times\lg(f/100)$dB	
5	输出信号平衡	$-37+15\times\lg(f/100)$dB	
6	共模排斥（又称共模制）	$-37+15\times\lg(f/100)$dB	
7	电表精度（又称动态精确度）	±0.75dB	
8	回波损耗	±15dB	
9	长度精度	±1m±4%	

3）测试环境

在综合布线工程现场进行测试时，必须注意测试环境、测试温度及湿度等影响因素。

(1)测试环境应无产生严重电火花的电焊、电钻和产生强磁干扰的设备作业，被测的综合布线系统必须是无源网络，测试时应断开与之相连的所有有源或无源通信设备。

(2)测试现场温度宜在 20℃～30℃，湿度宜在 30%～85%。由于衰减指标的测试受环境温度影响较大，标准规定的数值为 20℃时的标准值，因此，当测试环境温度超出上述范围时，可根据现场情况按规定缆线的类别测试标准修正。

(3)测试时应采取防静电措施。

2. 测试仪器的种类

1）电缆测试仪

电缆测试仪用于检测电缆的通信质量及安全质量，完成电缆的验证测试和认证测试。

(1)功能

电缆测试仪能检测同轴电缆和双绞线等介质。验证测试包括测试电缆有无开路和断路、是否正确连接、串绕及近端串扰故障定位、同轴电缆终端匹配电阻连接是否良好等基本安装情况，以及时发现故障，为解决布线存在的问题提供依据。认证测试完成后，电缆应能满足国内或国际等有关标准的测试，并具有存储和打印有关参数的功能。

(2)参数规格

测量精度：TSB67 标准二级精度。

测试频率：100MHz 或 250MHz。

测试输出方式：屏蔽显示和打印。

测试电缆的种类：UTP3类、5类、超5类或6类电缆。

（3）电缆测试设备

常见的电缆测试设备主要有线务员测试仪、音频生成器和放大器、万用电表、连通性测试仪和电缆分析仪等。线务员测试仪用来测试主语音电路，主要功能为识别模拟语音电路、模拟标准的电话设备、检验音频拨号功能和呼叫功能。音频生成器和放大器用来识别和定位通信电缆。万用电表是一种多功能测试设备，在布线中主要使用欧姆挡诊断电缆的短路、开路、电缆过长等故障。连通性测试仪用于对电缆的物理通断性进行测试，测试速度比万用电表快，主要诊断电缆的短路、开路、线对交叉和电缆端接不良等故障。电缆分析仪是一种复杂的测试评估设备，原则上可以测试电缆连接的各种性能指标。

2）光纤测试仪

光纤测试仪用于对光纤或光纤传输系统进行验证测试和认证测试。

（1）功能

基本功能包括测试连续性、衰减损耗、光纤输入和输出功率、分析光纤的衰减损耗、确定光纤连续性和发生光损耗的部位等。

（2）参数规格

测量精度：TSB67标准二级精度。

测试输出方式：屏蔽显示和打印。

测试光纤种类：单模、多模、室内和室外。

（3）光纤测试设备

常见的光纤测试设备主要有闪光灯、光纤测试光源、光功率计和光时域反射仪（OTDR）等。闪光灯是最简单的光纤测试设备，可用来对配线盘上的每根光纤进行快速连通性检测。光功率计用来测量光缆的出纤光功率，可以测量传输信号的损耗和衰减。光纤测试光源与光功率计配套使用，用于产生稳定的光脉冲。光损耗测试仪主要用来测试单模光缆、多模光缆、光纤跳线、连接器和耦合器的光损耗。光时域反射仪是复杂的光纤测试设备，它根据光的后向散射与菲涅耳反射原理制作，利用光在光纤中传播时产生的后向散射光来获取衰减的信息，可用于测量光纤衰减和接头损耗、定位光纤故障点，了解光纤沿长度的损耗分布情况等，是光缆施工、维护及监测中必不可少的工具。

3）网络测试仪

网络测试仪用于计算机网络的安装调试、网络监测、维护和故障诊断。

（1）功能

网络测试仪具有迅速准确地进行网络利用率和碰撞率等有关参数的统计、网络协议分析、路由分析、流量测试以及电缆、网卡、集线器、网桥和路由器等网络设备的故障诊断，并具有存储和打印有关参数的功能。

（2）参数规格

测试输出方式：屏幕显示和打印。

测试网络类型：以太网和令牌网等。

3. 常用测试仪器简介

目前的测试仪器主要有福禄克（FLUKE）、理想（IDEAL）、安捷伦（Agilent）等国外厂商以及国内厂商的产品。下面介绍部分常用测试仪器。

1）简易布线通断测试仪

如图 5.12 所示是最简单的电缆通断测试仪，包括主机和远端机，测试时，线缆两端分别连接到主机和远端机上，根据显示灯的闪烁次序就能判断双绞线 8 芯线的通断情况，但不能确定故障点的位置。这种仪器的功能相对简单，通常只用于测试网络的通断情况，可以完成双绞线和同轴电缆的测试。

2）MicroScanner2 电缆测试仪（MS2）

Fluke MicroScanner Pro2 是专为防止和解决电缆安装问题而设计的。可测试所有常见介质类型，包括 RJ11、RJ-45 和同轴电缆。如图 5.13 所示。使用线序适配器可以迅速检验 4 对线的连通性，以确认被测电缆的线序正确与否，并识别开路、短路、跨接、串扰或任何错误连线，迅速定位故障，从而确保基本的连通性和端接的正确性。

3）Fluke DTX 系列电缆认证分析仪

福禄克网络公司推出的 DTX 系列电缆认证分析仪全面支持国家标准 GB 50312—2007。Fluke DTX 系列中文数字式线缆认证分析仪有 DTX-LT AP［标准型（350M 带宽）］、DTX-1200 AP［增强型（350M 带宽）］、DTX-1800 AP［超强型（900M 带宽），7类］等几种类型可供选择。Fluke DTX 系列还具有 IV 级精度、无可匹敌的智能故障诊断能力、12h 电池使用时间和快速仪器设置，并可以生成详细的中文图形测试报告。

如图 5.14 所示为 Fluke DTX-1800 AP 电缆认证分析仪。包括 DTX-1800 主测试仪和智能远端测试仪两部分，该测试仪可以进行基本的连通性测试，也可以进行比较复杂的电缆性能测试，能够完成指定频率范围内衰减、近端串扰等各种参数的测试，从而确定其是否能够支持高速网络。Fluke DTX-1800 AP 完成一次 6 类链路自动测试的时间比其他仪器快 3 倍（12s），通过可选光缆模块进行光缆认证测试时快 5 倍（12s）。

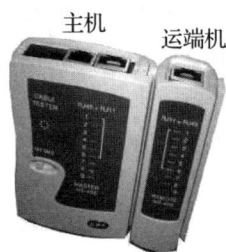

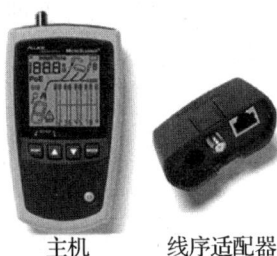

| 图 5.12　网线测试仪 | 图 5.13　MicroScanner 2 测试仪 | 图 5.14　DTX-1800 电缆分析仪 |

4）光纤识别仪和故障定位仪

光纤识别仪不需要中断光纤而能辨别光纤线路是否有光及光的方向及频率，广泛应用于光缆施工与维护，综合布线系统，光纤 CATV 等领域，如图 5.15 所示。

光纤故障定位仪用于快速测量出光纤断点位置，可替代昂贵的 OTDR 断点测试功能，更加适用于工程商的光纤维护工作。仪表彩色液晶屏直观显示光纤故障位置，手提式设计，外形轻巧，携带方便，操作简便，适合光纤日常安装、检测与维护。如

图 5.16 所示。

图 5.15　光纤识别仪　　　　图 5.16　光纤故障定位仪

5）光功率计

光功率计是测试光纤布线链路损耗的基本测试设备，如图 5.17 所示。它可以测量光缆的出纤光功率。在光纤链路段，用光功率计可以测量传输信号的损耗和衰减。

大多数光功率计是手提式设备，用于测试多模光缆布线系统的光功率计的工作波长是 850nm 和 1 300nm，用于测试单模光缆的光功率计的测试波长是 1 310nm 和 1 550 nm。光功率计和激光光源一起使用，是测试评估楼内、楼区布线多模光缆和野外单模光缆最常用的测试设备。

6）光纤测试光源

光纤测试光源可以产生稳定的光脉冲。光纤测试光源和光功率计一起使用，这样，功率计就可以测试出光纤链路路段的损耗。光纤测试光源如图 5.18 所示。

目前的光纤测试光源主要有 LED（发光二极管）光源和激光光源两种；VCSEL（垂直腔体表面发射激光）光源是一种性能好且制造成本低的激光光源，目前很多网络互联设备都可以提供 VCSEL 光源的端口。

7）光损耗测试仪

光损耗测试仪（OLTS）是由光功率计和光纤测试光源组合在一起构成的，又称光纤万用表。光损耗测试仪包括所有进行链路段测试所必需的光纤跳线、连接器和耦合器。

光损耗测试仪可以用来测试单模光缆和多模光缆。用于测试多模光缆的光损耗测试仪有一个 LED 光源，可以产生 850nm 和 1 300nm 的光；用于测试单模光缆的光损耗测试仪有一个激光光源，可以产生 1 310nm 和 1 550nm 的光，如图 5.19 所示。

图 5.17　光功率计　　　　图 5.18　光纤测试光源　　　　图 5.19　光损耗测试仪

8)光时域反射仪

光时域反射仪(OTDR)是最复杂的光纤测试设备,如图 5.20 所示为 Fluke 公司的 OptiFiber 光缆认证(OTDR)分析仪 OF 500。OTDR 可以进行光纤损耗的测试,也可以进行长度测试,还可以确定光纤链路故障的起因和故障位置。

OTDR 使用的是激光光源,而不像光功率计那样使用 LED。OTDR 基于回波散射的工作方式,光纤连接器和接续子在连接点上都会将部分光反射回来。OTDR 通过测试回波散射的量来检测链路中的光纤连接器和接续子。OTDR 还可以通过测量回波散射信号返回的时间来确定链路的距离。

9)Fluke DTX 测试仪选配光纤模块

使用 Fluke DTX 测试仪测试光纤链路时,必须配置光纤链路测试模块,并根据光纤链路的类型选择单模或多模模块。

将多模或单模 DTX 光缆模块插入 DTX 电缆认证分析仪背面专用的插槽中,无须再拆卸下来。如图 5.21 所示。不像传统的光缆适配器需要和双绞线适配器共享一个连接头,DTX 光缆测试模块通过专用的数字接口和 DTX 通信。双绞线适配器和光缆模块可以同时接插在 DTX 上。这样的优点就是单键就可快速在铜缆和光缆介质测试间进行转换。

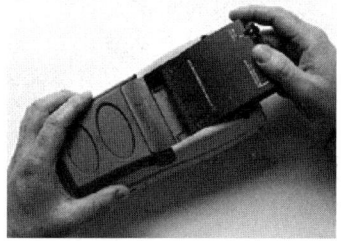

图 5.20 OTDR   图 5.21 Fluke DTX 光纤链路测试模块

5.1.5 测试报告与测试记录

测试报告是对综合布线系统工程各个项目进行测试的汇总。测试记录则是针对某个具体的性能指标进行测试的详细记载。

1. 测试报告

1)测试报告的必要性

文档资料是布线工程验收的重要组成部分。完整的文档包括线缆的标号、信息插座的标号、配线间水平线缆与干线线缆的跳接关系和配线架与交换机端口的对应关系。应建立这些资料的电子文档,便于以后的维护管理。

线缆测试完毕,施工方提供包含如下内容的测试报告:测试组人员姓名,测试仪表型号(制造厂商、生产系列号码),生产日期,光源波长(仅对多模光纤系统),光纤光缆的型号、厂商、终端(尾端)地点名、测试方向、相关功率测试得出的网段光衰减值、合格值的大小等。

2)测试报告格式

测试负责人和工程负责人应完成所有下列任务才能完成此工程的测试,每完成一项在括号中打钩确认。

（1）工程名称

工程负责人：   工程 ID：

（2）测试仪

测试仪品牌：   型号：

主机序列号：   远端序列号：

（3）测试人员

持主机者：   持远端者：

排除故障者：

（4）测试时间

_____年_____月_____日～_____月_____日

（5）测试数据

处理测试结果已传入计算机保存。

文 件 名	日 期	时 间	大 小	传入人签名

2. 测试记录

布线系统测试项目应根据布线信道或链路的设计等级和布线系统的类别要求制定。各项测试结果应有详细记录，作为竣工资料的一部分。电缆系统测试记录内容和形式见表 5.18 的要求，光纤系统测试记录内容和形式见表 5.19 的要求。对某些具体项目的测试，记录的内容和格式可灵活确定，总的要求是记录详细、清晰、准确、真实，经得起检验。

表 5.18 综合布线系统工程电缆（链路/信道）性能指标测试记录

| 序号 | 工程项目名称 | | | 内容 | | | | | | | 备注 |
| | 编号 | | | 电缆系统 | | | | | | | |
	地址号	缆线号	设备号	长度	接线图	衰减	近端串音	……	电缆屏蔽层连通情况	其他任选项目	
测试日期											
测试人员											
测试仪表型号、精度											
处理情况											

表 5.19 综合布线系统工程光纤(链路/信道)性能指标测试记录

序号	工程项目名称														
	编号			光缆系统										备注	
				多模				单模							
	地址号	缆线号	设备号	850nm		1 300nm		1 310nm		1 550nm					
				衰减	长度	衰减	长度	衰减	长度	衰减	长度				
测试日期															
测试人员															
测试仪表型号、精度															
处理情况															

▶ 5.2 电缆传输通道测试

5.2.1 电缆传输链路及信道的认证测试分类

1. 双绞线连通性简单测试

将电缆通断测试仪主机和远端机连接在被测电缆两端,打开测试开关,观察指示灯。

(1)若有一根导线断路,则主测试仪和远程测试端对应线号的灯都不亮。

(2)若有几条导线断路,则相对应的几条线都不亮,当导线少于 2 根线连通时,灯都不亮。

(3)若两头网线乱序,则与主测试仪端连通的远程测试端的线号亮。

(4)当导线有 2 根短路时,则主测试器显示不变,而远程测试端显示短路的两根线灯都亮。若有 3 根以上(含 3 根)线短路时,则所有短路的几条线对应的灯都不亮。

(5)如果出现红灯或黄灯,就说明存在接触不良等现象,此时最好先用压线钳压制两端水晶头一次,再测,如果故障依旧存在,就得检查一下芯线的排列顺序是否正确。如果芯线顺序错误,那么就应重新进行制作。

2. 双绞线链路或跳线验证测试

1)MicroScanner2 电缆测试仪准备

使用测试仪测试电缆过程中,显示屏各显示符号的含义如图 5.22 所示。

2)电缆测试

(1)启动测试仪。如果测试仪已经启动并处于同轴电缆模式,按"PORT"键切换到双绞线测试模式。

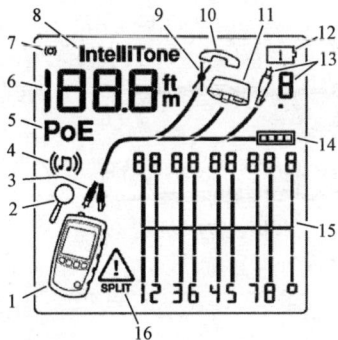

图 5.22　显示屏符号含义

说明：1. 测试仪图标；2. 细节屏幕指示符；3. 指示哪个端口为现用端口(RJ-45 端口还是同轴电缆端口)；4. 音频模式指示符；5. 以太网供电模块指示符(PoE)；6. 带 ft/m 指示符的数字显示；7. 测试活动指示符，在测试正在进行时会以动画方式显示；8. 当音频发生器处于 IntelliTone 模式时，会显示 IntelliTone；9. 表示电缆上存在短路；10. 电话电压指示符；11. 表示线序适配器连接到电缆的远端；12. 电池电量不足指示符；B13. 表示 ID 定位器连接到电缆的远端并显示定位器的编号；14. 以太网端口指示符；15. 线序示意图。对于开路，线对点亮段的数量表示与故障位置的大致距离，最右侧的段表示屏蔽；16. "!"表示电缆存在故障或带有高压。当出现线对串绕问题时，显示 SPLIT(串绕)

(2)将测试仪和线序适配器或 ID 定位器连至布线系统中，如图 5.23 所示。测试将连续运行，直到更改模式或关闭测试仪。

3)双绞电缆测试结果分析

以下各图显示了双绞线布线的典型测试结果。

图 5.24 显示第 4 根线上存在开路。

图 5.25 显示第 5 根和第 6 根线之间存在短路，短路后会以闪烁来表示故障。电缆长度为 75.4m。

图 5.26 显示第 3 根和第 4 根线跨接。线位号会闪烁来表示故障。电缆长度为 53.9m。电缆为屏蔽式。

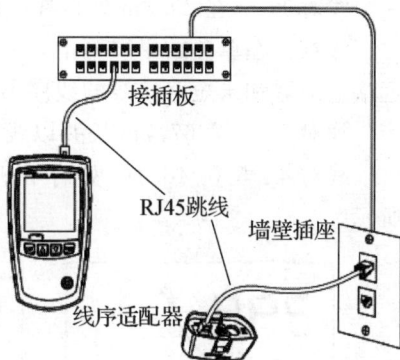

图 5.23　连接到双绞线网络

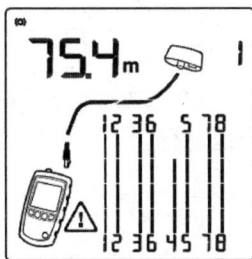

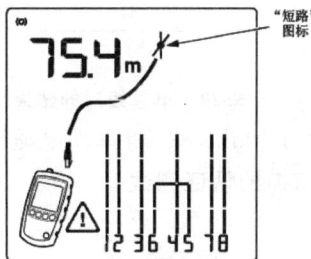

图 5.24　双绞线布线上存在开路　　**图 5.25　双绞线布线上存在短路**　　**图 5.26　线路跨接**

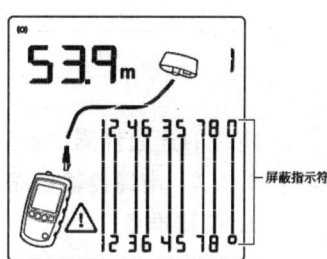

图 5.27 显示线对 1、2 和 3、6 跨接。线位号会闪烁来表示故障。这可能是由于接错 568A 和 568B 电缆引起。

图 5.28 显示线对 3、6 和 4、5 存在串绕。串绕的线对会闪烁来表示故障。电缆长度为 75.4m。在串绕的线对中，端到端的连通性正确，但是所连接的线来自不同线对。线对串绕会导致串扰过大，因而干扰网络运行。

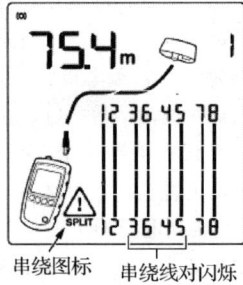

图 5.27　线对跨接　　　　　　图 5.28　双绞线布线上存在短路

要查看每个线对的单独结果，可用"▲"或"▼"按键在屏幕之间移动。在此模式下，测试仪仅连续测试正在查看的线对。图 5.29 显示这些屏幕的示例。

线对 1、2 在 29.8m 处存在短路，如图 5.29(a)所示。

注意：在单独结果屏幕上，只显示某个线对中接线之间的短路。当存在短路时，远端适配器和未短路接线的线序不显示。

线对 3、6 为 67.7m 长并以线序适配器端接，如图 5.29(b)所示。

线对 4、5 在 48.1m 处存在开路。开路可能是一根或两根接线，如图 5.29(c)所示。

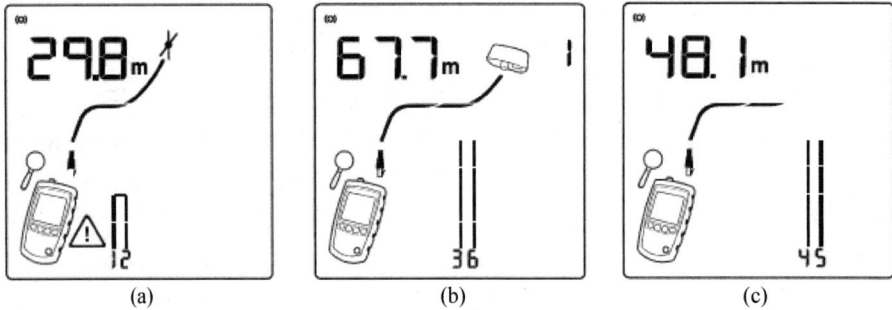

(a)　　　　　　　　　　(b)　　　　　　　　　　(c)

图 5.29　单独线对的结果

电缆的连通性测试也可通过 Fluke 620 等单端电缆测试仪方便地进行。

5.2.2　电缆传输链路及信道的认证测试

1. 仪器准备

1)熟悉仪表

Fluke DTX 认证分析仪由测试仪和智能远端组成，通过测试仪面板上功能旋钮可实现监视(MONITOR)、单项测试(SINGLE TEST)、自动测试(AUTOTEST)、设置(SETUP)和特殊功能(SPECIAL FUNCTION)。

Fluke DTX 认证分析仪面板如图 5.30 所示。

电缆测试接口适配器

显示屏

功能提示

退出键(EXIT)

3个功能键(F1-F4)

4个光标方向键

测试键(TEST)

旋钮开关

存储键(SAVE)

背景灯键

输入键(ENTER)

TALK键

电源开关

（a）测试仪

信息指示灯

TEST键

TALK键

电源开关

（b）智能远端

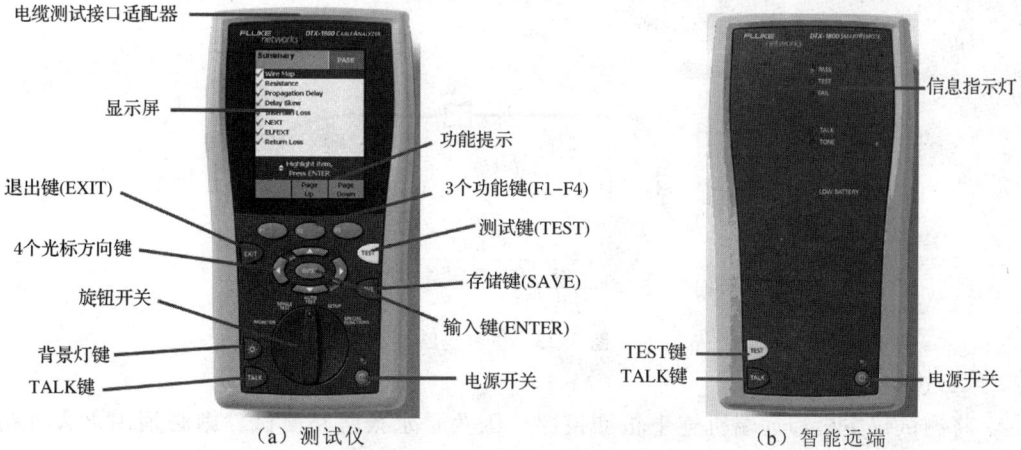

图 5.30　DTX 认证分析仪面板

2）自校准

将永久链路适配器和信道适配器连接主机和远端并开机，主机旋钮转到 SPECIAL FUNCTIONS 挡，光标选择"设置基准"项，按 TEST 键开始校准远端。如图 5.31 所示。通常每隔 30 天就需要运行测试仪的基准设置程序，以确保取得准确度最高的测试结果。

3）设定 NVP 值

（1）测试仪主机旋钮置 SETUP→选择"双绞线"→选择"NVP"项，如图 5.32 所示；

（2）截取一段被测线路同规格 30m 长 UTP 电缆连接测试仪的主机和智能远端，按 TEST 键开始测试；

（3）测试完毕后，按上下键调整电缆测试长度至 30m；

（4）按 F4 键将调整后的 NVP 值存储为缺省值以便精确测试电缆长度。

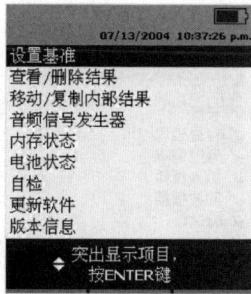

设置基准
查看/删除结果
移动/复制内部结果
音频信号发生器
内存状态
电池状态
自检
更新软件
版本信息
突出显示项目，
按ENTER键

（a）特殊功能菜单

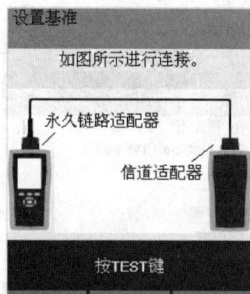

设置基准
如图所示进行连接。
永久链路适配器
信道适配器
按TEST键

（b）设置基准菜单

图 5.31　仪器校准

双绞线
缆线类型
　Cat 5e UTP
测试极限值
　TIA Cat 5e Channel
NVP
69.0
插座配置
T568B
突出显示项目，
按ENTER键

图 5.32　设置 NVP

2. 使用 DTX 测试双绞线链路

一条已安装的布线系统链路如图 5.33 所示。选择 TIA/EIA 标准、测试 CAT5e UTP 永久链路为例介绍测试过程。

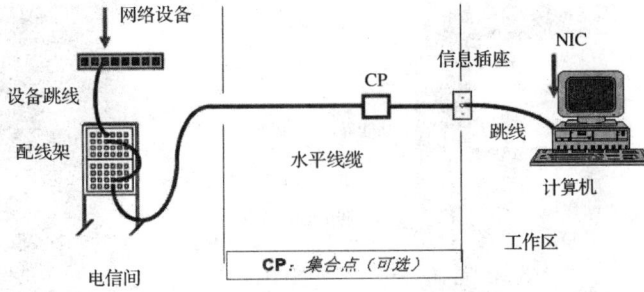

图 5.33　被测链路

(1)连接被测链路

将测试仪主机和远端机连上被测链路，因为是永久链路测试，则必须用永久链路适配器连接，如图 5.34(a)为永久链路测试连接方式；如果是信道测试，就使用原跳线连接仪表，如图 5.34(b)为信道测试连接方式。

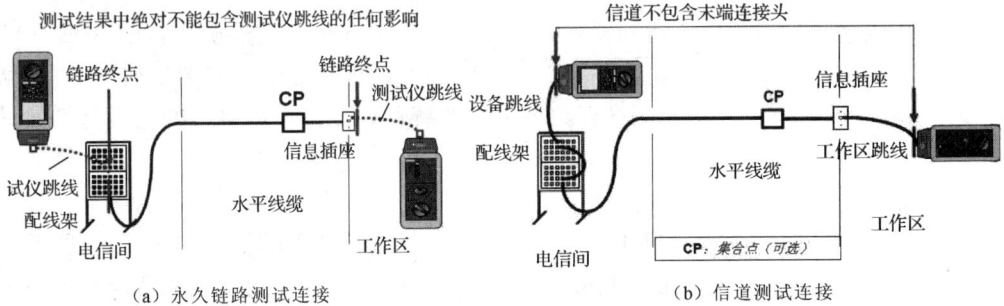

（a）永久链路测试连接　　　　　　　　（b）信道测试连接

图 5.34　被测电路连接方式

(2)按电源键开机，启动 DTX，并选择中文或中英文界面

(3)线缆类型及相关测试参数的设置(图 5.35)

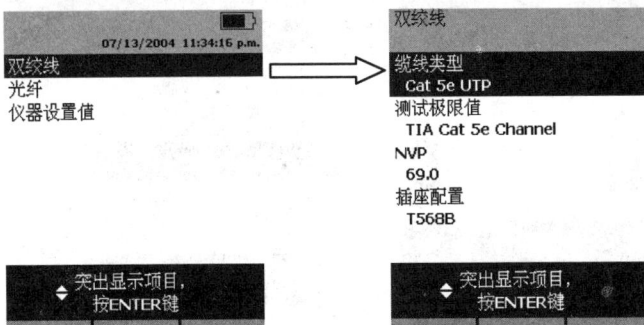

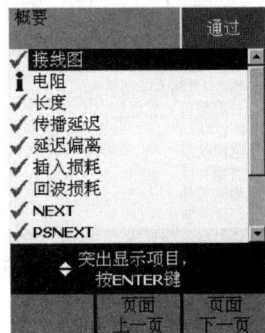

图 5.35　线缆类型及相关测试参数的设置　　**图 5.36　测试通过的屏幕显示**

将旋钮转至 SETUP → 选择"双绞线"项，针对各项目设置相关参数：

◇ 线缆类型：Cat 5e UTP；

◇ 测试极限值：TIA Cat 5e Channel；

◇ 插座配置：T568B。

(4)将主机的旋钮转到 AUTOTEST 挡，按 TEST 键启动自动测试，最快 9s 完成一条正确链路的测试。测试通过后的屏幕显示如图 5.36 所示。

（5）保存测试结果

测试通过后，按 SAVE 键保存测试结果，结果可保存于内部存储器和 MMC 多媒体卡。

（6）故障诊断

测试中出现"失败"时，要进行相应的故障诊断测试。按故障信息键（F1 键）直观显示故障信息并提示解决方法。查找故障后，排除故障，重新进行自动测试，直至指标全部通过为止。

（7）使用管理软件 LinkWare 制作测试报告

当所有要测的信息点测试完成后，将移动存储卡上的结果送到安装在计算机上的管理软件 LinkWare 进行管理分析。LinkWare 软件可提供几种形式的用户测试报告。

（8）打印输出

可从 LinkWare 打印输出，也可通过串口将测试主机连打印机打印，如图 5.37 所示。

（9）测试结果记录

电缆系统电气性能测试项目应根据布线信道或链路的设计等级和布线系统的类别要求制定。各项测试结果应有详细记录，并纳入文档管理，作为竣工资料的一部分。测试记录内容和形式应符合表 5.18 的要求。

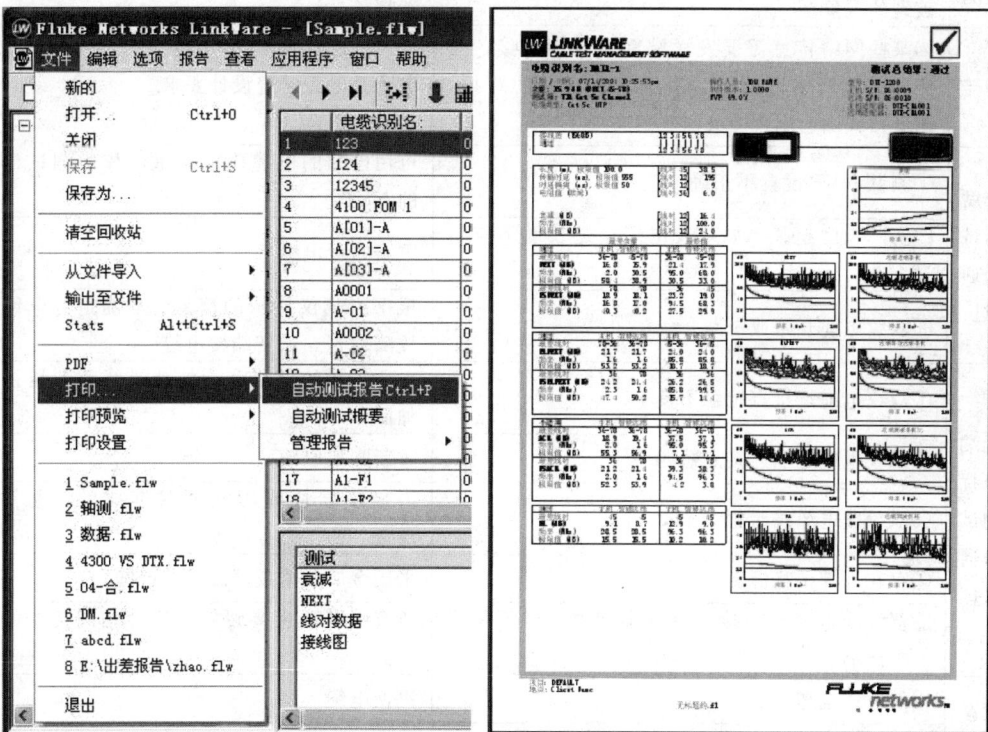

图 5.37　LinkWare 制作测试报告打印输出

3. 双绞线链路测试错误分析及处理

1）测试结果描述

测试结果用通过（PASS）或失败（FAIL）表示。线缆测试中 Pass/Fail 的评估如图 5.38 所示。

长度指标用测量的最短线对的长度表示测试结果。传输延迟和延迟偏离用每线对实测结果和比较结果显示，对于 NEXT、PSNEXT、衰减、ACR、ELFEXT、PSELEXT 和 RL 等用 dB 表示的电气性能指标，用裕量和最差裕量来表示测试结果。

所谓裕量（Margin）就是各性能指标测量值与测试标准极限值（Limit）的差值，正裕量表示比测试极限值好，结果为 PASS，负值表示比测试极限值差，结果为 FAIL，裕量越大，说明距离极限值越远，性能越好。

测试结果	评估结果
所有测试都Pass	PASS
一个或多个 Pass* 所有其他测试都通过	PASS
一个或多个 Fail* 其它所有测试都通过	FAIL
一个或多个测试是Fail	FAIL

* 表示测试仪可接受的临界值

图 5.38　Pass/Fail 的评估

2）典型错误分析及处理（表 5.20）

表 5.20　电缆测试典型故障及处理

接线图测试未通过	①双绞电缆两端的接线线序不对，造成测试接线图出现交叉现象	重新端接
	②双绞电缆两端的接头有断路、短路、交叉、破裂的现象	根据接线图判定有故障电缆的一端，重新端接
	③某些网络特意需要发送端和接收端跨接，当测试这些网络链路时，由于设备线路的跨接，测试接线图会出现交叉	确认其是否符合设计要求
长度测试未通过	①测试 NVP 设置不正确	可用已知的电缆确定并重新校准测试仪的 NVP
	②实际长度超长，如双绞电缆信道长度不应超过 100m	重新布设电缆
	③双绞电缆开路或短路	根据测试仪显示的信息，准确定位电缆故障位置，重新端接电缆
近端串扰测试未通过	①双绞电缆端接点接触不良	对所端接的模块和配线架进行重新压接加固
	②双绞电缆远端连接点短路	重新端接电缆
	③双绞线电缆线对钮绞不良	因端接模块或配线架时造成的，重新端接
	④存在外部干扰源影响	采用金属线槽或屏蔽双绞电缆
	⑤双绞线电缆和连接硬件性能问题，或不是同一类产品	所有线缆及连接硬件更换为相同类型的产品
衰减测试未通过	①双绞线电缆超长	更换电缆
	②双绞线电缆端接点接触不良	重新端接
	③电缆和连接硬件性能问题，或不是同一类产品	所有线缆及连接硬件更换为相同类型的产品
	④现场温度过高	

5.3 光纤传输通道测试

5.3.1 光纤链路测试内容

根据国家标准 GB 50312－2007 的规定，光纤链路主要测试以下内容：

① 在施工前进行器材检验时，一般检查光纤的连通性，必要时宜采用光纤损耗测试仪（稳定光源和光功率计组合）对光纤链路的插入损耗和光纤长度进行测试；

② 对光纤链路（包括光纤、连接器件和熔接点）的衰减进行测试，同时测试光跳线的衰减值可作为设备连接光缆的衰减参考值，整个光纤信道的衰减值应符合设计要求。

最新的光纤标准 TIA TSB140 对光纤定义了两个级别（Tier 1 和 Tier 2）的测试：

等级 1（Tier 1）测试光缆的衰减（插入损耗）、长度以及极性。测试时，要使用光缆损耗测试设备（OLTS）测量每条光缆链路的衰减，通过光学测量或借助电缆护套标记计算出光缆长度，使用 OLTS 或可见光源例如故障定位器（VFL）验证光缆极性。

等级 2（Tier 2）测试包括等级 1 的测试参数，还包括对每条光缆链路的 OTDR 追踪，进行故障定位。等级 2 测试需要使用光时域反射计 OTDR。

1. 光纤的连通性

光纤的连通性又称为光纤的连续性，光纤的连续性是对光纤通道的基本要求。光纤的连续性测试是基本的测量之一，测试的目的是为了确定光纤中是否存在断点。

2. 光纤的衰减（插入损耗）

光功率损耗（衰减）是影响光纤传输性能的主要因素，光纤通道损耗主要是由光纤本身、接头和熔接点等造成的，即本征因素和非本征因素两大类。通常，对每一条光纤链路测试的标准往往都必须通过计算获得。具体计算公式如下：

光纤链路的损耗极限＝光纤长度×衰减系数＋每个接头损耗值×接头数量＋每个熔接点损耗值×熔点数量

在具体的计算中，只需查看相应的产品标准手册就可得到公式中的各种光纤的损耗系数，比如在光纤生产厂商随产品所附带的技术资料中可以查到。

了解了测试参数的物理意义以后，即可进行测量，并将测试的结果都以表格数据的形式体现，作成测试报告，附在工程文档后面，最终移交给用户并存档。

5.3.2 光纤链路测试连接方式

通常被测试的光缆由多根纤芯组成，在测试时使用测试跳线（损耗可忽略的短光纤）分别将被测试的光纤逐根接入到测试仪器中进行双向（收与发）测试，连接方式如图 5.39 所示。由图看出，被测试的光纤链路包括光连接器件及适配器。

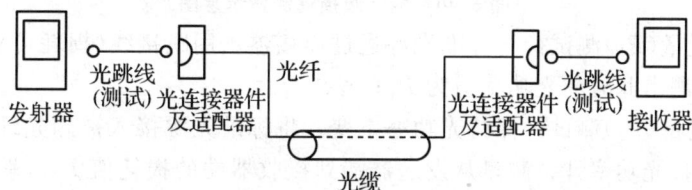

图 5.39 光缆测试连接图

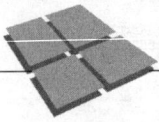

5.3.3 光纤链路测试方法

测量光纤的各种参数之前，必须做好光纤与测试仪器之间的连接。目前，有各种各样的接头可用。但如果选用的接头不合适，就会造成损耗，或者造成光的反射。例如，在接头处，光纤不能太长，即使长出接头端面 $1\mu m$，也会因压缩接头而使之损坏。反过来，若光纤太短，则又会产生气隙，影响光纤之间的耦合。因此，在进行光纤连接之前，应该仔细地平整及清洁端面，并使之适配。

通常我们在具体的工程中对光缆的测试方法有连通性测试、端－端损耗测试、收发功率测试和反射损耗测试 4 种。

1. 连通性测试

光纤的连续性是对光纤的基本要求，进行连续性测量时，通常是把红色激光、发光二极管(LED)或者其他可见光注入光纤，并在光纤的末端监视光的输出。如果在光纤中有断裂或其他的不连续点，在光纤输出端的光功率就会减少或者根本没有光输出。

连通性测试是最简单的测试方法，只需在光纤一端导入光线(如红光激光笔)，最远可达大约 5 000km 的距离，通过发送可见光，技术人员在光纤的另外一端查看是否有红光即可(注意保护眼睛，不可直视光源)，有光闪表示连通，看不到光即可判定光缆中的断裂与弯曲。此测试方式成为尾纤、跳线或者光纤段连续性测试的非常有用的工具。在对使用要求不高的项目中经常被采用作为验收标准。但光线弱时，光纤的衰减太大，系统也不能正常工作，需要用测试仪(光功率计和光源等)来测试衰减大小。

2. 端－端的损耗测试

1)光纤链路损耗测试原理

端－端的损耗测试采取插入式测试方法，使用一台光功率计和一个光源(或使用两台 OLTS，这在双向测试时更为方便)，先以被测光纤的一端(被侧链路起始端)作为参考点，由光源注入参考光功率值，然后在被测光纤另一端进行端－端测试并记录下信号增益值，两者之差即为实际端到端的损耗值。插入法的测量原理图如图 5.40 所示。

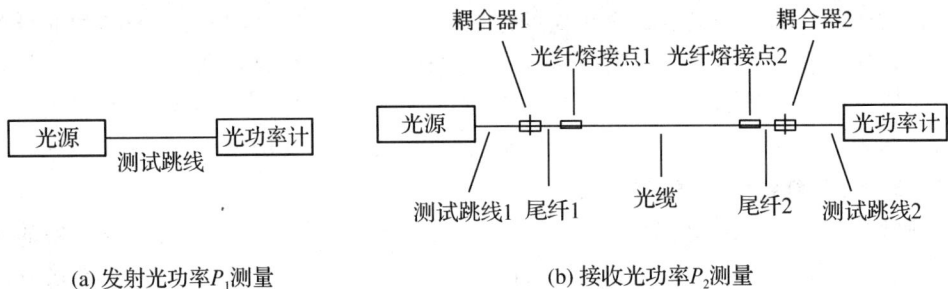

(a) 发射光功率 P_1 测量　　　　　　(b) 接收光功率 P_2 测量

图 5.40　端－端损耗测量示意图

① 参考度量(P_1)测试：将标准光源通过连接器，用跳接线(损耗可忽略的短光纤)接入光功率计测出此时的光功率值为 P_1；

② 实际度量(P_2)测试：保持光功率不变，将标准光源接入被测光纤参考点，被测光纤另一端连接光功率计，测量从发送器端到接收器端的损耗值 P_2。端到端功率损耗 A 是参考度量与实际度量的差值：$A = P_1 - P_2$。

2）光纤链路损耗测试步骤

以 AT&T 公司生产的 938A OLTS 为例说明平均损耗测试过程。

（1）器材准备

938A 光纤损耗测试仪（OLTS）2 台；无线对讲机（至少要有电话）
2 部；光纤跳线 4 条；保护眼镜。

（2）测试步骤

① 用跳线将 OLTS 的光源（输出端口）和检波器插座（输入端口）
连接起来进行调零，消除能级偏移量及跳线的损耗，如图 5.41
所示；

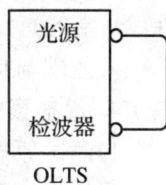

图 5.41　OLTS 调零

② 按住 ZERO SET 按钮 1s 以上，等待 20s 的时间来完成自校准；

③ 按图 5.42 所示连接来测试位置 A 到位置 B 方向上光纤链路中的损耗；

④ 按图 5.43 所示连接来测试位置 A 到位置 B 方向上光纤链路中的损耗；

⑤ 计算光纤链路上的传输损耗，然后将数据认真地记录下来，平均损耗的计算公式为

$$平均损耗 ＝［损耗（A 到 B 方向）＋损耗（B 到 A 方向）］／2$$

⑥ 当一条光纤链路建立好后，测试的是光纤链路的初始损耗，要认真地将安装系
统时所测试的初始损耗记录下来；

⑦ 如果测出的数据高于最初记录的损耗值，那么要对所有的光纤连接器进行清洗。

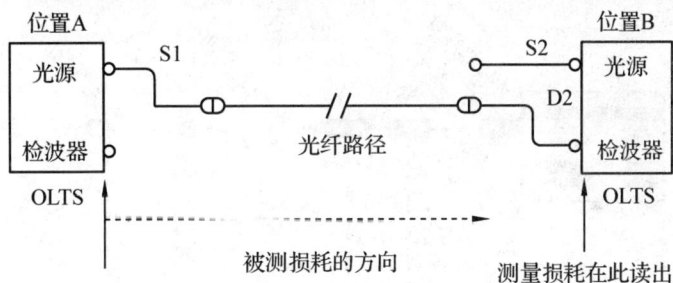

图 5.42　在位置 B 测试的损耗

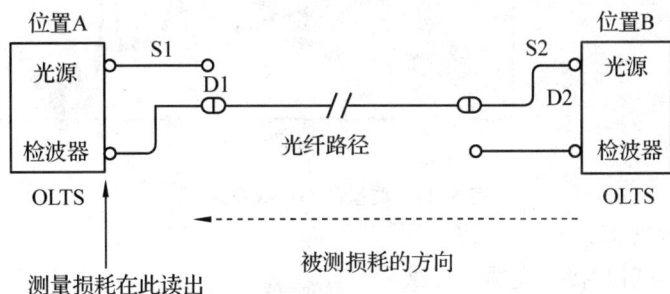

图 5.43　在位置 A 测试的损耗

3. 收发功率测试

收发功率测试是光纤链路平常维护测试常用的方法，使用的设备主要是光功率计
和一段跳接线。在实际应用情况中，链路的两端可能相距很远，但只要测得发送端和
接收端的光功率，即可判定光纤链路的状况。具体操作过程如下：

①在发送端将连接被测链路的光纤跳线从发送器上取下，用跳接线取而代之，跳

接线一端接原来的发送器,另一端接光功率计,使光发送器工作,即可在光功率计上测得发送端的光功率值。测试完毕,将光纤跳线重新接回到被测链路上;

②在接收端将连接被测链路的光纤跳线取下,用跳接线取而代之,接到光功率计,在发送端的光发送器工作的情况下,即可测得接收端的光功率值。测试完毕,恢复连接。

发送端与接收端的光功率值(绝对功率电平)之差,就是该光纤链路所产生的损耗。

4. 反射损耗测试

1)测试原理

光功率计只能测试光功率损耗,如果要确定损耗的位置和损耗的起因,就要采用光时域反射计(OTDR)。OTDR 可用于测量光纤衰减、接头损耗、光纤故障点定位以及了解光纤沿长度的损耗分布情况等,是光缆施工、维护及监测中必不可少的工具。

OTDR 测试时发射光脉冲到光纤内,传输过程中,由于光纤本身的性质、连接器、接合点、弯曲或其他类似的事件而产生散射、反射。其中一部分的散射和反射就会返回到 OTDR 中,返回的有用信息由 OTDR 的探测器来测量,它们就作为光纤内不同位置上的时间或曲线片断。这样 OTDR 将光纤链路的完好情况和故障状态,以一定斜率直线(曲线)的形式清晰地显示在液晶屏上。OTDR 测试文档对网络诊断和网络扩展提供了重要数据。

典型的 OTDR 轨迹图如图 5.44 所示。

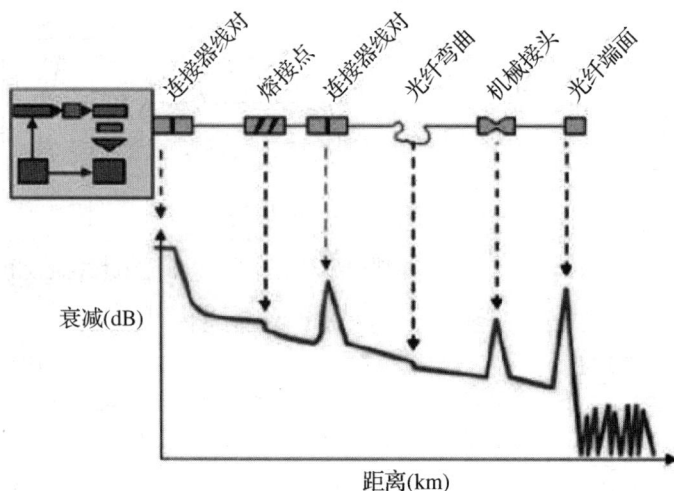

图 5.44 典型的 OTDR 轨迹图

2)OTDR 测试常见方式

(1)不使用发射与接收光缆的测试

如图 5.45 所示。该方式由于被测光缆的前、后端没有连接发射及接收光缆,不能提供一个参考的后向散信号,因此,前、后的连接器点的损耗不能被测试。

为了解决这一问题,在 OTDR 的发射位置(前端)以及被测光纤的接收位置(远端)上加上一段光缆。

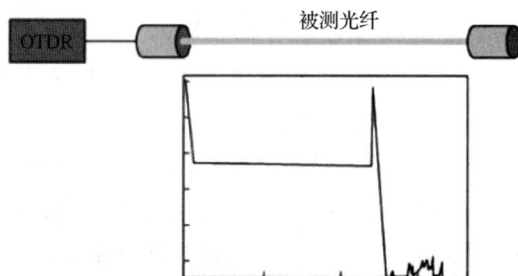

图 5.45 不使用发射与接收光缆的测试

（2）使用发射与接收光缆的测试

如图 5.46 所示。由于加上了发射与接收光缆，可以测试被测光缆的整条链路，以及所有的连接点。

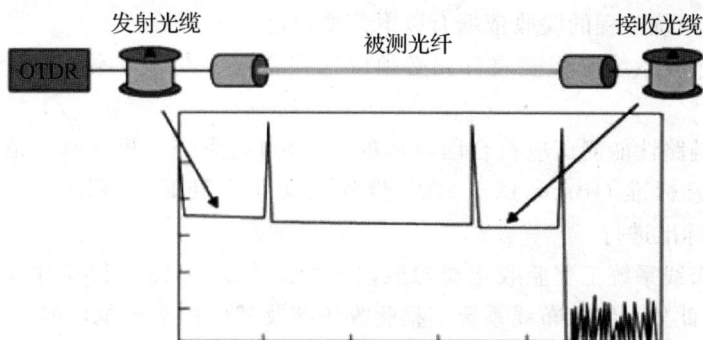

图 5.46　使用发射与接收光缆的测试

发射光缆的长度：多模测试通常在 300～500m 之间；单模测试通常在 1 000～2 000m 之间。非常重要的一点是发射与接收光缆应该与被测光缆相匹配（类型，芯径等）。

（3）使用发射与接收光缆的环回测试

如图 5.47 所示。该方式可以测试被测光缆的整条链路，以及所有的连接点。由于采用环回测量方法，技术人员仅需要一台 OTDR 用于双向 OTDR 测量。在光纤的一端（近端）执行 OTDR 数据读取。一次可以同时测试两根光缆，所有数据读取时间被减为 1/2。

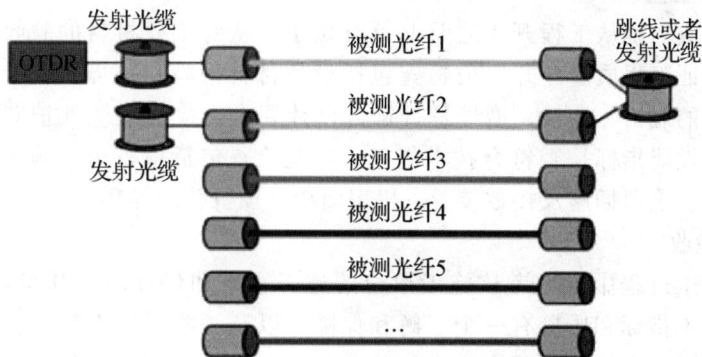

图 5.47　使用发射与接收光缆的环回测试

测试人员需要 2 人，一人在近端 OTDR 位置，另一人位于光缆另一端，采用跳线或者发射光缆将测试的两根光缆链路进行连接。

▶ 5.4　综合布线系统工程验收

任何一个工程项目，都要经过立项、设计、施工和验收。工程验收是全面考核工程的建设工作，检验设计和工程质量的重要环节，对保证工程的质量和速度将起到重要的作用。

综合布线系统工程验收是一个系统性的工作，主要包括前面介绍的链路连通性、

电气和物理特性测试，还包括施工环境、工程器材、设备安装、线缆敷设、线缆终接、竣工验收技术文档等。

5.4.1 竣工验收的依据和标准

综合布线系统工程的验收依据有以下几项规定。

(1)综合布线系统工程验收首先必须以工程合同、设计方案、设计修改变更单为依据。

(2)布线链路性能测试应符合国家标准《综合布线系统工程验收规范》(GB 50312－2007)，按国家标准 GB 50312－2007 验收，也可按照 EIA/TIA 568 B 和 ISO/IEC 11801－2002 标准进行。

(3)综合布线系统工程验收主要参照国家标准 GB 50312－2007 中描述的项目和测试过程进行。此外，综合布线系统工程验收还涉及其他标准规范，如《智能建筑工程质量验收规范》(GB 50339－2003)、《建筑电气工程施工质量验收规范》(GB 50303－2002)、《通信管道工程施工及验收技术规范》(GB 50374－2006)等。

当工程技术文件、承包合同文件要求采用国际标准时，应按相应的标准验收，但不应低于国家标准 GB 50312－2007 的规定。

5.4.2 工程验收阶段

综合布线系统工程的验收，涉及工程的全过程，其验收根据施工过程分为开工前检查、随工验收、初步验收、竣工验收四个阶段，每一阶段根据工程内容、施工性质、进度不同，验收的内容也不同。

1. 开工前检查

工程验收应当说从工程开工之日起就开始了，从对工程材料的验收开始，严把产品质量关，保证工程质量。开工前检查包括设备材料检验和环境检查。设备材料检验包括检查产品的规格、数量、型号是否符合设计要求，检查线缆外护套有无破损，抽查线缆的电气性能指标是否符合技术规范。环境检查包括检查土建施工情况，包括地面、墙面、门、电源插座及接地装置、机房面积、预留孔洞等环境。

2. 随工验收

在工程施工过程中，为考核施工单位的施工水平和保证施工质量，对所用材料、工程的整体技术指标和质量有一个了解和保障，以及一些以后无法检验到的工程内容(如隐蔽工程等)，在施工过程当中进行部分的验收，这样可以及早地发现工程质量问题，避免造成人力和物力的大量浪费，并完成以后无法验收的部分工程内容的验收工作。

随工验收应对工程的隐蔽部分边施工边验收，在竣工验收时，一般不再对隐蔽工程进行验收。

3. 初步验收

初步验收是在工程完成施工调试之后进行的验收工作，初步验收的时间应在原定计划的建设工期内进行，由建设单位组织相关单位(如设计、施工、监理、使用等单位人员)参加。初步验收工作内容包括检查工程质量，审查竣工资料，对发现的问题提出处理的意见，并组织相关责任单位落实解决。

对所有的新建、扩建和改建项目，都应在完成施工调试之后进行初步验收。初步验收是为竣工验收作准备。

4. 竣工验收

竣工验收是工程建设的最后一个程序，是工程完工后进行的最后验收，是对工程施工过程中的所有内容依据设计要求和施工规范进行全面的检验。

一般综合布线系统工程完工后，尚未进入电话、计算机或其他弱电系统的运行阶段，应先期对综合布线系统进行竣工验收。验收的依据是在初步验收的基础上，对综合布线系统各项检测指标认真考核审查，如果全部合格，且全部竣工图样资料等文档齐全，则可对综合布线系统进行单项竣工验收。

综合布线系统接入电话交换系统、计算机局域网或其他弱电系统，在试运转后的半个月内，由建设单位向上级主管部门报送竣工报告，并请示主管部门接到报告后，组织相关部门按竣工验收办法对工程进行验收。

5.4.3　工程验收项目与内容

1. 综合布线系统工程竣工验收的前提条件

通常，工程竣工验收应具备以下前提条件：

(1)隐蔽工程和非隐蔽工程在各个阶段的随工验收已经完成，且验收文件齐全。

(2)综合布线系统中的各种设备都已自检测试，测试记录齐备。

(3)综合布线系统和各个子系统已经试运行，且有试运行的结果。

(4)工程设计文件、竣工资料及竣工图样均完整、齐全。此外，设计变更文件和工程施工监理代表签证等重要文字依据均已收集汇总，装订成册。

2. 综合布线系统工程验收的组织

通常的综合布线系统工程验收小组可以考虑聘请以下人员参与工程的验收：

(1)工程双方单位的行政负责人；

(2)工程项目负责人及直接管理人员；

(3)主要工程项目监理人员；

(4)建筑设计施工单位的相关技术人员；

(5)第三方验收机构或相关技术人员组成的专家组。

3. 综合布线系统工程验收项目及内容

综合布线系统工程验收项目及内容如表 5.21 所示。

表 5.21　工程验收项目及内容

阶段	验收项目	验收内容	验收方式
施工前检查	1. 环境要求	(1)土建施工情况：地面、墙面、门、电源插座及接地装置； (2)土建工艺：机房面积、预留孔洞； (3)施工电源； (4)地板铺设； (5)建筑物入口设施检查	施工前检查

续表

阶段	验收项目	验收内容	验收方式
施工前检查	2. 器材检验	(1)外观检查； (2)型式、规格、数量； (3)电缆及连接器件电气特性测试； (4)光纤及连接器件特性测试； (5)测试仪表和工具的检验	随工检验
	3. 安全、防火要求	(1)消防器材； (2)危险物的堆放； (3)预留孔洞防火措施	
设备安装	1. 电信间、设备间、设备机柜、机架	(1)规格、外观； (2)安装垂直、水平度； (3)油漆不得脱落，标志完整齐全； (4)各种螺纹紧固件必须紧固； (5)抗震加固措施； (6)接地措施	
	2. 配线模块及8位模块式通用插座	(1)规格、位置、质量； (2)各种螺纹紧固件必须拧紧； (3)标志齐全； (4)安装符合工艺要求； (5)屏蔽层可靠连接	
电、光缆布放（楼内）	1. 电缆桥架及线槽布放	(1)安装位置准确； (2)安装符合工艺要求； (3)符合布放缆线工艺要求； (4)接地	
	2. 缆线暗敷（包括暗管、线槽、地板下等方式）	(1)缆线规格、路由、位置； (2)符合布放缆线工艺要求； (3)接地	隐蔽工程签证
电、光缆布放（楼间）	1. 架空缆线	(1)吊线规格、架设位置、装设规格； (2)吊线垂度； (3)缆线规格； (4)卡、挂间隔； (5)缆线的引入符合工艺要求	随工检验
	2. 管道缆线	(1)使用管孔孔位； (2)缆线规格； (3)缆线走向； (4)缆线的防护设施的设置质量	隐蔽工程签证

阶段	验收项目	验收内容	验收方式
电、光缆布放（楼间）	3. 埋式缆线	(1)缆线规格； (2)敷设位置、深度； (3)缆线的防护设施的设置质量； (4)回土夯实质量	隐蔽工程签证
	4. 通道缆线	(1)缆线规格； (2)安装位置，路由； (3)土建设计符合工艺要求	
	5. 其他	(1)通信路线与其他设施的间距； (2)进线室设施安装、施工质量	随工检验或隐蔽工程签证
缆线终接	1. 8 位模块式通用插座	符合工艺要求	随工检验
	2. 光纤连接器件	符合工艺要求	
	3. 各类跳线	符合工艺要求	
	4. 配线模块	符合工艺要求	
系统测试	1. 工程电气性能测试	(1)连接图； (2)长度； (3)衰减； (4)近端串音； (5)近端串音功率和； (6)衰减串音比； (7)衰减串音比功率和； (8)等电平远端串音； (9)等电平远端串音功率和； (10)回波损耗； (11)传播时延； (12)传播时延偏差； (13)插入损耗； (14)直流环路电阻； (15)设计中特殊规定的测试内容； (16)屏蔽层的导通	竣工检验
	2. 光纤特性测试	(1)衰减； (2)长度	

阶段	验收项目	验收内容	验收方式
管理系统	1. 管理系统级别	符合设计要求	竣工检验
	2. 标识符与标签调设置	(1)专用标识符类型及组成； (2)标签设置； (3)标签材质及色标	
	3. 记录和报告	(1)记录信息； (2)报告； (3)工程图样	
工程总验收	1. 竣工技术文件 2. 工程验收评价	清点、交接技术文件 考核工程质量，确认验收结果	

5.4.4 移交竣工技术资料

1. 竣工技术资料的内容

工程竣工后，施工单位应在工程验收以前，将工程竣工技术资料交给建设单位。综合布线系统工程的竣工技术资料应包括以下内容：

(1)安装工程量；

(2)工程说明；

(3)设备、器材明细表；

(4)竣工图样；

(5)测试记录(宜采用中文表示)；

(6)工程变更、检查记录及施工过程中，需更改设计或采取相关措施，建设、设计、施工等单位之间的双方洽商记录；

(7)随工验收记录；

(8)隐蔽工程签证；

(9)工程决算。

2. 竣工技术资料的要求

(1)竣工验收的技术文件中的说明和图样，必须配套并完整无缺，文件外观整洁，文件应有编号，以利登记归档。

(2)竣工验收技术文件最少一式三份，如有多个单位需要和建设单位要求增多份数时，可按需要增加文件份数，以满足各方要求。

(3)文件内容和质量要求必须保证。做到内容完整齐全无漏、图样数据准确无误、文字图表清晰明确、叙述表达条理清楚，不应有互相矛盾、彼此脱节、图文不清和错误遗漏等现象发生。

(4)技术文件的文字页数和其排列顺序以及图样编号等，要与目录对应，并有条理，做到查阅方便，有利于查考。文件和图样应装订成册，取用方便。

思考与练习

一、问答题

1. 简要说明验证测试和认证测试的内容。

2. 电缆认证测试模型有哪些？试分析各个模型的异同点。

3. 5e 类布线系统和 6 类布线系统在认证测试时分别需要测试哪些参数？

4. 常用的电缆测试设备有哪些？分别可以进行什么测试？

5. 电缆连接中主要有哪些错误？

6. 分析双绞线电缆接线图未通过的原因及解决的方法。

7. 分析双绞线电缆近端串扰未通过的原因及解决的方法。

8. 分析双绞线电缆链路长度未通过的原因及解决的方法。

9. 分析双绞线电缆衰减未通过的原因及解决的方法。

10. 常用的光缆测试设备有哪些？分别可以进行什么测试？

11. 简述综合布线系统验收的项目和内容。

12. 综合布线系统工程的竣工技术资料应包括哪些内容？

二、实训题

1. 认识目前常见的双绞线电缆的测试设备，了解常见双绞线测试设备的作用并且掌握其使用方法。绞电缆性能指标测试。

2. 认识目前常见的光缆测试设备，了解常见光缆测试设备的作用并且掌握其使用方法。光纤性能指标测试。

3. 以一幢大楼的布线为依据，利用现有的测试设备进行电缆认证测试，并做出测试报告。

4. 以一个园区的光缆布线为依据，进行光缆测试，得出测试报告。

第6章　智能家居布线

1. 熟悉智能家居和家居布线系统的构成；
2. 了解家居布线的常用模块功能；
3. 熟悉家居布线的相关标准；
4. 掌握家居布线的规划、设计与施工的一般过程和方法。

　　智能家居是以住宅为平台，利用综合布线技术、网络通信技术、智能家居系统设计方案安全防范技术、自动控制技术、音视频技术将家居生活有关的设施集成，构建安全、便利、舒适、艺术之住宅，并实现环保节能的居住环境。

　　智能家居布线系统是智能家居系统的"神经"，应该说是一个小型的综合布线系统。它可以作为一个完善的智能小区综合布线系统的一部分，也可以完全独立成为一套综合布线系统。综合布线系统传统意义的结构划分方法对智能小区同样适用，但针对智能小区这个特殊的园区，大体分为小区布线系统与住宅（家居）布线系统两大部分。小区布线系统相当于建筑群子系统。本章以相关的标准为指南，学习综合布线技术在智能家居布线系统中的应用。

▶ 6.1　智能家居布线概述

　　智能家居系统基于家居布线来完成传输和配线管理，包括宽带接入、家庭通信、家庭局域网、家庭安防、家庭娱乐、家用电器自动控制等。采用综合布线技术的智能家居布线可以为家庭多媒体的应用以及家庭智能化、信息化提供了一个高品质环境基础，同时便于与智能化小区的标准沟通和应用。

6.1.1　智能家居

　　所谓智能家居是指将各种信息相关的住宅设备通过家庭内部网络系统连接起来，并保持这些设备与住宅的协调，从而构成舒适的信息化居住空间，以适应人们信息化社会中快节奏和开放性的生活，并达到安全、舒适、高效、节能及人性化的要求。

　　随着计算机技术、通信技术、自动化技术等多学科的发展和相互融合，家庭将在不远的将来真正实现智能化，利用住户家庭内的电话、电视、计算机等工具通过家用综合布线管理系统将电、水、气等设备连成一体，并与互联网相连，从而达到自主控制、管理并实现如家庭防盗、防灾、报警，通过互联网遥控家电等强大的功能，并且随着网络综合业务的发展，将会实现如 VOD 视频点播，网上购物，SOHO 家庭办公，远程教育，远程医疗等，让家居生活更加舒适、方便、安全、有效、环保。

　　智能家居系统包括网络接入系统、语音与传真通信系统、有线电视系统、防盗报警系统、可视对讲系统、煤气泄露探测系统、紧急求助系统、远程医疗诊断及护理系统、室内家用电器自动控制管理系统和集中供冷热系统等。先进的智能家居控制系统将目前计算机控制领域最新技术应用于传统的电气安装领域，将传统的面板开关、窗帘和插座等电器智能化，有效地实现对照明、调光、百叶窗、场景、用电负荷、安保和暖通空调系统的智能控制，达到安全、节能、人性化的效果，并能在今后的使用中方便地根据用户的需求进行变更，成为真正灵活智能的电气系统。使用者可根据个人的需求任意修改系统的功能，使其达到最佳的效果。

6.1.2 智能家居布线

1. 智能家居布线功能

智能家居布线即为家用综合布线系统，它是智能家居的基础，是智能小区的延伸。家居布线支持语音、数据、影像、视频、多媒体、家居自动化系统、环境管理、保安、探头、报警及对讲机等服务。

以家用综合布线管理系统为基础所构建的家庭网络应该包括宽带互联网，家庭互联网和家庭控制网络等几方面，三者之间的关系是，宽带互联网是家庭对外的桥梁，实现与外界的沟通和互动；家庭互联网则是信息家电的网络基础并与互联网能很好地连接；家庭控制网络则对各种家电设备进行控制，起到前两个网络的补充作用。家庭在进行综合布线时，要有一定的超前意识，将家庭的三个网络预先建立，以迎接即将到来的家庭智能化。目前，在智能家居布线中应用较多的有 4 个功能模块，即高速数据网络模块、电话语音系统模块、有线电视网模块和安防模块。高级实施中还包括音响模块和现场总线等。

2. 智能家居布线的特点

智能家居布线具有的优点是为家庭服务，能够集中管理家庭服务的各种功能应用；支持视频、语音、数据，能监控信号传输；具有高带宽、高速率、灵活性、可靠性、兼容性及开放性；易于管理；适应网络目前及将来的发展；整齐美观。其次，它可带来较大的效益，包括提高住宅的竞争力；投资小，见效快；降低住宅小区初期的安装费用；降低智能小区的管理及运行费用；使人们具有更舒适的环境和更现代化的生活。

智能家居布线的主要特点描述如下：

(1)集成化

智能家居布线是集成了电话、电视、计算机、音响系统、对讲机、监视器、报警探头、烟感、家庭防卫系统、防盗报警、红外探头、应急、窗磁开关等的综合布线工程。

(2)可靠性强

智能家居布线采用星型拓扑结构，从而保证了设备工作的可靠性、系统的稳定性和防干扰性。

(3)方便维修

智能家居布线采用规范化的设计和结构，有利于用户的维修及故障的排除。

(4)方便扩充

功能扩充是智能家居布线一个主要的优势，用户不用再为增加设备而苦恼。

(5)提升档次

智能家居布线是智能化住宅和小区的基础，体现了超前的意识和时尚的生活品位。

(6)专业化

智能家居布线采用专业化的设计，能够满足用户的各种需求。

(7)美观

智能家居布线充分考虑了家庭环境的特点，所选用的产品实用、小型、美观。

(8)减化工程

智能家居布线集成了各项弱电工程，这种统一的设计和施工既保证了质量，又减少了工程成本。

6.2　智能家居布线标准

智能家居布线的主要参考标准是《城市住宅建筑综合布线系统工程设计规范》(CECS119：2000)和《家居电信布线标准》(TIA/EIA 570A)。我国智能家居布线的设计与施工应当遵循 CECS119：2000 规范，同时可以参考美国 TIA/EIA 570A 标准。

6.2.1　TIA/EIA 570A 标准

TIA/EIA 570A 标准兼顾了电信、视频、家用电器等多方面的应用，可以为用户选择新一代的智能住宅布线产品及系统提供依据，内容包括了标准制定的目的、适用范围、家居布线等级、单个住宅布线系统规范以及多住户/小区布线基础等。该标准把家居布线分为两个等级，两个等级的比较如表 6.1 所示。

表 6.1　各等级支持的典型家居服务及认可的传输介质

等级类别	家居服务				布线介质		
	电话	电视	数据	多媒体	4 对非屏蔽双绞线	75Ω 同轴电缆	光缆
等级一	支持	支持	支持	不支持	3 类(建议使用 5 类电缆)	支持	不支持
等级二	支持	支持	支持	支持	5 类	支持	支持

1. 等级一

等级一提供可满足电信服务最低要求的通用布线系统，该等级提供电话、CATV 和数据服务。等级一主要采用双绞线，使用星形拓扑方法连接，其布线的最低要求为 1 根 4 线对非屏蔽双绞线(UTP)，并必须满足或超出 TIA/EIA 568A 规定的 3 类电缆传输特性要求，以及 1 根 75Ω 同轴电缆，并必须满足或超出 SCTE IPS-SP-001 的要求。建议安装 5 类非屏蔽双绞线，方便升级到等级二。

2. 等级二

等级二提供可满足基础、高级和多媒体电信服务的通用布线系统，该等级可支持当前和正在发展的电信服务。等级二布线的最低要求为 1 或 2 根的 4 线对非屏蔽双绞线(UTP)，并必须满足或超出 TIA/EIA 568A 规定的 5 类电缆传输特性要求，以及 1 或 2 根 75Ω 同轴电缆，并必须满足或超出 SCTE IPS-SP-001 的要求。可选择光缆，并必须满足或超出 ANSI/ICEA S-87-640 的传输特性要求。

TIA/EIA 570A 中规定的典型单个智能化住宅建筑布线系统(家居布线系统)的范围和其总体布局及设备配置情况如图 6.1 中所示。

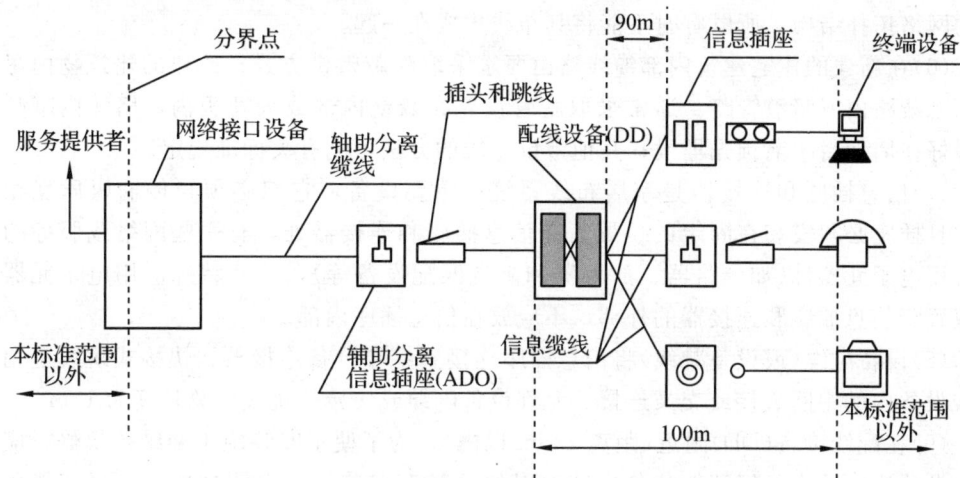

图 6.1　典型家居布线系统的标准

在标准中对于图中的设施均有规定要求。

(1)配线设备(DD)是交叉连接的配线架，主要用来端接两边所有缆线、架上装有连接硬件和临时跳接的跳线，为用户增减和改动服务，也为各种应用系统提供连接端口。从配线架到信息插座的信息缆线长度不能超过 90m，如果加上两端跳线和连接线，则其总长度不能超过 100m。因此，配线设备的安装位置应处于住宅建筑的中心附近为好，以便减少信息缆线的长度，并且要便于安装和维护。在配线设备附近的 1.5m 范围内应设有符合标准规定的接地装置。配线设备预留的空间尺寸大小决定于服务等级和在住宅建筑中安装信息插座(通信引出端)的数量。以选用的配线设备的外形规格决定预留洞孔的尺寸。

(2)在图中对于家居布线的范围作出了规定，分界点以外不属于标准范围，分界点通常位于房屋建筑的外墙，服务提供者应是接近分界点的位置；此外，终端设备处也不属于标准范围，所以，图中间部分的设备才是属于标准规定的范围。

(3)辅助分离信息插座(ADO)是将应用用户和服务提供者分开的一种方式。在单个家庭的智能化住宅建筑中，辅助分离信息插座应安装在室内便于用户使用的合适位置，最好与配线设备(DD)安装在一起，都装在一个房间内，并要便于使用和维护。

(4)辅助分离缆线是把各种服务功能从分界点延伸到单个住宅内的辅助分离插座(ADO)。当在多个智能化住宅的多层楼房时，辅助分离缆线可以延伸到楼层配线架(FD)(有些厂商产品又称楼层服务接线盒)，它可与辅助分离信息插座(ADO)合而为一，即不设楼层配线架(FD)，简化结构和减少设备。因此，楼层配线架(FD)是主干缆线和辅助分离缆线的终端连接设备。一般楼层配线架(FD)设在每个楼层，有时为了简化网络结构采取每三个楼层用一个 FD 的合设方案。

(5)信息缆线是从配线设备(DD)到各种信息插座的传输媒质。有时某一根信息缆线可以采用转接点连接形式。信息缆线的连接方式为星形网络拓扑结构，需要注意的是住宅建筑内的某些应用系统的固定设备(例如内部对讲通话设备、监控系统的传感器

或烟雾探测器等)可能会采用固定布线连接到固定设备的控制器,虽然在系统集成时,对于布线部分优先推荐采用星形网络拓扑结构,但固定设备的布线常常采用环形或链形的网络拓扑结构,所以有时不能将其布线集成在一起。

(6)在新建的住宅建筑内部缆线路由要求采取隐蔽敷设方式;改建的建筑物内尽量采用隐蔽路由或暗敷管路。通常采取暗管设置在墙壁内部或天花板内,墙体内暗敷管路最好在墙面封闭前预先埋设;其他敷设缆线的方法可见有关标准规定。

(7)信息插座和连接器是家居布线系统的重要设备,它们必须与传输媒质互相匹配,且插座必须安装在固定的位置。在信息插座和连接器处,有一些网络或服务的特殊应用电子元器件(如分路器、放大器和阻抗匹配设备等),这些特殊应用电子元器件应放置于信息插座和连接器的外部,不应放在信息插座内部。

(8)设备电缆(或设备跳线)将信息插座连接到终端设备连接器;快接式跳线是用于配线设备内的中间直接或交叉连接。允许设备电缆或快接式跳线的总长度为10m。

(9)在配线设备(DD)附近(距离1.5m以内),为了便于安装施工和维护检修,应配有电源插座,要求一级智能化住宅建筑布线系统宜安装一个电源插座,二级智能化住宅建筑布线系统必须安装一个电源插座,电源插座的安装位置和高度应与配线设备以及相连接设备的安装高度相当,应满足用户使用需要和相应标准要求。

(10)根据智能家居用户对信息的需求程度,应预先设置足够数量的信息插座,以适应今后变化和发展的需要。一般在每个房间至少应设有一个信息插座,一些有特殊使用的房间(例如有可能作为办公性质的起居室或书房等),其信息插座的数量应适当增加,甚至适当增加余量,以便今后增加新信息业务。在较大的房间(面积大于15m²时)中也需适当增加信息插座的数量,信息插座的安装高度和位置应便于用户使用和符合标准规定。

6.2.2 CECS119:2000 规范

2000年中国工程建设标准化协会颁布了《城市住宅建筑综合布线系统工程设计规范》,编号为CECS119:2000。该规范是为了适应城镇住宅商品化、社会化以及住宅产业现代化的需要,配合城市建设和信息通信网向数字化、综合化、智能化方向发展,搞好城市住宅小区与住宅楼中电话、数据、图像等多媒体综合网络建设的目的而制定的。规范适用于新建、扩建和改建城市住宅小区和住宅楼的综合布线系统工程设计。

该规范对住宅建筑综合布线系统做了一般规定,还规范了城市住宅小区内综合布线管线设计和建筑物内综合布线管线设计。规范中要求:对于综合布线的系统分级传输距离限值、各段缆线长度限值和各项指标等本规范未涉及的内容均应符合国家标准《建筑与建筑群综合布线系统工程设计规范》(GB/T 50311—2000)的有关规定。

1. 设计等级

CECS119规范参考北美家居布线标准(TIA/EIA 570A),对家居布线提出了两个等级要求。

(1)基本配置(等级一)

适应基本信息服务的需要,提供电话、数据和有线电视等服务。具体规定如下:

① 每户可引入1条5类4对对绞电缆;同步敷设1条75Ω同轴电缆及相应的插座;

② 每户宜设置壁龛式配线装置(DD),每一卧室、书房、起居室和餐厅等均应设置

1 个信息插座和 1 个有线电视插座；主卫生间还应设置用于电话的信息插座；

③ 每个信息插座或有线电视插座至壁龛式配线装置(DD)各敷设 1 条 5 类 4 对对绞电缆或 1 条 75Ω 同轴电缆；

④ 壁龛式配线装置(DD)的箱体应一次到位，满足远期的需要。

(2)综合配置(等级二)

适应较高水平信息服务的需要，提供当前和发展的电话、数据、多媒体和有线电视等服务。

① 每户可引入 2 条 5 类 4 对对绞电缆，必要时也可设置 2 芯光纤；同步敷设 1～2 条 75Ω 同轴电缆及相应的插座；

② 每户应设置壁龛式配线装置(DD)，每一卧室、书房、起居室、餐厅等均应设置不少于 1 个信息插座或光缆插座，以及 1 个有线电视插座，也可按用户需求设置；主卫生间还应设置用户电话的信息插座；

③ 每个信息插座、光缆插座或有线电视插座至壁龛式配线装置(DD)各铺设 1 条 5 类 4 对对绞电缆、2 芯光纤或 1 条 75Ω 同轴电缆；

④ 壁龛式配线装置(DD)的箱体应一次到位，以满足远期的需求。

2. 拓扑结构

城市住宅小区和住宅楼的综合布线系统的拓扑结构应符合图 6.2 的规定。

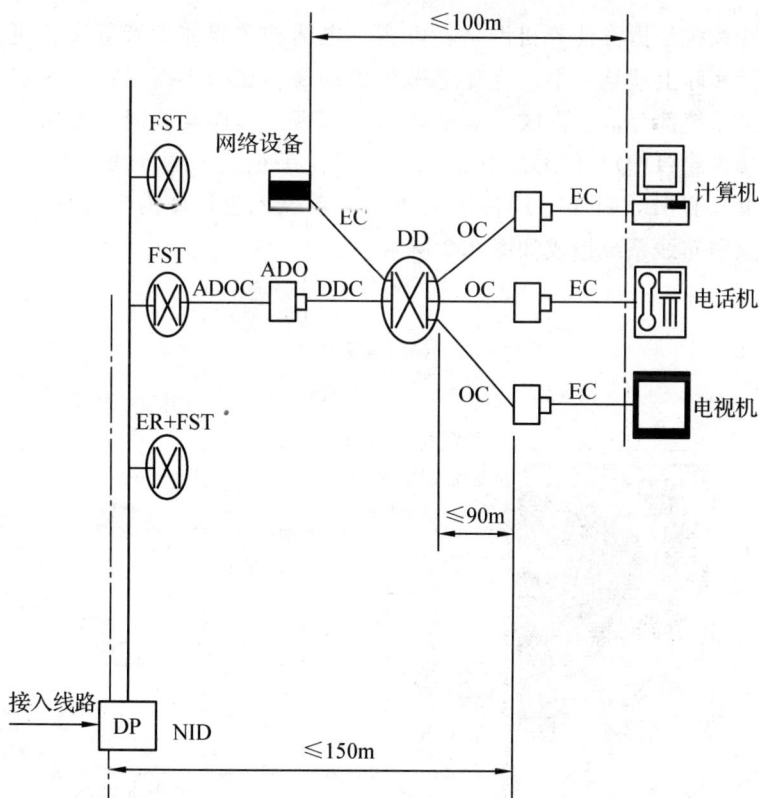

图 6.2　家居综合布线系统的拓扑结构

图 6.2 中各缩写符号的含义如下：

◇DP：分界点；

◇NID：网络接口装置；

◇ER：设备间；

◇FST：楼层服务端接，即楼层配线设备；

◇ADOC：辅助的可断开插座电缆；

◇ADO：辅助的可断开插座；

◇DDC：配线装置软线；

◇DD：配线装置；

◇EC：设备软线缆(习惯称为跳线)；

◇OC：信息插座电缆；

◇TO：信息插座。

规范中对每一节点及连接线都有具体的要求，详细内容请参考《城市住宅建筑综合布线系统工程设计规范》(CECS119：2000)。

▶ 6.3 家居布线系统

家居布线系统是指将计算机网络、电视、电话和多媒体影音等设备进行集中控制的弱电系统，实际上就是一个家庭住宅范围内的微型综合布线系统。家居布线系统通常包括三个子系统部分：工作区、水平区和管理区。具体实施时，家居布线系统由家居布线信息接入箱(DD)、信号线和信息插座模块等组成，各种线缆在信息接入箱(配线箱DD)汇集。此外，对于多层住宅或大厦，系统还包括楼内布线与小区干线部分。一个典型的家居布线系统组成如图 6.3 所示。

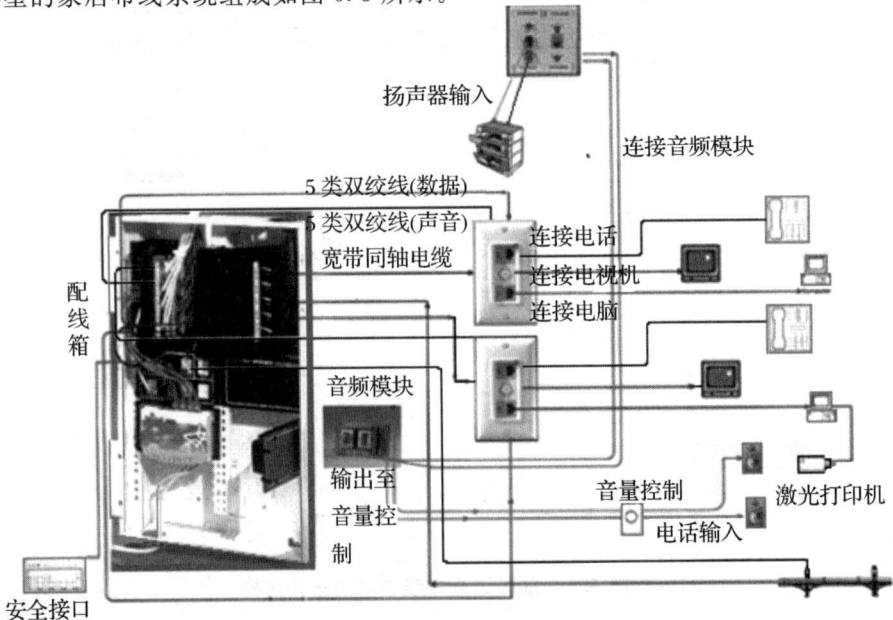

图 6.3 典型的家居布线系统组成

6.3.1　工作区

住宅工作区主要由各类信息接点面板和插座模块组成。在家庭各房间内安装的插座可选用不同类型的模块，如 5 类模块、电话模块、电视模块、光纤模块、音视频模块等。另外，根据要求可选配不同式样的面板，如英式、美式、86 形、单口、双口、三口、四口面板等。家居布线工作区常用面板及模块如图 6.4 所示。

6.3.2　水平区

住宅水平区主要由各种线缆构成，用于传输各种电子信号，这些信号线包括双绞线、同轴电缆、电话线、音频线、视频线及各种安防和水电煤气自动抄表的信号线和控制线。根据 570A 标准，不同的应用采用不同的布线介质。

◇用于语音系统的线缆选用符合 TIA/EIA 标准的 3 类或 5 类非屏蔽双绞线（UTP），建议使用 5 类及以上线缆；

◇用于传输数据的线缆，则使用 5 类及以上 UTP；

◇对于通信带宽或抗干扰要求较高的情况，可采用光缆作为传输介质；

◇视频信号的传输采用 75Ω 同轴电缆线。

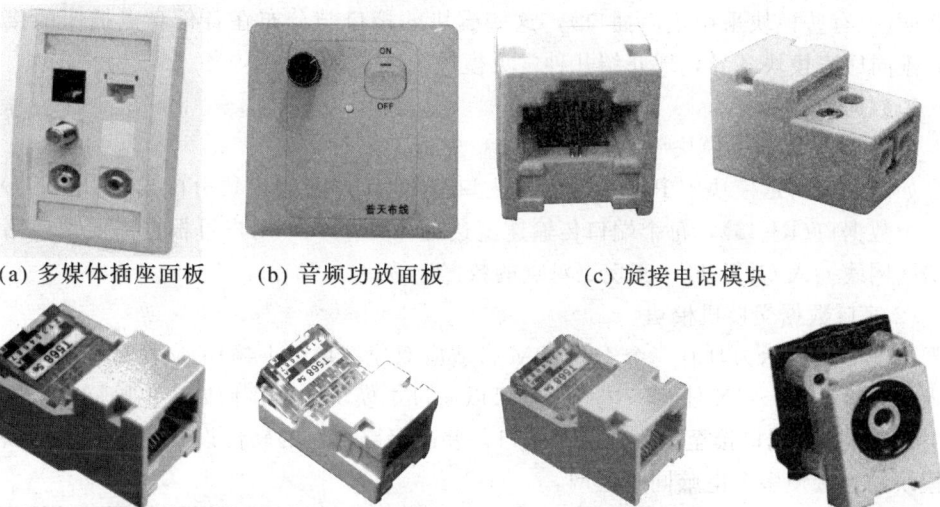

(a) 多媒体插座面板　　　(b) 音频功放面板　　　(c) 旋接电话模块

(d) 四芯卡接旋接电话模块　(e) 超五类RJ–45插座模块(整体浇注簧片、分离簧片)　(f) 有线电视插座模块

图 6.4　工作区常用面板及模块

6.3.3　管理区

管理区由家居布线信息接入箱和不同系列的安装模块组成，其功能是实现家居布线的接入和管理，原理与计算机网络的中心机柜类似，它是系统的配线中心。

1. 家居布线信息接入箱

家居布线信息接入箱能对家庭的计算机网络、电话线、音/视频线、同轴电缆和安防网络等线路进行合理有效的布置，实现对家居中的电话、传真、电脑、音响、电视机、影碟机、安防监控设备及其他网络信息家电的集中管理。家居布线信息接入箱简称为家居布线箱，又称为弱电箱、家居智能配线箱、多媒体集线箱或住宅信息配线箱等。各种信号线在家居布线箱里都有相应的功能接口模块进行管理。典型的家居布线箱结构如图 6.5 所示，它配备了高速及优质的配线模块和电缆跳线。

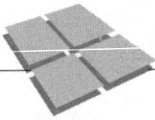

接入箱里要安装各种设备，如宽带路由器、电话交换机和有线电视信号放大器等。通常采用厂家特定的集成模块，也可以由用户选用通用的成品模块。

接入箱的主要参数包括箱体材料、表面处理、外形尺寸、安装尺寸和包含的模块。选用家居布线箱时应注意以下事项：

(1)箱体空间尽可能大一些，以便安装有源设备，并配置电源插座，给有源设备提供电源。

(2)有源设备尽可能采用市面上成熟品牌的成品化设备。

(3)无源设备(如有线电视模块和电话分配模块等)采用弱电箱厂家生产的配套模块，以保持箱体内的整洁美观。

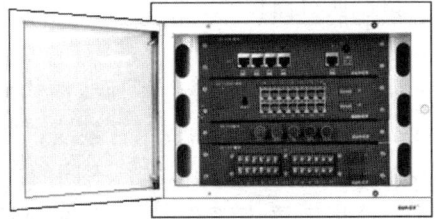

图 6.5　家居配线箱

2. 家居布线箱的功能模块

家居布线箱的功能模块管理各种信号输入和输出的连接。所有分布在各个房间的信息插座的连线都集中连接入各个对应功能模块的背面(也有些模块采用正面插口)，这些模块的接口与分布在各信息点插座的接口一致。不同厂家模块各异，现介绍几种常见模块。

1)数据模块

(1)1 进 4 出数据模块

如图 6.6 所示模块中 IN1 为数据输入口(RJ-45)，通过模块分配出 OUT1～OUT4 共 4 个数据口(RJ-45)，每个端口传输速度达到 100Mb/s。用户可根据需要把使用网络的房间网线插入 OUT 口，实现点对点的数据连接。

(2)5 口数据交换机模块

如图 6.7 所示为具有 5 个 10/100M 自适应双速端口(RJ-45)的交换型数据模块。宽带入户线接至 1X～5X 任意一端口，就可以通过本模块的连接使四台电脑同时上网；将路由器的 LAN 端口接至模块任意一端口，并确保路由器的软件设置无误，就可以通过本模块的连接使多台电脑同时上网。

图 6.6　1 进 4 出数据模块

图 6.7　5 口数据交换机模块

(3)1 进 4 出宽带路由交换模块

路由器模块提供多台电脑联网共享网上极速冲浪，允许多个用户同时共享一个合法 IP 地址访问互联网。如图 6.8 所示为具有 4 个 10M/100M(LAN)RJ-45 端口、1 个 10M/100M(WAN)RJ-45 端口的宽带路由交换模块。

① Ethernet 宽带上网：宽带运营商的接入线路设置固定 IP 的情况下，可将宽带入户线接至任意一端口，通过本模块的 DHCP 及 ROUTER 功能，实现多台电脑同时上网；

② ADSL 调制解调器上网：ADSL 内线接至任意一端口，并保证相应的软硬件设置无误，就可以通过本模块的连接使多台电脑同时上网；

③ 局域网：组建家庭局域网，家里的多台电脑可互相访问，实现资源共享；

④ 家用电器的控制：可以用此模块将电脑及具有网络控制功能的家用电器连接起来，以实现数字家用电器的电脑化统一管理、控制、也可通过互联网进行远程管理、控制。

2)语音模块

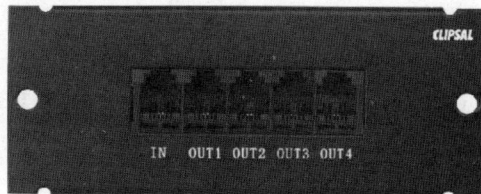

(1)1 进 4 出 RJ-11 语音模块

如图 6.9 所示模块中 IN 为电话外线输入口，通过模块分配分别输出 4 个分机口 OUT1～OUT4，实现 1 根外线扩展 4 部分机的功能。如图 6.8 所示

图 6.8　1 进 4 出宽带路由交换模块　　　　图 6.9　1 进 4 出 RJ-11 语音模块

(2)2 进 8 出语音保密模块(SW)

如图 6.10 所示语音模块有 2 个 RJ-11 输入口，8 个 RJ-11 输出口。IN1 为电话外线输入口 1，IN2 为电话外线输入口 2，1～8 为电话分机输出口，分别输出 8 部分机，8 部分机属于 IN1 号线还是 IN2 号线由红色按钮开关控制。端口对应的开关按下可与 IN1 接通，弹上可与 IN2 接通。

如果您想使线路 IN1 成为您家庭办公或您私人专用线路，线路 IN2 为家庭共用线路，您只需通过模块上的开关简单选择一下即可实现此功能，不必铺设复杂的线路，也可以随时切换开关来改变您对专线位置的需求。

(3)程控交换语音模块

如图 6.11 所示程控交换语音模块能够实现内部分机间通话、代拨外线、强插、设置长途锁、设置来电响铃方式、征询转接、代接、三方通话、录音等功能。断电时，1 号、8 号分机分别自动转接至外线 A、B。

图 6.10　2 进 8 出语音保密模块　　　　图 6.11　程控交换语音模块

3)电视模块

(1)1 进 4 出视频模块

如图 6.12 所示视频模块,入户的有线电视信号线接到 IN 端口,信号通过模块平均分配到 OUT1～OUT4 端口,分别接到各个不同地点的电视接口提供电视信号,也可将其中一个 OUT 端口接至宽带调制解调器,可分离出宽带信号以提供宽带上网。

(2)2 进 4 出有线电视 & 卫星电视信号混合模块

如图 6.13 所示混合视频模块,SATV IN 为卫星电视信号输入口,CATV IN 为有线电视信号输入口,可分别输入卫星和有线电视信号。通过模块混合后分配,提供 OUT1～OUT4 共 4 个射频信号输出接口,实现每路输出均混合有卫星及有线电视信号。

图 6.12　1 进 4 出视频模块　　　图 6.13　2 进 4 出有线电视 & 卫星电视信号混合模块

4)AV 音视频模块

如图 6.14 所示为 1 进 4 出视音频放大模块。每组包括一个视频 V 接口、一组音频接口(L、R)。通过本模块可以将视音频信号输送到各个房间,使多个房间能共享一台 VCD 或 DVD 机,实现一机多用的家庭 VOD 系统功能,还可连接 CD 机组建住宅背景音乐。

5)安防和监控模块

用于物业管理,可连接水、电、煤气等远程抄表系统及可视对讲及保安监控系统。如图 6.15 所示模块包括 12 对弱电导线端口、1 组 BNC 射频输入、输出端口(视频)。

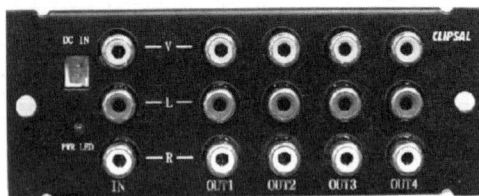

图 6.14　AV 音视频模块　　　　　图 6.15　安防监控模块

6)电源模块

电源模块为数据交换机模块、有线电视模块、PBX 语音交换机等模块提供电源,实际选用时要注意输出电源的组数、每组电源的电压值和输出功率。如图 6.16 所示为主系统电源模块,包括 220V 交流电源输入口(背部)、SWITCH 输出口、PBX 输出口、TV 输出口、AV 输出口、安防输出口、电源输出口等。图 6.17 所示为 SWITCH 专用电源模块,提供 3 路 5V 直流输出。

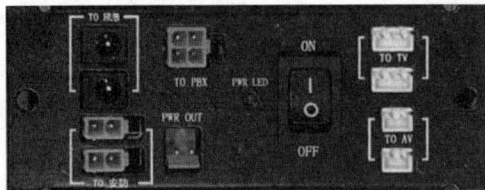

图 6.16　主系统电源模块　　　　　图 6.17　交换机专用电源模块

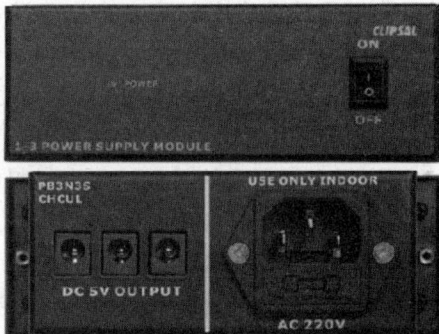

▶ 6.4　家居布线的实施

家居布线是一项系统工程，需要进行科学的规划、详细的设计和精确的施工才能完成，在家居布线的实施中，要把在综合布线系统中使用的规划、设计和施工理念灵活运用，要考虑家居布线的特点，从功能性、经济性、美观性出发，同时要考虑家庭住户个人审美观的差别，这样才能做出经得起时间检验的家居布线工程。

6.4.1　家居布线规划与设计

家居布线应根据家庭需求进行规划，既要满足当前需要又要有前瞻眼光。例如，家中的紧急呼救信息点就应该多设一些，可以有备无患；如果要实现家居环境的智能控制，则需要规划控制所需的现场总线；若要安装安防装置，则要预留相应的布线管道。

1. 需求分析

首先进行需求分析，与用户进行充分的沟通，让用户明白整个家居布线系统的设计理念。从家庭局域网络及宽带网、电话通信系统、有线电视系统、家庭办公系统、可视对讲(门铃)系统、智能灯光控制、家庭安防系统、家庭娱乐系统、家庭中央空调、环境控制、智能家电控制和远程监视监控等功能中，与用户一起确认哪些需求是必需的，通常，网络、电视、电话和安防是必要的功能。

2. 确定布线等级

依据需求分析的结果，参照 CECS119：2000 规范和 TIA/EIA 570A 标准确定布线的等级。如果需要实现家居智能控制，则要选用控制系统。

3. 子系统设计

家居布线子系统的设计包括工作区子系统、配线(水平)子系统、管理子系统(含接入系统)3 个部分。

(1)根据家居建筑平面图设计工作区子系统，规划信息点分布，计算信息点个数。

(2)配线子系统主要是设计布线管道的走线路由。首先要根据住宅结构选择信息接入箱的位置，其他布线路由要以信息接入箱的位置作为起点。布线管道与其他地下管线及建筑物间的最小净距，墙上敷设的布线电缆、光缆及管线与其他管线的间距均要符合 CECS119：2000 规范，壁龛的大小要符合规范中对最小空间尺寸的要求。

（3）管理子系统及接入系统的关键设备是信息接入箱（DD），要依据确定的布线等级及所选用的智能家居控制系统选用合适的信息接入箱。

（4）画出布线拓扑结构图和管道路由图。

4. 确定施工进度

选用家居布线所需的材料，列出材料清单，进行费用预算，画出施工进度计划表，与用户做最后的施工任务确认。

6.4.2 家居布线施工

大部分新建的住宅室内均预留有布线的管道和线槽，因此，布线前必须熟悉房屋原始设计的走线图，尽可能使用房屋原来的管道和线槽，根据客户的需求再做适当调整。现场施工时首先要根据 CECS119：2000 规范的要求确定信息接入箱、各房间内信息点位置和从信息接入箱到各信息点的走向。具体的施工步骤可分为定位、开槽、布线、测试和封槽。

1. 确定信息点位置

（1）点位确定

根据家庭布线设计图样，在墙上确定各信息点的点位，用铅笔、直尺或墨斗将各点位处的暗盒位置标注出来。

（2）暗盒高度的确定

除特殊要求外，暗盒的高度与原强电插座一致，背景音乐调音开关的高度应与原强电开关的高度一致。若有多个暗盒在一起，暗盒之间的距离至少为 10mm。

（3）信息接入箱（布线箱）位置的确定

根据布线拓扑图在墙上画出布线箱的安装示意图，要考虑不同布线箱类型的差别。对于外置式布线箱，按所用产品的型号尺寸标注固定孔位置；对于嵌入式布线箱，依据布线箱尺寸，按规范要求在墙体标注开挖的空洞。

2. 开槽

（1）开槽路线原则

路线最短，不破坏原有强电，不破坏防水。

（2）确定开槽宽度

根据信号线的多少确定 PVC 管的多少，进而确定槽的宽度。

（3）确定开槽深度

若选用 16mm 的 PVC 管，则开槽深度为 20mm；若选用 20mm 的 PVC 管，则开槽深度为 25mm。

（4）线槽外观要求

横平竖直，大小均匀。

（5）线槽的测量

暗盒和配线箱槽独立计算，所有线槽按开槽起点到线槽终点测量，若线槽宽度超过 80mm，则按双线槽长度计算。

3. 布线

家居布线应采用"活线"。所谓"活线"就是可以通过面板或接线盒直接将线拉出来。以便今后线路老化或是出现渗水等意外情况，可以不动房屋的墙面和地面，就能轻松地将旧线抽换成新线，这样不仅解除了线路隐蔽工程的后顾之忧，也方便了后期的维护和升级。

(1)保证线缆通畅

① 网线、电话线的测试：分别做水晶头，用网络测试仪测试通断；

② 有线电视线、音视频线、音响线的测试：分别用万用表测试通断；

③ 其他线缆：用相应专业仪表测试通断。

(2)确定各信息点的用线长度

① 测量出配线箱槽到各点位端的长度；

② 加上各点位及配线箱槽处的冗余线长度：各点位出口处线的长度为 200～300 mm，配线箱内线的长度为 500mm，背景音乐出口处线长 1.5～2m。

(3)线缆标记

将各类线缆按长度剪断后在线的两端分别贴上标签，并注明弱电种类、房号和序号。

(4)确定管内线缆数量

管内线缆总的横截面积不得超过内管横截面积的 80%。

4. 封槽

(1)固定暗盒

除厨房和卫生间的暗盒要凸出墙面 20mm 外，其他暗盒与墙面要求齐平。几个暗盒在一起时要求在同一水平线上。

(2)固定 PVC 管

① 地面 PVC 管要求每间隔 1m 必须固定；

② 地面槽 PVC 管要求每间隔 2m 必须固定；

③ 墙槽 PVC 管要求每间隔 1m 必须固定。

(3)封槽

封槽后的墙面和地面不得高于所在平面。

(4)清扫施工现场

封槽结束后，清运垃圾，打扫施工现场。

▶ 6.5　家居布线案例分析

本节以四房两厅两卫住宅为例介绍家居布线的实施。住宅平面图如图 6.18 所示。案例中的家居为四房两厅，包括客厅一间、饭厅一间、厨房一间、主人房一间、儿童房一间、书房一间、工人房一间、主人卫生间一间和公用卫生间一间。

本家居布线系统规划不考虑实现智能系统控制，但需达到《城市住宅建筑综合布线系统工程设计规范》(CECS119：2000)的基本配置要求。

6.5.1　规划与设计

按照 CECS119：2000 规范的基本配置要求，每一卧室、书房、起居室和餐厅等均应设置 1 个信息插座和 1 个有线电视插座；主卫生间还应设置用于电话的信息插座；每个信息插座或有线电视插座至壁龛式配线装置各敷设 1 条超 5 类 4 对对绞电缆或 1 条

75Ω同轴电缆；壁龛式配线装置的箱体应一次到位，满足远期的需要。信息接入箱位置定在入室门口边，如图6.18所示。

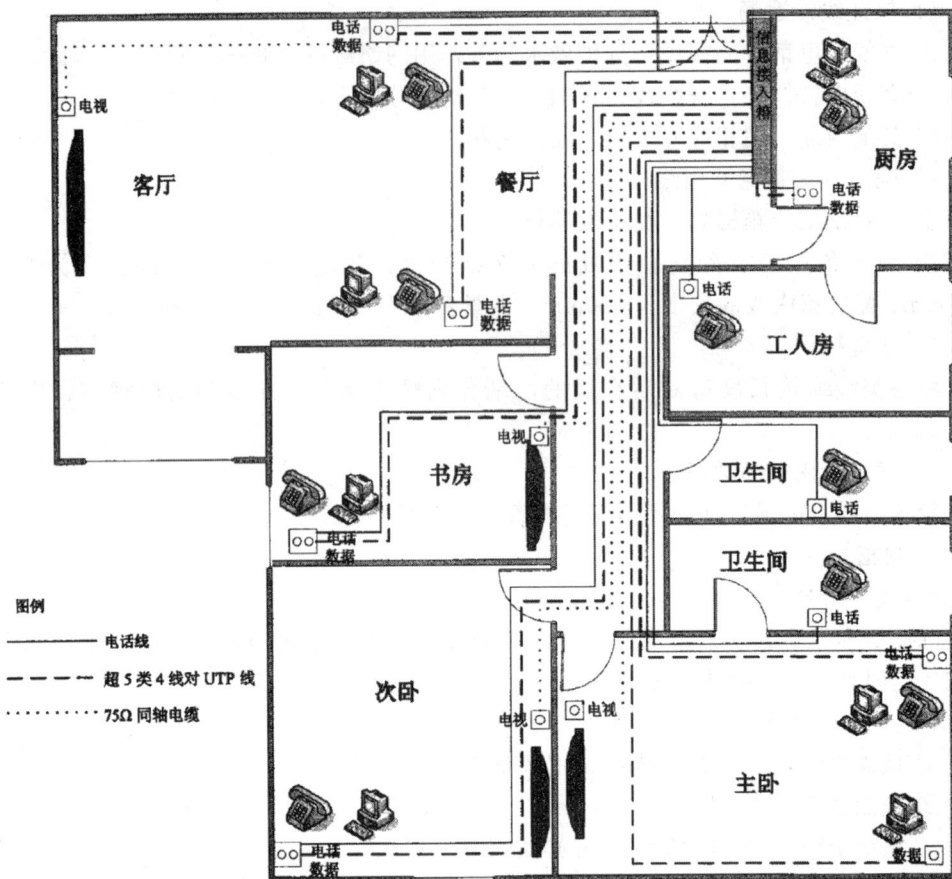

图6.18 四房两厅两卫住宅平面图

1. 系统组成

家居布线系统涉及工作区子系统、配线（水平）子系统、管理子系统（含接入系统）3个部分。本系统接入部分包括电话、有线电视、数据和安防等模块。

2. 信息点分布

如图6.18所示，共设置信息点23个，其中，电话口9个，数据口7个，电视口4个，安防开关接入点3个，具体如表6.2所示。

3. 工作区子系统

信息点的安装方式全部采用暗敷，根据信息点的要求选用相应的信息插座。所有的信息插座、面板和配线管理系统模块都应有标记，并标明不同特性的应用及物理位置。

4. 配线（水平）子系统

水平线缆采用两种：一种是超5类的非屏蔽双绞线，用于传输网络数据和语音信号；另一种是75Ω的同轴电缆。

双绞线用线量计算，每个信息点平均水平长度约为20m，本布线系统共有19个数据、语音或安防开关信息点(为了方便扩展,安防开关接入也采用双绞线),共计双绞线用量为 380m。

同轴电缆用线量计算,每个信息点平均水平长度约为 15m,本布线系统共有 4 个电视信息点,共计同轴电缆用量为 60m。

表 6.2 四房两厅信息点分布表

场　所	电话信息点	数据信息点	电视信息点	安防开关接入	合　计
客厅	1	1	1	1	4
餐厅	1	1	0	0	2
厨房	1	1	0	1	3
主卧	1	2	1	1	4
次卧	1	1	1	0	3
书房	1	1	1	0	3
工人房	1	0	0	0	1
主卧卫生间	1	0	0	0	1
公用卫生间	1	0	0	0	1
合计	9	7	4	3	23

5. 管理子系统(含接入系统)

小区安防对讲系统直接连接对讲系统,该系统的煤气安全、防盗安全和紧急呼叫的开关信号需通过家居布线实现。家居布线的接入系统为一根有线电视接入线、一对电信服务商的电话线以及安防系统的开关信号。

配线管理子系统选用接入箱的具体要求为电话模块有 10 个端口,网络模块有 8 个端口,电视模块有 4 个端口,安防模块有 4 对开关端子。具体材料清单如表 6.3 所示。

表 6.3 材料清单(忽略具体型号)

序　号	名　称	型　号	数　量	单　位
1	智能家居布线接入箱		1	台
2	超 5 类双口语音数据信息插座		6	个
3	超 5 类单口数据信息插座		1	个
4	单口语音信息插座		3	个
5	视频信息插座		4	个
6	超 5 类 4 线对 UTP 线缆		380	m
7	75Ω 同轴电缆		60	m
8	管槽		440	m
9	暗埋盒		23	个
10	管槽配件		1	批

6.5.2　布线施工

本案例的家居布线施工主要包括信息点定位、家居布线箱安装、开槽、布线与测试、打线和封槽等步骤。定位、开槽、布线与测试和封槽施工参照"6.4.2 家居布线施工"中的相关内容进行即可。打线施工参照"4.5 电缆布线施工"中的打线要点进行。

施工过程要求严格遵守 CECS119：2000 规范"5. 建筑物内综合布线管线设计"的要求。施工完成后要进行验收，以及时发现和解决存在的问题，保证施工质量，保障家居布线系统的正常运行。

思考与练习

一、问答题

1. 什么是智能家居？
2. 简述家居布线在智能家居中的地位。
3. 简述家居布线与综合布线的关系。
4. 智能家居布线与传统家居布线有何区别？智能家居布线系统的主要特点是什么？
5. 家居布线的主要参考规范有哪些？
6. 家居布线信息接入箱主要包括哪些模块？有哪些功能？
7. 目前智能家居布线系统主要分为几个不同的等级？它们之间有什么区别？
8. 简述家居布线规划与设计的一般步骤。
9. 简述家居布线施工特点。

二、实训题

1. 比较 3～4 个目前市场上常见的智能家居布线产品方案，识别目前市场上常见的家居布线产品，区分各种类型的传输介质、信息模块和其他配件。

2. 了解家居布线箱的基本结构、功能和使用方法，完成各种传输介质与家居布线箱和信息插座的连接，并且对家居布线箱进行管理设置。

3. 画出三房两厅两卫住宅按 CECS119：2000 规范基本配置要求的家居布线系统拓扑图。

第 7 章　综合布线工程项目管理

学习目标

1. 掌握综合布线工程招标和投标的基本方法；
2. 了解招标书和投标书的内容和编制方法；
3. 明确工程监理的内容和作用；
4. 熟悉工程监理的组织机构及职责；
5. 掌握工程监理的基本方法。

▶ 7.1　综合布线工程招投标

综合布线工程招投标是综合布线项目管理的重要内容之一。根据我国政府采购法规定，各级国家机关、事业单位和团体组织的工程项目必须采用政府集中招标采购方式。企业单位为了规范管理、保障工程质量，也纷纷采用了招标采购方式。因此无论是企事业单位的信息化管理人员，还是网络集成公司的项目管理人员必须掌握综合布线工程招投标的知识与技巧。

7.1.1　综合布线工程招投标的基本概念

1. 综合布线工程招投标定义

综合布线工程招标通常是指需要投资建设综合布线系统的单位(一般称为甲方)通过行业渠道或媒体等征询有关的系统集成施工单位(一般称为乙方)进行工程总承包。而综合布线投标却正好相反，通常是指乙方在获得了有关甲方要建设工程项目的信息后，迅速有针对性地设计出整体方案，参与竞标。

2. 招投标的作用

(1)逐步推行由市场定价的价格机制，鼓励竞争，投标人必须提供优化的工程实施方案和合理的价格，通过招投标优胜劣汰，使工程造价下降趋于合理，有利于节约投资，提高投资效益。

(2)有利于供求双方更好地相互选择，使工程价格符合价值基础，进而更好地控制工程造价。

(3)有利于规范价格行为，使公开、公平、公正的原则得以贯彻，按严格的程序和制度办事，对于排除干扰，克服不正当行为和避免"豆腐渣工程"起到一定的遏制作用。

3. 工程项目招标方式

工程的招标方式主要有公开招标、邀请招标、竞争性谈判、议标四种形式。

(1)公开招标

招标单位通过国家指定的报刊、信息网站或其他媒介发布招标公告的方式邀请不特定的法人或其他组织投标的招标。这种招标方式为所有系统集成商提供了一个平等竞争的平台，有利于选择优良的施工单位，有利于控制工程的造价和施工质量。由于

投标单位较多，因此会增加资格预审和评标的工作量。对于工程造价较高的工程项目，政府采购法规定必须采取公开招标的方式。

（2）邀请招标

邀请招标方式属于有限竞争选择招标，由招标单位向有承担能力、资信良好的设计单位直接发出的投标邀请书的招标。根据工程大小，一般邀请5～10家参加投标，但不能少于3家以上单位来投标，有条件的项目应邀请不同地区、不同部门的设计单位参加。这种招标方式可能存在一定的局限性，但会显著地降低工程评标的工作量，因此，综合布线工程的招标经常采用邀请招标方式。

（3）竞争性谈判

竞争性谈判是指招标方或代理机构通过与多家系统集成商（不少于三家）进行谈判，最后从中确定最优系统集成商的一种招标方式。这种招标方式要求招标方可就有关工程项目事项，如价格、技术规格、设计方案、服务要求等与系统集成商中进行谈判，最后按照预先规定的成交标准，确定成交系统集成商。对于比较复杂的工程项目，采用竞争性谈判方式有利于招标单位选择价格、技术方案、服务等方面最优的集成商。

（4）议标

议标也称为非竞争性招标或指定性招标，又称单一来源采购，由建设单位（业主）邀请一家，最多不超过两家知名的设计单位或有资质的系统集成商来直接协商谈判，实际上是一种合同谈判的采购方式，不具有公开性和竞争性。

4. 工程项目招标程序

综合布线工程的各类招标方式中，公开招标程序是最复杂、完备的。下面介绍公开招标程序的16个环节。

（1）建设工程项目报建

建设工程项目报建主要包括工程名称、建设地点、投资规模、资金来源、当年投资额、工程规模、结构类型、发包方式、计划竣工日期、工程筹建情况等。

（2）审查建设单位资质

建设单位在招投标活动中必须采用有相应资质的企业，同时注意审查有资质企业的资质原件、资质有效期和资质业务范围。

（3）招标申请

招标单位填写《建设工程施工招标申请表》，凡招标单位有上级主管部门的，需经该主管部门批准同意后，连同《工程建设项目报建登记表》报招标管理机构审批。招标申请主要包括工程名称、建设地点、招标建设规模、结构类型、招标范围、招标方式、要求施工企业等级、施工前期准备情况和招标机构组织情况等内容。

（4）资格预审文件和招标文件的编制与送审

公开招标采用资格预审时，只有资格预审合格的施工单位才可以参加投标。不采用资格预审的公开招标应进行资格后审，即在开标后进行资格审查。

（5）工程标底价格的编制

当招标文件中的商务条款一经确定，即可进入标底价格编制阶段。标底价格由招标单位自行编制或委托具备编制标底价格资格和能力的中介机构代理编制。招标人设有标底的，标底在评标时作为评标的参考。

（6）发布招标通告

由委托的招标代理机构在报刊、电视和网络等媒介发布该项目的招标通告。

（7）单位资格审查

由招标管理机构对申请投标单位进行资格审查，审查通过后以书面形式通知申请单位，在规定时间内领取招标文件。

（8）招标文件发放

由招标管理机构将招标文件发放给预审获得投标资格的单位。招标单位如果需要对招标文件进行修改，应先通过招标管理机构的审查，然后以补充文件形式发放。投标单位对招标文件中有不清楚的问题，应在收到招标文件 7 日内以书面形式向招标单位提出，由招标单位以书面形式解答。

（9）勘察现场

综合布线系统的设计较为复杂，投标单位必须到施工现场进行勘察，以确定具体的布线方案。勘察现场的时间已在招标文件中指定，由招标单位在指定时间内统一组织。

（10）投标预备会

投标预备会一般安排在发出招标文件 7 日后、28 日内举行，由各参与投标的单位参与。召开投标预备会的目的在于澄清招标文件中的疑问，解答勘察现场中所提出的问题。

（11）投标文件管理

在投标截止时间前，投标单位必须按时将投标文件递交到招标单位（或招标代理机构）。招标单位要注意检查所接收的投标文件是否按照招投标的规定进行密封。在开标之前，必须妥善保管好投标文件资料。

（12）工程标底价格的报审

开标前，招标单位必须按照招投标有关管理规定，将工程标底价格以书面形式上报招标管理机构。

（13）开标

在招标单位或招标代理机构组织下，所有投标单位代表在指定时间内到达开标现场。招标单位或招标代理机构以公开方式拆除各单位投标文件密封标志，然后逐一报出每个单位的竞标价格。

（14）评标

由招标单位或招标代理机构组织的评标专家对各单位的投标文件进行评审，主要内容有投标单位是否符合招标文件规定的资质；投标文件是否符合招标文件的技术要求；专家根据评分原则给各投标单位评分；根据评分分值大小推荐中标单位顺序。

（15）中标

由招标单位召开会议，对专家推荐的评标结果进行审议，最后确认中标单位。招标单位（或招标代理机构）应及时以书面形式通知中标单位，并要求中标单位在指定时间内签订合同。

（16）合同签订

工程合同由招标单位与中标单位的代表共同签订。合同应包含以下重要条款：工

程造价；施工日期；验收条件；付款时期；售后服务承诺。

邀请招标和竞争性谈判招标方式可以在公开招标方式的流程基础之上进行简化，但必须包括招标申请、招标文件编制、发布招标通告、招标文件发放、招标文件管理、开标、评标、中标和合同签订等环节。议标方式的流程主要包括采购方式申请报批、成立谈判小组、组织谈判并确定成交供应商和合同签订等环节。一个完整的公开招标活动示意图如图7.1所示。

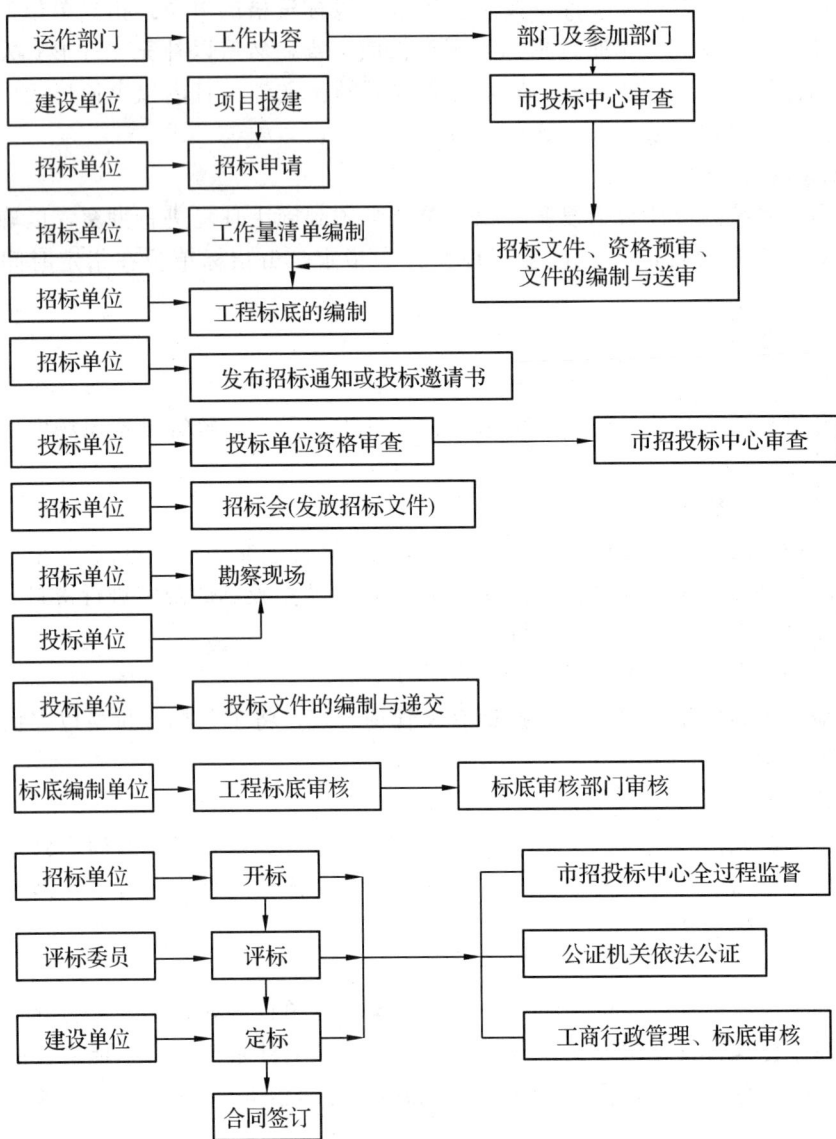

图 7.1　招标活动示意图

7.1.2　综合布线工程招标管理

1. 成立项目招标小组

为了保证该项目招标的公开、公平和公正，建设单位应成立由技术部门、使用部门、设备采购部门和纪检监察部门的代表组成的项目招标小组，对项目招标的关键环节实施管理和监控。

2. 项目需求文档的编制

由建设单位技术部门和使用部门一起商议，确定该项目的准确需求并编制文档，以备编制招标文档时使用。如果建设单位技术部门力量较为薄弱，也可以邀请业界知名企业作为项目的咨询。项目需求文档一般包括工程建设背景；工程建设目标；工程建设主要内容；项目预算及主要设备清单。

3. 招标申请并确定招标代理机构

由建设单位采购管理部门根据项目需求文档，整理采购设备清单（一般应包含设备名称、参考品牌、主要技术参数、设备单价等），并将招标小组审核后的设备清单和项目预算上报到政府采购管理部门，同时申请相应的采购方式。政府采购管理部门根据年初确定的建设单位申报采购项目书，确认招标申请，并明确该项目的招标代理机构。

4. 招标文档编制与发布

工程施工招标文档是由建设单位编写的用于招标的文档。它不仅是投标者进行投标的依据，也是招标工作成败的关键，因此工程施工招标文档编制质量的好坏将直接影响到工程的施工质量。编制施工招标文档必须做到系统、完整、准确、明了。招标文档有规范的格式，一般由招标代理机构提供范本，并协助建设单位编制招标文档。

项目招标文档主要包括招标邀请书、投标者须知、货物需求一览表、项目需求文档、合同基本条款及合同书、评定成交标准、竞标函及竞标保证金交纳证明、竞标文件格式等。

(1)投标邀请书

投标邀请书应包含的内容有建设单位招标项目性质；资金来源；工程简况（综合布线系统功能要求、信息点数量及分布情况等）；承包商为完成工程所需提供的服务内容，如施工安装、设备和材料采购（或联合采购）和劳务等；发售招标文件的时间、地点和售价；投标书送交的地点、份数（正本和副本）和截止时间；提交投标保证金的规定额度和时间；开标的日期、时间和地点；现场考察和召开项目说明会议的日期、时间和地点。

(2)投标者须知

投标者须知是招标文件的重要内容，其中包括：资格要求（包含投标者的资质等级要求、投标者的施工业绩、设备及材料的相关证明和施工技术人员相关资料等）；投标文件要求（包括投标书及其附件、投标保证金和辅助资料表等）。

(3)货物需求一览表

货物需求一览表包括项目相关的主要设备名称、参考品牌、主要技术参数、售后服务要求等信息。

(4)项目需求文档

项目需求文档主要依据建设单位编制的项目需求文档来整理得到，主要包括工程图样、工程量、技术要求等信息，它可以作为招标和评标的主要参考材料。

(5)合同基本条款及合同书

合同书主要是对工程项目的货物质保、货物运输、交货检验、工程安装调试、工程竣工验收、付款方式和违约责任等相关条款的约定，并明确项目合同书的规范格式。

（6）评定成交标准

评定成交标准主要明确评标原则、评标办法和成交候选人推荐原则等内容。

（7）竞标函及竞标保证金交纳证明

需要明确竞标函及竞标保证金交纳证明的规范格式。

（8）竞标文件格式

竞标文件格式应明确投标文档编制的基本要求，主要包括竞标函、竞标保证金交纳证明、竞标报价表、技术规格偏离表、售后服务承诺书、货物合格证明文件、竞标人资格证明文件以及竞标人认为有必要提供的其他有关材料。

招标文档编制完成后，应交由建设单位招标小组审核，审核通过后上交政府招标管理部门终审，最后由政府招标管理部门发布招标公告。

5. 评标

评标专家小组由政府采购管理部门从专家库中随机抽取，建设单位可委派一名代表参加评标。评标专家小组对各投标书进行评议和打分，打分结果应有评委人的签字方可生效。然后，评选出中标承包商。具体评标内容包括技术方案；施工实施措施与施工组织、工程进度；售后服务与承诺；企业资质；评优工程与业绩；建议方案；工程造价；推荐的产品；图样及技术资料、文件；答辩（回答问题简练明了）；优惠条件，切实可行；业主对投标企业及工程项目考察情况。

6. 确认中标结果

招标代理机构整理评标结果并上报政府采购管理部门，经审核无异议，给建设单位发招标情况说明。建设单位应及时审核并确定中标候选人，回复确认项目中标函。

7. 签订合同

由招标代理机构通知中标单位，要求与建设单位签订项目合同。中标单位签订合同后，就可以组织设备采购，成立项目管理机构，组织施工队伍准备进场施工。

7.1.3 综合布线工程投标管理

1. 投标条件及准备

（1）投标人及其条件

① 投标人应具备规定的资格条件，证明文件应以原件或招标单位盖章后生效，具体可包括如下内容：

◇投标单位的企业法人营业执照；

◇系统集成授权证书；

◇专项工程设计证书；

◇施工资证；

◇ISO 9000 系列质量保证体系认证证书；

◇高新技术企业资质证书；

◇金融机构出具的财务评审报告；

◇产品厂家授权的分销或代理证书；

◇产品鉴定入网证书。

② 投标人应按照招标文件的具体要求编制投标文件，并作出实质性的响应。投标文件中应包括项目负责人及技术人员的职责、简历、业绩和证明文件及项目的施工器械设备配置情况等。

③ 投标文件应在招标文件要求提交的截止日期前送达投标地点，并在截止日期前可以修改、补充或撤销所提交的投标文件。

④ 两个以上法人可以组成一个联合体，以一个投标人的身份共同投标。

（2）投标的组织

进行工程的投标，应有专门的机构和人员组成，可以包括项目负责人、管理、技术、施工方面的人才。对投标人应充分体现出技术、经验、实力和信誉等方面的组织管理水平。

（3）工程的联合承包

对于较大的和技术复杂的工程可以由几家工程公司联合承包，应体现强强联合的优势，并做好相互间的协调与计划。

2. 投标程序及内容

1）成立投标项目小组

为了成功地完成该项目的投标管理工作，某系统集成公司应成立由销售团队和技术团队组成的投标项目小组，并明确项目管理负责人以及各成员的职责。

2）购买及分析招标文件

从指定招标代理机构手中购买该项目的招标文件，组织投标项目小组成员对招标文件进行认真的分析，主要分析技术方案和竞争对手的情况，确定公司投标工作的策略。

3）工程项目的现场考察

根据招标文件规定的时间和地点，组织技术团队到招标单位进行现场考察，详细了解用户建设需求信息以及工程相关的其他情况，现场估测工程量。根据现场考察信息，进一步细化技术方案，明确投标产品和价格策略等。

4）编制投标文档

综合布线工程项目投标文档一般由以下部分组成：

（1）投标书

投标书是指投标人按照招标书的条件和要求，向招标人提交报价并填具标单的文书。要求将它密封后邮寄或派专人送到招标单位，故又称竞标函。它是投标人对招标文件提出的要求的响应和承诺，并同时提出具体的标价及有关事项来竞争中标。

（2）资格证明文件

资格证明文件一般需包含以下证明文件：

①投标人有效的"法人营业执照"副本内页复印件；

②法定代表人资格证明书或由国家质量技术监督局颁发的中华人民共和国组织机构代码证复印件；

③法定代表人身份证复印件；

④法人授权委托书原件和委托代理人身份证复印件；

⑤国家或省级有关政府部门颁发的计算机信息系统集成资质证书；

⑥投标人认为必要提供的声明及文件资料。

（3）投标保证金缴纳证明

各地对保证金的收取方式不一，有的地方要求将投标保证金交给发标机构，由发

标机构提供保证金缴讫证明。

（4）投标报价表

报价是投标的核心环节，受许多因素的影响。投标报价由三大部分组成：直接成本估算价、加价和税金。不同投标人的计算结果不一样，若想报出具有强竞争力的价格，必须设计合理的技术方案、准确的成本计算和适当的加价策略。

（5）售后服务承诺书

售后服务承诺书主要体现在工程价格的优惠条件及备件提供、工程保证期、项目的维护响应、软件升级和培训等方面的承诺。

（6）技术规格偏离表

技术规格偏离表此表的本意是列出和招标文件的要求不符合的条款，但建议利用此表对全部技术指标进行说明。如果与招标文件的技术规格要求有偏离的就填写，如果技术规格与招标文件的要求相同可以不填写。

（7）投标人基本情况登记表

投标人的基本情况包括投标人组织机构和法律地位、投标人财务状况以及投标人目前涉及的诉讼案或仲裁的情况等。

（8）技术方案

技术方案关系到投资与效益，不仅对投标报价有很大影响，而且也是衡量投标人技术力量的依据，是技术评标的重点之一。方案设计以招标文件、建设方的需求和有关规范要求为依据，确定综合布线系统的构成并选择设备。系统设备选型应综合技术和经济各项指标，进行全面、客观的分析比较，并选择实际应用（或实地考查）过的产品。设备选型的基本准则是稳定可靠，将发生故障的概率降到最低限度。技术方案提供的功能指标和量化指标要切实可行。

综合布线系统投标书所提供的是一个初步技术方案，包括系统设计说明、系统配置点数表、系统图和平面图等。技术方案针对性要强，应该是充分研究了本工程具体情况之后做出的设计方案。

（9）施工组织设计

投标施工组织设计是评价投标人施工技术水平和组织能力的依据，其编制的基础是招标文件及有关规范要求。施工组织设计要严密且可操作性强，主要内容包括施工组织机构及人员配备、施工工期安排、施工程序和施工技术要点、施工材料和人工用量计划、确保工程质量和工期的措施等。建设方关注项目经理的选择，项目经理不仅要有丰富的施工经验、技术上满足要求，而且要有管理和组织协调能力。

（10）工程测试验收与竣工验收

为保证工程质量，综合布线系统建设方非常重视工程测试与竣工验收，投标人在投标书中必须论述清楚，且中标后严格执行相应的测试标准。

① 工程测试阶段。投标人要提供详细的测试计划、测试程序、测试方法及所达到的性能指标，举例给出一个典型系统的测试报告。所购设备要有齐全的检测报告、质量保证书，使用合法的软件，并保证其运行的可靠性。在各子系统联机分别调试完成后，进行相关子系统的联网集成调试，达到系统设计的性能指标。测试严格遵照合同和国家的有关规定进行，对各子系统的全部指标进行检验，并出具测试内容清单。

② 竣工验收。其目的是对工程的施工质量进行全面考察。综合布线系统工程竣工验收将按有关规范及合同技术要求，通过对已竣工工程检查和测试，考核承包商的施工质量和系统性能是否达到了设计要求及使用能力，是否可以正式投入运行。通过竣工验收可发现和解决系统运行和使用方面存在的问题，以保证系统按照设计的各项技术经济指标正常投入运行。投标书中综合布线系统竣工验收部分应包括的内容有（以典型工程为例编制，向建设方展示投标人的实力和业绩）系统竣工报告、系统竣工验收方法、系统框图、各楼层信息点分布平面图、配线管理与网络连接、系统测试报告、用户培训文件、质量保证书、系统维护文件及竣工图等。

(11)系统维护、培训及售后服务

系统维护、培训及售后服务在投标书中要有切实可行的方案，例如对系统维护的内容（设备的检查、清理、调试）培训方法、备品备件的提供、软件版升级和保修等问题均要阐述清楚。

5)交纳竞标保证金

根据招标文件的要求，竞标方需要根据所投标的金额交纳一定比例竞标保证金。必须在指定时间内将保证金打到招标代理机构指定银行账户，并将银行存款单据的复印件发传真给招标代理机构。竞标保证金将在招标结束后，由招标代理机构退还给竞标人，如果竞标弃权不参加投标，招标代理机构将依法没收竞标保证金。交纳竞标保证金过程一定要保密，否则很容易泄露公司的竞标标底，影响到招投标的公正性。

6)递交竞标文件

(1)投标书的密封与标记

投标人应将投标文件正、副本分别装订成册，在每个文本封面上标明"正本"、"副本"、"投标书和投标保证金缴纳证明"、"资格证明文件"或"投标人基本情况登记表"以及项目名称、投标编号、投标人名称等内容。

投标人应将投标书及投标保证金缴纳证明复印件一并装入投标书文件袋加以密封，将投标人资格证明文件和投标人基本情况登记表一并装入投标人资格文件袋加以密封，并在每一封贴处密封签章。投标人应将正、副本投标文件一并装入投标正、副本文件袋中加以密封，并在每一封贴处密封签章。再将已密封的投标书文件袋，投标人资格文件袋，投标正、副本文件袋一并装入投标文件袋中加以密封，并在每一封贴处密封签章。投标人在递交投标文件时，未按要求密封、标记的，发标机构有权拒收。

(2)投标截止时间

投标人应当在招标文件要求提交投标文件的截止时间前，将投标文件送达投标地点。超过投标截止时间送达的投标文件，招标人将不予受理。

(3)投标书的修改和撤回

根据规定，投标人在招标文件要求提交投标文件的截止时间前，可以补充、修改或者撤回已提交的投标文件，并书面通知招标人。补充、修改的内容为投标文件的组成部分。

7)现场应标

竞标人员递交投标文件后，不能马上离开，必须在评标现场的等候室等待专家的询问。如果投标需要进行设备演示，还需要组织演示人员立刻准备好现场演示的设备，

并等候专家观看演示。

8）签订合同

评标结束后，如果中标，招标代理机构将及时发出中标通知。中标通知书是招标人表明关于授予特定中标人合同的意向和通知其在 30 日内提供一份可接受的履约保证并签订合同的文件，是招标人和投标人就标的达成一致的结果。系统集成公司将凭中标通知书与建设单位协商合同签订事宜，进一步明确进场施工人员和时间等相关事宜。

7.1.4　综合布线工程招标合同签订

1. 招标合同基本概念

1）招投标合同的含义

招投标合同是招标人与中标人签订的合同，招投标合同的拟定必须以招标文件为蓝本，不能脱离招标文件的基本要求与范围。根据《中华人民共和国招标投标法》的规定，招标人和中标人应当自中标通知书发出之日起 30 日内，按照招标文件和中标人的投标文件订立书面合同。招标人和中标人不得再行订立背离合同实质性内容的其他协议。

2）书面合同的内容

书面合同应包括以下主要内容：

（1）招标公告中招标人的名称和地址，招标项目的内容、规模和资金来源，综合布线工程项目的实施地点和工期，作为书面合同的一方当事人的名称（或姓名）和住所，标的履行期限、地点和方式。

（2）招标文件中的招标邀请书、合同主要条款、技术条款、设计图样和评标标准等，即告知投标人投标的标准和评标的标准。

（3）投标文件中的合同主要条款、技术条款、设计图样、商务和技术偏差表等部分，即确定了工程的质量等级、技术资料。

2. 工程招标合同签订程序

1）合同谈判

发出中标通知书之后，法律规定招标人和中标人应当"按照招标文件和中标人的投标文件订立书面合同"，双方或多或少总会存在一些在招标文件或投标文件中没有包括（或有不同认识）的内容需要交换意见、进行协商，并以书面方式固定下来，订立书面合同的过程也是谈判的过程。

（1）合同谈判的基础

招标文件（包括合同文件与技术文件）是双方合同谈判的基础，任何一方都有理由拒绝对方提出的超出原招标文件的要求，双方应以招标文件为基础，通过协商达成一致。

（2）合同谈判的内容

合同谈判的内容主要内容通常涉及工程内容与范围的明确、合同条款的理解与修改、技术要求及资料的确定、价格及价格构成分析、工期长短与误期赔偿等。

（3）合同谈判策略

合同谈判是双方为各自目标和利益较量的过程，也是双方协商，最终达成协议的过程。谈判是一门艺术，综合布线工程合同的谈判具有更高的难度，要求合同双方较好地运用策略和技巧。每一方都有其特殊的优势和劣势。建设方是买方，是综合布线工程的拥有者，在招标文件中已对合同条件和技术要求进行了深入研究和明确规定，应坚持这些条件和要求，以确保利益和目标的实现。系统集成商或承包商是工程的实施者，对工程成本了如指掌，能调整其价格分布使收益增大，通过条款的变化，施工方案的调整争取获取利益。双方采取的策略将会有所相同或不同，可参考以下方面：

　　◇充分准备，熟悉情况，知己知彼；

　　◇强调己方优势与长处，促成对方签约合作；

　　◇设法保持对会议的控制权，成为谈判中的主动方；

　　◇注意倾听，发现对方漏洞与薄弱环节；

　　◇具备实力，使对方感到难以应付；

　　◇对事强硬，对人调和；

　　◇抓住实质性问题。例如工作范围、价格、工期、支付条件、违约责任等主要的实质性问题，不轻易让步或有限度让步。防止对方纠缠于小问题转移视线。

　　2）合同签订

　　（1）签订合同应遵循的原则

　　综合布线工程合同一经签订，就具有严格的法律约束力。签订合同应遵循如下原则：

　　① 合法的原则：合同双方权利义务以及合同签订的程序都必须符合所涉及的国家法律、法令和社会公共利益；

　　② 法人资格的原则：合同的双方都应具有法人资格，以确保履约以及任何一方的利益不受损害；

　　③ 平等互利、协商一致的原则：在商签合同过程中双方处于平等的地位，任何一方都不应接受对方强加的、使其只享有权利而不承担义务或权利义务严重失衡的不合理条款，应通过协商达成一致。

　　（2）签订合同

　　双方谈判取得一致意见，并确定了书面的合同文本后，即应由各方当事人签订合同。签订合同时，双方应签上法人的全称和签约人的姓名。签约人应在合同文件中附有公司法人授权签字的委托书。签约人除应在合同协议书末尾签名外，在页与页间均应签名。签约当事人不能同时集中签订合同时，经双方同意也可在不同的时间或地点签署，但签约日期及地点应以最后一个当事人签署合同的时间和地点为准。

▶ 7.2　综合布线工程监理

　　根据国家和地方建设行政主管部门制订的有关工程建设和工程监理的法律、法规的规定，工程施工必须执行工程监理制度，以确保工程的施工质量，控制工程的投资。

7.2.1　工程监理的意义和责任

　　工程建设项目监理又称工程建设监理（简称工程监理），是指具有监理资质的监理单位，依据国家有关法律、法规，以及建设单位的项目建设文件、监理委托合同和相应的其他合同（采购、施工等），对一个工程建设项目，采取全过程、全方位、多目标的方式进行公正客观和全面科学的监督管理，也就是说在一个工程建设项目的策划决

策、工程设计、安装施工、竣工验收、维护检修等阶段组成的整个过程中，对其投资、工期和质量等多个目标，在事先、中期(又称过程)和事后进行严格控制和科学管理。

目前，在某些通信工程建设项目中却常常把工程建设监理与施工监理混为一谈，由上述定义可知，施工监理只是工程建设监理全过程中的一个短暂的施工阶段，显然不是全过程监理。因此，这两个词不宜等同混用，必须予以区别。

综合布线工程监理是指在综合布线建设过程中，监理单位(丙方)接受建设方(甲方)的委托，对建设方和施工单位(乙方)共同建设的工程项目实行全方位、全过程的控制和管理，以帮助建设方实现预定的目标和要求。综合布线工程监理通常有以下责任和义务：

(1)帮助建设方做好需求分析

深入了解工程承包企业的各方面的情况，与建设方、工程承包商共同协商，提出可行的监理方案。

(2)帮助建设方选择施工单位

优秀的综合布线施工企业应该有较强的经济和技术实力，好的工程设计与施工队伍；有丰富的综合布线工程经验及较多典型成功案例；有完备的工程质量服务体系；有良好的信誉。

(3)帮助工程建设方控制工程进度

工程监理人员应严格遵循相关标准，实施对工程过程和质量的监理。

(4)工程监理对工程质量负有法律规定的责任

工程监理人员必须根据有关国家规定，具有相应的监理职业资格证，监理公司(部门)具有监理资质，才能承接工程监理项目。

7.2.2　工程监理的作用

工程建设监理体制的实施，已经成为我国通信工程建设领域中的一项基本制度。实践证明，在很多通信工程(包括综合布线系统工程)中，工程建设监理制对于确保工程质量、控制工程造价、加快建设工期以及在协调参与各方的权益关系上都发挥了重要的作用，这是国家、社会各界以及有关方面都已接受和认可的。由此可知，实施工程建设监理制是势在必行，而且是一项重要的关键性举措。工程建设监理具有以下作用和效果：

(1)全面提高工程建设项目的整体质量，确保各项工程建设项目都能正常运行，为国家增加各项效益和增强综合国力创造有力的物质基础。

(2)有利于提高基本建设领域中的工作效率，缩短工程建设周期，加快和促进建设进度，形成平稳而高速发展的态势。

(3)充分发挥各方面的潜力，共同采取切实有效的措施，全面控制工程建设投资，在保证工程质量和工程进度的前提下，节约工程建设费用。

(4)由于工程建设监理单位和人员直接参与工程建设监督管理，有利于精简建设单位的组织机构和减少管理人员。

(5)引入工程建设监理的先进管理体制，不仅提高我国工程建设事业的管理水平，也有利于尽快与国际惯例接轨，且可参与国际市场竞争。

7.2.3 工程监理的内容

(1)评审综合布线系统方案是否合理,所选工程器材、材料及设备质量是否合格,能否达到建设方的要求。

(2)建设过程是否按照批准的设计方案进行。

(3)工程施工过程是否按照国家或国际有关技术标准进行。

(4)工程质量按期阶段性的监测和验收。

7.2.4 工程监理的依据

1. 国家及行业标准

(1)中华人民共和国国家标准《综合布线系统工程设计规范》(GB 50311- 2007)。

(2)中华人民共和国国家标准《综合布线系统工程施工和验收规范》(GB 50312- 2007)。

(3)中华人民共和国国家标准《智能建筑设计标准》(GB/T 50314-2000)。

(4)中华人民共和国国家标准《电子计算机机房设计规范》(GB50174-93)。

(5)中华人民共和国国家标准《计算站场地技术条件》(GB2887-89)。

(6)中华人民共和国国家标准《信息技术设备的无线电干扰极限值和测量方法》(GB9254-1998)。

2. 国家、地方法规及相关文件

(1)《中华人民共和国合同法 》。

(2)《工程监理委托合同书》。

(3)《业主和承包方的合同书》。

(4)与项目有关的技术文件,如可行性方案、设计方案等。

7.2.5 工程监理的职责与组织结构

项目监理机构是监理单位对项目实施监理的全权代表,由总监理工程师、监理工程师、监理员等组成,监理任务完成后监理机构可以撤销。

1. 总监理工程师

总监理工程师由监理单位任命,全权负责项目监理机构的工作。首先负责协调各方面关系,组织监理工作,任命委派监理工程师,定期检查监 理工作的进展情况,针对监理过程中的工作问题提出指导性意见;其次负责审查施工方提供的需求分析、系统分析、网络设计等重要文档,并提出改进意见;另外负责解决甲乙双方重大争议纠纷,协调双方关系,针对施工中的重大失误签署返工令。

2. 监理工程师

监理工程师由总监理工程师任命,接受总监理工程师的领导,负责协调各方面的日常事务,具体负责监理工作,审核施工方需要按照合同提交的网络工程、软件文档,检查施工方工程进度与计划是否吻合,主持甲乙双方的争议解决,针对施工中的问题进行检查和督导,起到解决问题、维持正常工作的目的。监理工程师有权向总监理工程师提出合理化建议,并且在工程的每个阶段向总监理工程师提交监理报告,使总监理工程师及时了解工作进展情况。

3. 监理员

监理员人选由总监理工程师确定。须持有行业培训合格证,且具有监理专业的技术

员以上资格证。监理员负责具体的监理工作，接受监理工程师的领导，负责具体硬件设备验收、具体布线、网络施工督导，并且每个监理日编写监理日志向监理工程师汇报。

7.2.6　工程监理的实施步骤和工作内容

综合布线工程监理的一般实施步骤包括需求分析、工程招收投标、施工准备、工程实施和保修这 5 个阶段。

1. 综合布线系统需求分析阶段

本阶段主要完成用户网络系统分析，包括综合布线系统、网络应用的需求分析，为用户提交监理方的工程建设方案。

2. 综合布线工程招标投标阶段

该阶段工程监理的主要工作有审查招、投标单位的资格；参与编制招标文件；参加评标与定标；协助签订施工合同等。

3. 施工准备阶段

工程施工前，监理人员必须明确自己的职责，熟悉设计方案和合同文件，并到施工现场进行复查，以检查施工图样是否有差错。施工前主要的监理工作包括审查开工报告；召开第一次工地会；审批工程进度计划、审查施工组织设计方案；审查承包单位的质量保证体系和施工安全保证体系；检验进场的设备和材料；检查承包单位的保险及担保，签发预付款支付凭证等；审查承包单位的资质；施工现场技术、管理环境的检查；组织建设单位、设计单位、承包单位、监理单位共同进行设计交底工作。

4. 工程实施及验收阶段

施工阶段工程监理的主要任务是对工程质量、工程造价和工程进度进行控制，达到合同规定的目标。除了施工前的环境检查、对施工前承包单位的器材检查给予确认，主要是对整个布线工程进行随工检查，并进行工程总验收。监理应该以现场旁站方式为主，及时现场检查所用设备材料质量和安装质量，尤其是隐蔽工程质量，记录当日工作量，严格控制变更内容，定期组织现场协调会。该阶段由总监理工程师编制监理规则等工作。

5. 保修阶段

保修阶段监理的重点主要是工程竣工验收的监理工作，监理的内容包括竣工验收的范围和依据、竣工验收要求、竣工验收程序及内容、竣工验收的组织以及竣工文件的归档等。

思考与练习

一、问答题

1. 工程招投标的含义是什么？招标方式有哪些？
2. 简要概述公开招标方式中主要的流程。
3. 如何编写招标文档？
4. 工程投标文档由几部分组成？
5. 签订综合布线工程招投标合同应遵循哪些原则？

6. 综合布线工程招投标合同的主要条款有哪些？

7. 工程监理的责任是什么？

8. 工程监理的作用是什么？

9. 工程监理的内容有哪些？

10. 工程监理的组织机构及责任是什么？

二、实训题

1. 以学院校园信息网建设为背景，模拟综合布线工程项目招标管理过程。

2. 以学院通信系统综合实训室建设为背景，模拟综合布线工程项目投标管理过程。

3. 以学院校园信息网建设为背景，模拟综合布线工程项目招标合同签订过程。

参考文献

［1］中华人民共和国国家标准．《综合布线系统工程设计规范》(GB 50311－2007)．北京：中国计划出版社，2007

［2］中华人民共和国国家标准．《综合布线系统工程验收规范》(GB 50312－2007)．北京：中国计划出版社，2007

［3］张小明．综合布线应用技术．北京：机械工业出版社，2007

［4］张文炳．综合布线技术与实训．北京：研究出版社，2008

［5］郝文化．网络综合布线设计与实例．北京：电子工业出版社，2008

［6］吕晓阳等．综合布线工程技术与实训．北京：清华大学出版社，2009

［7］王公儒．综合布线工程实用技术．北京：中国铁道出版社，2011

［8］梁裕．网络综合布线设计与施工技术．北京：电子工业出版社，2011